U0924819

高等职业教育“十二五”规划教材
21 世纪高职高专规划教材（机械类）

工程制图与识图

主　编　李奉香
副主编　马爱兵　樊忠和　易　敏
参　编　张　荣　刘文霞　程志铭　吉　丽
宋小军　张海霞　万志华　季学毅
毛兰霞　张　南　徐晓玲　周　川
主　审　黄向裕

机 械 工 业 出 版 社

本书是根据《教育部关于加强高职高专教育培养工作的意见》，总结了编者教学改革成果，按照培养制图能力和识图能力两条主线编写而成的。本书采用了最新国家标准，并对国标中的图例提供了立体图；采用了知识与示例融合的方式，适合边讲边练的教学模式。本书示例多，且由浅入深，方便老师教学、学生学习。

本书共有10章，主要内容包括绘制平面图、基本体与简单物体三视图绘制、几何要素投影、切割体三视图绘制与识读、组合体视图绘制与识读、机件图样图形的绘制与识读、零件图绘制与识读、装配图绘制与识读、零件及装配体测绘、其他工程图绘制与识读。

本书可作为高职院校机械类专业的教材，也适用于职业技术培训和自学，也可作为技术人员的参考书。

与本书配套的《工程制图与识图习题集》同时出版。

为方便教学，本书配备电子课件等教学资源。凡选用本书作为教材的教师均可登录机械工业出版社教材服务网 www.cmpedu.com 注册后免费下载。如有问题请致信 cmpgaozhi@sina.com，或致电 010-88379375 联系营销人员。

图书在版编目（CIP）数据

工程制图与识图/李奉香主编．—北京：机械工业出版社，2011.8（2018.9重印）

高等职业教育“十二五”规划教材　21世纪高职高专规划教材（机械类）

ISBN 978-7-111-34564-0

Ⅰ.①工…　Ⅱ.①李…　Ⅲ.①工程制图-高等职业教育-教材②工程制图-识别-高等职业教育-教材　Ⅳ.①TB23

中国版本图书馆CIP数据核字（2011）第175727号

机械工业出版社（北京市百万庄大街22号　邮政编码100037）

策划编辑：余茂祚　责任编辑：赵志鹏　王　婧

版式设计：霍永明　责任校对：任秀丽

封面设计：赵颖喆　责任印制：常天培

北京京丰印刷厂印刷

2018年9月第1版·第11次印刷

184mm×260mm·18.75印张·460千字

标准书号：ISBN 978-7-111-34564-0

定价：39.00元

凡购本书，如有缺页、倒页、脱页，由本社发行部调换

电话服务

服务咨询热线：010-88379833

读者购书热线：010-88379649

网络服务

机 工 官 网：www.cmpbook.com

机 工 官 博：weibo.com/cmp1952

教育服务网：www.cmpedu.com

金 书 网：www.golden-book.com

21 世纪高职高专规划教材
编委会名单

前　言

随着我国高职教育的迅速发展和高职教育教学改革的不断深化，工程图的教育在课程体系、教学内容、教学模式、教学手段和方法等方面都发生了深刻变化。为了符合国家教育部对高职培养模式的要求，本书根据《教育部关于加强高职高专教育培养工作的意见》，总结了编者近十年的教学改革实践经验和多年的教学经验编写而成。

本书主要有以下几个特色：

1. 能力体系　主编借助省级课题通过近10年的教学改革实践与总结，率先形成以培养能力为体系的工程制图课程体系，教学应用中收到很好的效果和广泛好评。本书以岗位需求确定的制图学习领域总能力和分解成的课程总能力，按照能力从弱到强的顺序选定教学内容，按照制图能力和识图能力培养的两条主线介绍方法和示例，形成了能力体系。此能力体系不同于传统的知识体系，如将标准件的标准结构表示法放在零件图中介绍，将标准件的装配表示法放在装配图中介绍，使培养零件图和装配图能力时更加系统。

2. 适应新的教学模式　制图课程实践性强，非常适合采用教学做一体化，边讲边练。为适应这种教学模式，本书采用了知识与示例、配套练习相融合的方式。

3. 考虑了教学手段和方法　制图课程适合采用多媒体教学与传统黑板教学相结合的方式，为了方便多媒体教学的需要，我们同时制作了与教材配套的电子课件和习题解答系统，供教师教学选用或者学生课外复习。

4. 新标准　本书全部采用了《机械制图》和《技术制图》最新的国家标准，如本书介绍了《产品几何技术规范（GPS）》中表面结构的表示法 GB/T 131—2006 和几何公差的表示法 GB/T 1182—2008。同时，本书率先对国家标准中的许多示例提供了立体图，增加了学习的直观性。

5. 内容丰富且突出目标　因篇幅原因，本书内容以实现课程能力目标为中心，实用为主，够用为度。例如，本书没有介绍“两直线相对位置”和“直角投影定理”等抽象的画法内容。考虑到目前教学中课时压缩，方便学生课后自学，本书编写了较多示例，电子课件中有更多示例。在控制篇幅的同时又不影响内容的丰富，对图形大小作了精细处理。

本书由武汉船舶职业技术学院李奉香副教授任主编，由包头职业技术学院马爱兵副教授、樊忠和副教授、武汉船舶职业技术学院易敏副教授任副主编。参与编写的有：山西机电职业技术学院程志铭（第9章）、宋小军（第1章）、吉丽（第3章），包头职业技术学院刘文霞（第2章、第10章）、樊忠和（第7章）、马爱兵（第8章），武汉船舶职业技术学院李奉香（第4章、5.5~5.7、第6章）、易敏（5.1~5.4、附录A~C），大连职业技术学院张荣（绪论、附录D~E）；武汉航海职业技术学院张南和徐晓玲、无锡交通高等职业技术学院毛兰霞、武汉船舶职业技术学院万志华、周川、张海霞、季学毅均参与了本书编写。全书由李奉香统稿和修订。

本书由山西省高等院校工作委员会高级专家、山西机电职业技术学院黄向裕副教授主审。

本书在编写过程中参考了有关作者的教材和文献，并得到了参编院校各级领导和同行的帮助，在此一并表示衷心的感谢！

由于编者水平有限，书中疏漏和错误之处在所难免，敬请读者指正。

编　者

目　录

绪　　论

1. 本课程的研究内容和主要任务

工程图形是工程与产品信息的载体，是工程界表达、交流的语言。在工程界，根据投影原理、标准或有关规定，表示工程对象并有必要的技术说明的图，称为图样。图样与文字、数字一样，在工程设计、施工、检验、技术交流等方面有着极为重要的地位。图样的形象性、直观性和简洁性是人们表达设计思想、传递设计信息、交流创新构思的重要工具，图样信息的产生、加工、存储和传递已成为“工程界的共同语言”，所以，每个高级工程技术应用型人才必须熟练地掌握“工程语言”。

本课程是研究如何运用正投影的基本理论和方法，绘制和阅读工程图样的专业技术课程。它是工科院校中一门既有理论，又有实践的重要课程，其目的就是培养学生掌握制图的基本原理、学习绘制和阅读工程图样的方法、运用手工绘图表达工程设计思想的能力与阅读工程图样的能力。本课程的主要任务是：

1）掌握正投影法的基础理论和应用正投影法图示空间物体的基本理论与方法。

2）培养空间想象力和形体构思能力，为培养创新人才打下基础。

3）培养徒手绘制草图、手工仪器绘图的综合能力和阅读工程图样的能力。

4）培养贯彻、执行《技术制图》、《机械制图》国家标准的意识，具有查阅工程图样中有关标准手册的能力。

5）培养认真负责的工作态度和严谨细致的工作作风。

2. 本课程的学习方法

1）本课程是一门知识连接性很强的课程，整体内容由浅入深，环环相扣，因此要注意及时复习，否则会影响新知识的学习效果。

2）“三视图绘制”可以认为是工程图的“入门”，是本课程的难点和重点，学习前要做好心理准备，要下决心突破这个难点，才能轻松学好后面的知识。

3）由于文字描述与空间形体之间的转换有一定难度，因此在课堂上要认真听讲，因为老师上课有多媒体彩色动画图或者模型演示，很直观，容易理解，而书中是文字描述和黑白图片。

4）本课程是一门实践性很强的课程，所以在学习基本理论、基本方法的同时，要进行大量的训练，通过“物体”与“图形”相互转换的训练来加深对知识的理解与掌握，从而培养绘图和识图能力。

5）由于图样是生产的依据，绘图和识图中的任何一点疏忽，都会给生产造成严重的损失，所以，在学习中特别是在训练时要把“练习”当做“项目”来完成，养成认真工作的习惯。

第1章　绘制平面图

【能力目标】 能够正确使用绘图工具，能够掌握国标的相关规定，具备按国标绘制平面图形的能力。

【任务】 在图纸上按国家标准绘制图1-24所示的平面图。

要想看懂已画好的图样，并且能够画出符合要求、准确表达工程对象的图样，首先就必须掌握制图的基本知识。

1.1　国家标准《技术制图》基本规定

机械图样是现代设计和制造机械零件与设备过程中的重要技术文件，为便于生产、管理和进行技术交流，国家质量技术监督局依据国际标准化组织制定的国际标准，制定并颁布了《技术制图》、《机械制图》等国家标准，这两个国家标准是机械图样绘制和识读的准则，生产和设计部门的工程技术人员都必须严格遵守，并牢固树立标准化的观念。国家标准中的每一个标准都有标准代号，如GB/T 4457.4—2002，其中“GB”为国家标准代号，它是“国家标准”的汉语拼音缩写，简称“国标”；“T”表示推荐性标准（如果不带“T”，则表示为国家强制性的标准）；“4457.4”表示该标准的编号，“2002”表示该标准是2002年颁布的（以前有用两位数表示的，如GB/T 14689—93）。本节相关内容摘录了上述标准中的基本规定。

1.1.1　图纸幅面和图框格式

1. 图纸幅面　图纸幅面是指图纸宽度与长度组成的大小。为了方便图样的绘制、使用和管理，图样均应绘制在标准的图纸幅面上。应优先选用表1-1所规定的基本幅面尺寸，必要时可以加长边长，以利于图纸的折叠和保管，但加长的尺寸必须按照国标GB/T 50001—2010的规定，由基本幅面的短边成整数倍增加得到。从表中可以看出，A0幅面沿长边对裁得到A1幅面，A1幅面沿长边对裁得到A2幅面，以此类推。

表1-1　基本幅面尺寸及图框尺寸　（单位：mm）

基本幅面代号		A0	A1	A2	A3	A4
$B \times L$		841×1189	594×841	420×594	297×420	210×297
图框尺寸	a	25				
	c	10			5	
	e	20		10		

2. 图框格式　图纸可以横放或者竖放。每张图样均需有粗实线的图框，图框是图纸上

限定绘图范围的线框，图样均应绘制在图框内。图框格式分为不留装订边和留有装订边两种，但同一产品的图样只能采用一种格式。留有装订边的图样，其图框格式如图 1-1 所示。不留装订边的图纸，其图框格式如图 1-2 所示。两种格式的周边尺寸见表 1-1。加长幅面的图框尺寸，按照比所选用的基本幅面大一号图纸的图框尺寸来确定。

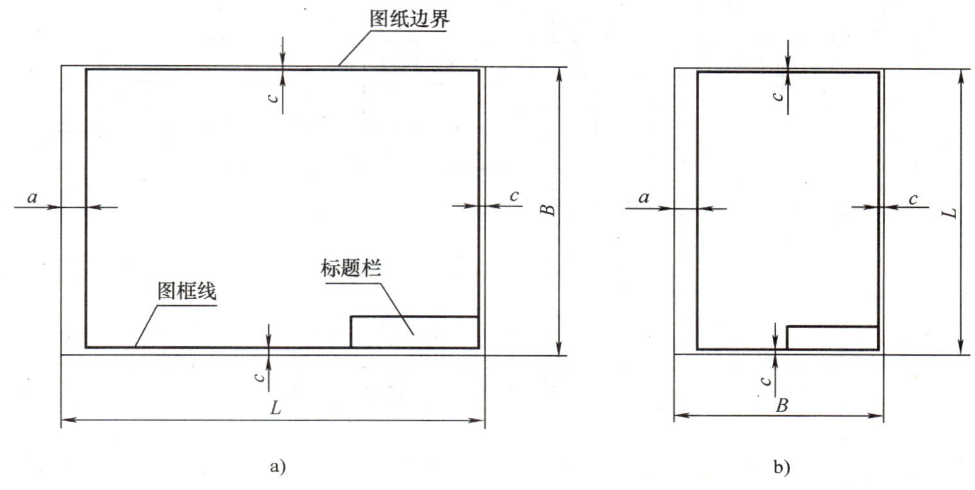

图 1-1　留装订边的图框格式

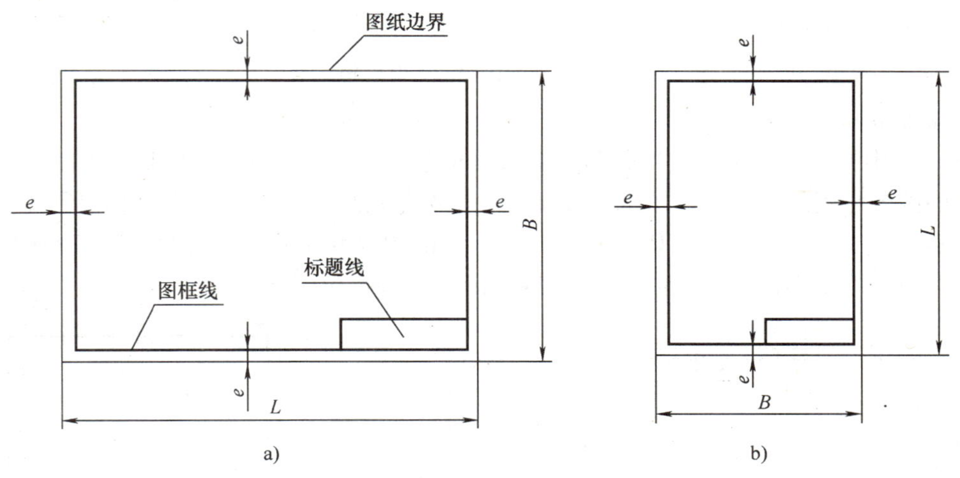

图 1-2　不留装订边的图框格式

3. 标题栏　国标（GB 10609. 1—1989）规定，每张图纸的右下角都必须有标题栏。国标规定了标准图纸的标题栏的格式及尺寸，如图 1-3 所示。学生制图作业中的标题栏可以按照图 1-4 所示的格式绘制。看图的方向与标题栏应一致。

当标题栏的长边置于水平方向并与图纸的长边平行时，构成 X 型的图纸，也称横式幅面，如图 1-1a、图 1-2a 所示；若标题栏的长边和图纸的长边垂直，则构成 Y 型的图纸，也称竖式幅面，如图 1-1b、图 1-2b 所示。

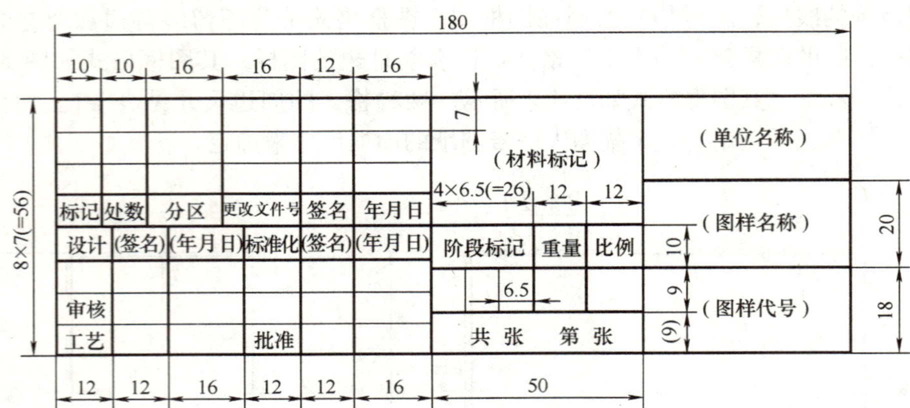

图 1-3　国标中标题栏的组成及格式

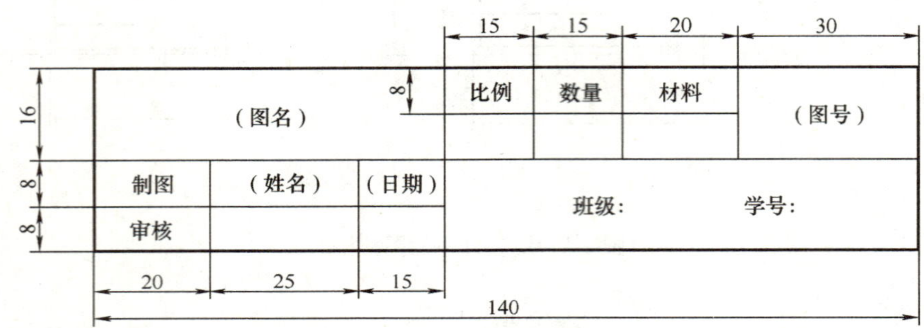

图 1-4　制图作业的标题栏格式

4. 其他符号

(1) 对中符号　为了缩微摄影和复制图样时定位方便，对表 1-1 中所列出的基本幅面及加长幅面的各号图纸，均应在图纸各边长的中点处分别画出对中符，如图 1-5 所示。对中符号用粗实线绘制，线宽不小于 0. 5mm，长度从纸的边界开始到伸入图框内约 5mm。当对中符号处在标题栏范围内时，则伸入标题栏部分省略不画。

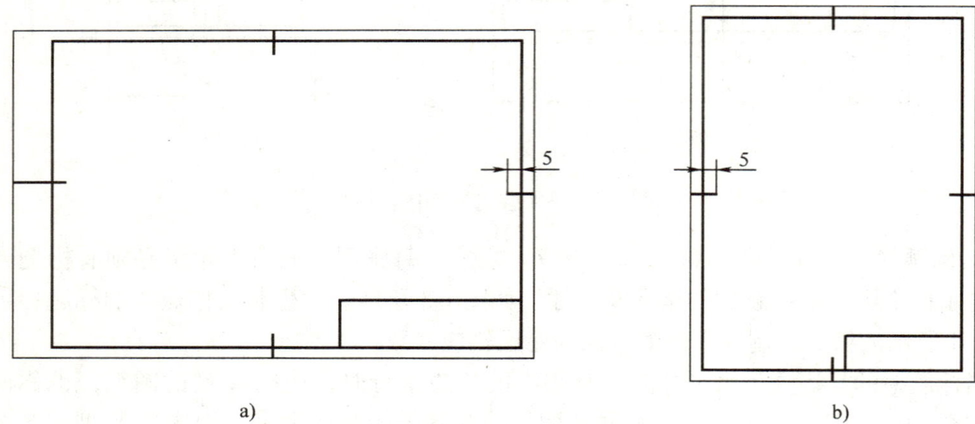

图 1-5　图纸中的对中符号

（2）方向符号　当图纸上预先印好的标题栏与绘图看图的方向不一致时，可采用图 1-6a 所示的方向符号来表明绘图看图的方向，此时，方向符号应在图纸的下边对中符号处，标题栏应位于图纸右上角。方向符号用细实线绘制的等边三角形表示，其画法如图 1-6b 所示。

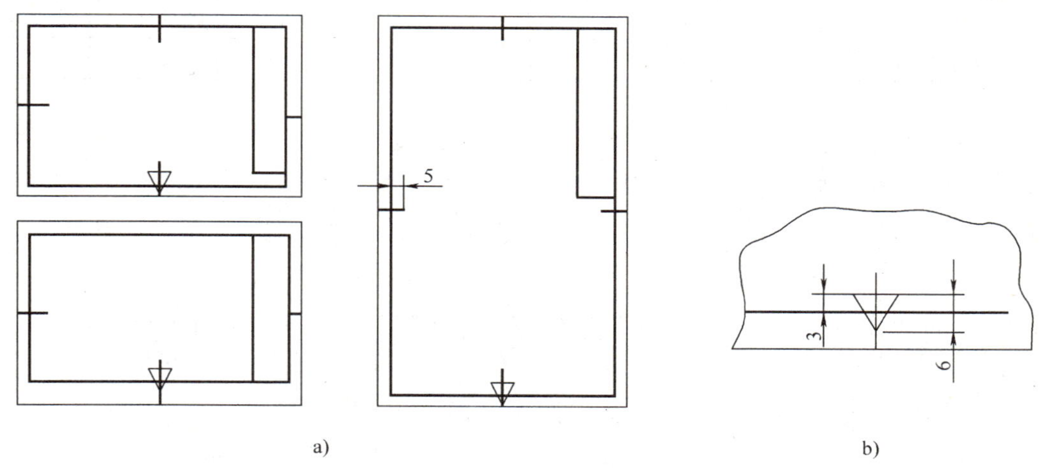

图 1-6　图纸中的方向符号及其画法

1.1.2　图线及其画法（GB/T 17450—1998、GB/T 4457.4—2002）

画在图纸上的各种型式的线条统称图线。国家标准规定了技术制图所用图线的名称、型式、应用和画法规则。

1. 线型及其应用　国家标准规定的基本线型共有 15 种型式，绘图时常用到其中的一小部分，如粗实线、细实线、虚线、粗虚线、点画线、双点画线、波浪线、双折线、粗点画线等，各类线型、宽度、用途见表 1-2。

表 1-2　线型及其应用

图线名称	线　型	宽度	代码 No.	一 般 应 用
粗实线	————	*d*	01.2	可见棱边线、可见轮廓线、齿顶圆（线）、剖切符号用线等
细实线	————	*d*/2	01.1	尺寸线、尺寸界线、指引线、剖面线、过渡线、齿根线等
虚线	-----------	*d*/2	02.1	不可见棱边线、不可见轮廓线
粗虚线	-----------	*d*	02.2	允许表面处理的表示线
点画线	—·——·—	*d*/2	04.1	轴线、对称中心线、分度圆（线）
双点画线	—··——··—	*d*/2	05.1	相邻辅助零件的轮廓线、可动零件的极限位置轮廓线等
粗点画线	—·——·—	*d*	04.2	限定范围表示线
波浪线	～～～	*d*/2	01.1	断裂处的边界线
双折线	——\/——	*d*/2	01.1	断裂处的边界线

2. 图线宽度 技术制图中有粗线、中粗线、细线之分，在机械图样中只采用粗、细两种线宽，其宽度比例为 2∶1，其中粗线宽度可在表 1-3 中选择，优先采用 0.5mm 和 0.7mm 的线宽。线型的应用示例如图 1-7 所示。

表 1-3 图线宽度和组别 （单位：mm）

粗线宽度系列 d	0.25	0.35	0.5	0.7	1	1.4	2.0
对应细线宽度系列	0.13	0.18	0.25	0.35	0.5	0.7	1

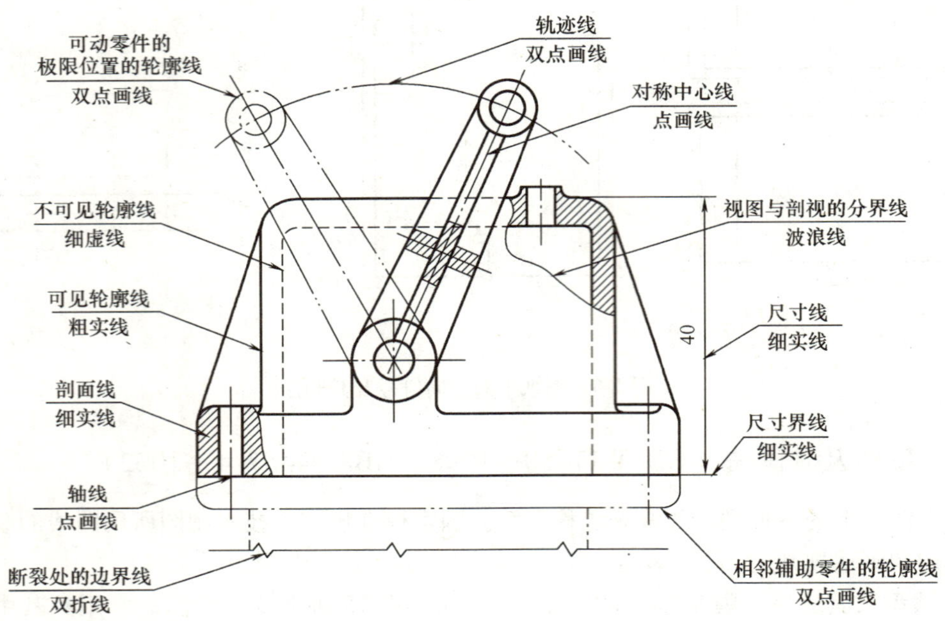

图 1-7 各种线型的应用示例

3. 图线的画法

1）在同一张图样内，同类图线的宽度应基本一致。虚线、点画线及双点画线的线段长度和间隔应各自大致相等。

2）图形的对称中心线、回转体轴线等的点画线，一般要超出图形轮廓线约 2～5mm。当在较小图形中绘制点画线或双点画线有困难时，可用细实线代替。

3）点画线与点画线或点画线与其他图线相交时，应是线段相交，而不应是点相交。绘制圆的对称中心线时，圆心应为线段的交点。单点画线和双点画线的首末两端应是线段而不是点。

4）虚线与其他图线相交（或同种图线相交）时，都应以线段相交；当虚线是粗实线的延长线时，粗实线应画到分界点，而虚线应以间隔与之相连。

5）相互平行的图线（包括剖面线），其间隙不宜小于其中的粗线宽度，且不宜小于 0.7mm。

6）图线不得与文字、数字或符号重叠、混淆，不可避免时，应首先保证文字等的清晰。

1.1.3　字体（GB/T 14691—1993）

工程图样上的字体均应做到字体工整、笔画清晰、间隔均匀、排列整齐，标点符号应清楚正确。汉字、数字、字母等字体大小以字号来表示，字体的高度用 h 来表示，大小应从公称尺寸系列中选用，如 3.5mm、5mm、7mm、10mm、14mm、20mm，如图 1-8 所示。

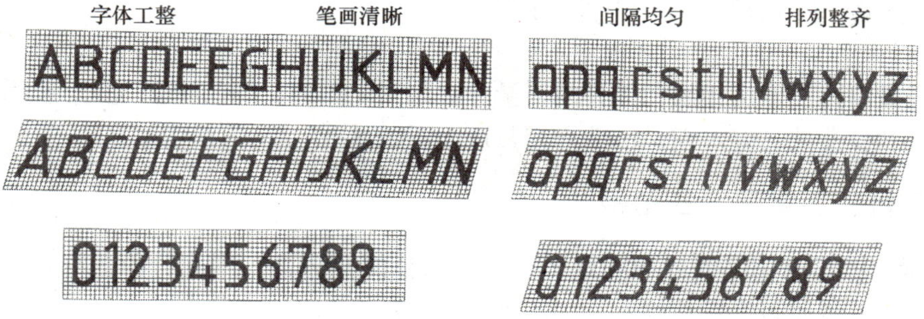

图 1-8　字体

1. 汉字　图样及说明中的汉字，应采用简化汉字书写，并用长仿宋字体，字体高度 h 不应小于 3.5mm，字宽的大小为 $h/\sqrt{2}$。

2. 数字和字母　数字和字母按笔画宽度与字高 h 的关系情况可分为 A 型（笔画宽度为 $h/14$）和 B 型（笔画宽度为 $h/10$）。在同一张图纸上只能采用一种字体。数字和字母有直体和斜体之分，斜体字字头向右倾斜，与水平基准线成 75°。

1.1.4　比例（GB/T 14690—1993）

图样的比例是图中图形与其实物相应要素的线性尺寸之比。线性尺寸是指相关的点、线、面本身的尺寸或它们的相对距离，如直线的长度、圆的直径、两平行表面的距离等。

绘图时所用的比例，应根据图样的用途与被绘对象的复杂程度，从表 1-4 和表 1-5 中选用，并优先用表 1-4 中的常用比例，必要时，允许选用表 1-5 中的可用比例。一般情况下，一个图样应选用一种比例。根据专业制图的需要，同一图样可选用两种比例，即某个视图或某一部分可采用不同的比例（例如局部放大图），但必须另行标注。

表 1-4　常用比例

种　类	比　例
原值比例	1:1
缩小比例	1:2　1:5　1:10　$1:2\times10^n$　$1:5\times10^n$　$1:10\times10^n$
放大比例	5:1　2:1　$5\times10^n:1$　$2\times10^n:1$　$1\times10^n:1$

表 1-5　可用比例

种　类	比　例
缩小比例	1:1.5　1:2.5　1:3　1:4　1:6　$1:1.5\times10^n$　$1:2.5\times10^n$　$1:3\times10^n$　$1:4\times10n$　$1:6\times10^n$
放大比例	4:1　2.5:1　$4\times10^n:1$　$2.5\times10^n:1$

注：n 为正整数。

比值为1的比例，叫做原值比例，即1∶1的比例，也叫等值比例。比值大于1的比例叫做放大比例，如2∶1等。比值小于1的比例，叫做缩小比例，如1∶2等。不论图样采用何种比例，也不论作图的精确程度如何，标注尺寸时均应按机件的实际尺寸和角度标注。一般情况下，比例应标注在标题栏中的“比例”一栏内。

1.2 手工绘图工具及其使用方法

绘图质量与速度取决于绘图工具的质量和对绘图工具的正确使用。因此，要养成正确使用绘图工具和仪器的良好习惯。下面介绍常用绘图工具及它们的使用方法。

1.2.1 图板、丁字尺、三角板

1. 图板 图板是用来铺放和固定图纸的。图板的左边是工作边，称为导边。图纸要铺放在图板上，并用胶带纸粘住固定，如图1-9所示。

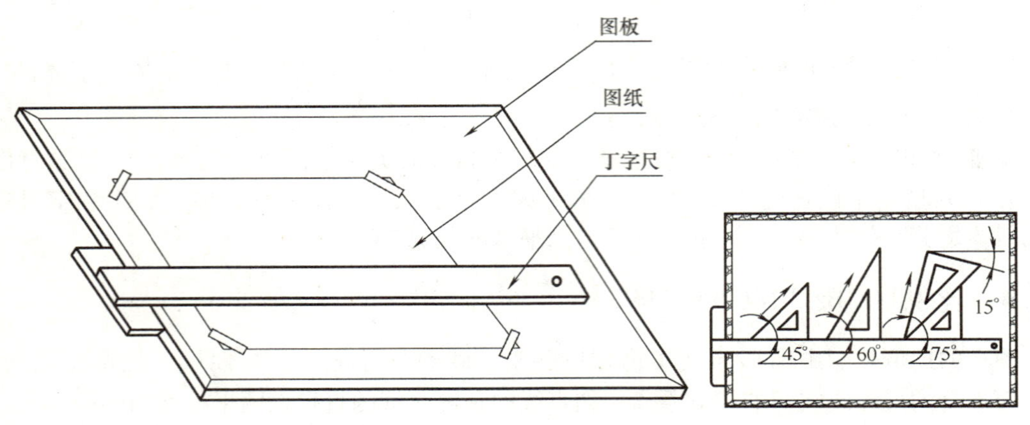

图1-9 图板、丁字尺、三角板的使用

2. 丁字尺 丁字尺主要用于画水平线，它由互相垂直并连接牢固的尺头和尺身两部分组成，尺身沿长度方向带有刻度的侧边为工作边。绘图时，要使尺头紧靠图板左边，并沿其上下滑动到需要画线的位置，同时使笔尖紧靠尺身，笔杆略向右倾斜，即可从左向右画出水平线，如图1-9所示。

3. 三角板 三角板由45°和30°（60°）各一块组成一副，主要用于配合丁字尺来画垂直线与倾斜线。画垂直线时，应使丁字尺尺头紧靠图板工作边，三角板直角的一边紧靠住丁字尺的尺身，然后用左手按住丁字尺和三角板，且应靠在三角板的左边自下而上画线；画30°、45°、60°倾斜线时均需丁字尺与一块三角板配合使用；两块三角板配合使用，还可以画出已知直线的平行线或垂直线。

1.2.2 圆规和分规

圆规主要是用来画圆及圆弧的。分规主要是用来量取线段长度和等分线段的，两腿都是钢针。为了能准确地量取尺寸，两针尖应调整到平齐。

1.2.3　绘图用品

1. 绘图纸　绘图时要选用专用的绘图纸。专用绘图纸应纸质坚实，纸面洁白，且符合国家标准规定的幅面尺寸。

2. 铅笔　铅笔是用来画图线或写字的。铅笔的铅芯有软硬之分，铅笔上标注的“H”表示铅芯的硬度，“B”表示铅芯的软度，“HB”表示软硬适中，“B”、“H”前的数字越大表示铅笔越软或越硬。画工程图时，应使用较硬的铅笔打底稿，如 3H、2H 等，用 HB 铅笔写字，用 B 或 2B 铅笔加深粗线。加深粗线用的铅笔通常削成铲形，其他铅笔通常削成锥形，笔芯露出约 6 ~8mm，如图 1-10 所示。

3. 曲线板　曲线板是用来画非圆曲线的工具。曲线板的使用方法是根据曲线上求得的若干点，将曲线板靠上，在曲线板边缘上选择一段至少能经过曲线上 3 ~4 个点的一段，沿曲线板边缘画出此段曲线，再移动曲线板，自前段接画曲线，如此延续下去，即可画出完整的曲线。

4. 擦图片　擦图片是用来擦除图线的。使用时，可选择擦图片上适宜的镂孔盖在图线上，使要擦去的部分从镂孔中露出，再用橡皮擦拭，如图 1-10 所示。

5. 其他绘图用品　除上述用品外，绘图时还需要小刀（或刀片）、绘图橡皮、胶带纸、量角器、砂纸及软毛刷等。

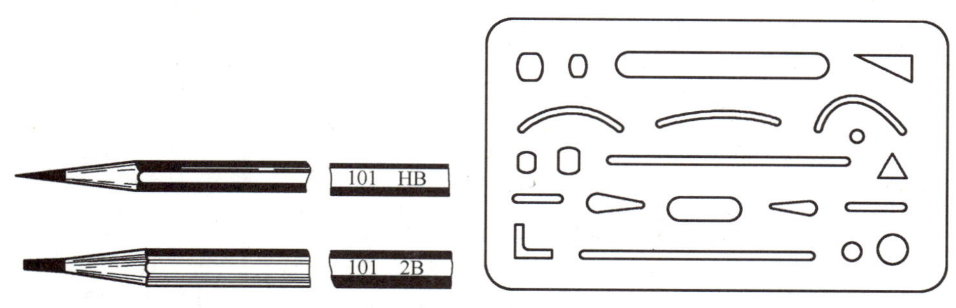

图 1-10　铅笔和擦图片

1.3　常用几何图形的画法

1.3.1　几何作图

1. 线段的等分

（1）将线段 *AB* 五等分　作图步骤如图 1-11a 所示。

1）过 *A* 点作辅助线 *AC*，在 *AC* 上取五个等长线段得 1′、2′、3′、4′、5′。

2）连接端点 *B*5′，过 1′、2′、3′、4′分别作 *B*5′的平行线，与 *AB* 交于 1、2、3、4 点。1、2、3、4 点即为线段 *AB* 的五等分点。

（2）两平行线间的任意等分　图 1-11b 所示为两平行线的五等分。

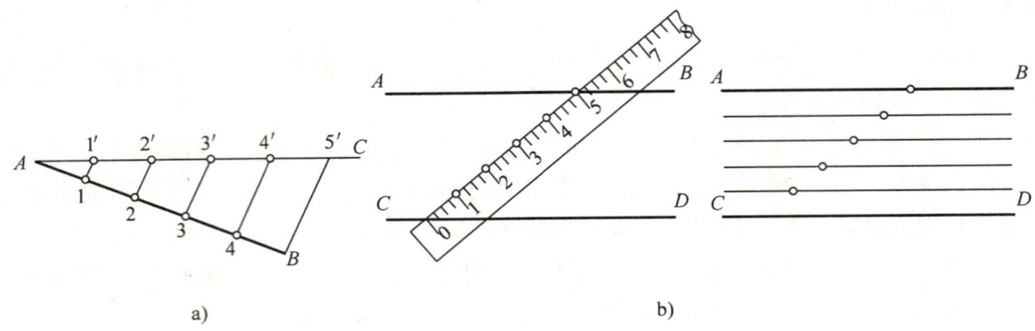

图 1-11　五等分线段

2. 等分圆周作正多边形

（1）正六边形　作圆的内接正六边形，如图 1-12 所示。

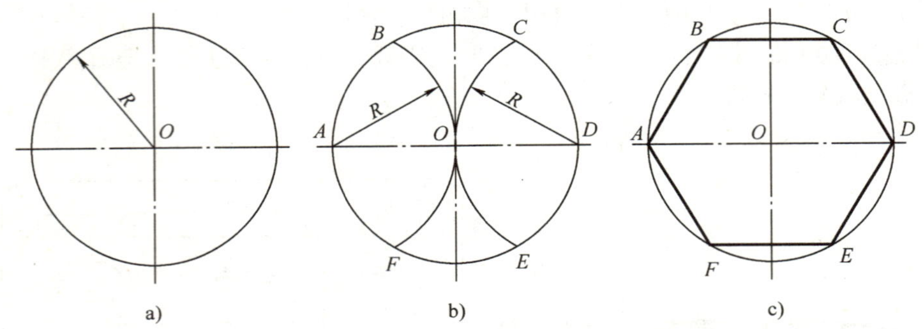

图 1-12　作圆的内接正六边形

（2）任意正多边形的画法　图 1-13 所示为以 *AB* 为直径作正七边形的步骤。

1）把直径 *AB* 分为七等分，得等分点 1、2、3、4、5、6，如图 1-13a 所示；以 *A* 为圆心，*AB* 为半径作圆弧，交水平直径的延长线于 *M*、*N* 两点，如图 1-13b 所示。

2）从 *M*、*N* 两点分别向各偶数点（2、4、6）连线并延长相交于圆周上的 *C*、*D*、*E*、*F*、*G*、*H* 点，如图 1-13c 所示；依次连接 *A*、*C*、*D*、*E*、*F*、*G*、*H* 点即得正七边形，如图 1-13d 所示。

3. 椭圆的四心圆画法　作图步骤如图 1-14 所示。

1）连接 *AC*，在 *AC* 上截取点 *CE*，使 $CE = OA - OC$。如图 1-14a 所示。

2）作线段 *AE* 的垂直平分线，使其分别交 *OA* 和 *OD* 于 1 和 2 点；以 *O* 为对称中心，找出 1 的对称点 3 和 2 的对称点 4，此 1、2、3、4 各点即为所求的四圆心；将四个圆心点两两相连，得出四条连心线，如图 1-13b 所示。

3）分别以 2、4 为圆心，2*C*（或 4*D*）为半径画圆弧；再分别以 1、3 为圆心，1*A*（或 3*B*）为半径画圆弧，使所画四弧的接点分别落在四条连心线的延长线上，即得所求的椭圆，如图 1-14c 所示。

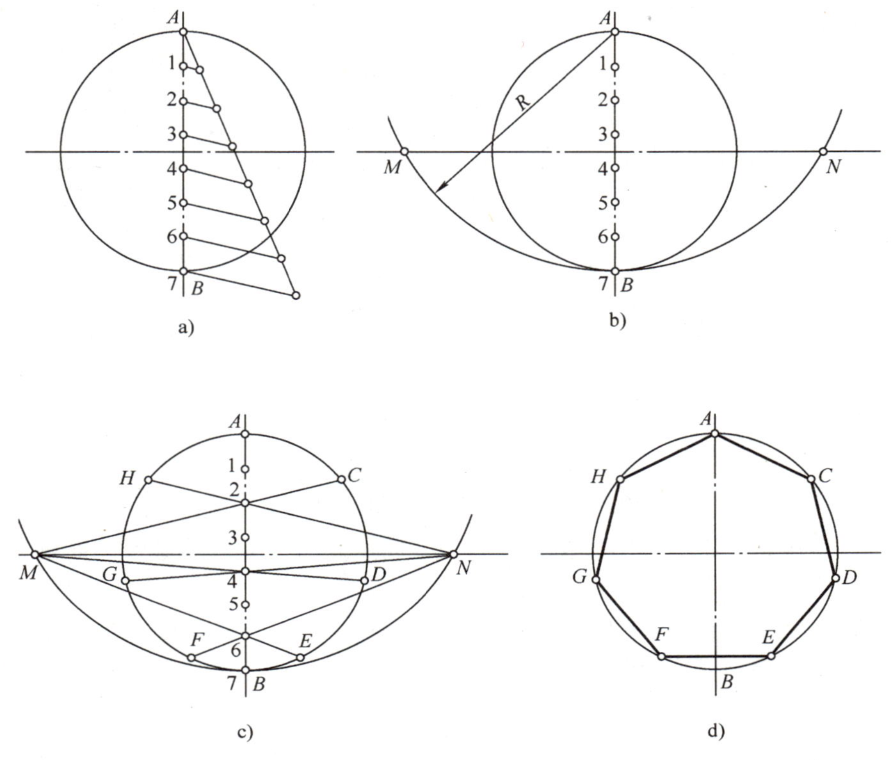

图 1-13　任意正多边形的画法

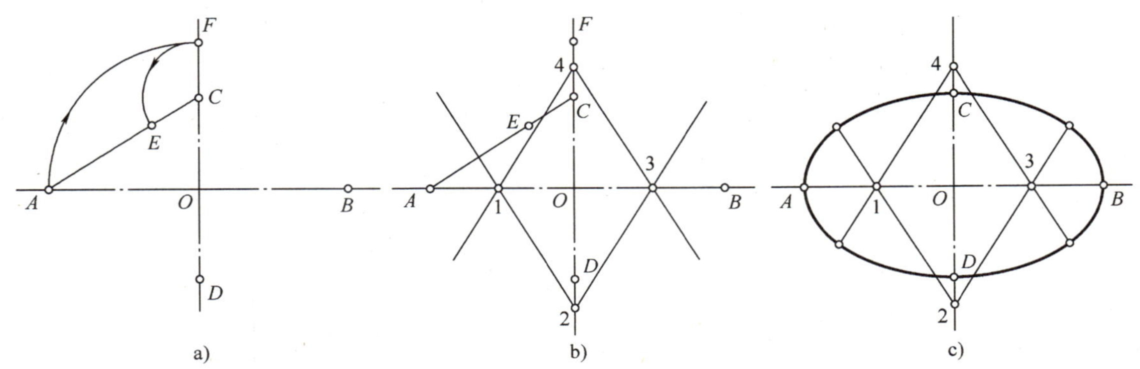

图 1-14　四心圆法画椭圆

1.3.2　斜度和锥度

1. 斜度　斜度是指一直线或平面相对另一直线或平面的倾斜程度。其大小用该两直线（或平面）间夹角的正切来表示，并将比值化为 1∶*n* 的形式，即斜度 $=\tan\alpha = H/L = 1:n$，如图 1-15a 所示。

斜度符号的绘制方法如图 1-15b 所示，斜度标注示例如图 1-15c 所示。斜度的绘制方法如图 1-15d、e、f 所示，先作 1∶7 斜度线，再过已知点 *C* 作斜度线的平行线。

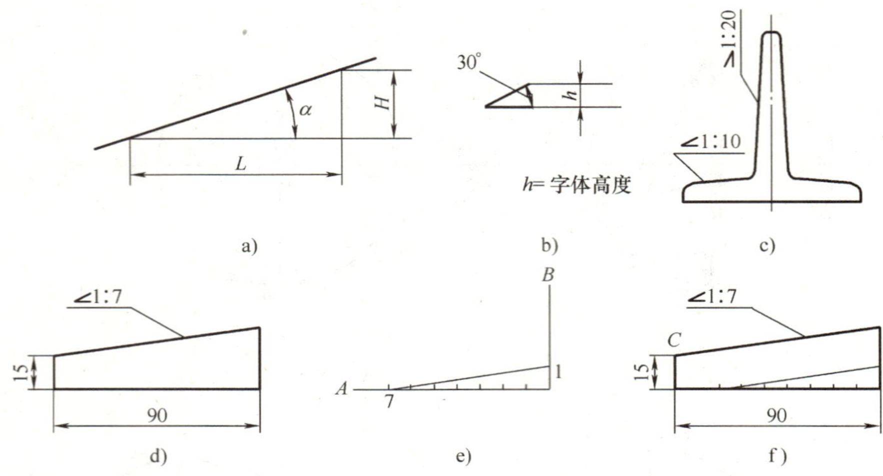

图 1-15 斜度符号及斜度的绘制方法

2. 锥度 锥度是指正圆锥的底圆直径与圆锥高度之比，或正圆锥台两底圆直径之差与锥台高度之比。

如图 1-16a 所示，锥度 $= D/H = (D - d)/h = 2\tan\alpha = 1:n$。锥度符号及标注示例如图 1-16b、c 所示。锥度绘制方法如图 1-16d、e 所示，先作 1∶4 的锥度线再过已知点作锥度线的平行线。

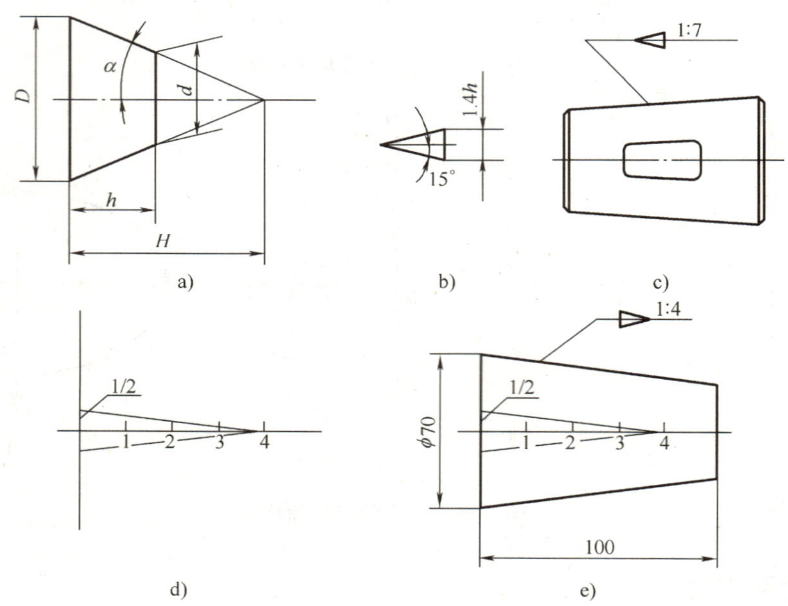

图 1-16 锥度符号及锥度的绘制方法

1.3.3 圆弧连接

绘制平面图形时，经常需要用圆弧将图线光滑地连接起来，这种连接作图称为圆弧连接，用来连接的圆弧称为连接圆弧。为了能准确连接，作图时必须先求出连接圆弧的圆心，再找连接点（切点），最后作出连接圆弧。

1. 用圆弧连接两直线　作图步骤如图 1-17 所示。

1）在直线 AC 上任找一点并以其为垂足作直线 AC 的垂线，再在该垂线上找到垂足的距离为 R 的另一点，并过该点作直线 AC 的平行线。

2）用同样方法作出距离等于 R 的 BC 直线的平行线。

3）找到两平行线的交点 O 即为连接圆弧的圆心。

4）自点 O 分别向直线 AC 和 BC 作垂线，得垂足 1、2，即为连接点（切点）。

5）以 O 为圆心、R 为半径在 1、2 之间作圆弧，完成连接作图。

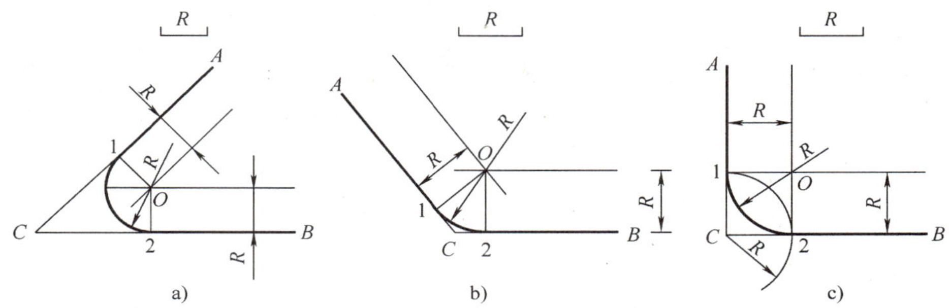

图 1-17　用半径为 R 的圆弧连接两直线 AC 和 CB

2. 用圆弧连接一直线和一圆弧　如图 1-18a 所示，已知连接圆弧半径为 R，被连接圆弧圆心为 O_1、半径为 R_1 以及直线 AB，求作连接圆弧（要求与已知圆弧外切）。

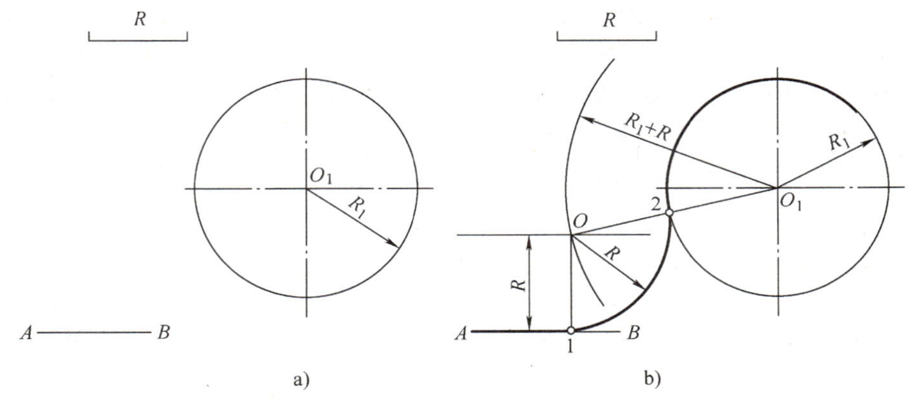

图 1-18　用圆弧连接一直线和一圆弧

1）作已知直线 AB 的平行线，使其间距为 R，再以 O_1 为圆心、$R+R_1$ 为半径作圆弧，该圆弧与所作平行线的交点 O 即为连接圆弧的圆心。

2）由点 O 作直线 AB 的垂线得垂足 1，连接 OO_1，与圆弧 O_1 交于点 2，1、2 即为连接圆弧的连接点（两个切点）。

3）以 O 为圆心，R 为半径在 1、2 之间作圆弧，完成连接作图。

3. 用圆弧连接两圆弧

（1）与两个圆弧外切连接　如图 1-19 所示，已知连接圆弧半径为 R，被连接两个圆弧的圆心分别为 O_1、O_2，半径为 R_1、R_2，求作连接圆弧。作图步骤如下。

1）以 O_1 为圆心，$R+R_1$ 为半径作一圆弧，再以 O_2 为圆心、$R+R_2$ 为半径作另一圆弧，两圆弧的交点 O 即为连接圆弧的圆心。

2）作连心线 OO_1，它与圆弧 O_1 的交点为 1，再作连心线 OO_2，它与圆弧 O_2 的交点为 2，则 1、2 即为连接圆弧的连接点（外切的切点）。

3）以 O 为圆心，R 为半径在 1、2 之间作圆弧，完成连接作图。

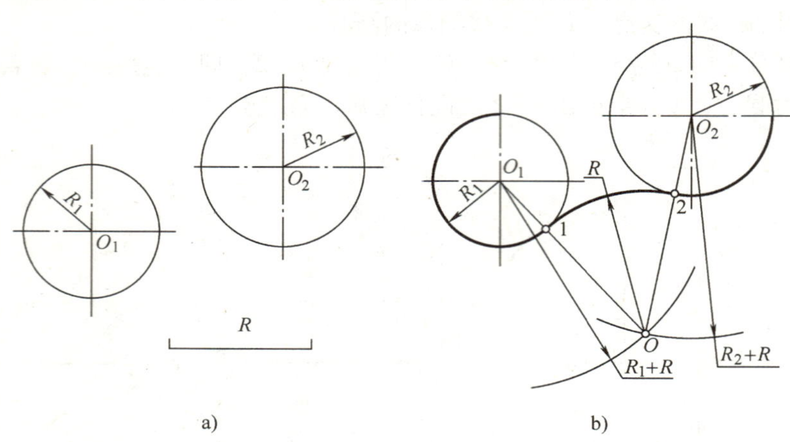

图 1-19　用圆弧外切连接两圆弧

（2）与两个圆弧内切连接　如图 1-20 所示，已知连接圆弧的半径为 R，被连接的两个圆弧圆心分别为 O_1、O_2，半径为 R_1、R_2，求作连接圆弧。作图步骤如下。

1）以 O_1 为圆心，$R-R_1$ 为半径作一圆弧，再以 O_2 为圆心、$R-R_2$ 为半径作另一圆弧，两圆弧的交点 O 即为连接圆弧的圆心。

2）作连心线 OO_1，它与圆弧 O_1 的交点为 1，再作连心线 OO_2，它与圆弧 O_2 的交点为 2，则 1、2 即为连接圆弧的连接点（内切的切点）。

3）以 O 为圆心，R 为半径在 1、2 之间作圆弧，完成连接作图。

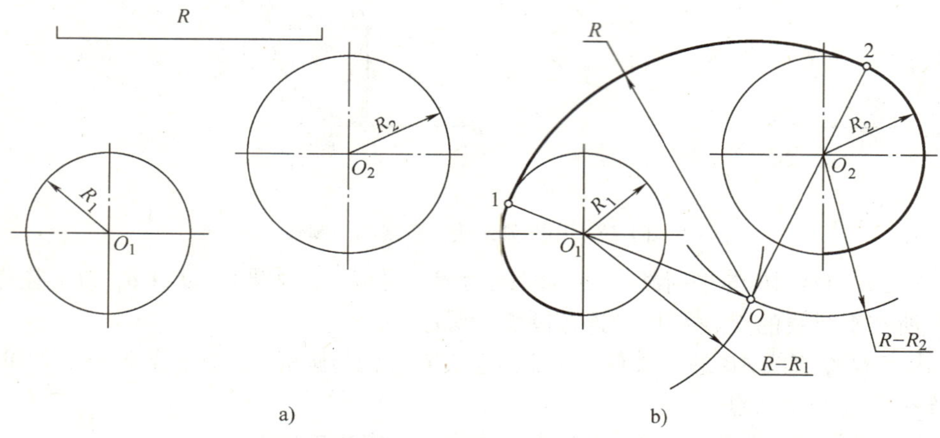

图 1-20　用圆弧内切连接两圆弧

（3）与两个圆弧混合连接（与一个圆弧外切，与另一个圆弧内切）　如图 1-21 所示，已知连接圆弧半径为 R，被连接的两个圆弧圆心为 O_1、O_2，半径为 R_1、R_2，求作一连接圆弧，使其与圆弧 O_1 外切，与圆弧 O_2 内切。作图步骤如下。

1）分别以 O_1、O_2 为圆心，$R-R_1$、$R+R_2$ 为半径作两个圆弧，两圆弧交点 O 即为连接圆弧的圆心。

2）作连心线 OO_1，与圆弧 O_1 相交于1；再作连心线 OO_2，与圆弧 O_2 相交于2，则1、2即为连接圆弧的连接点（前为外切切点、后为内切切点）。

3）以 O 为圆心，R 为半径在1、2之间作圆弧，完成连接作图。

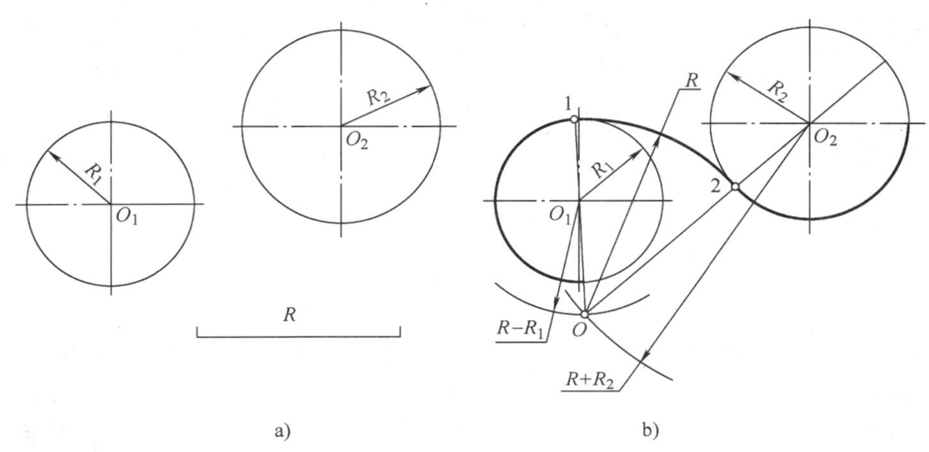

图1-21 用圆弧内外连接两圆弧

1.4 尺寸标注（GB/T 4458.4—2003）

在图样中，图形只能表达机件的结构形状，要确定机件的大小，还要标注尺寸。尺寸是图样的重要组成部分，尺寸正确、合理与否，将直接影响到图样的质量。

1. 基本原则

1）机件的真实大小应以图样所注的尺寸数值为依据，与图形的大小、所使用的比例及绘图的准确程度无关。机件真实尺寸不得从图上直接量取。

2）图样中（包括技术要求和其他说明）的尺寸，以毫米为单位时，不需标注计量单位的代号或名称，若采用其他单位，则必须注明相应的计量单位的代号或名称。例如：角度为30度10分5秒，则在图样上应标注成“30°10′5″”。

3）图样中所标注的尺寸为该图样所示机件的最后完工尺寸，否则应另加说明。

4）机件的每一尺寸，一般只标注一次，应标注在反映该结构最清晰的图形上。

2. 尺寸的组成 图样上的尺寸包括四个要素：尺寸界线、尺寸线、尺寸线终端和尺寸数字、符号，如图1-22a所示。

（1）尺寸界线 尺寸界线用来表示所注尺寸的范围界限，用细实线绘制，应从图样的轮廓线、轴线或对称中心线引出，必要时可直接利用图样轮廓线、中心线及轴线作为尺寸界线。一般应与被标注长度垂直，必要时才允许与尺寸线倾斜（见表1-6中光滑过渡处的标注）。尺寸界线应超出尺寸线2～3mm。

（2）尺寸线 尺寸线应用细实线绘制，不应超出尺寸界线外，图样上任何图线都不得作为尺寸线。互相平行的尺寸线，应从被注的图样轮廓线由近向远整齐排列，小尺寸应离轮廓线较近，大尺寸离轮廓线较远，如图 1-22b 所示。

（3）尺寸线终端　尺寸线终端一般用箭头或细斜线绘制，在机械图样中一般采用箭头的形式，在土建图样中使用细斜线的形式。箭头的形式如图 1-22c 所示。

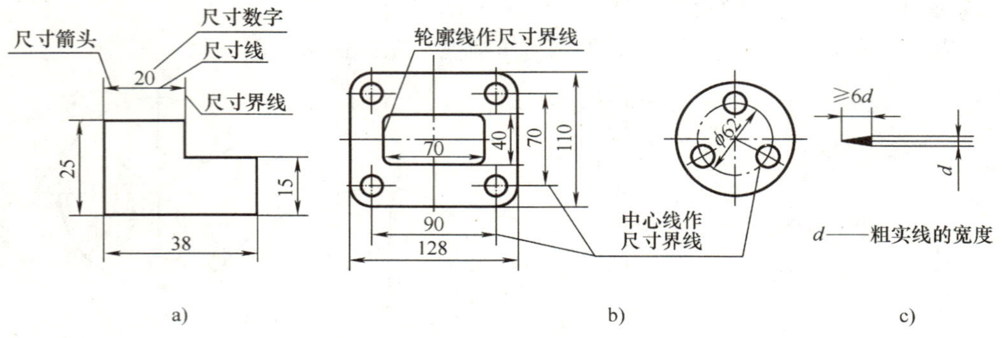

图 1-22　尺寸标注示例及箭头画法

（4）尺寸数字　尺寸数字一般注写在尺寸线的上方或者左方。水平方向的尺寸，尺寸数字要写在尺寸线的上方，字头朝上；竖直方向的尺寸，尺寸数字要写在尺寸线的左侧，字头朝左；倾斜方向的尺寸，尺寸数字的方向应按图 1-23a 的规定注写。应尽可能避免在图中所示 30°范围内标注尺寸数字，当无法避免时可按 1-23b 所示的引出形式注写。国标规定在不致引起误解时，数字也可注写在尺寸线的中断处。但在同一图样中，应采用同一种方法注写尺寸数字。

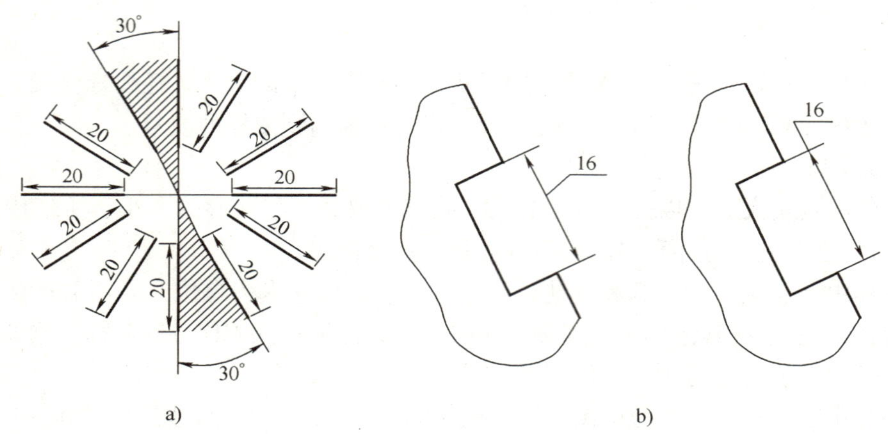

图 1-23　尺寸数字的注写方向

尺寸数字前面的符号用于区分不同类型的尺寸，可能使用的符号和缩写词见表 1-6。

表 1-6　标注尺寸的符号及缩写词

名　称	直径	半径	球直径	球半径	厚度	正方形
符　号	ϕ	R	$S\phi$	SR	t	□
名　称	45°倒角	深度	沉孔或锪平		埋头孔	均布
符　号	C	↧	⊔		∨	EQS

3. 尺寸注法示例　表 1-7 列出了国标所规定的一些尺寸注法。

表 1-7　尺寸标注示例

项目	示　例	说　明
光滑过渡处	18	在光滑过渡处必须用细实线将轮廓线延长，并从它们的交点处引出尺寸界线，一般应垂直，若不清晰时，则允许尺寸界线倾斜
直径	ϕ18　ϕ12　ϕ18　ϕ8	整圆或大于半圆圆弧应注直径。直径尺寸线应通过圆心，尺寸线的两个终端应画成箭头，在尺寸数字前应加注符号“ϕ” 当图形中的圆只画出一半或略大于一半时，尺寸线应略超过圆心，且仅在尺寸线的一端画出箭头
半径	R10　R12　R18　R13　R15	半圆或小于半圆的圆弧标注半径。标注圆弧半径时，尺寸线的一端一般应画到圆心，以明确表示其圆心的位置，另一端画成箭头。在尺寸数字前应加注符号“R” 半径尺寸必须注在投影为圆弧的图形上
大圆弧	R60　SR64	当圆弧的半径过大，或在图样范围内无法标出其圆心位置时，可按左图的形式标注。标注球面的直径或半径时，应在符号“ϕ”或“R”前再加注符号“S”
小尺寸	3 2 3　5　4　3　3 2 3　3　2 4 R5　R5　R5　R5　R3　R2　R4 R3 ϕ10　ϕ10　ϕ10　ϕ5　ϕ5　ϕ5	连续几个较小的尺寸，允许用黑圆点或斜线代替中间箭头，但两端箭头仍应画出 当没有足够位置画箭头或写数字时，可将其中之一布置在外面；位置更小时箭头和数字可以都布置在外面 图上直径较小的圆或圆弧，在没有足够的位置画箭头或注写数字时，可按左图的形式标注。标注小圆弧半径的尺寸线，不论其是否画到圆心，其方向必须通过圆心

（续）

项目	示　例	说　明
数字	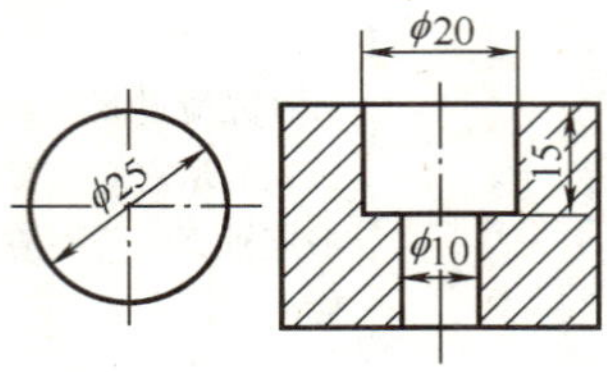	数字不可被任何图线所通过，当不可避免时，必须把图线断开
对称画法的标注	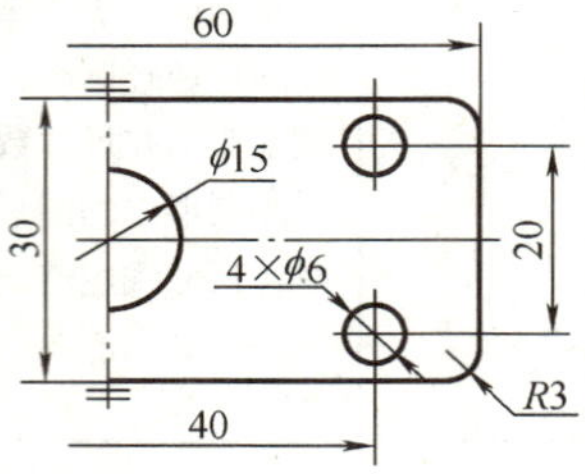	当对称机件采用对称省略画法时，该对称机件的尺寸线应略超过对称符号，仅在尺寸线的一端画尺寸界线和箭头，尺寸数字应按全尺寸注
角度	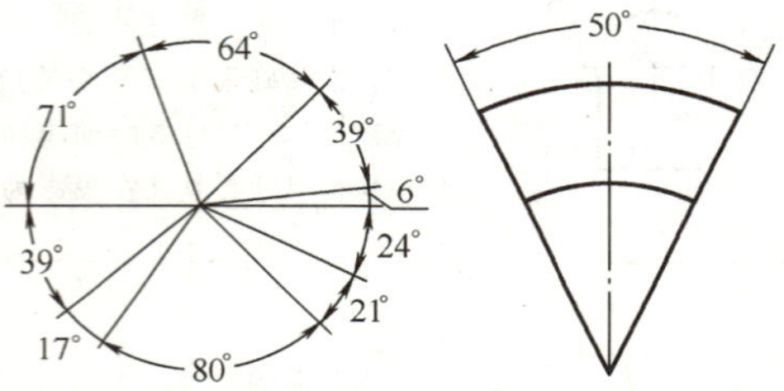	角度尺寸线应画成圆弧，其圆心是该角的顶点。角度尺寸界线应沿径向引出 角度的数字应一律写成水平方向，一般注写在尺寸线的中断处，必要时也可以注写在尺寸线的上方，也可引出标注

1.5　平面图形的分析与画法

平面图形是由若干线段所围成的，而线段的形状与大小是根据给定的尺寸确定的。现以图 1-24 所示的平面图形为例，说明尺寸与线段的分析方法。

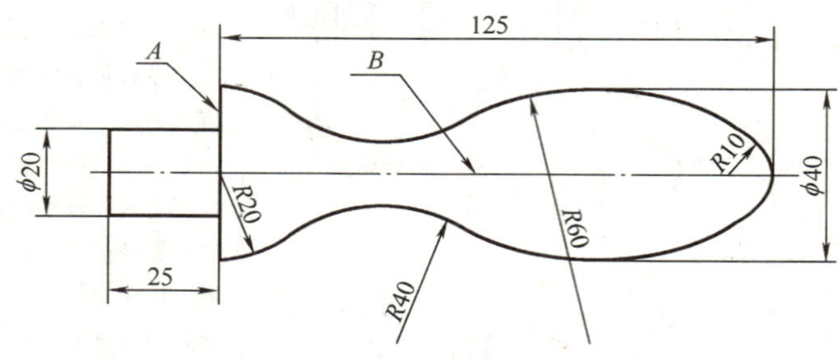

图 1-24　平面图形的尺寸与线段分析

1.5.1　平面图形的尺寸分析

1. 尺寸基准　尺寸基准是标注尺寸的起点。平面图形的长度方向和高度方向都要确定一个尺寸基准。尺寸基准常常选用图形的对称线、底边、侧边、图中圆周或圆弧的中心线等。在图 1-24 所示的平面图形中，水平中心线 *B* 是高度方向的尺寸基准，端面 *A* 是长度方向的尺寸基准。

2. 定形尺寸和定位尺寸　定形尺寸是确定平面图形各组成部分大小的尺寸，如图 1-24 所示的 *R*60mm、*R*40mm、*R*10mm、ϕ20mm 等；定位尺寸是确定平面图形各组成部分相对位置的尺寸，如图 1-24 所示的 ϕ40mm、长度 25mm 等。从尺寸基准出发，通过各定位尺寸可确定各组成部分的相对位置，通过各定形尺寸可确定各组成部分的大小。

1.5.2　平面图形的线段分析

在绘制有连接作图的平面图形时，需要根据尺寸的条件进行线段分析。平面图形圆弧连接处的线段，根据尺寸是否完整可分为以下三类。

1. 已知线段　根据给出的尺寸可以直接画出的线段。这个线段的定形尺寸和定位尺寸都完整。如图 1-24 所示左边由尺寸 25mm 和 ϕ20mm 确定的直线，先绘制已知线段。

2. 中间线段　有定形尺寸和不完全定位尺寸的线段。如图 1-24 所示 *R*60mm 的圆弧。按条件在中间线段范围内绘制底图。

3. 连接线段　只有定形尺寸而没有定位尺寸的线段。如图 1-24 所示圆弧 *R*40mm 的圆心定位尺寸均未给出，是连接线段。连接线段需要用与两侧相邻线段的连接条件来绘制，前面介绍的圆弧连接方法是常用方法。

1.5.3　平面图形的画法

1）首先对平面图形进行尺寸分析和线段分析，找出尺寸基准和圆弧连接的线段，拟定作图顺序。

2）选定比例，画底稿。先画平面图形的对称线、中心线或基线，再顺次画出已知线段、中间线段、连接线段。

3）画尺寸线和尺寸界线，并校核修正底稿，清理图面。

4）按规定线型加深或上墨，写尺寸数字，再次校核修正。

抄绘图 1-24 所示平面图形的绘图步骤，如图 1-25 所示。

1）画基准线和已知线段。根据各个基准的定位尺寸画定位线，以确定平面图形上的位置和构成平面图形的各基本图线的相对位置。如图 1-25a 所示，先画出水平和垂直方向的基准线，并根据 ϕ20mm、25mm、*R*20mm、*R*10mm 画出已知线段。

2）画中间线段。如图 1-25b、1-25c 所示，先根据 *R*60mm 圆弧与 *R*10mm 圆弧的相切关系以及 *R*60mm 圆弧与 ϕ40mm 尺寸线的相切关系确定 *R*60mm 的圆心，然后画出 *R*60mm 的圆弧。

3）画连接线段。如图 1-25d、1-25e 所示，先根据 *R*40mm 连接弧与 *R*60mm 和 *R*20mm 的连接关系确定圆心，再画出 *R*40mm 的连接弧。

4）整理全图。仔细检查无误后加深图线，标注尺寸，如图 1-25f 所示。

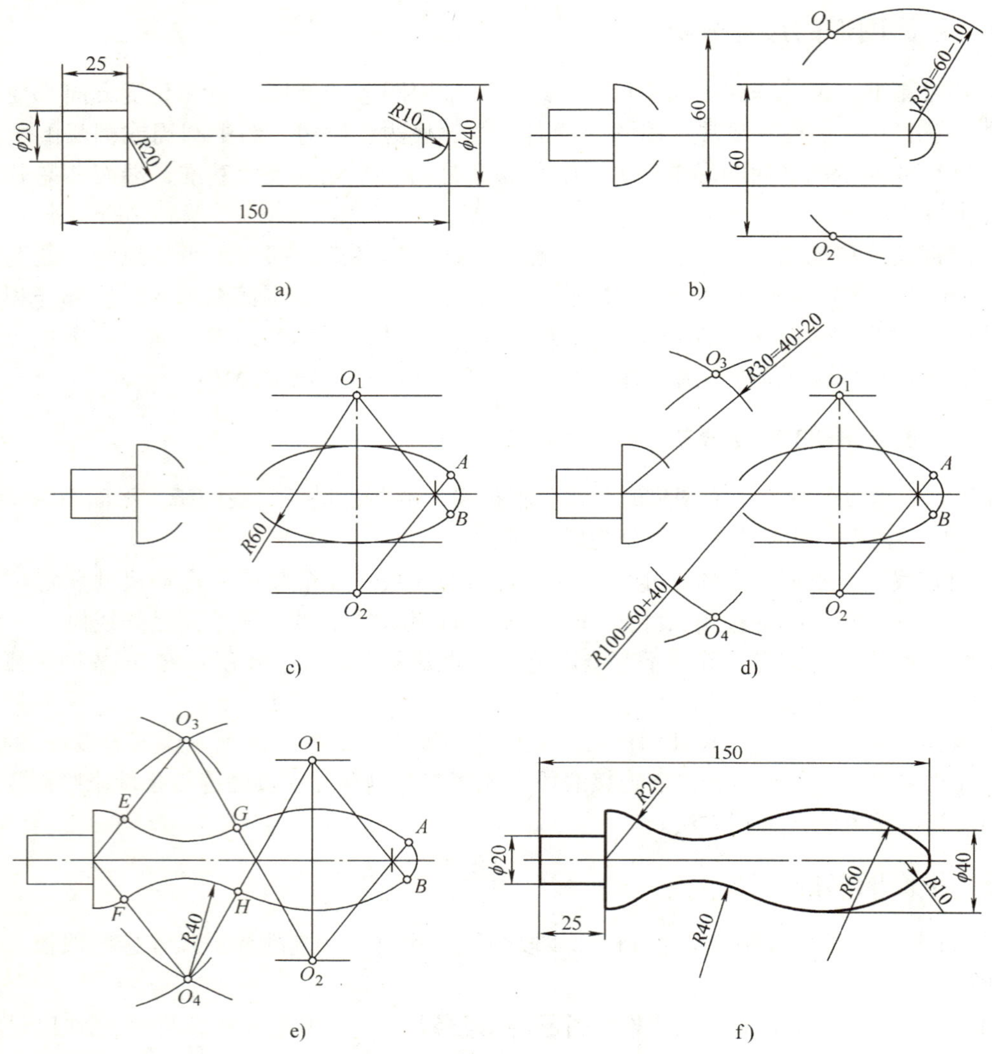

图 1-25　平面图形的画图步骤

1.6　绘制平面图的一般方法和步骤

1.6.1　用绘图工具和仪器绘制平面图

为了保证绘图质量和提高绘图速度，除正确使用绘图仪器、工具，熟练掌握几何作图方法和严格遵守国家制图标准外，还应注意绘图步骤和方法。

1. 准备工作　对所绘图样的内容及要求进行了解；准备好必要的绘图仪器、工具和用品；将图纸用胶带纸固定在图板上，位置要适当。

2. 画底稿

1）按制图标准的要求，先把图框线及标题栏的位置画好；根据图形的数量、大小及复杂程度选择比例，安排图位，画出图形的中心线。

2）画图形的轮廓线。按从大到小，从整体到局部的顺序，直至画出所有轮廓线。

3）仔细检查，擦去多余的底稿线。

3. 用铅笔加深

1）当直线与曲线相连时，先画曲线后画直线。加深后的同类图线，其粗细和深浅要保持一致。加深同类线型时，要按照水平线从上到下，垂直线从左到右的顺序一次完成。

2）各类线型的加深顺序是：加深中心线、粗实线、虚线、细实线；加深图框线、标题栏及表格，并填写其内容及说明。

4. 标注尺寸，完成图上所有内容

5. 注意事项

1）画底稿的铅笔用 H 或 2H，画线条时要轻而细。

2）加深粗实线的铅笔用 2B，加深细实线的铅笔用 HB。写字的铅笔用 HB。加深圆弧时所用的铅芯，应比加深同类型直线所用的铅芯软一号。

1.6.2　用铅笔徒手绘制草图

用绘图仪器画出的图，称为仪器图；不用仪器，徒手作出的图称为草图，如图 1-26 所示。草图的“草”字只是指徒手作图而言，并没有允许潦草的含义。草图上的线条也要粗细分明，基本平直，方向正确，长短大致符合比例，线型符合国家标准。徒手画图的要点是：徒手目测、先画后量、横平竖直、曲线光滑。草图应当比例协调一致，图面工整清晰。画草图要手眼并用，作垂直线、等分线段或圆弧、截取相等的线段等，都是靠眼睛目测确定的。初学画草图时，最好画在方格（坐标）纸上，图形各部分之间的尺寸可借助方格数的比例来确定。画直线时，要注意手指和手腕执笔的力度。画短直线时，以手腕运笔，画长直线时，整个手臂运动，眼睛要随时注视直线终点，保持运笔方向。画圆时，应先画中心线以确定圆心。若画直径较小的圆，可先在圆心上按半径目测定出四点，然后徒手将各点连接成圆。若画直径较大的圆，可过圆心加画一对十字线，按半径目测定出八个点，然后连接成圆。

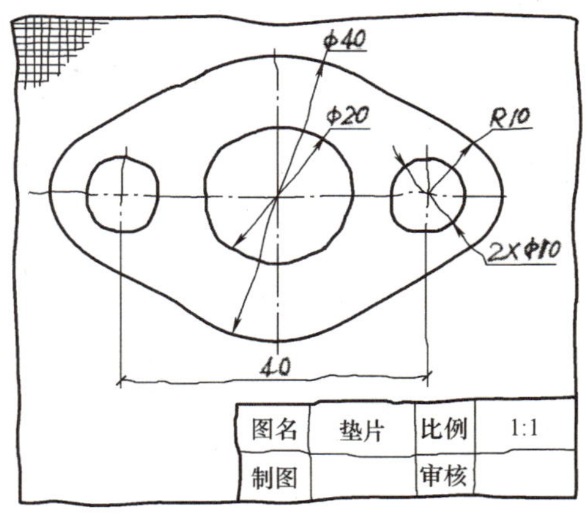

图 1-26　画物体的平面草图

第2章　基本体与简单物体三视图绘制

【能力目标】 培养投影所需的空间想象能力；能够绘制和识读基本体的三视图；能够绘制和识读简单物体的三视图；能够分析和标注基本体的尺寸。

【任务1】 在图纸或者坐标纸上绘制图2-33所示基本体的三视图。

【任务2】 在图纸或者坐标纸上绘制图2-36所示简单物体的三视图。

2.1　投影法的基本知识

2.1.1　投影法的概述及分类

1. 投影法的概念　物体在光线照射下会在地面或墙壁上产生影子，这就是常见的投影现象。人们根据生产活动的需要，对这种现象加以抽象和总结，逐步形成了投影法。所谓投影法，就是一组投射线通过物体向某一平面上投射得到图形的方法。这一平面 P 称为投影面，在 P 面上所得到的图形称为投影，如图2-1所示。

2. 投影法的分类　工程上常见的投影法有中心投影法和平行投影法。

（1）中心投影法　投射线汇交于一点的投影法，如图2-1所示。由图可见，空间四边形 $ABCD$ 比其投影 $abcd$ 四边形小。因为中心投影法所得投影不能反映物体的真实形状和大小，所以，在机械图样中很少使用。

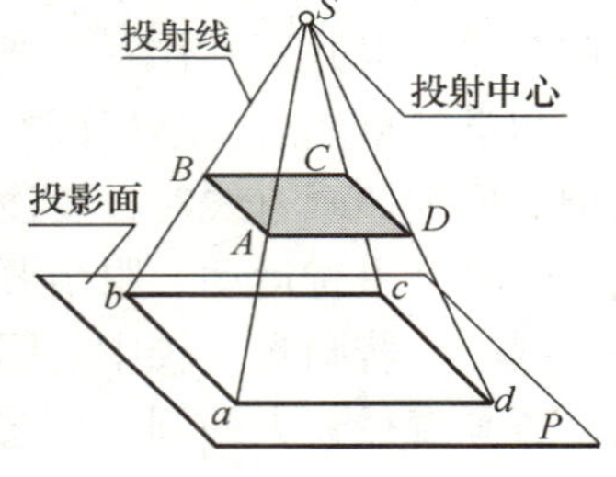

图2-1　中心投影法

（2）平行投影法　投射线互相平行的投影法，如图2-2、2-3所示。平行投影法分为斜投影法和正投影法两类，投射线与投影面倾斜的平行投影称为斜投影法，如图2-2所示；投射线与投影面垂直的平行投影称为正投影法，如图2-3所示。

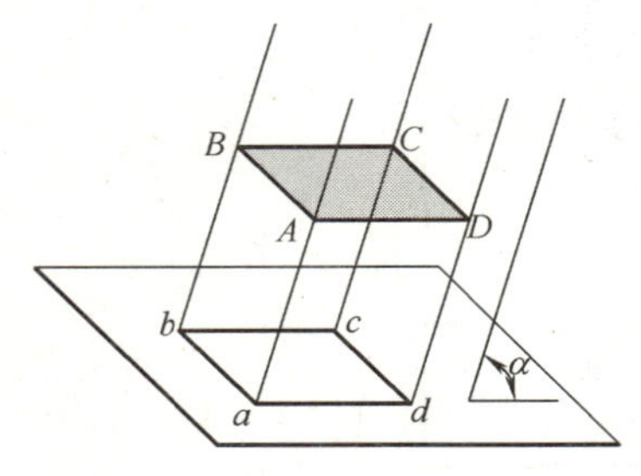

图2-2　斜投影法

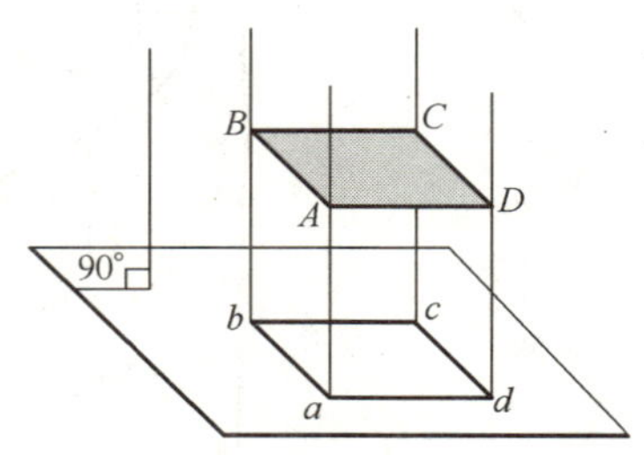

图2-3　正投影法

由于正投影法的投射线相互平行且垂直于投影面，正投影在投影图上容易如实表达空间物体的形状和大小，作图比较方便，因此机械图样主要采用正投影法，正投影简称为投影。

2.1.2　正投影的基本特性

1. 真实性　当直线或平面与投影面平行时，直线的投影为反映空间直线实长的直线段，平面投影为反映空间平面实形的图形，正投影这种特性称为真实性，如图 2-4a 所示。

2. 积聚性　当直线或平面与投影面垂直时，直线的投影积聚成一点，平面的投影积聚成一条直线，正投影的这种特性称为积聚性，如图 2-4b 所示。

3. 类似性　当直线或平面与投影面倾斜时，直线的投影为小于空间直线实长的直线段，平面的投影为小于空间实形的类似形，正投影的这种特性称为类似性，如图 2-4c 所示。

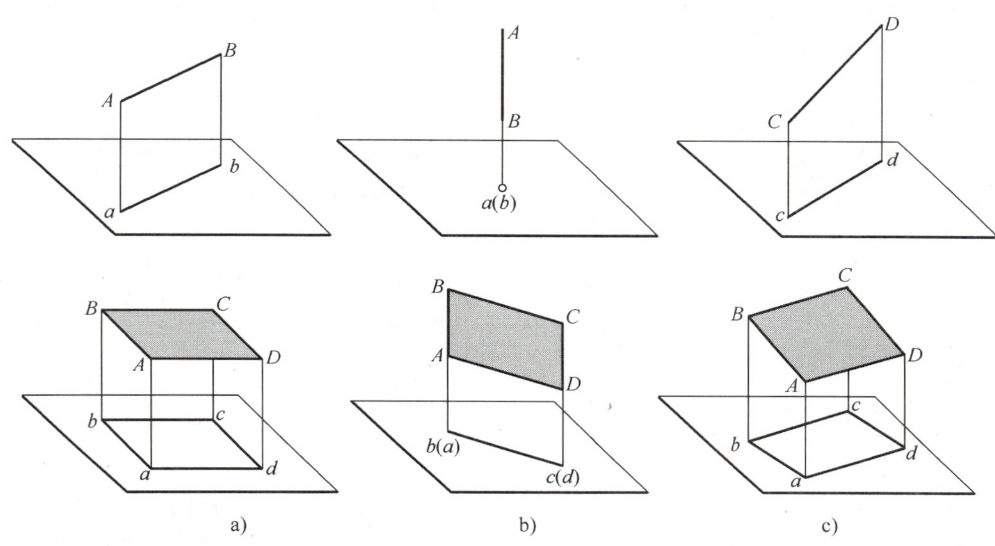

图 2-4　正投影的基本特性
a）直线、平面平行于投影面的投影　b）直线、平面垂直于投影面的投影　c）直线、平面倾斜于投影面的投影

2.2　物体的视图投影规律及绘制

制图国家标准规定，机件向投影面投射时所得的图形称为视图。根据正投影的方法，可以画出形体在一个投影面上的视图。

【例 2-1】　若投影面分别为水平面、后正立面、右侧立面，绘制图 2-5a 所示物体的视图。

若投影面为水平面，则投射方向由上向下，图形如图 2-5b 所示；若投影面为后正立面，则投射方向由前向后，图形如图 2-5c 所示；若投影面为右侧立面，则投射方向由左向右，图形如图 2-5d 所示。

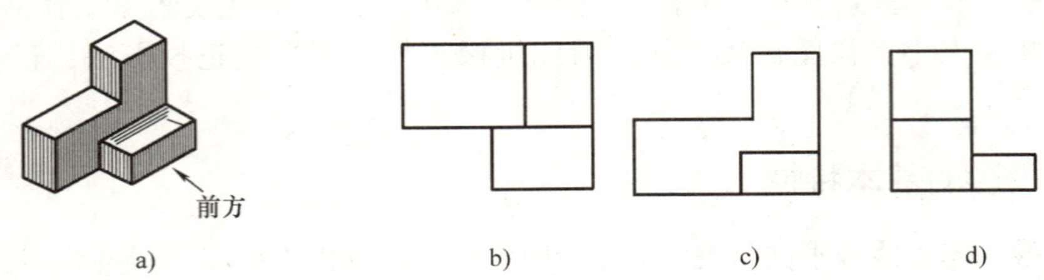

图 2-5　物体的轴测图和三个方向的视图

a）轴测图　b）从上方投影的视图　c）从前方投影的视图　d）从左方投影的视图

【例 2-2】 若投影面分别为水平面、后正立面、右侧立面，绘制图 2-6a 所示物体的视图。

投影面为水平面的图形如图 2-6b 所示；投影面为后正立面的图形如图 2-6c 所示，不可见轮廓线用虚线绘制；投影面为右侧立面的图形如图 2-6d 所示，不可见轮廓线用虚线绘制。

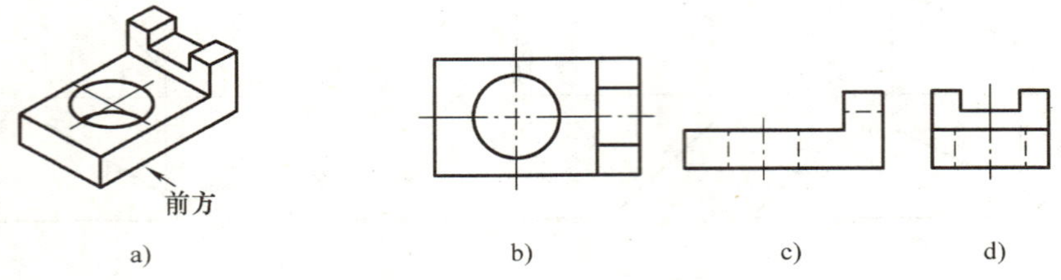

图 2-6　物体三个方向的视图

2.3　物体三视图的投影规律及绘制

如图 2-7 所示 3 个不同的形体，它们在一个投影面上的视图完全相同。这说明仅有形体的一个视图，一般是不能确定空间形体的形状和结构的，故在工程中采用多面正投影的画法。

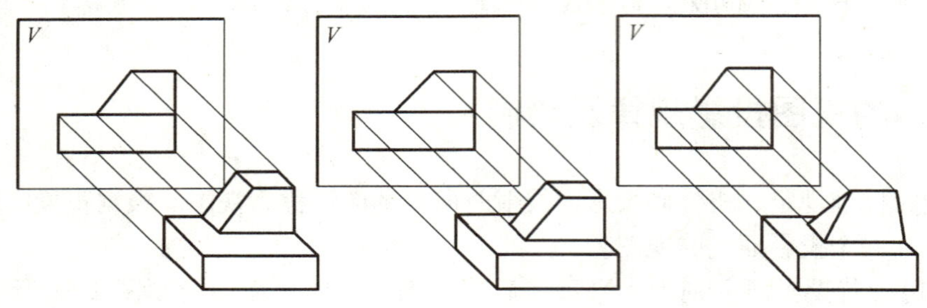

图 2-7　形体的一个视图不能完整表达其空间形状和结构

至于究竟要设置几个投影面，画几个视图，这要视形体的复杂程度而定。初学时常以画三视图作为基本训练方法。

2.3.1　三投影面体系的建立

如图 2-8 所示的 3 个互相垂直的投影面即构成一个三投影面体系。3 个投影面分别为：正立投影面，简称正面，用 *V* 表示；水平投影面，简称水平面，用 *H* 表示；侧立投影面，简称侧面，用 *W* 表示。每两个投影面的交线称为投影轴，如 *OX*、*OY*、*OZ*，分别简称为 *X* 轴、*Y* 轴、*Z* 轴。3 个投影轴相互垂直，其交点 *O* 称为原点。

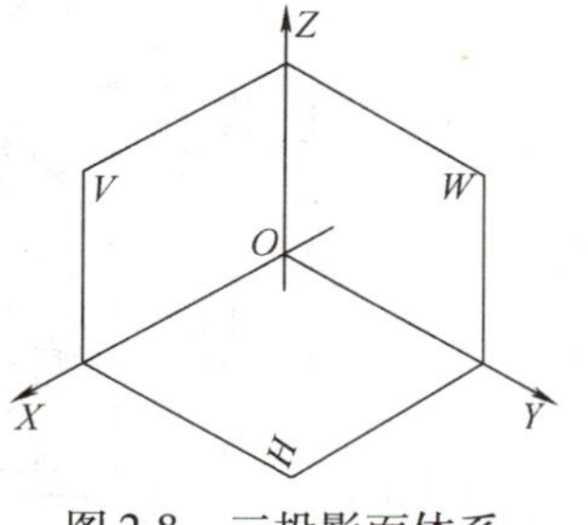

图 2-8　三投影面体系

将物体放置在三投影面体系中，按正投影法向各投影面投射，即可分别得到物体的视图，如图 2-9a 所示。这样得到的 3 个视图按一定的规律展开即称为物体的三视图。长方体三视图如图 2-9 所示。

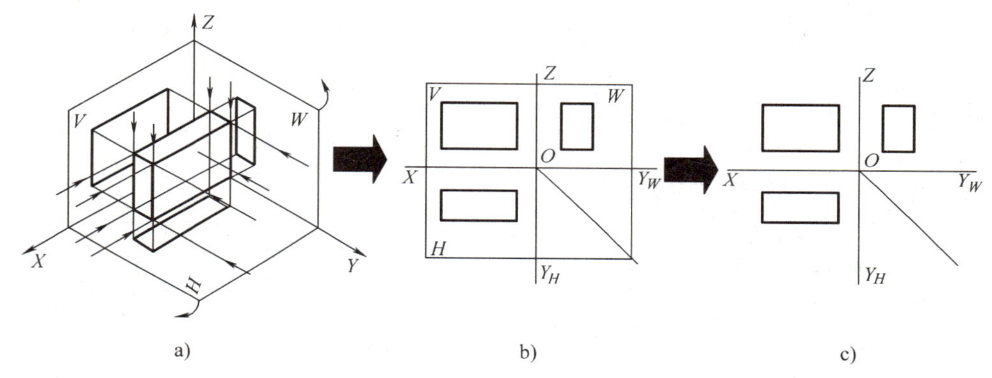

图 2-9　长方体三视图
a）三投影面体系轴测图　b）展开图　c）三视图

三视图名称规定如下。

主视图——物体在正立投影面上的投影，也就是由前向后投射所得的视图。

俯视图——物体在水平投影面上的投影，也就是由上向下投射所得的视图。

左视图——物体在侧立投影面上的投影，也就是由左向右投射所得的视图。

为了画图方便，需将相互垂直的三个投影面展开在同一个平面上。展开的方法：正立投影面不动，将水平投影面绕 *OX* 轴向下旋转 90°，将侧立投影面绕 *OZ* 轴向右旋转 90°，如图 2-10b 所示，分别重合到正立投影面上，如图 2-10c 所示。应注意当水平投影面和侧立投影面旋转时，*OY* 轴分为两处，分别用 OY_H（在 *H* 面上）和 OY_W（在 *W* 面上）表示。

今后画图时，不必画出投影面的范围，因为它的大小与视图无关，也不需要标注视图的名称，如图 2-10d 所示。

2.3.2　物体与视图间的关系

由图 2-10d 可知，三个视图分别反映物体在三个不同方向上的形状和大小。若物体和投影面不动，三个视图相当于人站在不同的位置去看物体。

1. 视图配置关系　以主视图为准，俯视图在它的正下方，左视图在它的正右方。

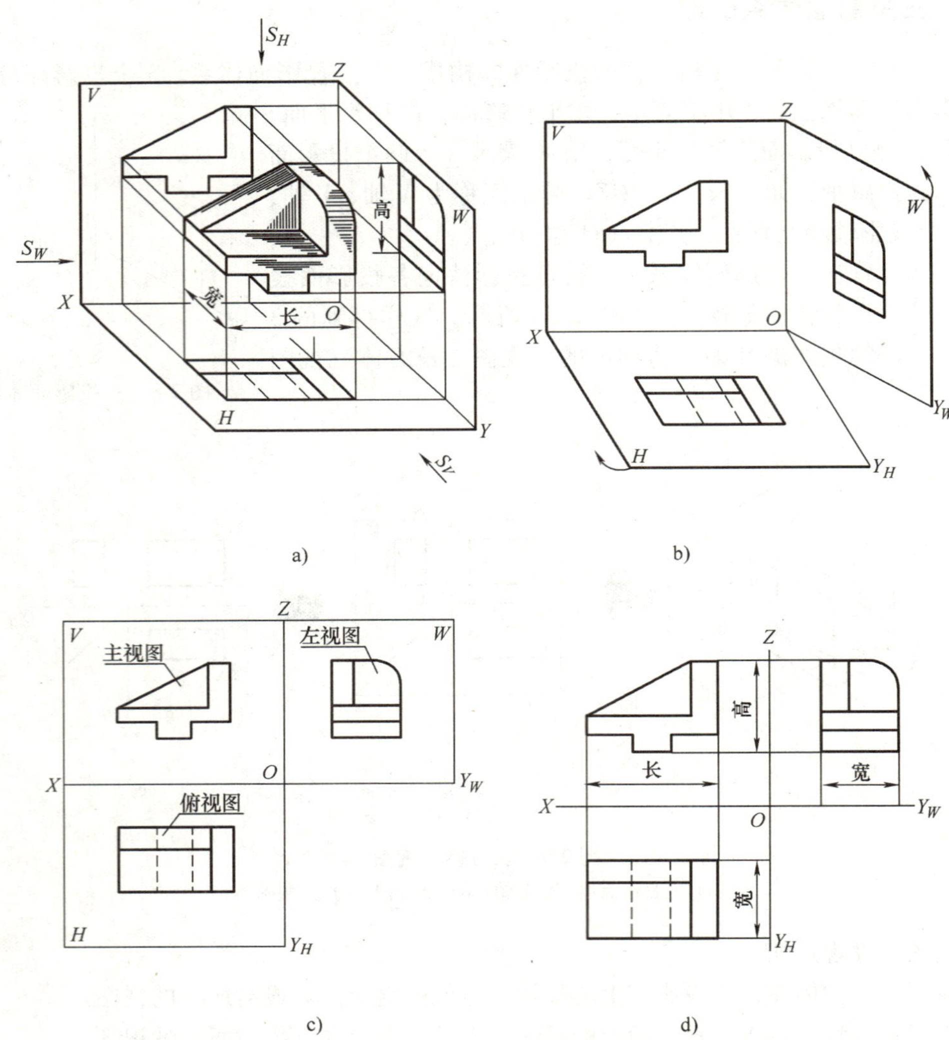

图 2-10　物体在三投影面体系中的投影及三投影面的展开

a）三投影面体系轴测图　b）展开过程图　c）展开图　d）三视图

2. 物体的长、宽、高在视图上的对应关系　从三视图的形成过程中，可以看出：主视图反映物体的长度（X）和高度（Z）；俯视图反映物体的长度（X）和宽度（Y）；左视图反映物体的高度（Z）和宽度（Y）。由此可归纳出三视图间的“三等”关系，如图 2-10d 所示。主、俯视图——长对正；主、左视图——高平齐；俯、左视图——宽相等。

3. 物体的六个方位在视图中的对应关系　物体在三投影面体系内的位置确定后，它的前后、左右和上下的位置关系也就在三视图上明确地反映出来，如图 2-11 所示。

一般将三视图中任意两视图组合起来看，才能完全看清物体的上、下、左、右、前、后六个方位的相对位置。其中物体的前后位置在左视图中最容易弄错。左视图中的左、右反映了物体的后面和前面，不要误认为是物体的左面和右面。

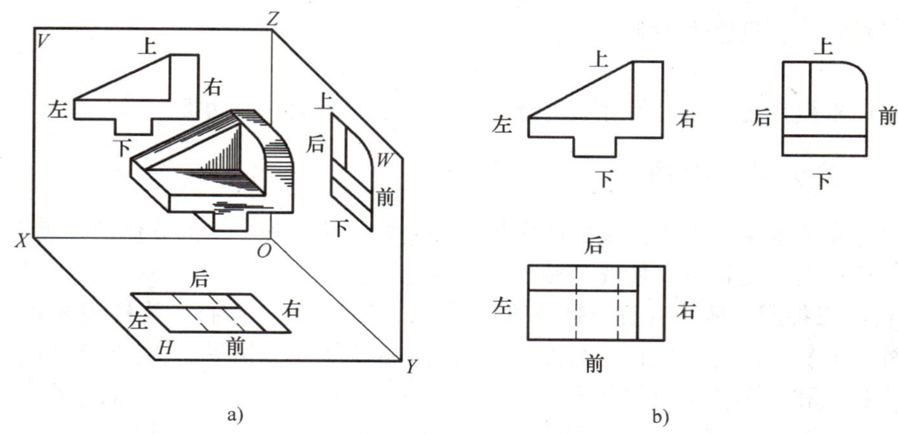

图 2-11　三视图中物体的方位关系

4. 物体三视图示例及规律（图 2-12）

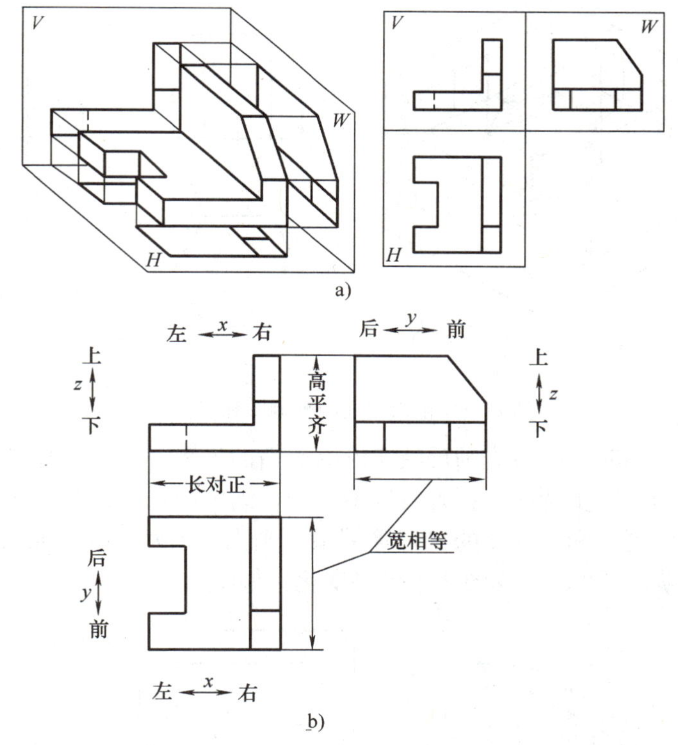

图 2-12　物体三视图示例及规律

机器零件不论其结构形状多么复杂，一般都可以看作是由一些棱柱、棱锥、圆柱、圆锥及圆球等基本几何形体（简称基本体）组合而成的，因此先学习基本体的三视图。

2.4　基本体三视图绘制

基本立体根据其表面的几何性质可分为平面立体和曲面立体两类。

2.4.1　平面立体的三视图

平面立体是表面全部由平面围成的实体，如棱柱、棱锥等。平面立体的各表面都是平面图形，面与面的交线是棱线，棱线与棱线的交点为顶点。

1. 棱柱的三视图　棱柱的表面是棱面和底面，各棱线相互平行。当棱线与底面垂直时，称为直棱柱；倾斜时称为斜棱柱；当直棱柱的顶、底面为正多边形时，称为正棱柱。

为便于画图和识图，摆放物体时，常使棱柱的主要表面处于与投影面平行或垂直的位置。如图2-13a所示正六棱柱，其顶面和底面平行于水平面，在俯视图上反映实形，前后棱面平行于正面，在主视图上反映实形，六棱柱的另外四个棱面垂直于水平面，六个棱面在俯视图上积聚成直线并与六边形的边重合。六条棱线垂直于水平面，在俯视图上积聚在六边形的六个顶点上。

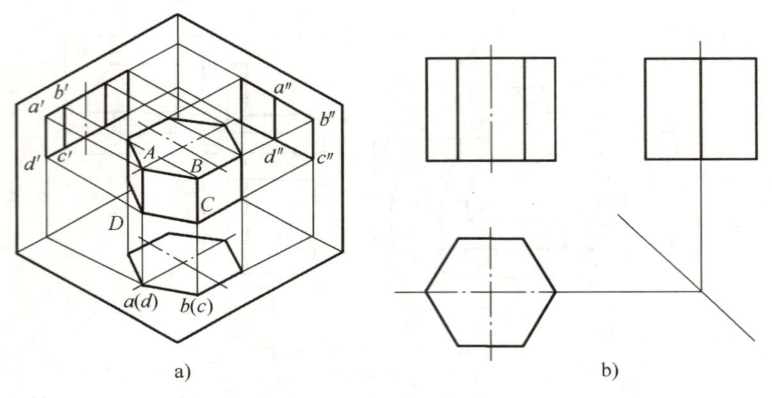

图2-13　正六棱柱的轴测图和三视图

画棱柱体的三视图时，一般先画反映实形的底面的投影，然后再画棱面的投影，并判断可见性。正六棱柱的画图步骤如下：画对称中心线；画出俯视图，为反映顶、底面实形的正六边形；根据棱柱的高度和三视图的“三等关系”画出其余两视图，如图2-13b所示。

如果把六棱柱旋转90°，三视图位置也将变化，如图2-14所示。

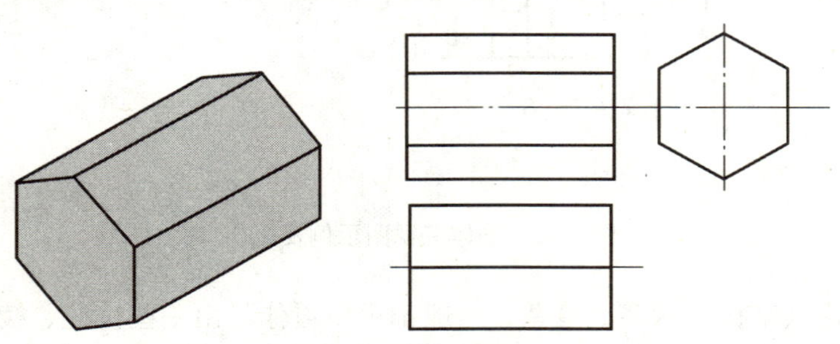

图2-14　正六棱柱旋转后的三视图

思考： 如果把六棱柱再旋转 90°，三视图将如何画？请读者自行分析。

【例 2-3】　绘制如图 2-15a 所示三棱柱的三视图。

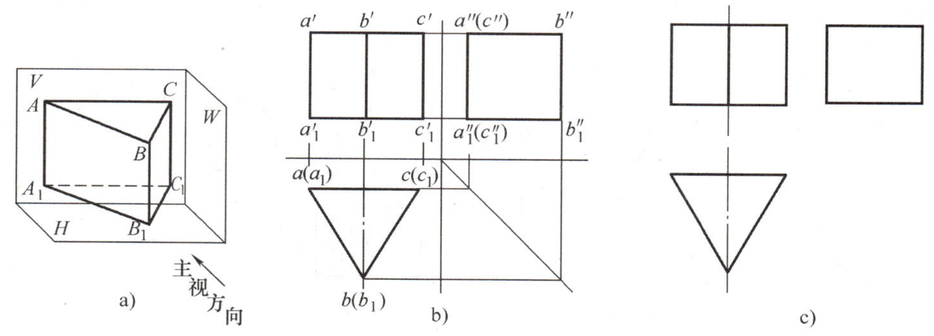

图 2-15　三棱柱的轴测图和三视图

三棱柱的三视图如图 2-15b、c 所示。

思考： 如果把三棱柱旋转 90°，三视图将如何画？请读者自行分析。

不同位置棱柱的三视图示例如图 2-16 所示。

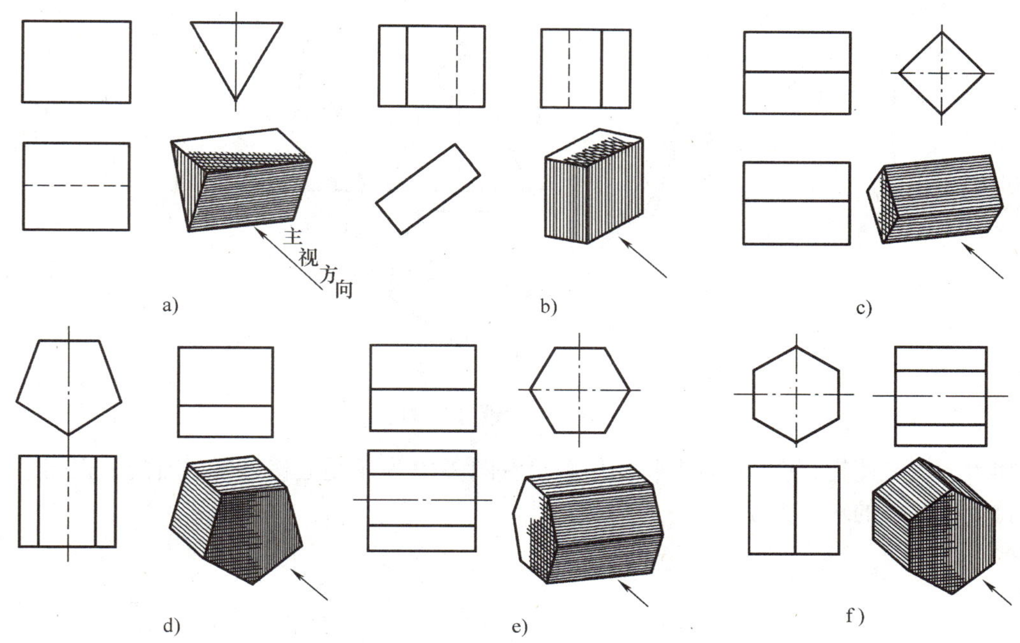

图 2-16　不同位置的棱柱轴测图及其三视图

a）正三棱柱　b）直四棱柱　c）正四棱柱　d）正五棱柱　e）正六棱柱　f）正六棱柱

2. 棱锥的三视图　棱锥的表面有底面和棱面，各条棱线汇交于一点（锥顶），各棱面都是三角形，底面为多边形。正棱锥的底面是正多边形，侧面为等腰三角形。

如图 2-17a 所示为一四棱锥，它的底面为一四边形，棱面都是等腰三角形。底面是水平面，在俯视图上反映实形，正面、侧面投影均积聚为直线段；左右棱面垂直于正面，主视图上积聚成直线；前后棱面垂直于侧面，左视图上积聚成直线。

画棱锥的三视图时，先画底面和顶点的投影，然后再画出各棱线的投影，并判断可见性，画图步骤如下：画出俯视图，并确定顶点的三面投影；画出棱线并加深，如图 2-17b 所示。

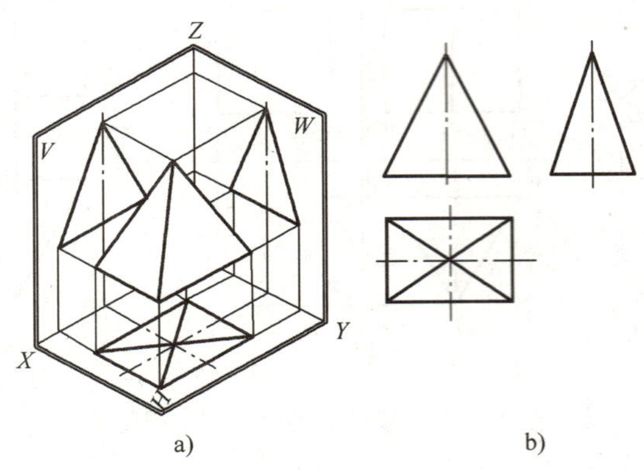

图 2-17　四棱锥的轴测图和三视图

当底面的四边形换成正五边形时，称为正五棱锥。正五棱锥的三视图如图 2-18 所示。

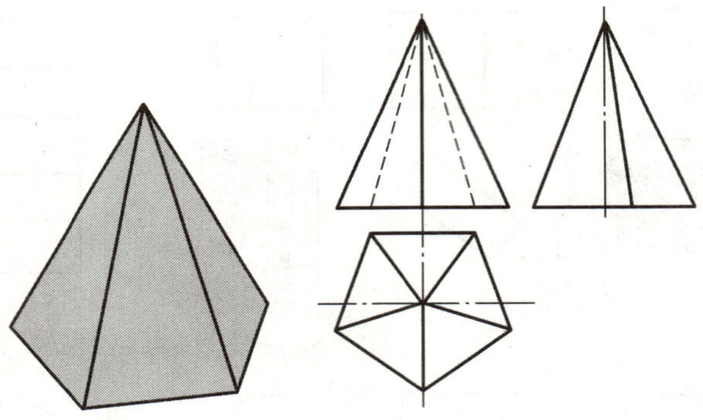

图 2-18　五棱锥的三视图

如果五棱锥旋转 90°，三视图将如何画出？图 2-19 所示是五棱锥平放时的三视图，请读者自行分析棱线的对应关系。

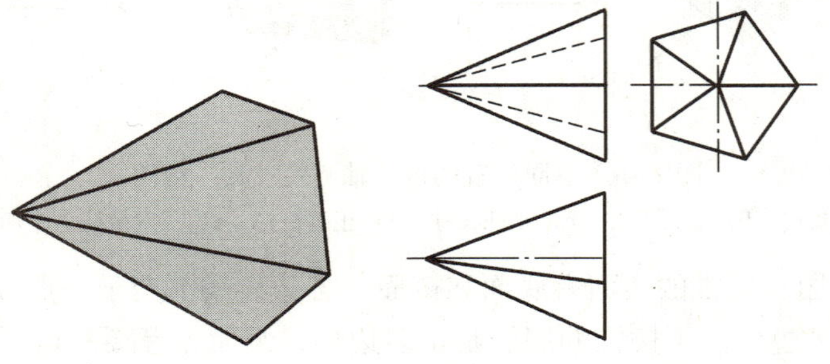

图 2-19　平放五棱锥的三视图

不同位置棱锥和棱台的三视图示例如图 2-20 所示。

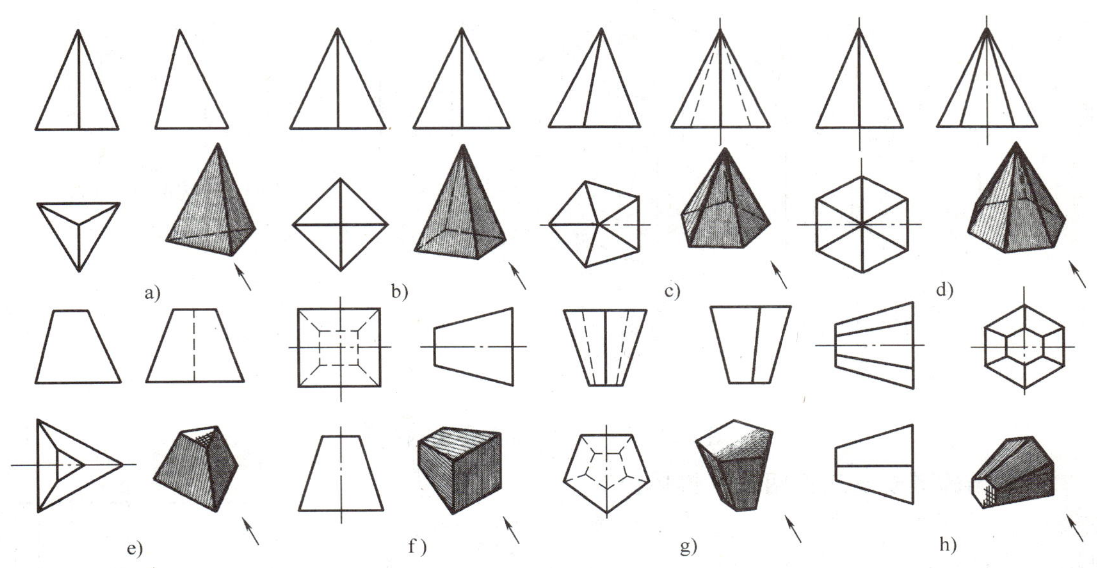

图 2-20　不同位置的棱锥和棱台轴测图及其三视图

a）正三棱锥　b）正四棱锥　c）正五棱锥　d）正六棱锥　e）正三棱台　f）正四棱台　g）正五棱台　h）正六棱台

2.4.2　常见回转体的三视图

曲面立体是由曲面或曲面和平面围成的实体，物体中常见的曲面立体是回转体，常见的回转体有圆柱，圆锥，圆台，圆球，圆环等。回转体由回转面或回转面与平面组成。回转面是由一根动线（曲线或直线）绕一条固定的轴线旋转一周形成的曲面，该动线称为母线，母线在回转面上的任意位置称为素线，最前、最后、最前、最后等位置的素线是特殊素线，称为转向轮廓素线，是可见与不可见表面的分界线。母线上任一点的运动轨迹都是圆，称为纬线圆，纬线圆平面垂直于回转轴线。

画回转体的投影，通常要画出轴线的投影和回转面的投影。回转体表面多为光滑过渡，因此绘制的回转面三视图多为转向轮廓素线的投影。

1. 圆柱形成及三视图　如图 2-21a 所示，圆柱面可看成是一直线 AA_1 绕与其平行的轴线旋转而成，圆柱面上任意平行于轴线的直线都称为素线，圆柱由上下底面及圆柱面组成。

圆柱的轴线垂直于水平面，圆柱面上所有素线都垂直于水平面，圆柱面的俯视图积聚在圆周上，圆柱面在主视图中的轮廓线是圆柱面上最左、最右两条素线的投影，在左视图中的轮廓线是圆柱面上最前、最后两条素线的投影；圆柱体的上下底面与水平面平行，俯视图为圆（实形），主、左视图积聚为直线。由此可见，圆柱的主、左视图为大小相同的矩形，俯视图为圆，如图 2-21b 所示。画图步骤如下：画三个视图的中心线；画出投影为圆的俯视图，画圆时，先画中心线，再画圆；根据圆柱体的高和“三等”关系画出另两个视图，如图 2-21c 所示。

在日常生产中，经常看到圆柱体中间是空心的结构，这种形状称为圆筒，如图 2-22a 所示。圆筒的三视图如图 2-22b 所示。

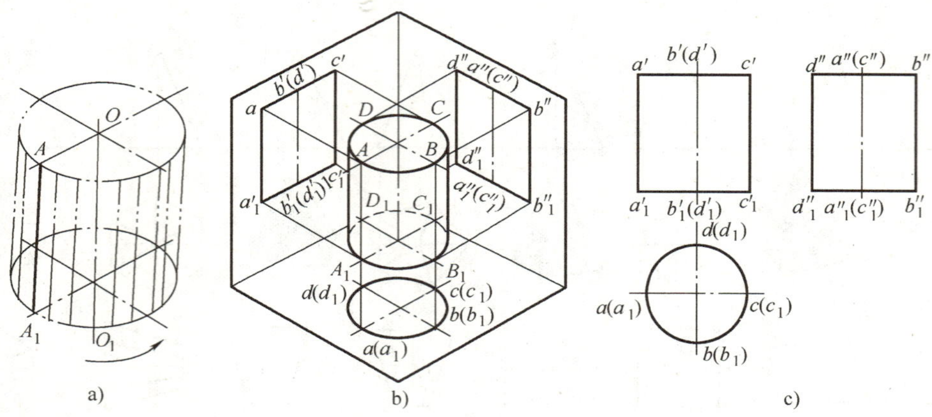

图 2-21　圆柱体的轴测图与三视图

2. 圆锥的形成及三视图　圆锥体由圆锥面与底平面组成。如图 2-23a 所示，圆锥面可看成是由一条母线 SA 绕与它相交的轴线回转而成，圆锥面上过锥顶 S 的任一直线称为素线。

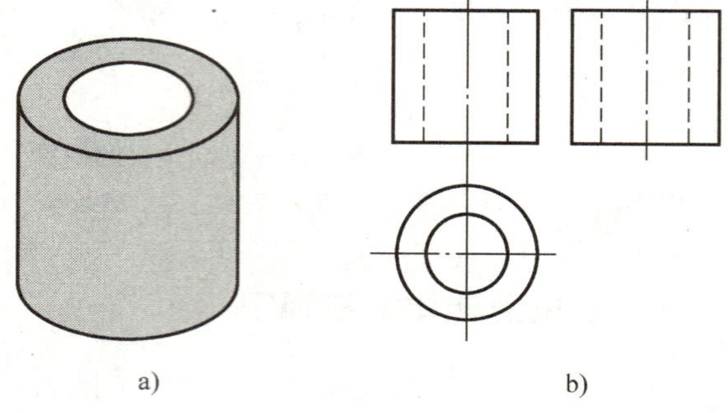

图 2-22　圆筒的三视图

如图 2-23b 所示，圆锥的轴线垂直于水平投影面，圆锥的俯视图是圆，该圆既是圆锥面的投影，又是底平面圆的实形投影；主视图为一等腰三角形，三角形的底边是圆锥底平面的积聚投影，两腰是圆锥面上最左、最右两条素线的投影；左视图也是等腰三角形，三角形的底边是圆锥底平面的积聚投影，两腰是圆锥面上最前和最后两素线的投影。画图时先画中心线，再画投影为圆的俯视图，最后画锥顶和轮廓线的投影，圆锥三视图如图 2-23c 所示。

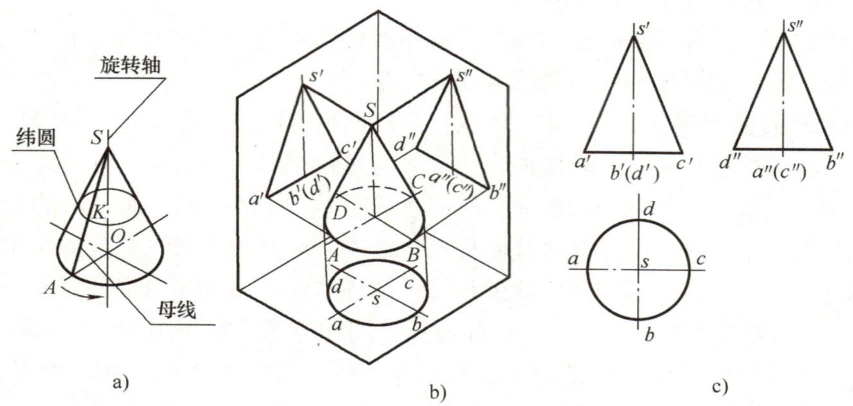

图 2-23　圆锥体的轴测图和三视图

用平行于底面的平面切割圆锥时，得到的形体称为圆锥台，简称圆台，如图 2-24a 所示。圆台的三视图如图 2-24b 所示。

3. 圆球的形成及三视图　圆球是球面围成的实体。球面可以看成是由一个圆母线绕其自身的直径即轴线旋转而成，如图 2-25a 所示。圆球从任意方向投影都是圆，因此其三面投影都是直径相同的圆。三个圆分别是球面在三个投影方向上转向轮廓素线圆 A、B、C 的投影，如图 2-25b 所示。A 在主视图中是 a'，它是前后半球可见与不可见的分界圆，在俯视图和左视图中都积聚成直线 a 和 a''，并与中心线重合，不必画出；同理，B 在俯视图上反映为 b，是上下半球可见和不可见的分界圆，其余两个视图为 b' 和 b''；C 在左视图上反映为 c''，它是左右半球可见与不可见的分界圆，其余两个视图为 c 和 c'。

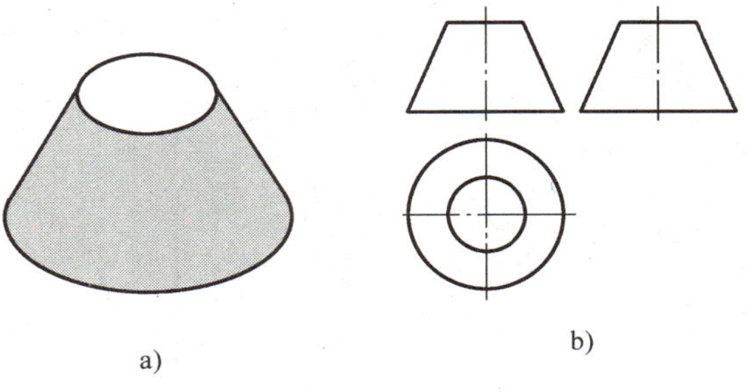

图 2-24　圆台的三视图

画圆球三视图时，先画中心线，再画圆球的轮廓线并加深，圆球三视图如图 2-25c 所示。

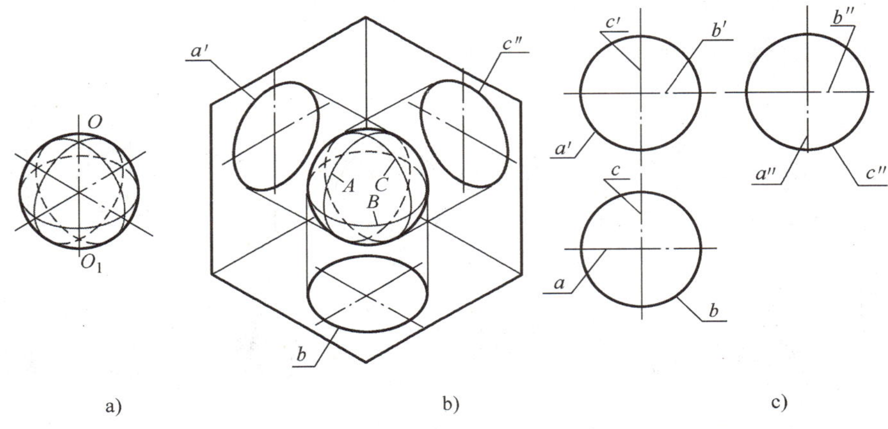

图 2-25　圆球的三视图

当圆球被切去一半时得到半球，半圆球的三视图如图 2-26 所示，半球的三视图画法可以参照整个球体的画法。

4. 圆环的形成及三视图　圆环面可看成是以一圆为母线，绕与圆在同一平面但位于圆周之外的轴线旋转而成。如图 2-27 所示圆环的三视图，俯视图为两个实线同心圆，它是圆环对水平面的转向轮廓线的投影，点画线圆为母线圆圆心的运动轨迹，它的正面投影重合在水平中心线上。主视图由圆环的最左、最右素线圆以及最上、最下纬线圆的积聚投影组成；内环面看不见，画虚线。左视图与主视图类似，由圆环的最前、最后素线圆与最上、最下纬线圆的积聚投影组成。

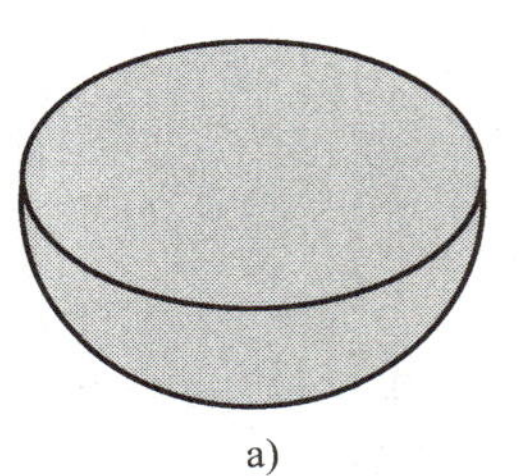

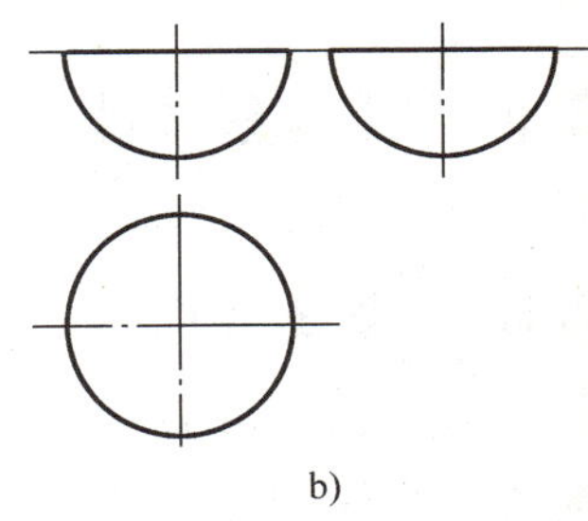

图 2-26　半球体的三视图

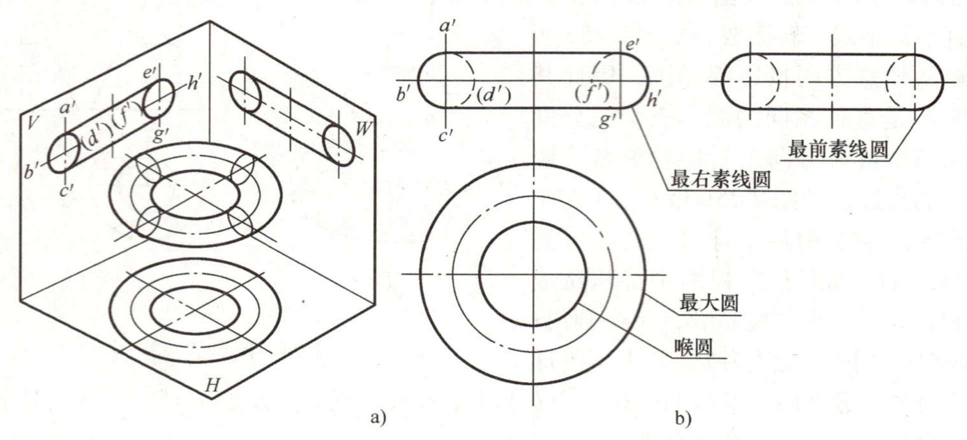

图 2-27　圆环的投影

不同位置回转体的三视图示例如图 2-28 所示。

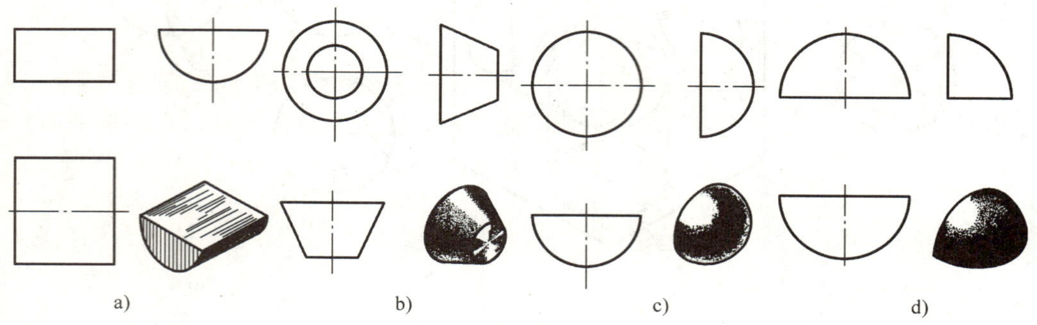

图 2-28　不同位置的回转体轴测图及其三视图

a）半圆柱体　b）圆台　c）前半球　d）1/4 球

2.5　识读基本体三视图

2.5.1　识图要点

识图是绘图的逆过程。绘图是运用正投影规律将三维形体表示成二维视图，如图 2-29a 所示；识图是根据二维视图及它们之间的投影关系想象物体三维形状的过程，如图 2-29b 所示。识图时，使正面保持不动，将水平面、侧面按箭头所指方向旋回到三个投影面相互垂直的原始位置，然后由各视图向空间引投影线，即将主视图沿投影线向前拔出，将俯视图沿投影线向上升起，将左视图沿投影线向左横移，由于投影的可逆性，视图上各点“旋转归位”，就使整个物体的形状“再现”出来了。

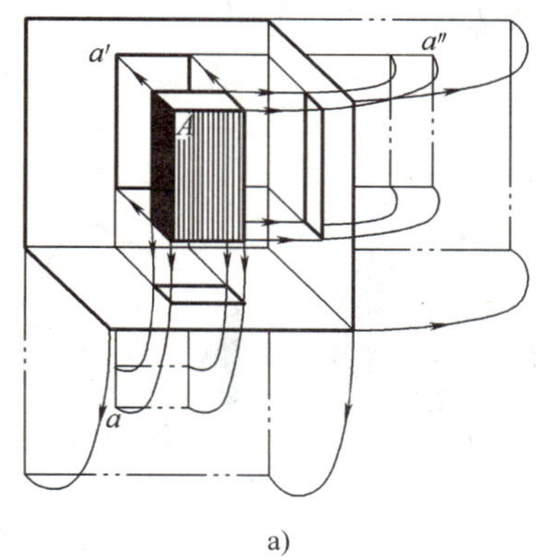

a)

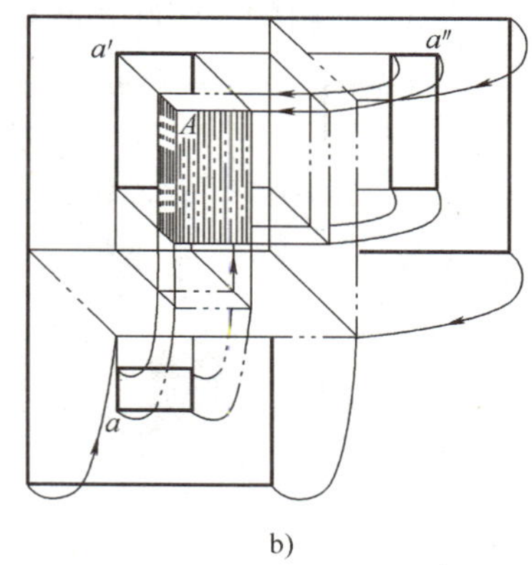

b)

图 2-29　绘图、识图过程

a）绘图过程　b）识图过程

2.5.2　识读基本体三视图

1. 基本方法　识读基本体三视图时，要善于抓住反映形体各组成部分形状与位置特征较多的视图，从它入手就能较快地分析判断出是哪类基本体，再根据投影关系，找到基本体所对应的其他视图，并经分析、判断后，想象出基本体的形状。

识读基本体的三视图时，也可找出规律，将它们的三视图当作符号来记忆，识读起来更快捷。一般情况下，若三视图中有圆或者圆弧的图形，才可能是回转体，否则是平面立体。若三视图中有两个或三个圆或者圆弧的图形，则基本体是球体；若三视图中只有一个圆或者圆弧的图形，另两个视图是矩形，则基本体是圆柱体，另两个视图是三角形，则基本体是圆锥体；若三视图中有一个多边形，另两个视图是矩形组成的，则基本体是棱柱体，另两个视图是三角形组成的，则基本体是棱锥体。图 2-30 所示为基本体三视图识读规律。

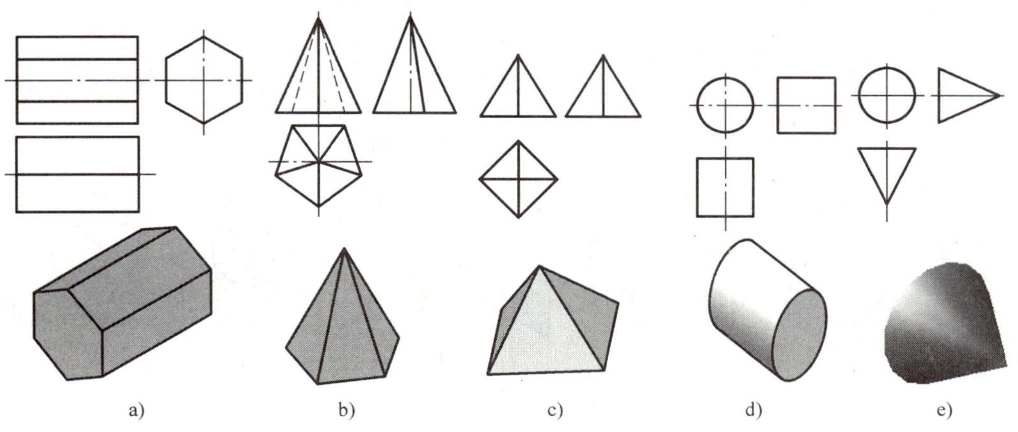

a)　b)　c)　d)　e)

图 2-30　基本体三视图识读规律

2. 要把三个视图联系起来进行识读　在没标注尺寸的情况下，只看一个视图不能确定物体的形状，有时虽有两个视图，物体的形状也不能确定。图 2-31 中主、俯两个视图相同，因为左视图的不同，所示物体可能是长方体、1/4 圆柱或三棱柱等。因此识图时不能只盯在一个视图上，必须把所给的视图联系起来识读，才能想出物体的形状。

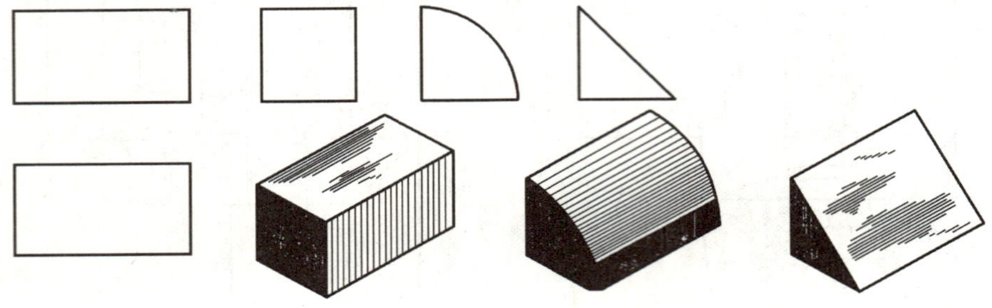

图 2-31　三个视图配合看图示例

练一练：根据图 2-32 三视图在图 2-33 中找出与其对应的立体图，填写对应的序号。

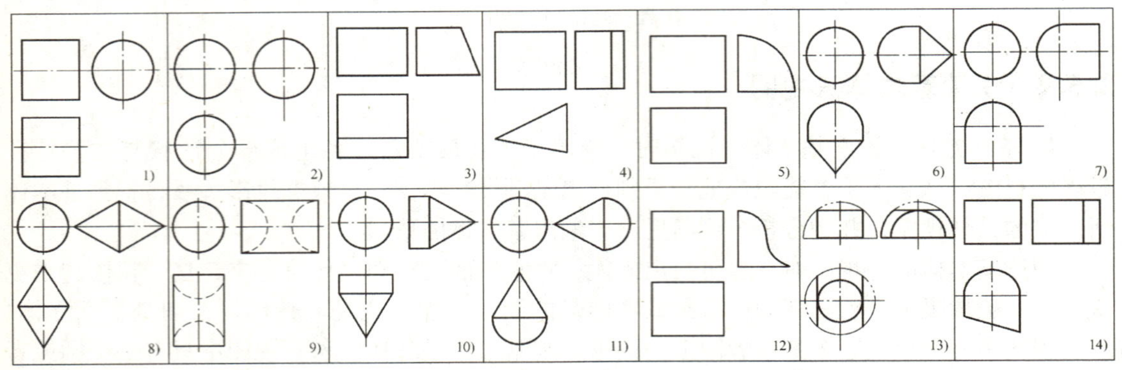

图 2-32　三视图

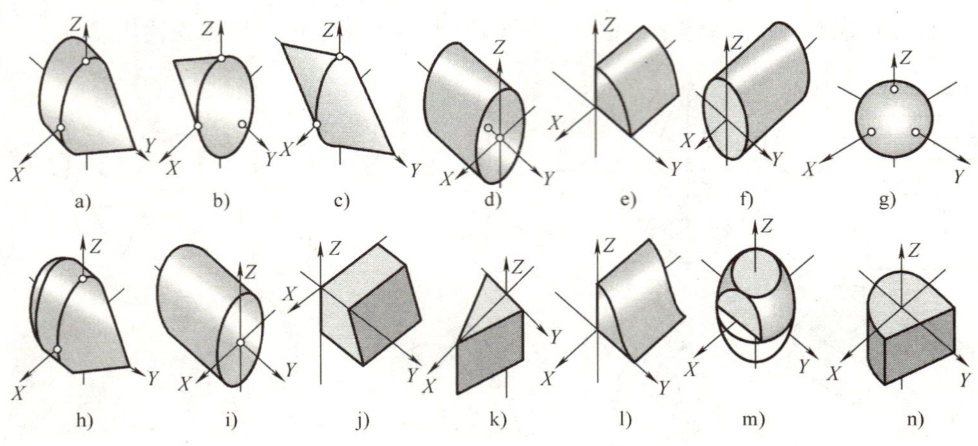

图 2-33　立体图

2.6　基本体的尺寸标注

平面体一般应注出其长、宽、高三个方向的尺寸；棱柱及棱锥要标出其底面形状尺寸和高度尺寸；棱台要标出其顶面、底面形状尺寸和高度尺寸。圆柱和圆锥应标出直径和高度尺寸，圆台标注顶圆和底圆的直径及高度尺寸。圆球在数字前加注"S"，圆环应标注母线圆的直径和圆环中心圆的直径，如图 2-34 所示。正多边形可以只标注外接圆直径，没有位置可作为外接圆尺寸界线时，可用细双点画线绘制一个外接圆。

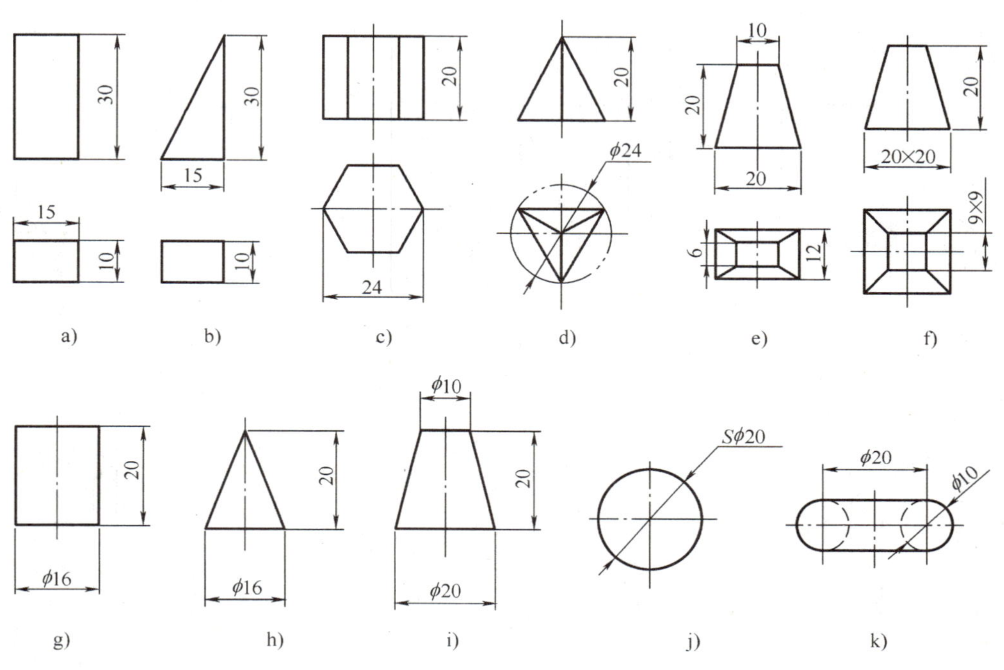

图 2-34　基本体的尺寸注法

2.7　绘制简单物体三视图

1. 绘制方法　学习形体的三视图，需要将理性认识变成画图能力，能够在图纸上画出物体的三视图。为了便于画图和读图时想象形体的形状，可以把每一个视图都看作是垂直于相应投影面的视线（设视线互相平行）所看到的形体的真实图像。如果要得到形体的主视图，观察者设想自己置身于形体的正前方观察形体，视线垂直于正立投影面。为了获得俯视图，形体保持不动，观察者自上而下地俯视该形体。为了获得左视图，形体保持不动，观察者自左而右地观察该形体，如图 2-35 所示。

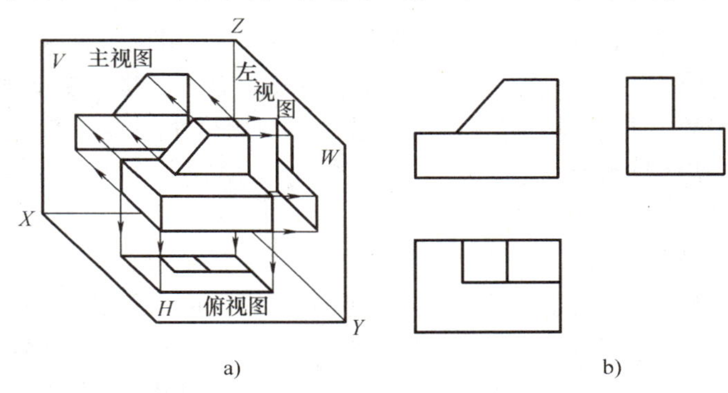

图 2-35　简单物体三视图

2. 简单物体三视图示例（图 2-36）

图 2-36　简单物体三视图示例

3. 根据模型练习画三视图　初学者最好根据模型来练习画三视图，并注意以下几点。

1）应把模型位置放正，选定主视图方向。将模型上能反映其形状特征的一面选为画主视图的方向，同时尽可能考虑其余两视图简明好画，虚线少。

2）开始作图前，应先定出各视图的位置，画出作图基准线，如中心线或某些边线。各视图之间的距离应适当。

3）分析模型上各部分形体的几何形状和位置关系，并根据其投影特性（真实性、积聚性、类似性等），画出各组成部分的投影。应该先画投影具有真实性或积聚性的表面。

4）作图的线型应按制图国标的规定。底稿应画得轻而细。如果不同的图线恰巧重合在一起，应按粗实线、虚线、细实线、点画线的顺序选择应该绘制的线型。例如，粗实线与虚线重合，应画出粗实线。

5）一般不需要画投影面的边框线和投影轴。三视图之间要保证“三等”关系，相邻视图之间相应投影的尺寸关系可用丁字尺来保持高平齐，用三角板与丁字尺配合保持长对正，保持宽相等有直尺、分规、斜角线三种方法，如图 2-37 所示。用斜角线法时，斜角线的作法是先要定出 *P* 点，再过 *P* 点用三角板引 45°斜线即为斜角线。

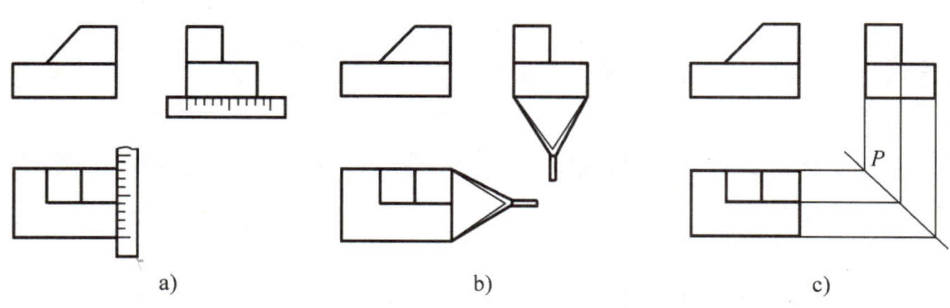

图 2-37　保持宽度相等的三种方法

a）用直尺　b）用分规　c）用斜角线

练一练：模型的三视图示例如图 2-38 所示。分组制作模型后绘制其三视图。

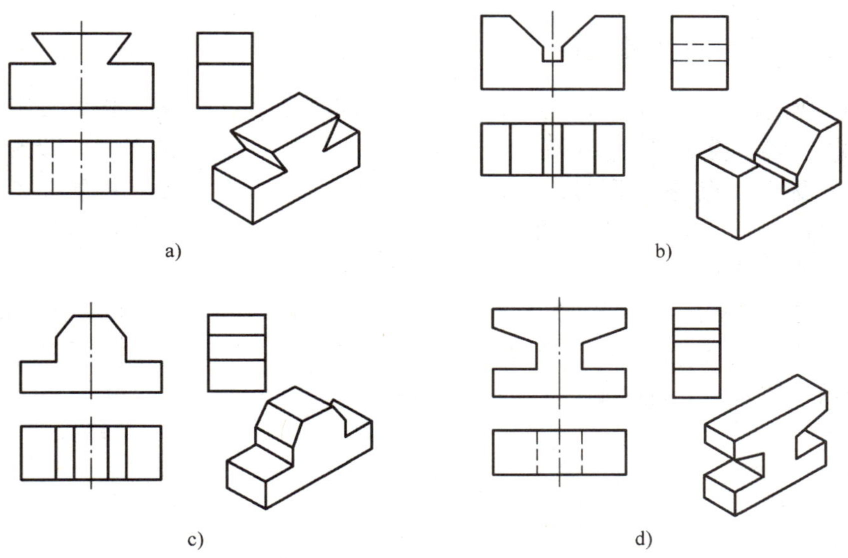

图 2-38　模型的三视图

a）燕尾形柱　b）V 形槽柱　c）导轨形柱　d）工字形柱

第3章　几何要素投影

【能力目标】　能够绘制点、直线、平面的三面投影和判断空间位置。

【任务1】　在图纸上绘制各种位置平面的三面投影图。

【任务2】　在坐标纸上徒手抄画图3-29所示图形，并在三视图和立体图上标注所有直线和平面的位置。

点、线、面是构成自然界中一切有形物体（简称形体）的基本几何元素，学习和掌握其投影特性和规律，能够为正确理解和表达形体打下坚实的基础。

3.1　点的投影及作图方法

3.1.1　点的三面投影及其规律

如图3-1a所示，将空间点 A 放置在三投影面体系中，过点 A 分别作垂直于水平面、正面、侧面的投射线，投射线与水平面的交点（即垂足点）a 称为 A 点的水平投影；投射线与正面的交点 a' 称为 A 点的正面投影；投射线与侧面的交点 a'' 称为 A 点的侧面投影。将三投影面按前述规定展开，就得到点 A 的三面投影图，如图3-1b所示。在点的投影图中一般只画出投影轴，不画投影面的边框，如图3-1c所示。

在投影图中统一规定：空间点用大写字母表示，其在水平面的投影用相应的小写字母表示；在正面的投影用相应的小写字母右上角加一撇表示；在侧面投影用相应的小写字母右上角加两撇表示。例如，空间点 A 的三面投影用 a、a'、a'' 表示。

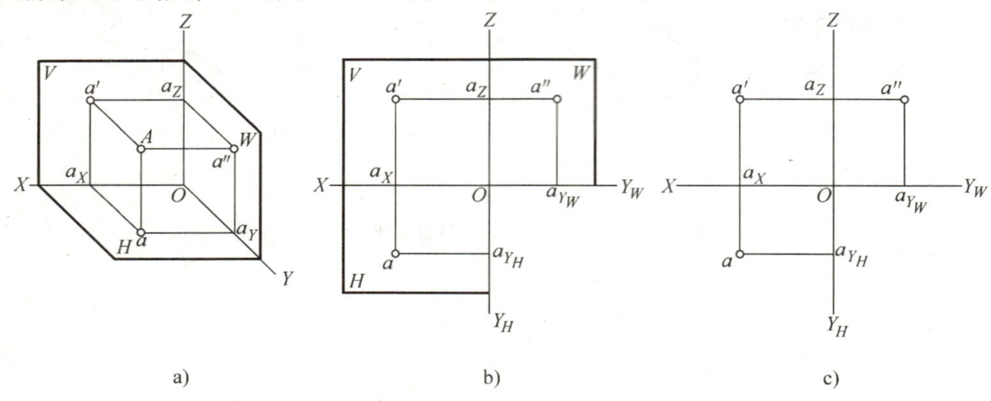

图3-1　点的三面投影

在图3-1a中，过空间点 A 的两条投射线 Aa 和 Aa' 所构成的矩形平面 Aaa_Xa' 与正面和水平面互相垂直并相交，因而它们的交线 aa_X、$a'a_X$、OX 轴必然互相垂直且相交于一点 a_X。

当正面不动，将水平面绕 OX 轴向下旋转90°而与正面在同一平面时，a'、a_X、a 三点共线，即 $a'a_Xa$ 成为一条垂直于 OX 轴的直线，见图3-1b。同理可证，连线 $a'a_Za''$ 垂直于 OZ 轴。

图3-1a 中 Aaa_Xa' 是一个矩形平面，线段 Aa 表示 A 点到水平面的距离，$Aa=a'a_X$。线段 Aa' 表示 A 点到正面的距离，$Aa'=aa_X$；同理可得，线段 $A\ a''$ 表示 A 点到侧面的距离，$Aa''=aa_Y$。a_Y 在投影面展开后，被分为 a_{Y_H} 和 a_{Y_W} 两个部分，所以 $aa_{Y_H}\perp OY_H$，$a''a_{Y_W}\perp OY_W$。

通过以上的分析，可得出点的投影规律。

1）点的两面投影的连线垂直于相应的投影轴。

$a'a\perp OX$，即 A 点的正面投影和水平投影连线垂直于 X 轴。

$a'a''\perp OZ$，即 A 点的正面投影和侧面投影连线垂直于 Z 轴。

$aa_{Y_H}\perp OY_H$，$a''a_{Y_W}\perp OY_W$，$oa_{Y_H}=oa_{Y_W}$。

2）点的投影到投影轴的距离，反映该点到相应的投影面的距离。

$Aa_X=a''a_Z=Aa'$，反映 A 点到正面的距离。

$a'a_X=a''a_{Y_W}=Aa$，反映 A 点到水平面的距离。

$a'a_Z=aa_{Y_H}=Aa''$，反映 A 点到侧面的距离。

根据上述投影规律可知：由点的两面投影就可确定点的空间位置，故只要已知点的任意两面投影，就可以求出该点的第三面投影。

【例3-1】 如图3-2a 所示，已知点 A 的两面投影，求第三面投影。

此题包含三个小题目，作图步骤如下：

1）如图3-2a 所示，已知点 A 的水平投影 a 和正面投影 a'，求其侧面投影 a''。

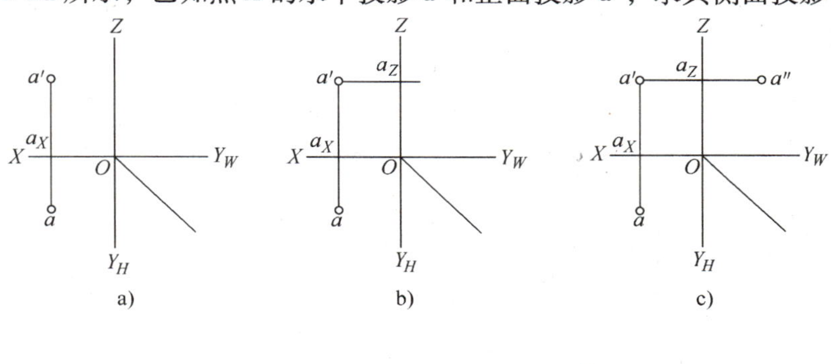

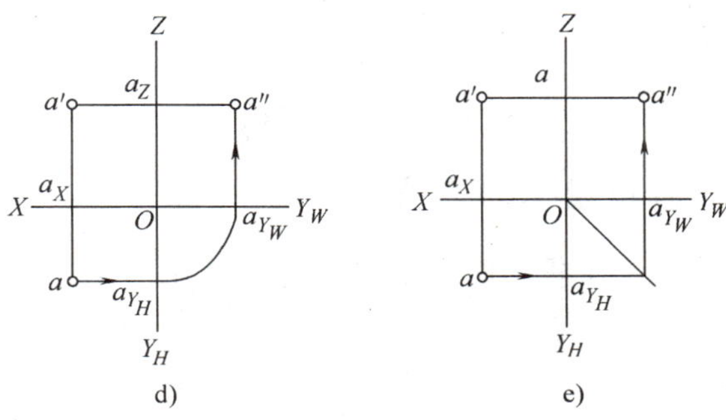

图3-2 已知 a 和 a' 求 a''

①过 a' 引 OZ 轴的垂线 $a'a_Z$，所求 a'' 必在 $a'a_Z$ 的延长线上，如图3-2b 所示。

②在 $a'a_Z$ 的延长线上截取 $a_Za''=aa_X$，a'' 即为所求侧面投影。或以原点 O 为圆心，以

aa_X 为半径作圆弧交 OY_W 轴于点 a_{Y_W}，再过此交点向上作垂线，如图 3-2d 箭头所示；也可以过原点 O 作 45°辅助线，过 a 作 $aa_{Y_H} \perp OY_H$ 并延长交所作辅助线于一点，过此交点作 OY_W 轴垂线交 $a'a_Z$ 延长线于一点，此点即为 a''，如图 3-2e 箭头所示。

2）如图 3-3a 所示，已知点 A 的水平投影 a 和侧面投影 a''，求其正面投影 a'。

①过 a 作 OX 轴的垂线 aa_X，过 a''引 OZ 轴的垂线 $a''a_Z$，如图 3-3b 所示。

②延长 aa_X 和 $a''a_Z$，两条延长线的交点 a'为所求点，如图 3-3c 所示。

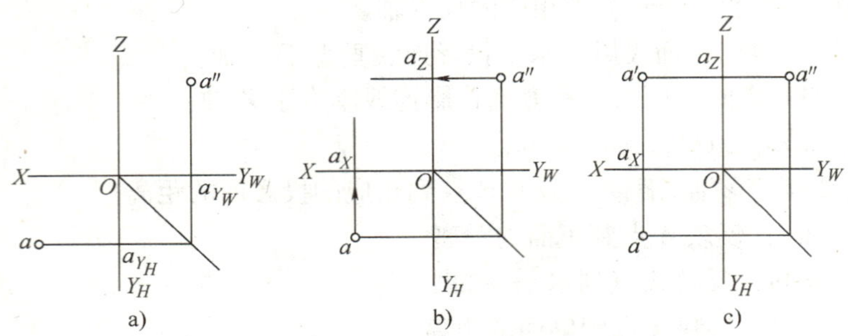

图 3-3 已知 a 和 a''求 a'

3）如图 3-4a 所示，已知点 A 的正面投影 a'和侧面投影 a''，求其水平投影 a。

①过 a'作 OX 轴的垂线 $a'a_X$，过 a''作 OZ 轴的垂线 $a''a_{Y_W}$，如图 3-4b 所示。

②延长 $a''a_{Y_W}$与 45°斜线交于一点，过此点作 OY_H 轴垂线交 $a'a_X$ 的延长线于一点，此点即为 a，如图 3-4c 所示。

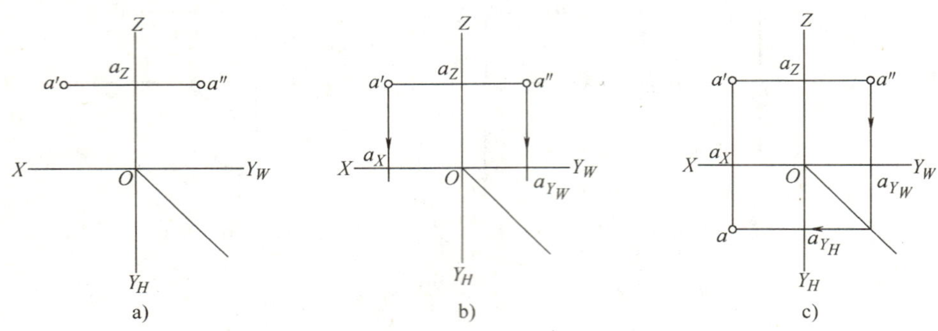

图 3-4 已知 a'和 a''求 a

3.1.2 点的投影与其直角坐标的关系

若将三面投影体系中的三个投影面看做是直角坐标系中的三个坐标面，则三条投影轴相当于坐标轴，原点相当于坐标原点。如图 3-5 所示空间点 A（x，y，z）到三个投影面的距离可以用直角坐标来表示，即：空间点 A 到侧面的距离等于点 A 的 X 轴坐标 x_A；空间点 A 到正面的距离等于点 A 的 Y 轴坐标 y_A；空间点 A 到水平面的距离等于点 A 的 Z 轴坐标 z_A。

由此可见，若已知点的直角坐标就可以作出点的三面投影。点的任何一面投影反映了点的两个坐标，如点 A 投影反映的坐标是 a'（x，z）、a（x，y）、a''（y，z），因此点的两面投影即可反映点的三个坐标，也就确定了点的空间位置。

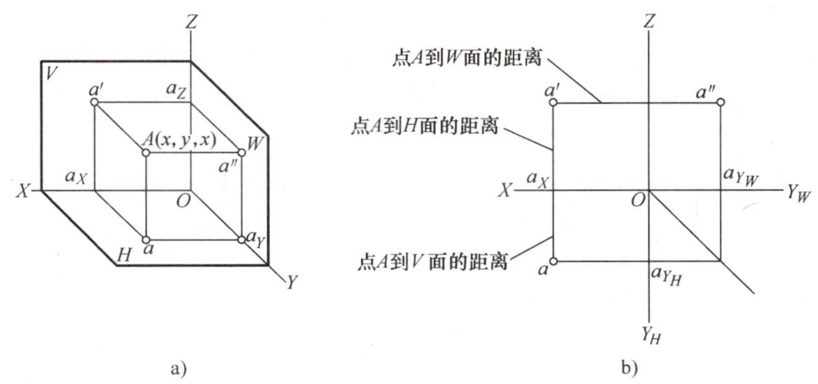

图3-5　点的投影与其直角坐标的关系
a）直观图　b）投影图

【例3-2】　已知点A（50，40，45），作其三面投影图。

作图步骤如图3-6所示。先在投影轴OX、OY_H和OY_W、OZ上，分别从原点O截取50mm、40mm、45mm，得点a_X、a_{Y_H}和a_{Y_W}、a_Z。再过a_X、a_{Y_H}、a_{Y_W}、a_Z点，分别做投影轴OX、OY_H、OY_W、OZ的垂线，两线交点得A点的三面投影a、a'、a''。

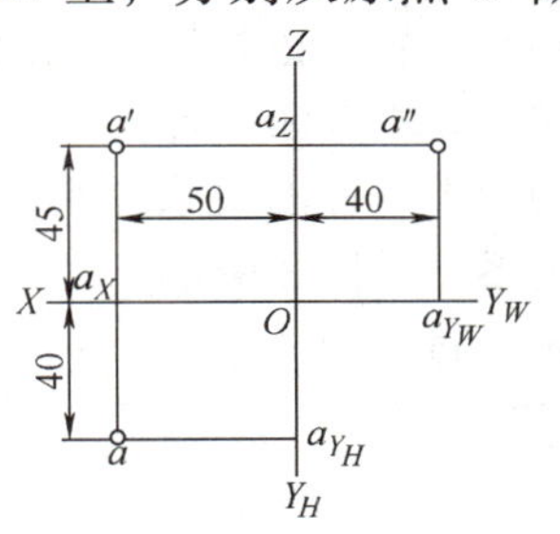

图3-6　已知点的坐标求其三面投影

3.1.3　特殊位置点的投影

1. 投影面上的点　如图3-7a所示，A点在正面上，B点在水平面上，C点在侧面上。对于A点而言，其水平投影a在OX轴上，正面投影a'与A重合，侧面投影a''在OZ轴上。同样可得出B、C两点的投影，如图3-7b所示。

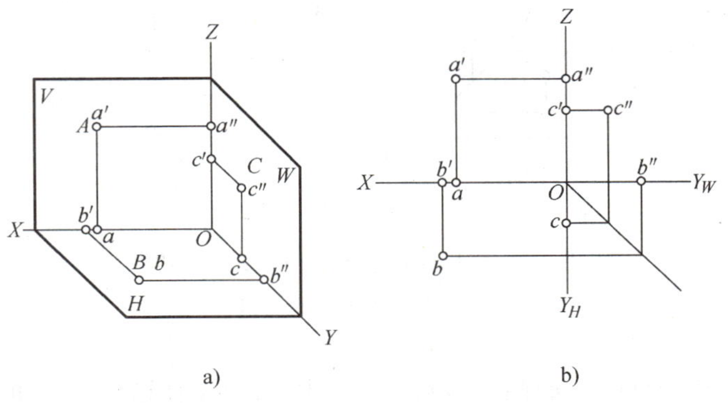

图3-7　投影面上的点
a）直观图　b）投影图

2. 投影轴上的点　如图3-8a所示，A点在X轴上，B点在Y轴上，C点在Z轴上。对于A点而言，其水平投影a、正面投影a'都与A点重合，并在OX轴上；其侧面投影a''与原点O重合。同样可得出B、C两点的投影，如图3-8b所示。

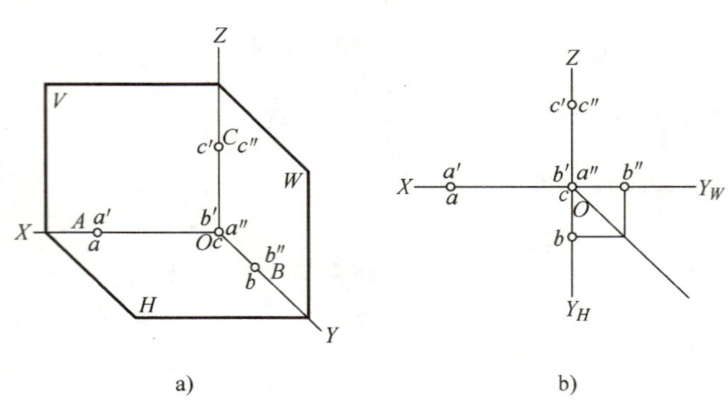

a)　　b)

图 3-8　投影轴上的点

a）直观图　b）投影图

3.1.4　两点的相对位置

空间两点的相对位置是来判断一个点在另一个点的前或后、左或右、上或下。空间两点的相对位置可以根据其坐标关系来确定：X 坐标大者在左，小者在右；Y 坐标大者在前，小者在后；Z 坐标大者在上，小者在下。也可以根据它们的同面投影来确定：正面投影反映它们的上下、左右关系，水平投影反映它们的左右、前后关系，侧面投影反映它们的上下、前后关系。如图 3-9a 所示，已知 A、B 两点的三面投影。$x_a > x_b$ 表示 A 点在 B 点之左，$y_a > y_b$ 表示 A 点在 B 点之前，$z_a < z_b$ 表示 A 点在 B 点之下，即 A 点在 B 点的左、前、下方，如图 3-9b 所示。

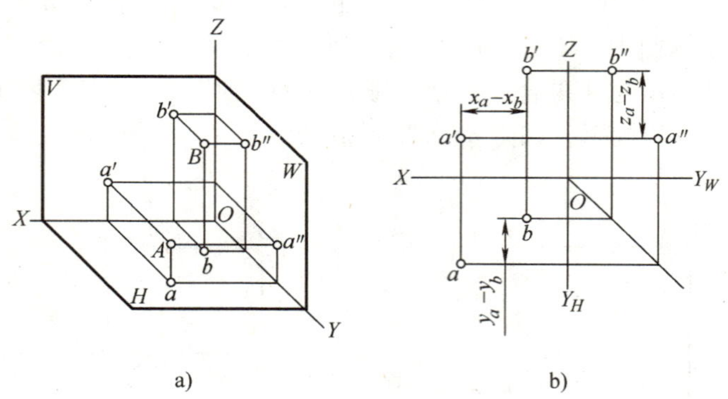

a)　　b)

图 3-9　根据两点的投影判断其相对位置

a）直观图　b）投影图

若两个点处于某一投影面的同一投影线上，则两个点在这个投影面上的投影便互相重合，这个重合的投影称为重影，空间的两点称为重影点。

表 3-1 中 A 点位于 B 点的正上方，两点的水平投影 a 和 b 重合，故两点是水平面的重影点。A 点在上，B 点在下，所以点 A 的投影 a 可见，点 B 的投影 b 不可见。为了区别重影点的可见性，将不可见点的投影用字母加括号表示，如重影点 a(b)。同理，当 C 点位于 D 点的正前方时，它们是正面的重影点，其正面投影为 c′(d′)。当 E 点位于 F 点的正左方时，它们是侧面的重影点，其侧面投影为 e″(f″)。

表 3-1　投影面的重影点

	水平面重影点	正面重影点	侧面重影点
直观图	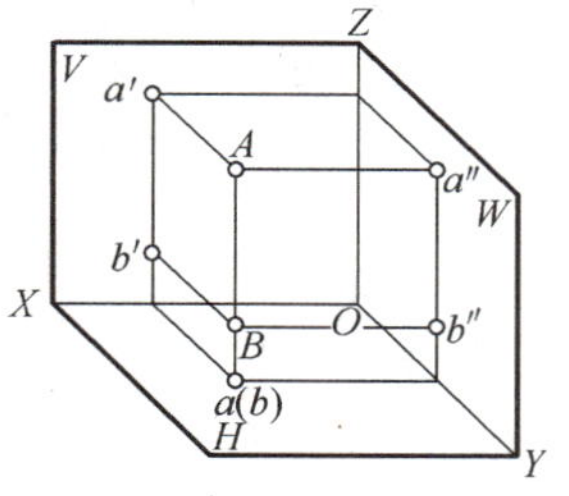	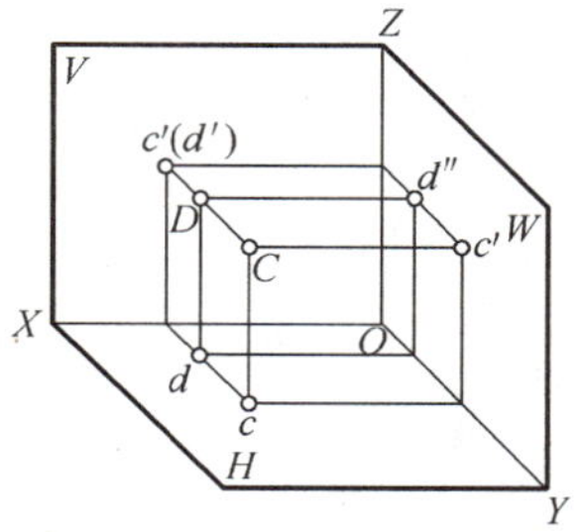	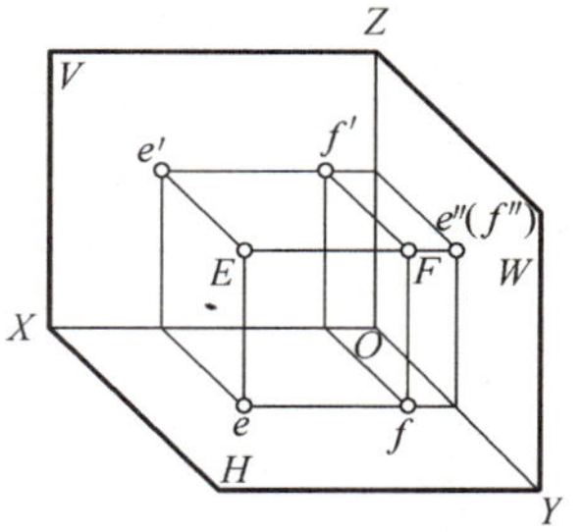
投影图	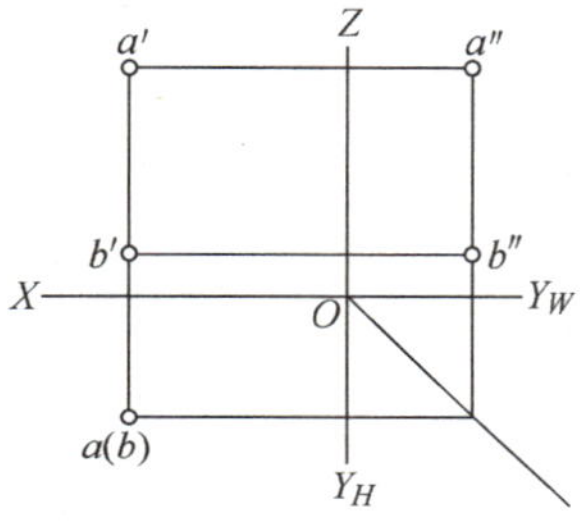	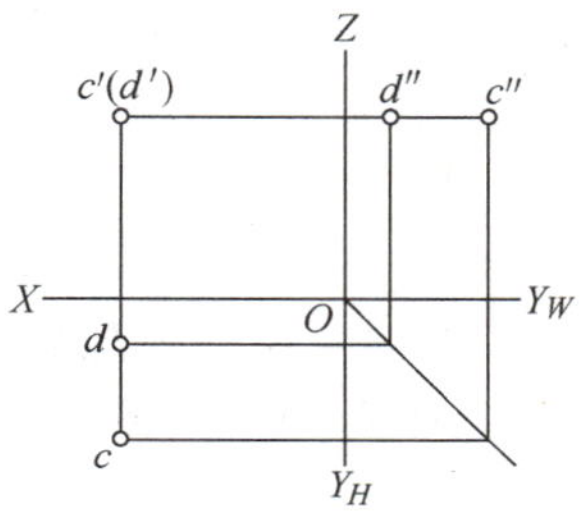	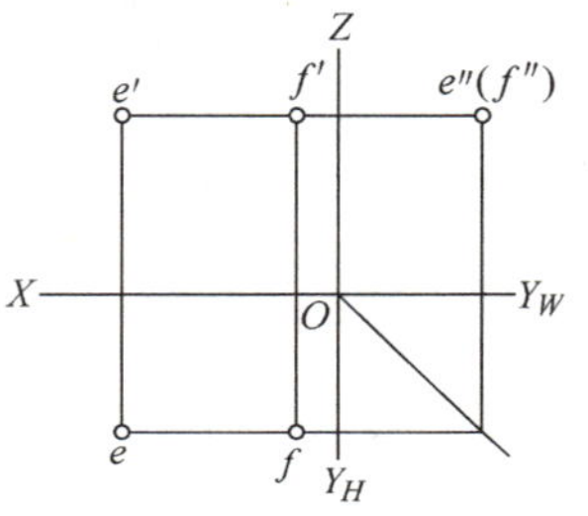

3.2　直线投影的作图方法及投影特性

3.2.1　直线三面投影的作图方法

直线的投影在一般情况下仍是直线，在特殊情况下，其投影可积聚为一个点。由于两点可以确定一条直线，作某一直线的投影，只要作出这条直线两个端点的三面投影，然后将两端点的同面投影相连，即得直线的三面投影，如图 3-10 所示。

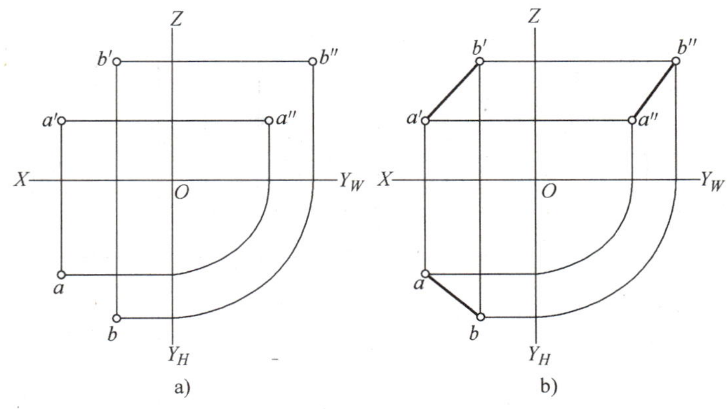

图 3-10　直线的三面投影作图方法

3.2.2　各种位置直线的投影特性

按直线与三个投影面之间的相对位置，将空间直线分为两大类：即特殊位置直线和一般位置直线。特殊位置直线又分为投影面平行线和投影面垂直线。

1. 一般位置直线　与三个投影面都倾斜（即不平行又不垂直）的直线。

从图 3-11 可以看出，一般位置直线具有以下的投影特性：直线在三个投影面上的投影都是直线，且均倾斜于投影轴，即为“斜线”。三个投影的直线长度都小于实长。

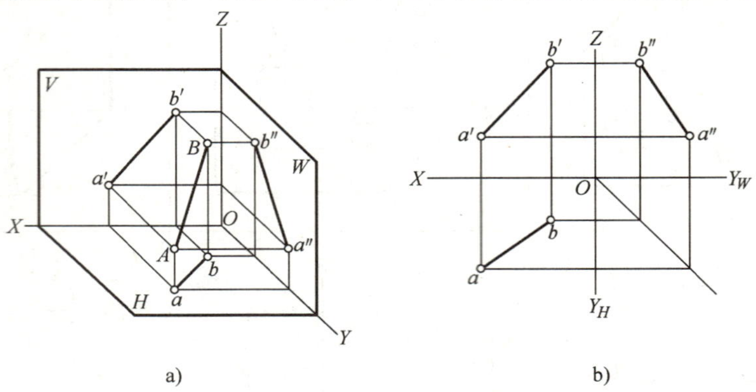

图 3-11　一般位置直线投影

a）直观图　b）投影图

2. 投影面平行线　平行于一个投影面而与另外两个投影面都倾斜的直线。

投影面平行线可分为水平线、正平线、侧平线三种。

平行于水平面，同时倾斜于正面、侧面的直线称为水平线，如表 3-2 中直线 *AB*。

平行于正面，同时倾斜于水平面、侧面的直线称为正平线，如表 3-2 中直线 *CD*。

平行于侧面，同时倾斜于水平面、正面的直线称为侧平线，如表 3-2 中直线 *EF*。

表 3-2　投影面平行线

	水平线	正平线	侧平线
直观图	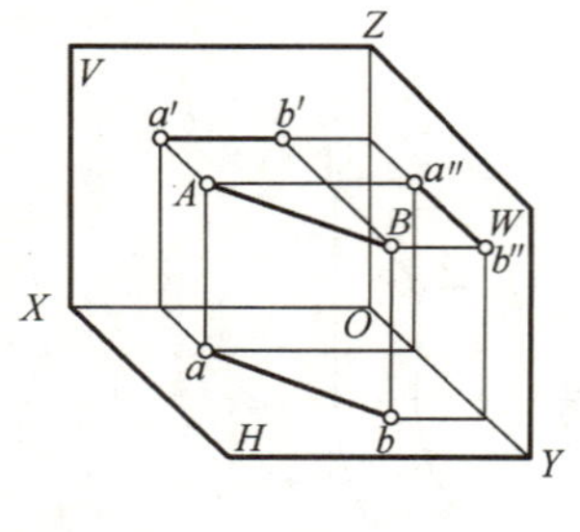	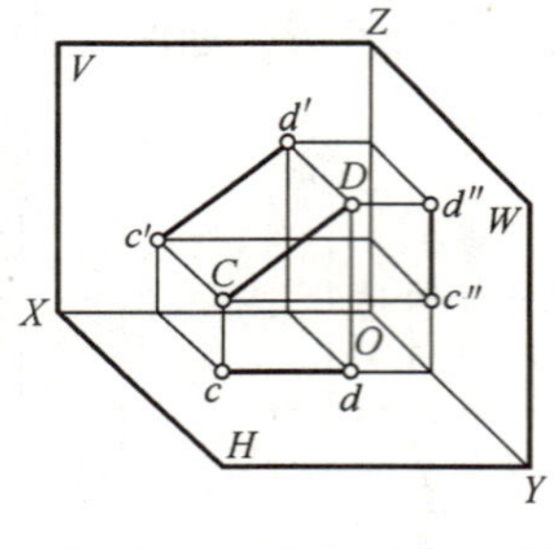	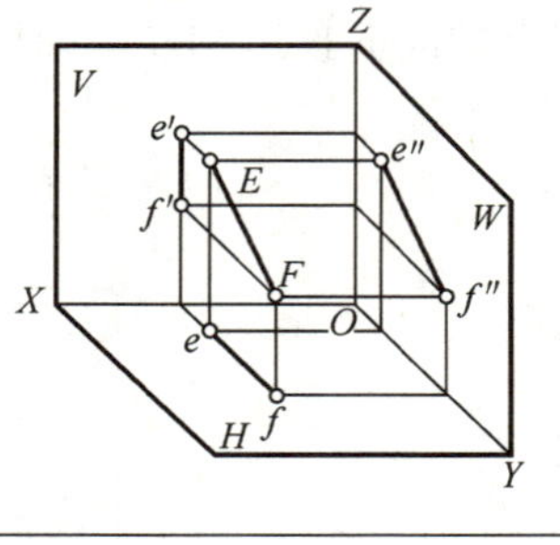
投影图	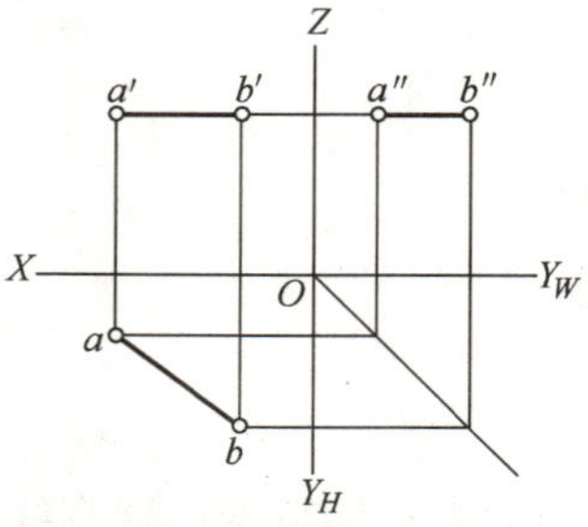	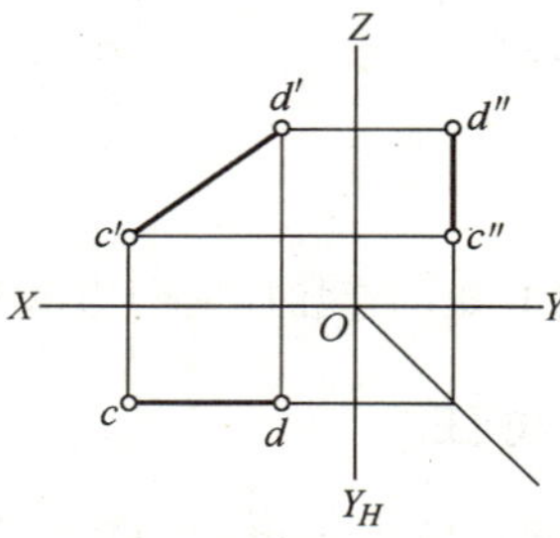	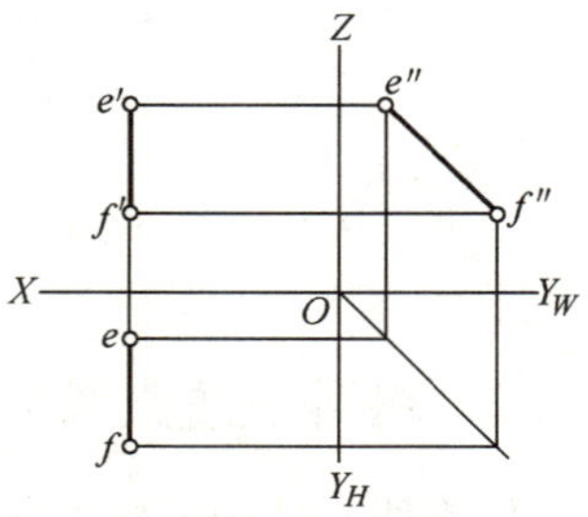

下面以水平线为例说明投影面平行线的投影特性。水平线 AB 的水平投影 ab 与直线 AB 平行且相等，即 ab 反映直线的实长。投影 ab 倾斜于 OX、OY_H 轴，AB 的正面投影和侧面投影分别平行于 OX、OY_W 轴，同时垂直于 OZ 轴。同理可分析出正平线 CD 和侧平线 EF 的投影特性。

归纳得出投影面平行线的投影特性：投影面平行线在它所平行的投影面上的投影是倾斜于投影轴的直线（即为“斜线”），且反映实长。其余两个投影是直线，且平行于相应的投影轴（即为“横线或者竖直线”），长度小于实长。

3. 投影面垂直线　垂直于一个投影面的直线。

垂直于某一投影面的直线，会与另两投影面平行。投影面垂直线分为铅垂线、正垂线、侧垂线三种。

垂直于水平面的直线称铅垂线，如表 3-3 中直线 AB。

垂直于正面的直线称正垂线，如表 3-3 中直线 CD。

垂直于侧面的直线称侧垂线，如表 3-3 中直线 EF。

表 3-3　投影面垂直线

	铅垂线	正垂线	侧垂线
直观图	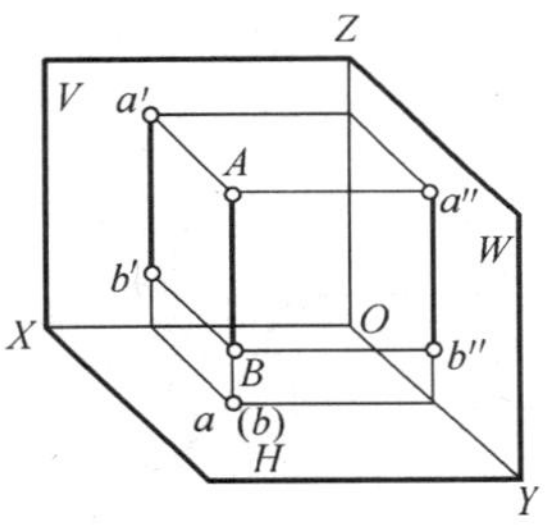	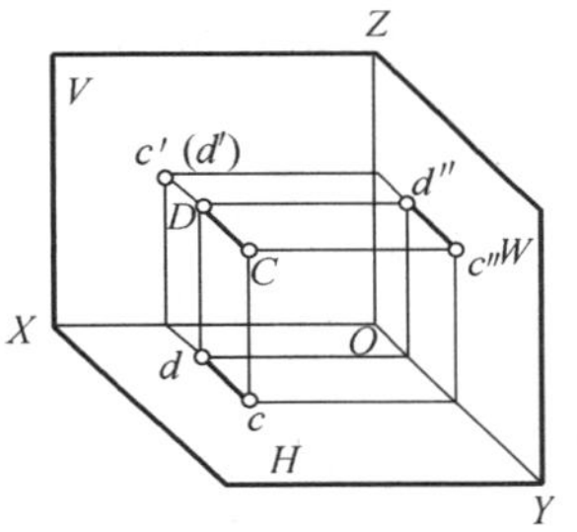	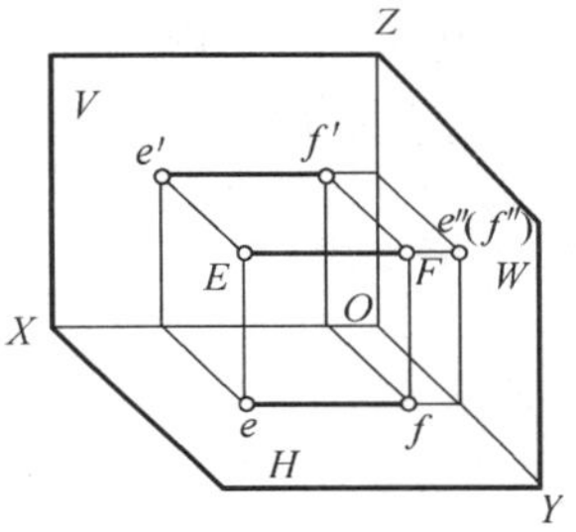
投影图	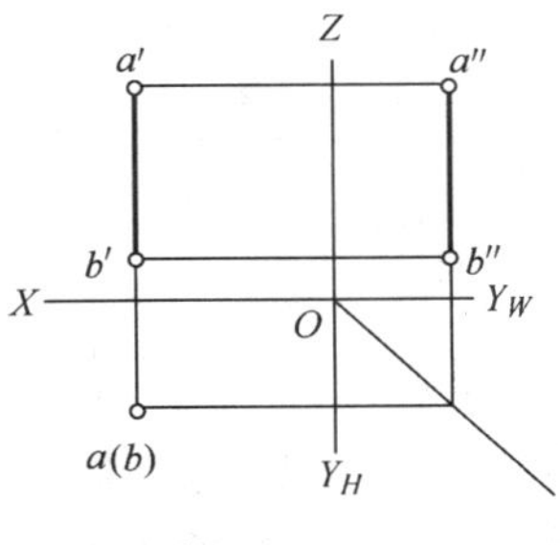	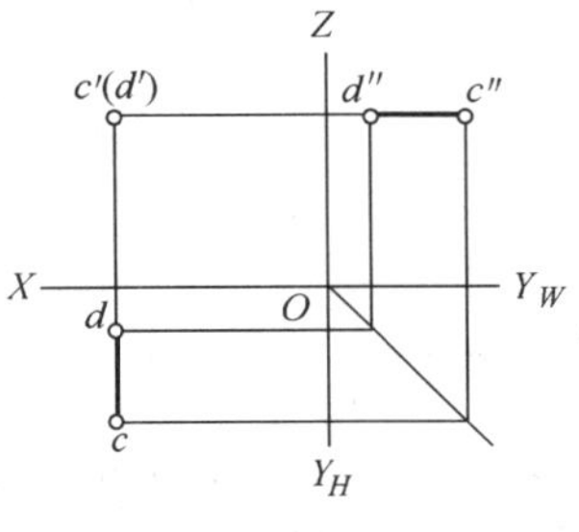	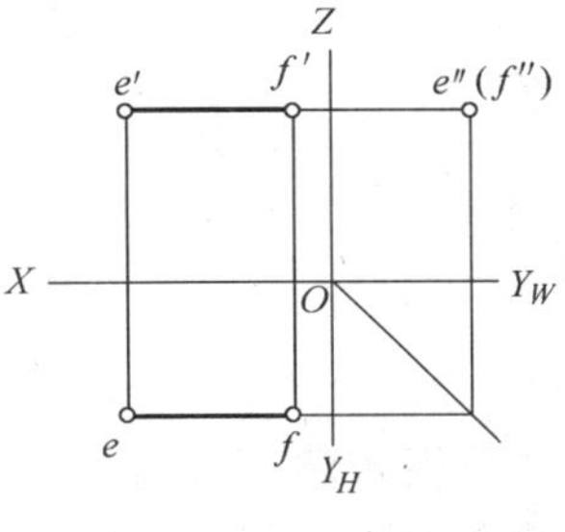

下面以铅垂线为例说明投影面垂直线的投影特性。在表 3-3 中，因直线 AB 垂直于水平面，所以 AB 的水平投影积聚为一点 $a(b)$；AB 垂直于水平面的同时必定平行于正面和侧面，所以由平行投影的真实性可知 $a'b'=a''b''=AB$，并且 $a'b'$ 垂直于 OX 轴，$a''b''$ 垂直于 OY_W 轴，它们同时平行于 OZ 轴。

综合表 3-3 中的铅垂线、正垂线、侧垂线的投影规律，可归纳出投影面垂直线的投影特性：直线在它所垂直的投影面上的投影积聚为一点；直线的另外两个投影平行于相应的投影轴（即为“横线或者竖直线”），且反映实长。

3.2.3　直线的空间位置判断

若三面投影均为倾斜直线，则直线为一般位置直线；若三面投影均为直线，但只有一个投影是倾斜直线，则直线为平行线，且为斜线投影所在投影面的平行线；若三面投影中有一个投影是点，即为一个点和两个直线，则直线为垂直线，且为点投影所在投影面的垂直线。

【例 3-3】 判断图 3-12 所示正三棱锥上各条边线、棱线对投影面的位置。

根据各直线的投影特性可判断出：*SA*、*SC* 是一般位置直线；*AB*、*BC* 是水平线；*SB* 是侧平线；*AC* 是侧垂线。

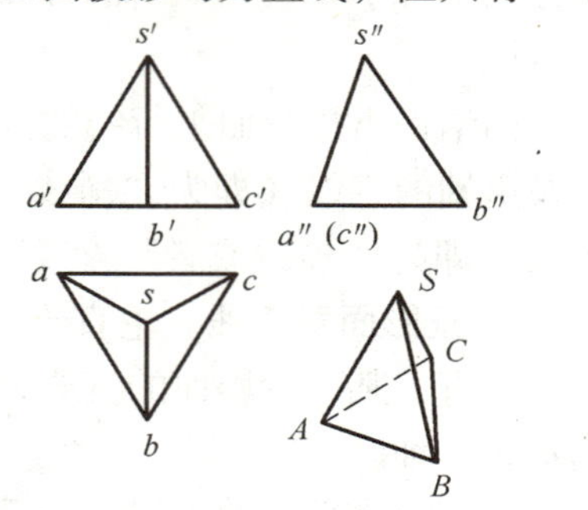

图 3-12　正三棱锥上直线的投影

3.3　直线上点的投影规律及作图方法

如果点在直线上，则点的三面投影就必定在直线的三面投影上，这一性质称为点的从属性。

【例 3-4】 如图 3-13a 所示，已知直线 *AB* 的两面投影，*C* 点在 *AB* 上，且已知正面投影点 c'，完成直线和点的三面投影。

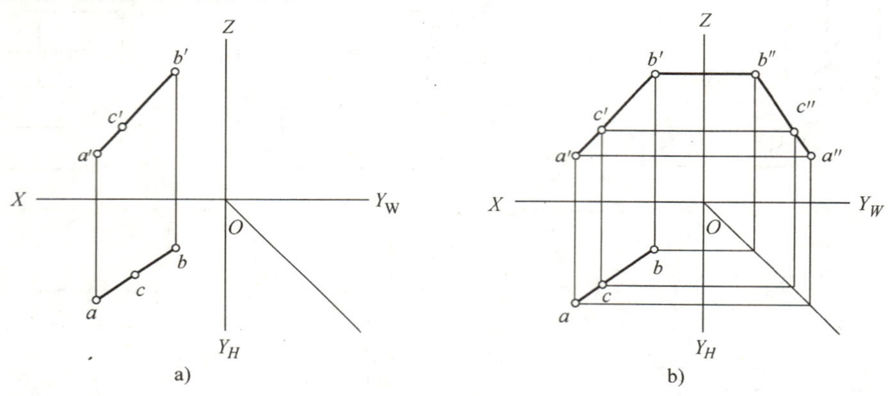

图 3-13　求直线上点的投影

作图步骤： 求出点 *A*、*B* 的侧面投影 a''、b''并连线完成直线的三面投影。因为 *C* 点投影符合点的投影规律，故过 c'作横线和竖线辅助线；因为从属性，点 *C* 的投影必在直线 *AB* 的同名投影上，故所作辅助线与 *ab*、$a''b''$的交点即为 *c*、c''，如图 3-13b 所示。

3.4　平面的投影规律及作图方法

3.4.1　平面的表示方法

1. 用几何元素表示平面　平面可用下列任何一组几何元素来确定其空间位置。

1）不在同一直线上的三点［*A*、*B*、*C*］，如图 3-14a 所示。

2）一直线和该直线外一点［BC、A］，如图3-14b所示。

3）相交两直线［$AB\times AC$］，如图3-14c所示。

4）平行两直线［$AC/\!/BD$］，如图3-14d所示。

5）任意平面图形［$\triangle ABC$］，如图3-14e所示。

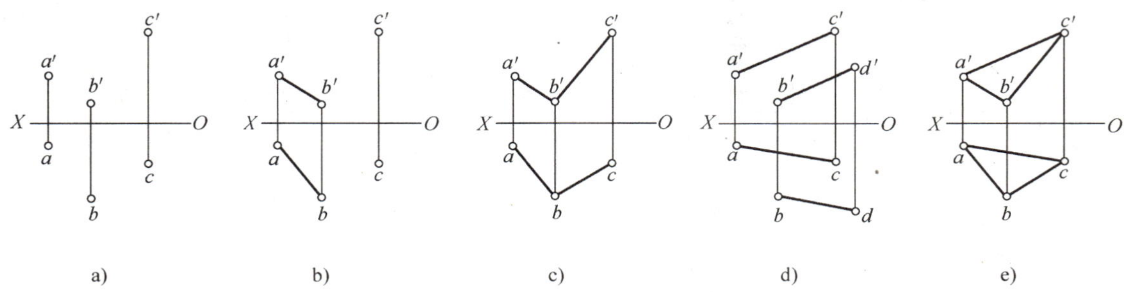

图3-14　平面的表示方法

2. 用迹线表示平面　平面的空间位置还可以由它与投影面的交线来确定，平面与投影面的交线称为该平面的迹线。如图3-15所示，P平面与水平面的交线称为水平迹线，用P_H表示；P平面与正面的交线称为正面迹线，用P_V表示；P平面与侧面的交线称为侧面迹线，用P_W表示。

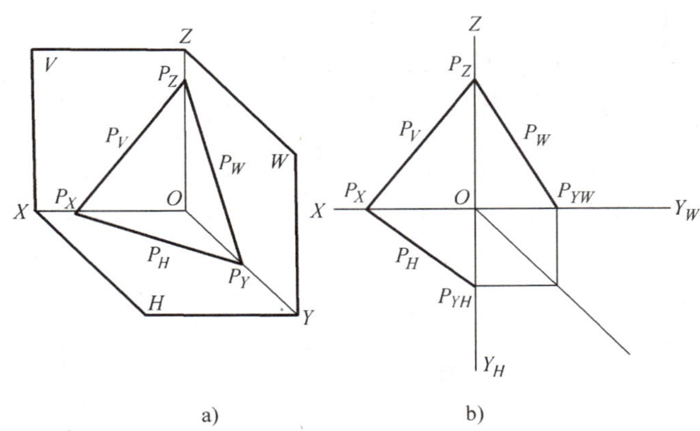

图3-15　平面的迹线表示法

3.4.2　各种位置平面的投影特性

根据平面与投影面的相对位置的不同，可将空间平面分为两大类，即特殊位置平面和一般位置平面，特殊位置平面又分为投影面平行面和投影面垂直面。

1. 一般位置平面　与三个投影面都倾斜（即不平行又不垂直）的平面。如图3-16所示$\triangle ABC$是一般位置平面，$\triangle ABC$三个投影均是三角形，面积均小于实形。

一般位置平面投影特性：三面投影都是原平面图形的类似形，面积都比实形小。

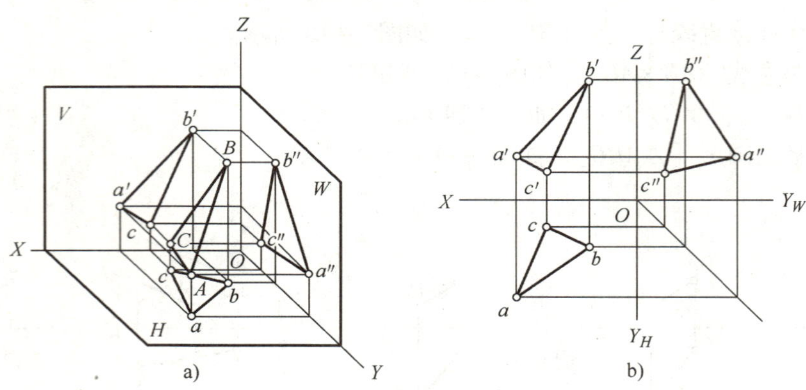

图 3-16　一般位置平面的投影

a）直观图　b）投影图

2. 投影面平行面　平行于一个投影面（同时必然垂直于另外两个投影面）的平面。它分为水平面、正平面、侧平面三种。

平行于水平面的平面称为水平面，如表 3-4 中的平面 P。

平行于正面的平面称为正平面，如表 3-4 中的平面 Q。

平行于侧面的平面称为侧平面，如表 3-4 中的平面 R。

在表 3-4 中，水平面 P 平行于水平面，同时与正面、侧面垂直。其水平投影反映图形的实形，正面投影和侧面投影均积聚成一条直线，且正面投影平行于 OX 轴，侧面投影平行于 OY_W 轴，它们同时垂直于 OZ 轴。同理可分析出正平面、侧平面的投影情况。

综合水平面、正平面、侧平面的投影规律，可归纳出投影面平行面的投影特性：平面在它所平行的投影面上的投影反映实形（即为平面形）；平面在另外两个投影面上的投影积聚为一直线，且分别平行于相应的投影轴（即为横线或竖线）。

表 3-4　投影面平行面

	水平面	正平面	侧平面
直观图	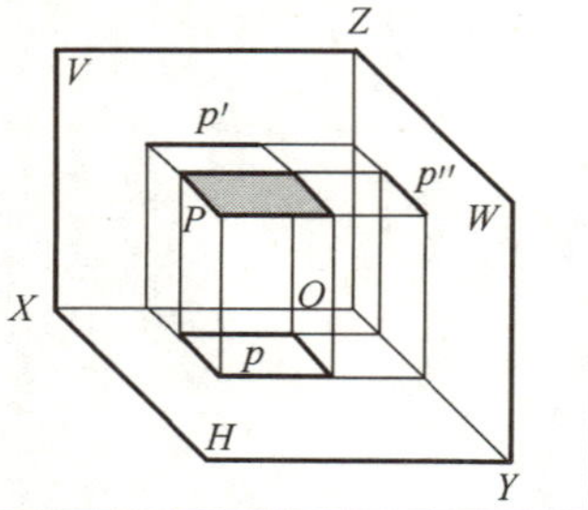	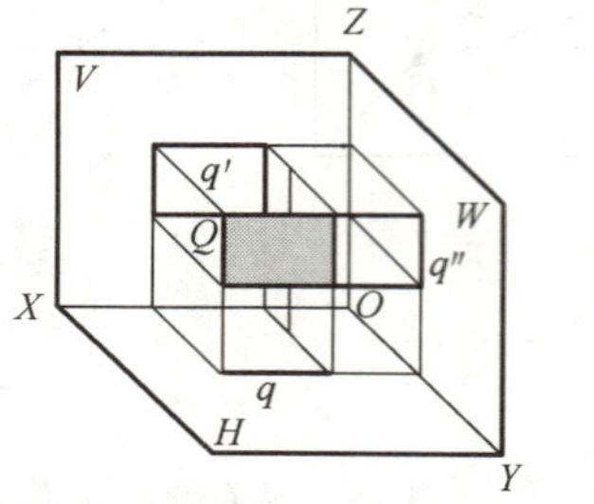	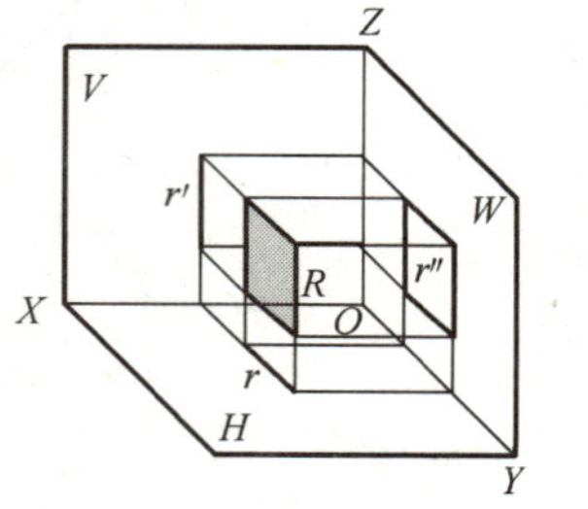
投影图	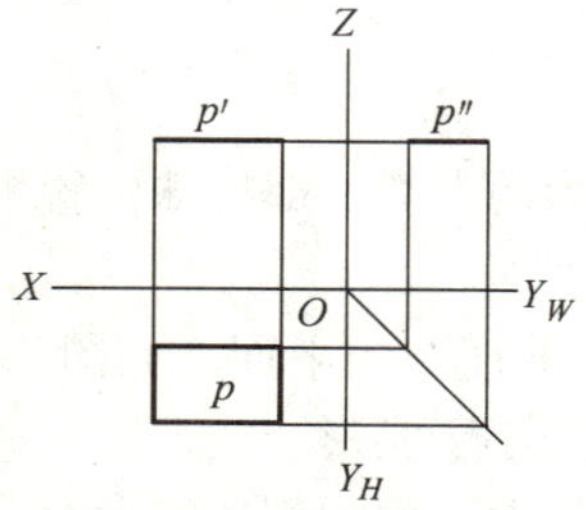	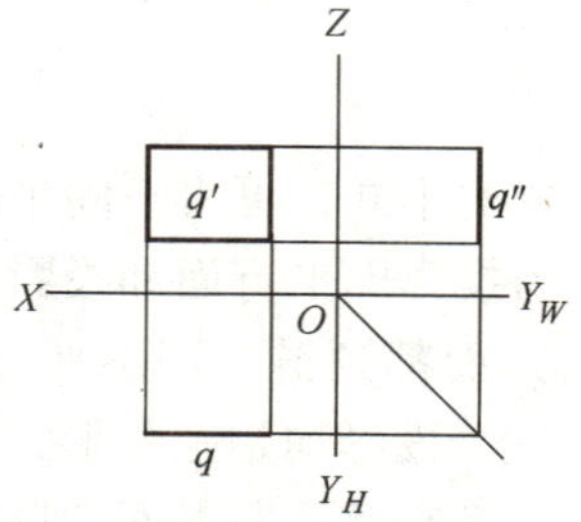	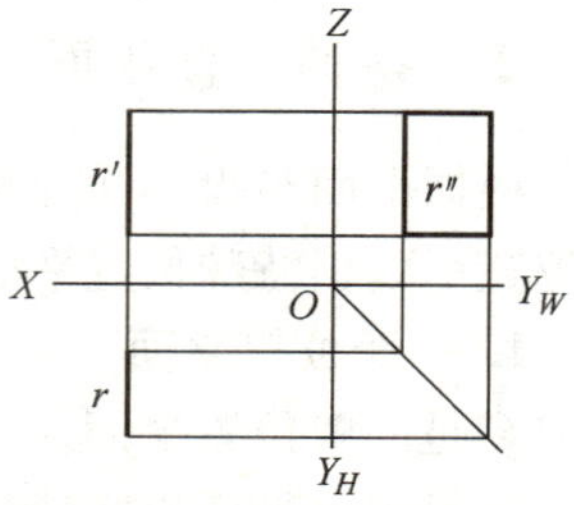

3. 投影面垂直面　垂直于一个投影面，同时倾斜于另外两个投影面的平面，可分为铅垂面、正垂面、侧垂面三种。

垂直于水平面，倾斜于正面和侧面的平面称为铅垂面，如表 3-5 中的平面 P。

垂直于正面，倾斜于水平面和侧面的平面称为正垂面，如表 3-5 中的平面 Q。

垂直于侧面，倾斜于水平面和正面的平面称为侧垂面，如表 3-5 中的平面 R。

在表 3-5 中，平面 P 垂直于水平面，其水平面投影积聚成一倾斜直线 p，由于平面 P 倾斜于正面、侧面，所以其正面投影和侧面投影均为类似形。

综合分析表 3-5 中的平面 Q 和平面 R 的投影情况，可归纳出投影面垂直面的投影特性：平面在它所垂直的投影面上的投影积聚成一倾斜直线；平面在另外两个投影面上的投影为原平面图形的类似形，面积比实形小。

表 3-5　投影面垂直面

	铅垂面	正垂面	侧垂面
直观图	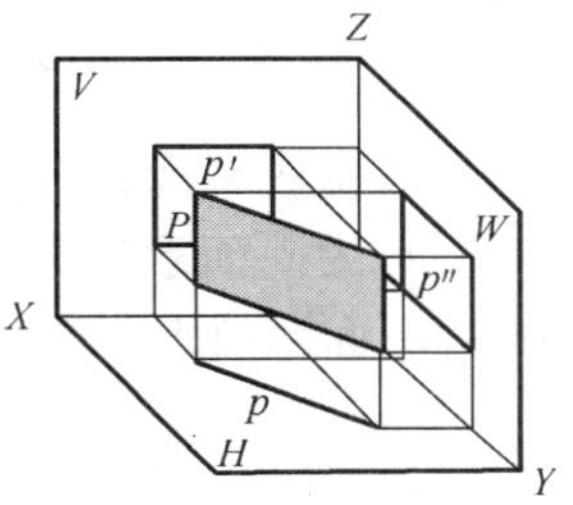	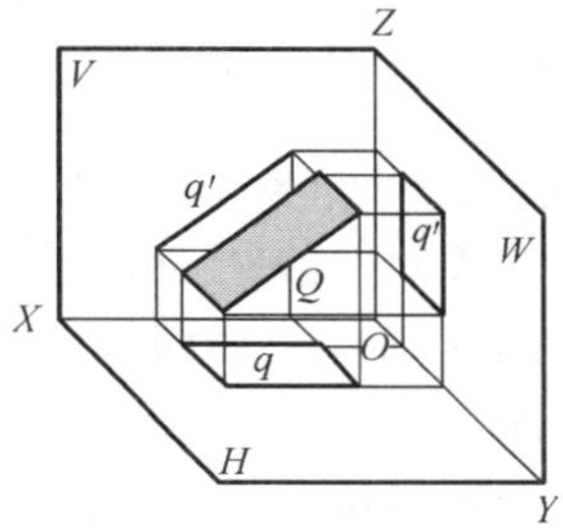	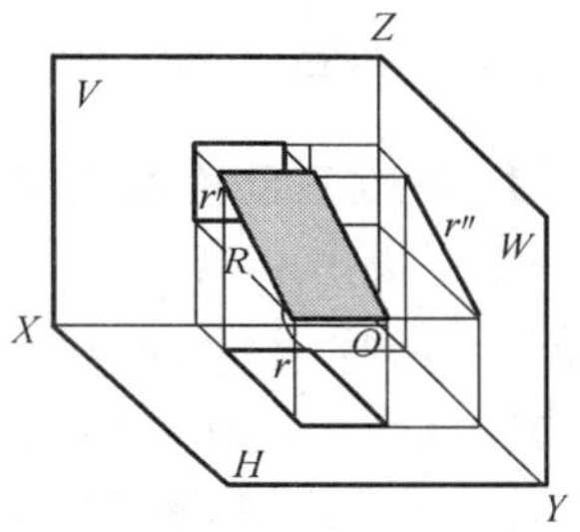
投影图	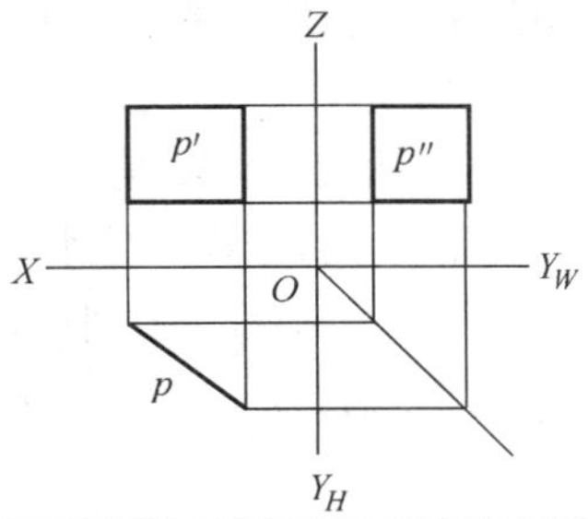	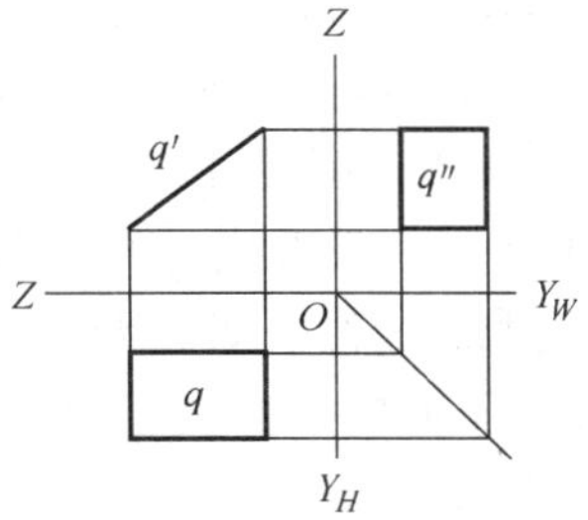	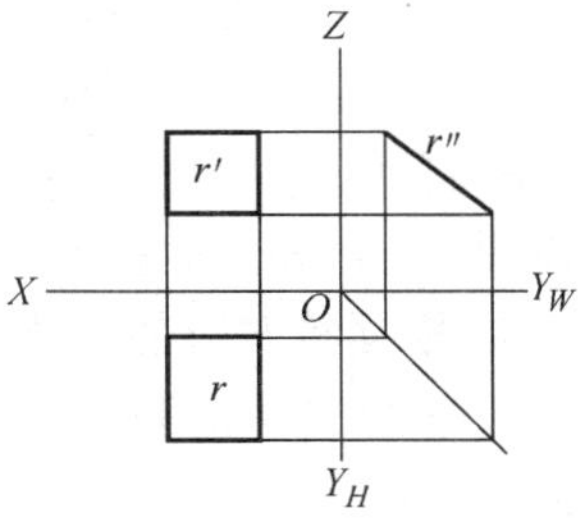

以上两种特殊位置的平面如果不需表示其形状和大小，只需确定其位置，可用迹线来表示，且只用有积聚性的迹线即可。如图 3-17a 所示为铅垂面 P，不需如图 3-17b 所示那样把所有迹线都画出，只需画出 P_H 就能确定空间平面 P 的位置，如图 3-17c 所示。

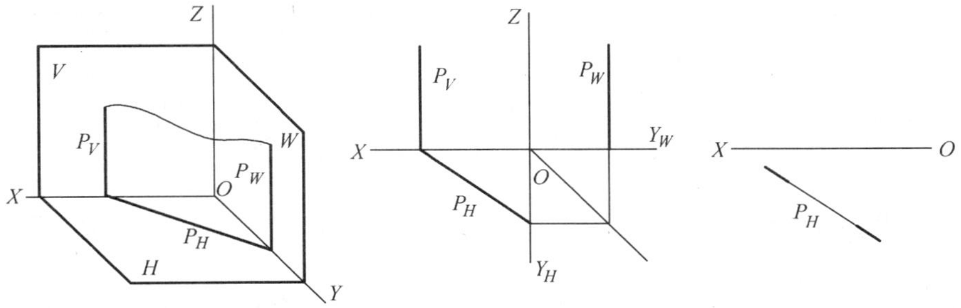

a)　　b)　　c)

图 3-17　特殊位置平面的迹线表示法

对特殊位置的平面，用两段短的粗实线表示有积聚性的迹线的位置，中间用细实线相连，并在两端标以符号，其画法如图 3-18 所示。

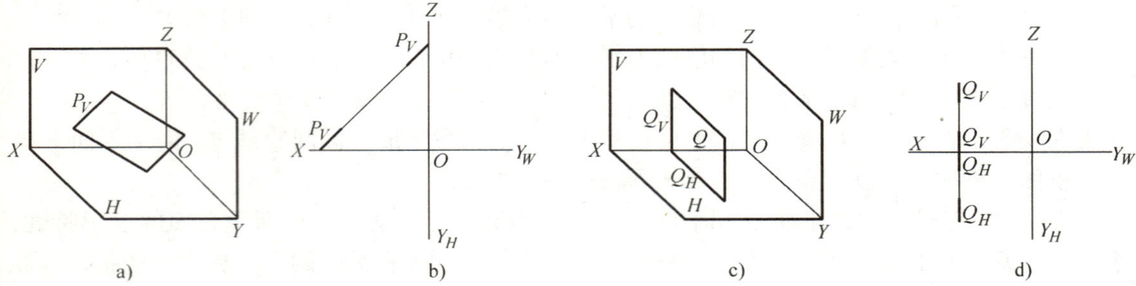

图 3-18　特殊位置平面的迹线表示法

a）正垂面直观图　b）正垂面迹线表示法　c）侧平面直观图

d）侧平面迹线表示法

3.4.3　平面的空间位置判断

1. 根据三面投影判断　若三面投影均为类似形，则平面为一般位置平面；若三面投影为一个平面形和两条直线，即“一面对两线”，则平面为平行面，且为平面形投影所在投影面的平行面；若三面投影为一条斜线和两个平面形，即“一线对两面”，则平面为垂直面，且为斜线投影所在投影面的垂直面。

【例 3-5】　判断如图 3-19 所示正三棱锥上各平面的空间位置。

SAB 的三面投影 *sab*、*s′a′b′*、*s″a″b″*都是三角形，所以 *SAB* 是一般位置平面。同理 *SBC* 也是一般位置平面。*SAC* 的水平面投影 *sac* 和正面投影 *s′a′c′*是三角形、侧面投影 *s″a″c″*积聚为一条直线，为“两面对一线”，所以 *SAC* 是侧垂面；*ABC* 的水平面投影 *abc* 是三角形，正面投影 *a′b′c′*和侧面投影 *a″b″c″*积聚为一条直线，为“两线对一面”，所以 *ABC* 是水平面。

2. 根据特殊位置平面的投影判断　若已知一平面的某面投影为一斜线，则平面为斜线所在投影面的垂直平面。若已知一平面的某面投影为横线或者竖直线，则平面为投影面的平行面。如图 3-20 所示，每条直线表示一个平面的一面投影。

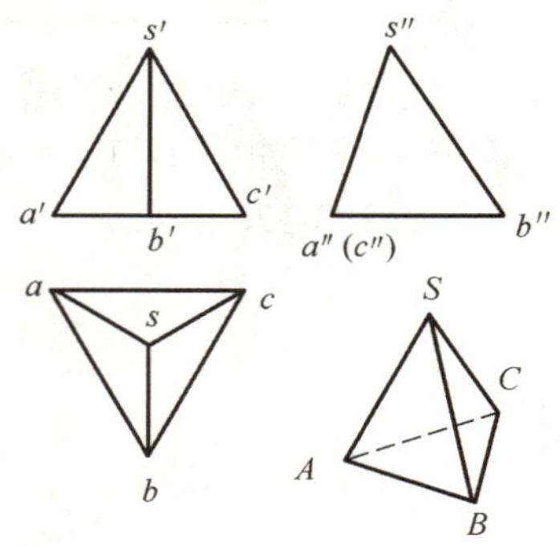

图 3-19　正三棱锥的平面位置

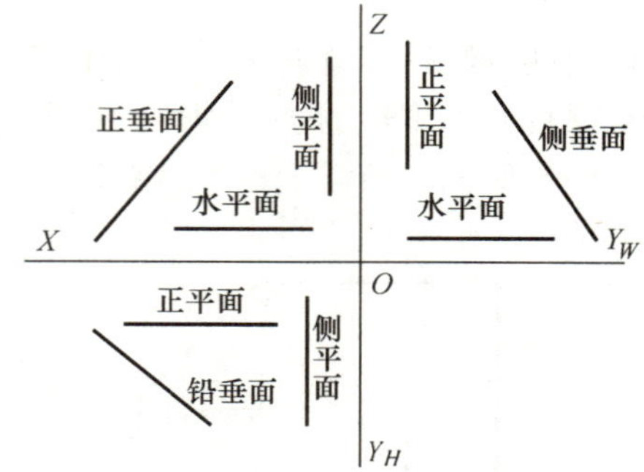

图 3-20　特殊位置平面空间位置

【例 3-6】　如图 3-21a 所示，判断物体上各平面的空间位置，并在立体图上标注。

A 面在正面投影为一横线，可判断 *A* 面为水平面。*B* 面在水平面投影为横线，可判断 *B*

面为正平面。C 面在水平面投影为一倾斜直线，可判断 C 面为铅垂面。D 面在侧面投影为一倾斜直线，可判断 D 面为侧垂面。立体图如图 3-21b 所示。

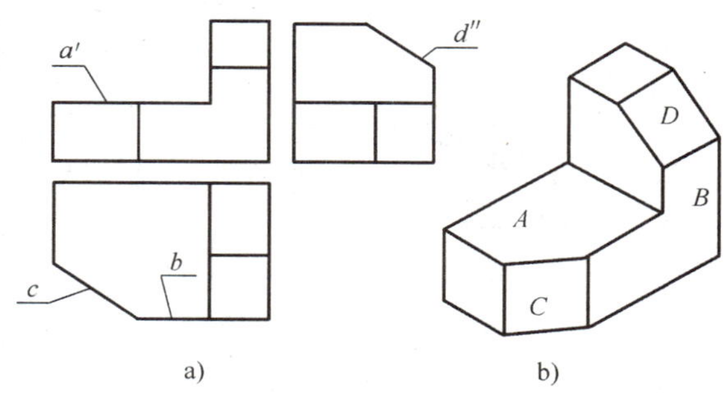

图 3-21　平面的空间位置判断

3.4.4　平面三面投影的作图方法

画出各顶点的三面投影，再将各顶点的同面投影按空间点顺序依次连线。

【例 3-7】　如图 3-22a 所示，已知平面 ABCD 的两面投影，求作第三面投影图。

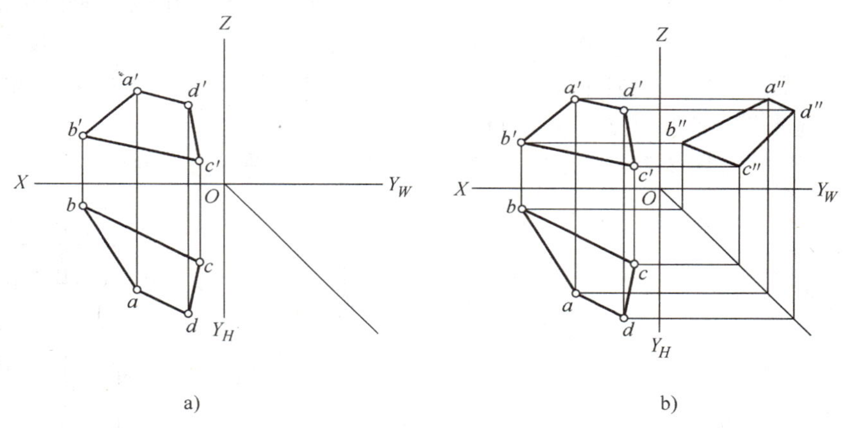

图 3-22　求平面 ABCD 的第三面投影

分析：根据平面 ABCD 的两面投影，画出各顶点的侧面投影，再将各点的侧面投影按空间点顺序依次连线，即可求出平面 ABCD 的第三面投影。

作图步骤如图 3-22b 所示。先根据点的投影规律求出 A、B、C、D 点的侧面投影，再依次将 a″、b″、c″、d″、a″连线，即为平面的侧面投影。

【例 3-8】　如图 3-23a 所示，已知正垂面 ABCDE 的两面投影，求第三面投影。

分析：平面 ABCDE 为一正垂面，先利用积聚性求出各点正面投影，再求各顶点的侧面投影，然后将各点的侧面投影按空间点顺序依次连线，即可求出平面的三面投影。

作图：根据点的投影规律，求出 A、B、C、D、E 点的正面投影，如图 3-23b 所示，再求出 A、B、C、D、E 点的侧面投影。依次连接点 a″、b″、c″、d″、e″、a″，即为平面的侧面投影，如图 3-23c 所示。

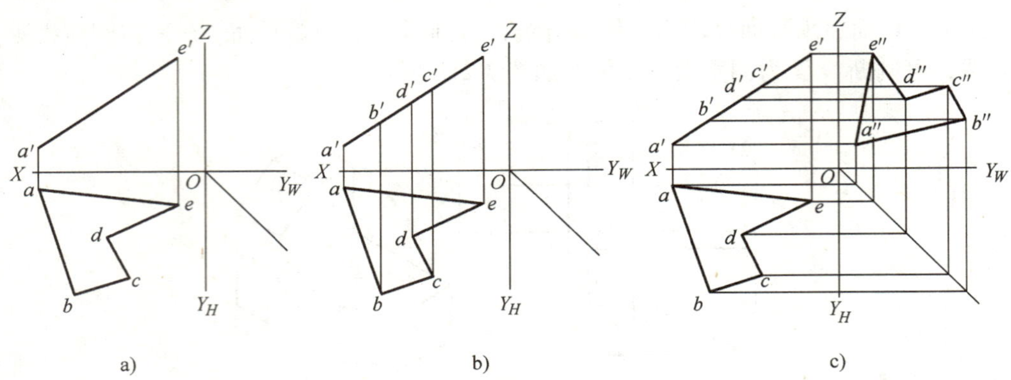

图 3-23　求平面 *ABCDE* 的第三面投影

3.5　平面上点和直线的投影

3.5.1　平面上的点

点在平面上的几何条件为：若点在特殊平面上，则点投影必在该平面积聚的投影直线上；若点在平面内的任一已知直线上，则点必在该平面上。因此，平面上点投影的求法是：若平面是特殊平面，则可利用平面积聚性求点的第二面投影；若平面是一般位置平面，则通过作辅助线，先求辅助线的投影，再求点的投影。

【例 3-9】 完成如图 3-24a 所示铅垂面的第三面投影和平面内点的另两面投影。

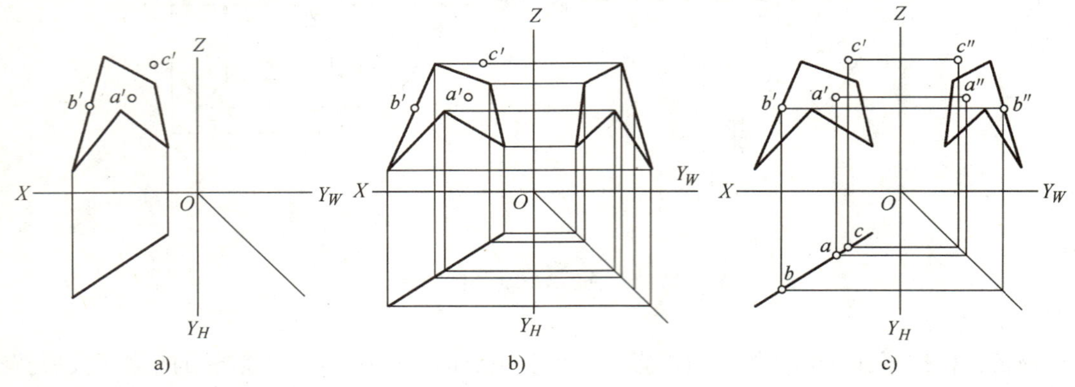

图 3-24　补全特殊平面上点的投影

先根据平面的正面和水平面投影，求出平面的侧面投影，如图 3-24b 所示。再根据点 *A*、*B*、*C* 的正面投影向下作垂线与平面投影斜线相交，得到各点水平投影，再根据点的两面投影求出点的侧面投影，如图 3-24c 所示。

【例 3-10】 如图 3-25a 所示，已知平面上点 *E* 的正面投影 e'，求其水平投影。

分析： 过点 *E* 作一条 $\triangle a'b'c'$ 平面内的辅助线，且能够方便求出其正面投影和水平投影，先求辅助线的投影，再利用直线上点的投影求法求点的投影。

作图： 过点 e' 作一条辅助线，如 $c'r'$，过 r' 向下作垂线与 ab 相交求出 r，连接 cr，完成辅助线的投影，如图3-25b所示；再过e'向下作垂线与cr相交，交点即为e点，如图3-25c所示。

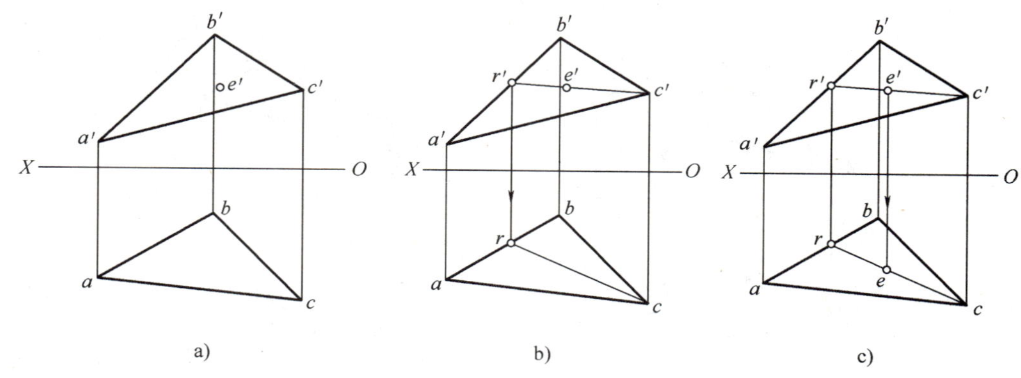

图3-25　补全平面上点的投影

3.5.2　平面上的直线

直线在平面上的几何条件为：若一直线经过平面上的两个已知点，或经过一个已知点且平行于该平面上的另一已知直线，则此直线必定在该平面上。

【例3-11】　如图3-26a所示，已知平面ABC上的直线DE的正面投影$d'e'$，求DE的水平投影。

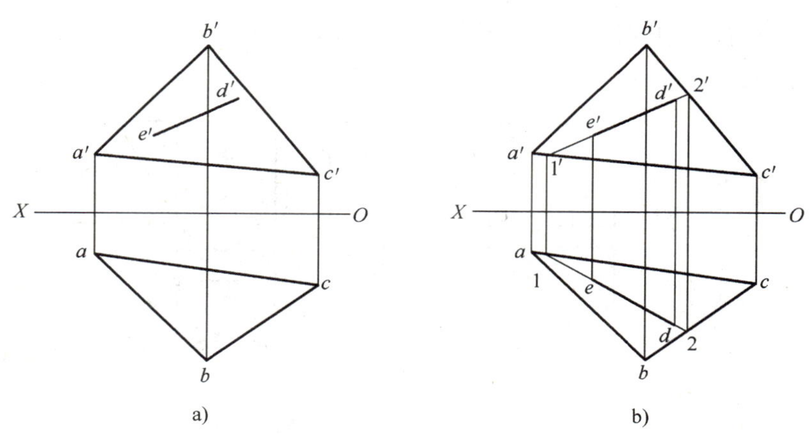

图3-26　平面上直线的投影

作图： 1）延长$e'd'$与$a'c'$和$b'c'$分别交于$1'$和$2'$点。过$1'$向下作竖线与ac交于1点，过$2'$向下作竖线与bc交于2点，连接1、2点。

2）过e'向下作竖线与12交于e点，过d'向下作竖线与12交于d点。用粗实线连接ed，即为直线DE的水平投影，如图3-26b所示。

3.5.3　平面上的投影面平行线

平面上的投影面平行线，有平面上的水平线、正平线和侧平线三种，它们既具有平面上的直线的投影特性，又具有投影面平行线的投影特征，如图 3-27a 所示的直线 *EF*，就是平面 *ABC* 上的一条水平线；如图 3-27b 所示的直线 *GH*，就是平面 *ABC* 上的一条正平线。

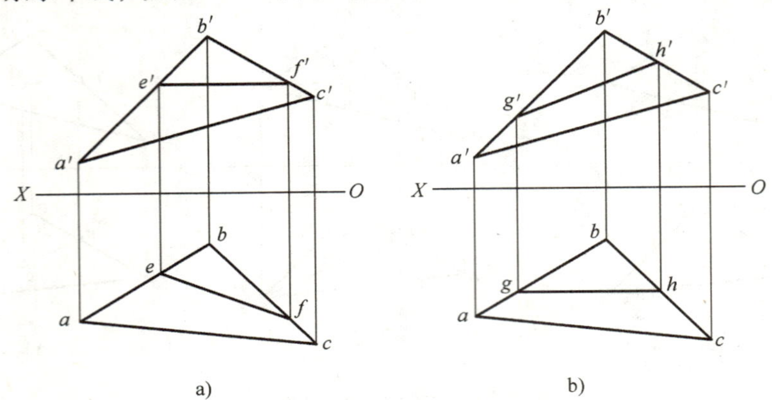

图 3-27　平面上的投影面平行线的投影

3.6　物体上点、直线和平面与物体三视图的位置关系

在空间物体与其三视图上互找点、直线和平面的位置，既可以训练想象力，也可培养识图能力。

【例 3-12】　根据图 3-28a 在图 3-28b 所示三视图中找出 *A*、*B*、*C*、*D*、*E* 各点的投影及平面 *P*、*T*、*R* 在三视图中的位置，并判断直线 *AB*、*BD*、*BC*、*BE* 的空间位置及平面 *P*、*T*、*R* 的空间位置。

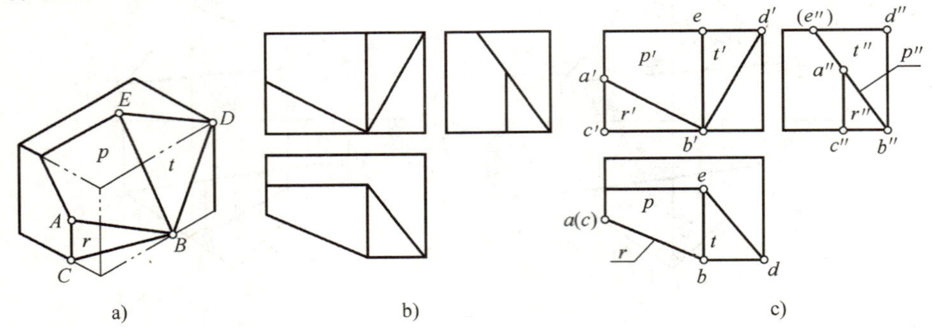

图 3-28　物体上点、直线和平面与物体三视图上的位置关系

各直线及平面的三面投影位置如图 3-28c 所示。

直线 *AB* 的三面投影都是倾斜直线，所以直线 *AB* 为一般位置直线。直线 *BD* 的正面投影与轴倾斜，另两面投影与轴平行，直线 *BD* 为正平线。直线 *BC* 的水平面投影与轴倾斜，另两面投影与轴平行，直线 *BC* 为水平线。直线 *BE* 的侧面投影与轴倾斜，另两面投影与轴平行，直线 *BE* 为侧平线。

平面 *P* 的三面投影是一线对两面，平面 *P* 为侧垂面。平面 *T* 的三面投影都为三角形，平面 *T* 为一般位置平面。平面 *R* 的三面投影是一线对两面，平面 *R* 为铅垂面。

【例 3-13】　根据图 3-29a 所示，在图 3-29b 所示立体图上找出指定表面的对应位置并标注，再判别其空间位置。

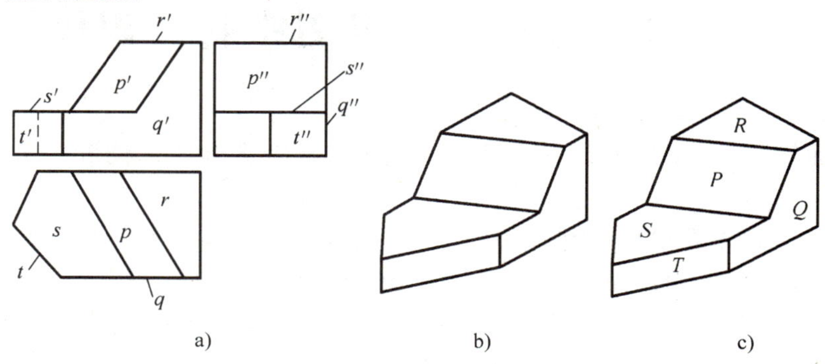

图 3-29　判别立体表面的空间位置

指定表面的对应位置如图 3-29c 所示，空间位置是：P 的三面投影都是四边形，所以平面 P 是一般位置平面。平面 Q 的正面投影是多边形，另两面是直线，三面投影是“一面对两线”，所以平面 Q 是正平面。平面 R 的水平投影是多边形，另两面是直线，所以平面 R 是水平面。平面 S 的水平投影是多边形，另两面是直线，所以平面 S 是水平面。平面 T 的水平投影是斜线，另两面是四边形，三面投影是“一线对两面”，所以平面 T 是铅垂面。

第 4 章　切割体三视图绘制与识读

【能力目标】　能够识读切割体的三视图；能够绘制切割体的三视图；能够分析和标注切割体的尺寸。

【任务 1】　识读图 4-12a 所示物体的三视图，想象空间结构，制作其模型。

【任务 2】　在图纸上绘制图 4-28 所示平面切割体的三视图和立体图。

【任务 3】　在图纸上绘制图 4-45 和图 4-47 所示切割体的三视图，并分析标注尺寸。

4.1　切割体三视图的识读

【知识链接 1】3.4.3　平面的空间位置判断

基本体被平面截切后的不完整物体称为切割体，平面立体被截切形成的切割体为平面切割体，曲面立体被截切形成的切割体为曲面切割体，截切基本体的平面称为截平面，截平面与物体表面的交线称截交线，如图 4-1 所示。

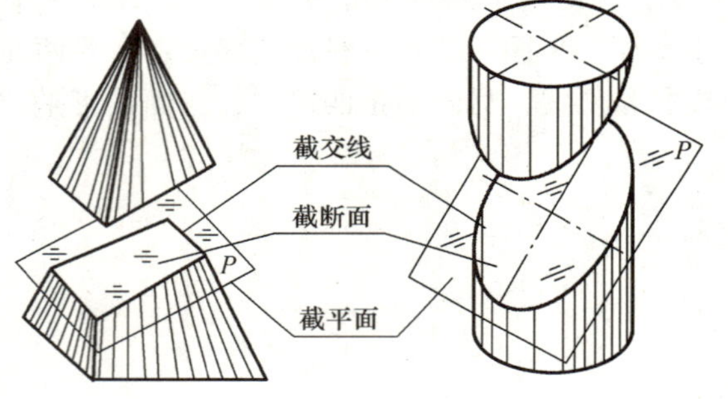

图 4-1　截平面、截交线、切割体定义

4.1.1　线面分析法

在看基本体经切割后产生的复杂形体的视图时，主要是应用线面分析法。用线面分析法识图就是以图线及线框分析为基础，运用投影规律将物体的表面进行分解，弄清各个表面的形状和相对位置，最后将其加以综合、归位，想象物体形状的过程。具体步骤是：从具有特征的部位入手，特征部位一般是外框明显的切口线；再找对应投影关系，找出另两面的对应投影，以形成一个线框组；在此基础上再进行投影分析，将三个视图联系起来想象截平面的空间位置。关键步骤是根据线框组想象截平面的空间位置。

若一个线框对应两条线，则表示为投影面平行面。特征部位一般是外框明显积聚为水平线或竖直线，如图 4-2b、c 所示的线框和线是立体上的正平面、水平面的投影。

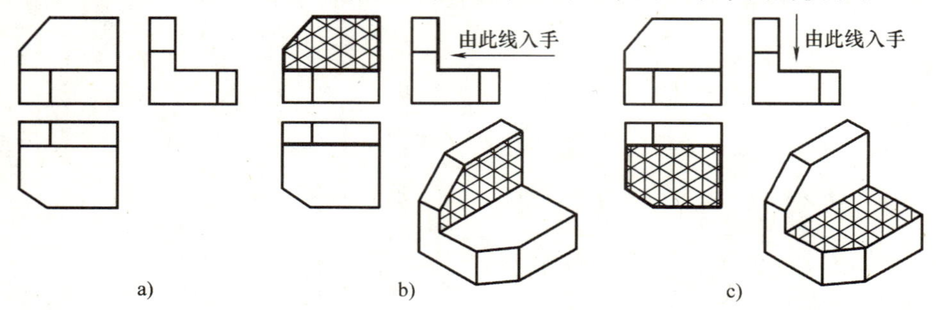

图 4-2　平行截平面位置分析法

若一条斜线对应两个线框，则表示为投影面垂直面。视图中的斜线一般为投影面垂直面的投影，抓住其积聚性投影和另两面投影为边数相等的类似形的特点，对识图很有帮助。特征部位一般是外框明显斜线，如图 4-3a、b、c 所示的线框和线是立体上垂直面的投影。

若三个线框相对应，则表示为一般位置平面。投影特征是“三个类似形”，即三面投影都是类似形线框，如图 4-4 所示的线框和线是立体上一般位置平面的投影。

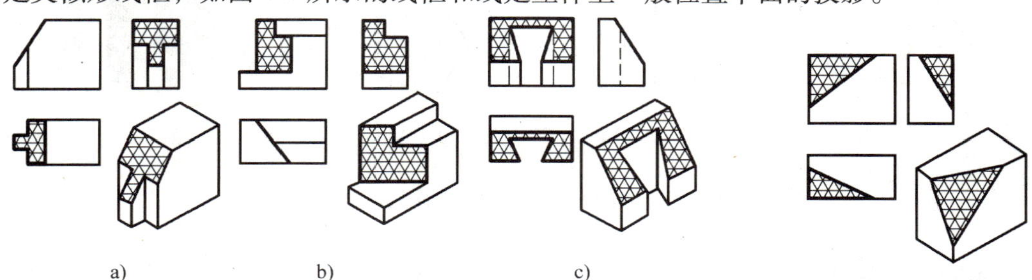

a)　b)　c)

图 4-3　垂直截平面位置分析法

图 4-4　一般截平面位置分析法

4.1.2　识图的一般步骤

先想象切割体被切割前的原始形体，再根据截交线的形状应用线面分析法，分析截平面的空间位置，然后以立体的原始形体为基础，想象其被切后的形状。要善于进行线框分析和投影分析；要先看容易看懂的部分，后看难以看懂的部分。

【例 4-1】 已知物体的三视图如图 4-5a 所示，试想象出该物体的形状。

分析： 根据三视图中外框与主要轮廓线得知切割体被切前的原始形体应为一个正六棱柱；根据主视图左上角的斜线，并在俯视图和左视图上找出对应投影，如图 4-5b 所示，可知截平面是正垂面；综合想象物体是正六棱柱左上角被正垂面切割了。立体图如图 4-5c 所示。

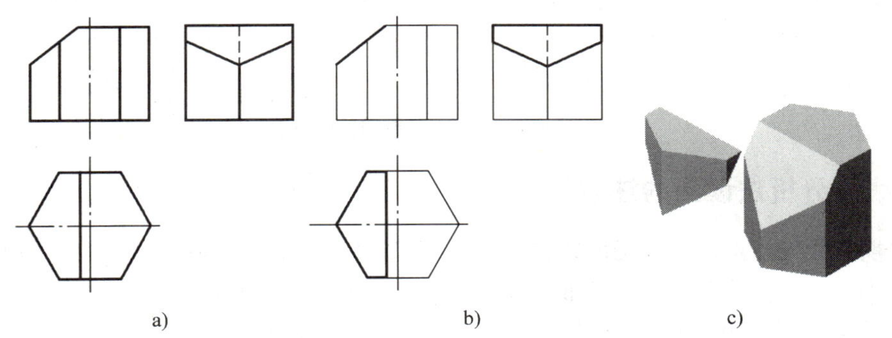

a)　b)　c)

图 4-5　六棱柱切割体三视图识读示例

【例 4-2】 已知物体的三视图如图 4-6a 所示，试想象出该物体的形状。

分析： 根据三视图中外框与主要轮廓线得知切割体被切前的原始形体应为一个正五棱柱；根据主视图左上角的竖线，并找出对应投影，如图 4-6b 所示，可知截平面是侧平面；根据主视图左上角的斜线，并在俯视图和左视图上找出对应投影，如图 4-6c 所示，可知截平面是正垂面；综合想象物体是正五棱柱左上角被一侧平面和一正垂面切割，立体图如图 4-6d 所示。

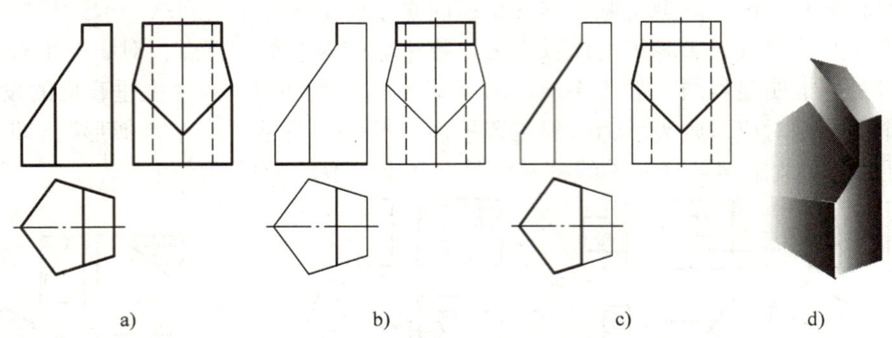

图 4-6　五棱柱切割体三视图识读示例

【例 4-3】 已知物体的三视图如图 4-7a 所示，试想象出该物体的形状。

分析：根据三视图中外框与主要轮廓线得知切割体被切前的原始形体应为一个圆柱；根据主视图左右两边的直线找出对应投影，如图 4-7b、c 所示，可知截平面是三个平面，一个水平面和两个侧平面；综合想象物体是圆柱体，其上方左右两边上角被一个水平面和两个侧平面切割，立体图如图 4-7d 所示。

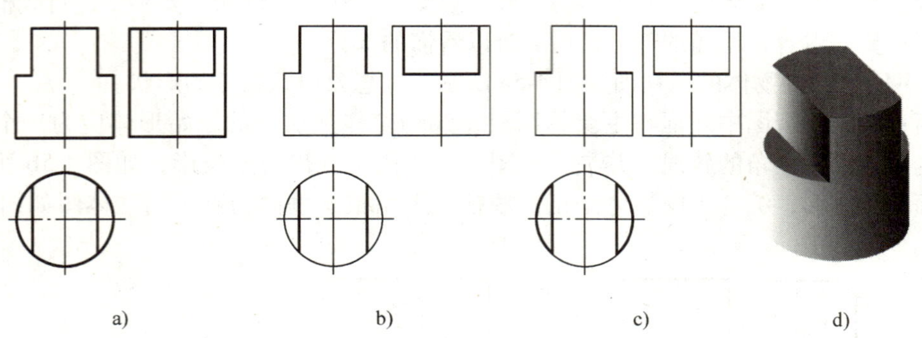

图 4-7　圆柱切割体三视图识读示例

4.1.3　线面分析法读图的注意点

1. 在视图中找出点、线、面的对应投影　读图时，在视图中找出点、线、面的对应投影是很重要的。按投影特征分析相邻视图中对应的一对线框若为同一平面的投影，它们必定是类似形；相邻视图中的对应投影若无类似形，必定积聚成直线。

【例 4-4】 已知物体如图 4-8a 所示三视图，找出 9 个线框的对应投影，判断空间位置。

如图 4-8a 所示，线框 1、2、3 虽然都是梯形线框，但只有线框 1 与线框 2 的顶点符合投影对应关系，是同一平面的两面投影，其侧面投影积聚成直线，如图 4-8b 所示平面为一侧垂面。而线框 3 与 6 符合投影对应关系，并且同时与正面上的一条直线是对应投影，所以代表一个正垂面，如图 4-8c 所示。线框 4 与线框 5 为类似形，但不能在俯视图上找到同时与之相对应的直线或类似形线框，所以线框 4 与 5 代表两个平面，由图 4-8d 所示投影特征可知，它们分别为正平面（最前）与侧平面（最左）。线框 7、8、9 都是矩形线框，但顶点不符合点的投影规律，因此，它们不是一个平面的三面投影，而是代表三个平行面，如图 4-8e、f、g 所示。

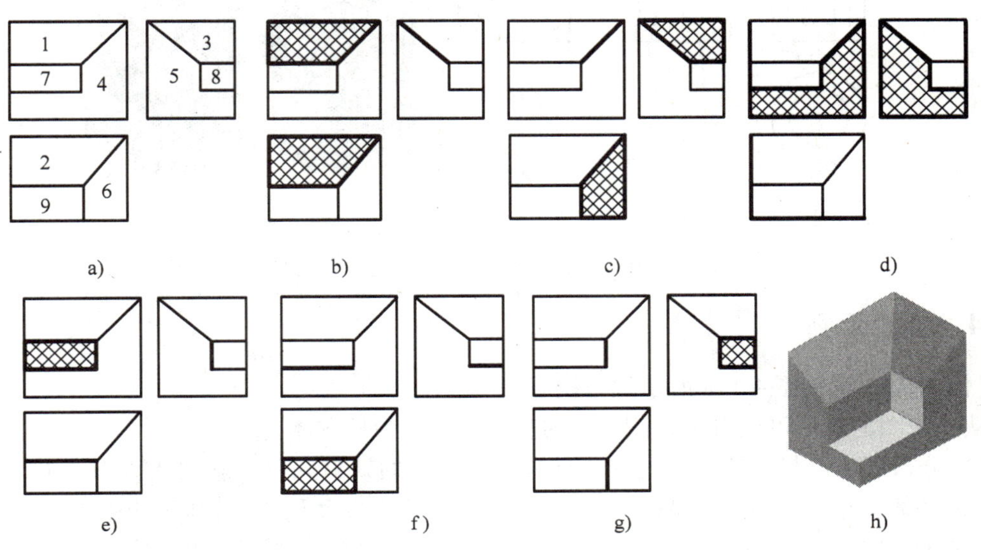

图 4-8　线面分析法读图

2. 三个视图要联系起来看　在读懂基本体和各部分形状的基础上，根据三视图综合想象才能得出整个形体的形状。如图 4-8 三视图所示形体，其基本形状是四棱柱，线框 1、2 代表一个侧垂面的斜面，是由基本体后上部分向前、下方向截切得到的；线框 3、6 代表一个正垂面的斜面，是由基本体右上部分向左、下方向截切得到的；线框 7、8、9 代表三个平行面的断面，它们组成了一个切口。综合起来，图 4-8 所示的三视图所表达的空间形状如图 4-8h 所示。

另外，一个视图只是物体在一个方向上的投影，不能确定物体的空间形状。如图 4-9a 所示，只画出主视图的矩形线框，那么该物体可以是棱柱体，也可以是圆柱体，还可以是棱柱与圆柱的组合体等。两个视图是物体向两个方向的投影，有时能确定物体的空间形状，有时不能唯一确定物体的空间形状，如图 4-10a 所示，主视图能反映物体的特征，但仅联系两个视图来看，却不能确定圆柱体上圆线框与矩形线框的具体形状，哪个是实体凸出哪个是空洞凹进，所以由图 4-10a 所示的二视图，可以想象出图 4-10b、c 所示两种形状，物体空间形状不能唯一确定。因此看图时必须将三个视图联系起来看。

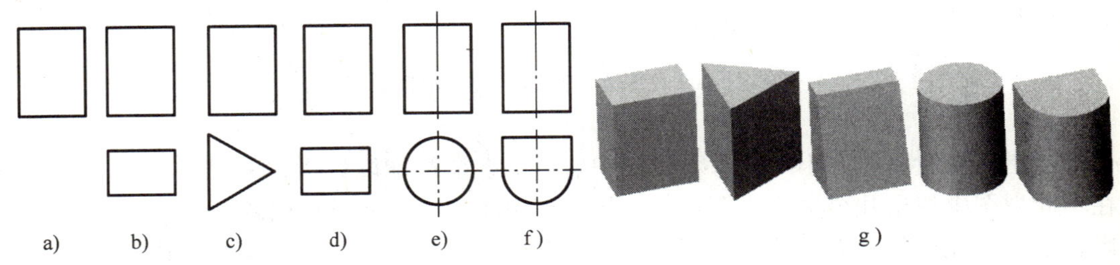

图 4-9　一个视图不能确定物体形状

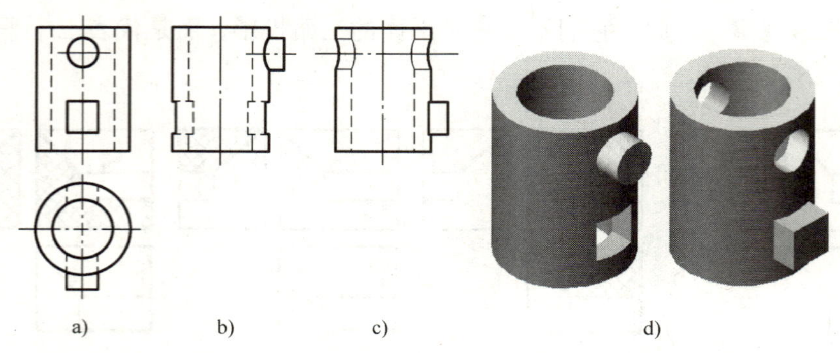

图 4-10　两个视图不能唯一确定物体形状

4.1.4　读图示例

【例 4-5】　识读图 4-11a 所示的三视图。

从三视图的外形可以看出，该物体的基本体原形为长方体。

1）分析面的形状。从左视图右侧具有明显特征的缺口入手，斜线 4″及其对应投影 4′、4 所形成的线框组为“一线对两框”，故表示侧垂面（四边形）；与其相接的上、下两竖线及其另两面投影所形成的线框组为“一框对两线”，均表示正平面（四边形）；另一特征是主视图中的斜线 2′，据此找出 2、2″，其线框组为“一线对两框”，故表示正垂面（六边形）；同样，可分析出线框 Ⅰ（1、1′、1″）为正平面（三角形），线框Ⅲ（3、3′、3″）为侧平面（矩形）。

2）分析面的相对位置。根据线框判别相邻表面的前后、上下、左右或相交的相对位置，其方法如前所述，即某一视图中相邻线框所示平面的位置关系，须到另外一个（或两个）视图中找出对应投影，加以判别。

综上所述，该物体是由长方体用一个正平面和正垂面在左前部切掉一个三角块，又用一个正平面和侧垂面在前上方切掉一个四棱块所形成的，如图 4-11b 所示。

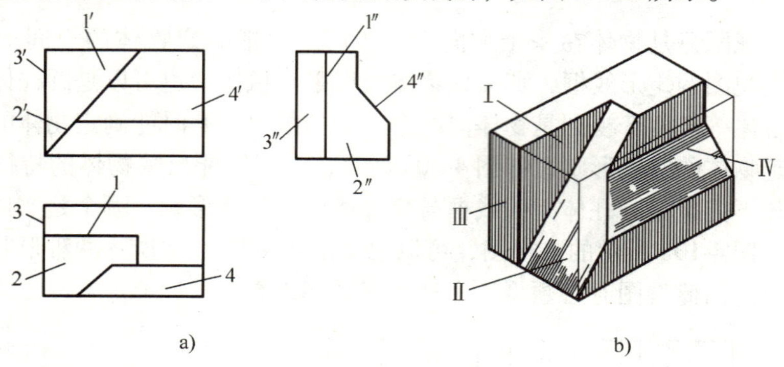

图 4-11　识读切割体三视图示例一

应当指出，看图时并不是要求对视图中所有的线框都加以分析，一般只就一个主要视图或在不同视图中找出几个主要线框进行分析就可以了。而且，分析时不一定从线框出发找其投影，如本例先从斜线 2′、4″出发，再分别找出对应线框 2、2″和 4、4′则更快捷。

【例 4-6】　识读如图 4-12a 所示的三视图。

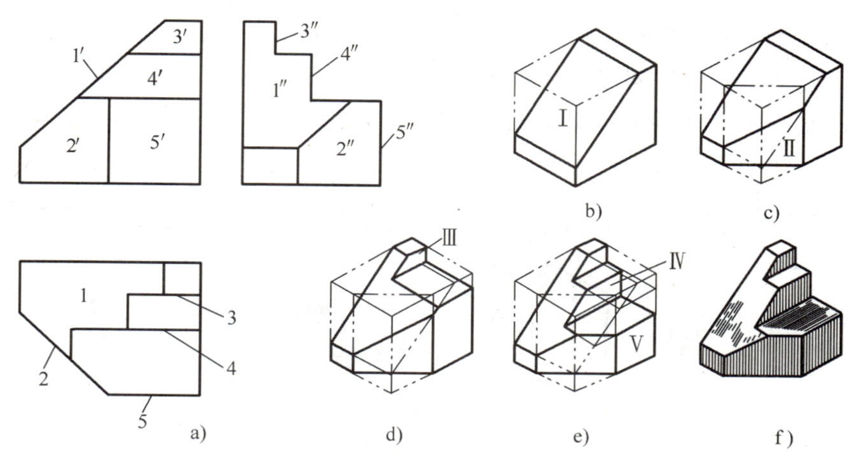

图 4-12　识读切割体的三视图示例二

一看便知，该物体是由长方体被多个平面切割而形成的，应运用线面分析法看图。

视图具有特征线框的部位有三处，即主、俯视图中的两条斜线和左视图中的“台阶”：由斜线 1′及其投影 1、1″为“一线对两框（八边形）”，可知Ⅰ为正垂面，如图 4-12b 所示；由斜线 2 及其对应投影 2′、2″为“一线对两框（五边形）”，可知Ⅱ为铅垂面，如图 4-12c 所示；从“台阶”形互相平行的 3″、4″、5″及其对应投影 3′、4′、5′和 3、4、5 均为“一框对两线（四边形）”，可知它们均为正平面，其相对位置在左视图中反映得很清楚，即Ⅴ面在前，Ⅲ面在后，Ⅳ面居中，见图 4-12d、e。将所有表面综合归位可想象出该物体的形状，如图 4-12f 所示。

【例 4-7】　识读图 4-13a 所示压块的三视图。

从压块的外表面来看，该物体是由长方体被多个平面切割而形成的。主视图左上方的缺角是用正垂面切出的，俯视图左端前、后的缺角是用两个铅垂面切出的，左视图下方前、后的缺块，则是分别用正平面和水平面切出的。因此，压块的外形是一个长方体被几个特殊位置平面切割后形成的。由此可知，物体被特殊位置平面切割，因其平面的某些投影有积聚性，所以在视图上都较明显地反映出切口的位置特征。在清楚被切面的空间位置后，再根据平面的投影特性，分清各切面的几何形状，进一步证明前面的想法。

1）当截切面为“垂直面”时，一般应先从该平面投影积聚成直线的视图出发，再在其他两视图上找出对应的线框——边数相等的类似形。如图 4-13b 所示，应先从主视图中的斜线（正垂面的积聚性投影）出发，在俯视图中找出与它对应的梯形线框，则左视图中的对应投影也一定是一个梯形线框（图中的粗实线），将其旋转归位便可知，此面是垂直于正面而倾斜于水平面和侧面的梯形平面。如图 4-13c 所示，应先从俯视图中的斜线（铅垂面的投影）出发，在主、左视图上找出与它对应的投影——七边形，将其旋转归位便可知，此面是垂直于水平面且与正面和侧面倾斜的七边形。

2）当被切面为“平行面”时，一般也应先从该平面投影积聚成直线的视图出发，在其他两视图上找出对应的投影——直线和一反映该平面实形的平面图形。如图 4-13d 所示，应先从左视图直线入手，再找出此面的正面投影（反映实形的矩形线框）和水平面投影（一直线），知此面是正平面。如图 4-13e 所示，从左视图的直线出发，找出此面的水平投影

（反映实形的四边形）和正面投影（一直线），可知此面是水平面。

在看懂压块各表面的空间位置与形状后，还必须根据视图搞清面与面间的相对位置，进而综合想象出压块的整体形状，如图 4-13f 所示。

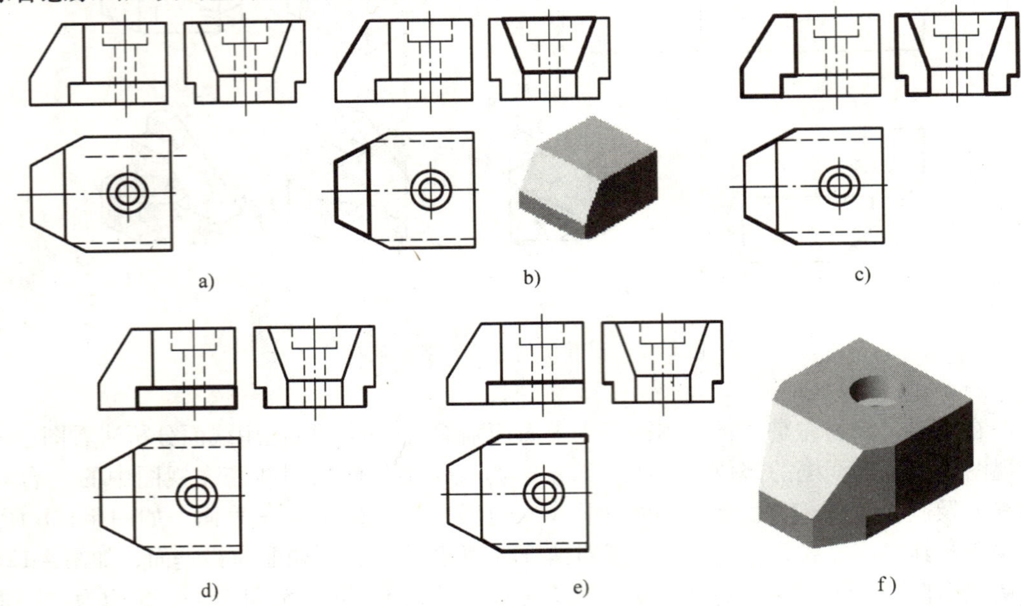

图 4-13　识读切割体的三视图示例三

4.2　基本体和切割体轴测图的绘制

4.2.1　轴测图的基本知识

轴测图是将物体连同其参考直角坐标系，沿不平行于任一坐标面的方向，用平行投影法将其投射在单一投影面上所得具有立体感的图形。绘制轴测图时，应当将直角坐标系的三个轴均与投影面倾斜，这样的投影才会有立体感。投影面称为轴测投影面。

1. 轴测轴　直角坐标轴 OX、OY、OZ 在轴测投影面上的投影 O_1X_1、O_1Y_1、O_1Z_1。

2. 轴间角　任意两轴测轴之间的夹角。

3. 轴向伸缩系数　三个直角坐标轴上的单位长度 e 的轴测投影长度为 e_x、e_y、e_z，它们与 e 之比，即 $p=e_x/e$，$q=e_y/e$，$r=e_z/e$，分别称为三个轴的轴向伸缩系数。

4. 轴测图的基本性质　物体上与坐标轴平行的线段，它的轴测投影必与相应的轴测轴平行。物体上相互平行的线段，它们的轴测投影也相互平行。

5. 轴测图的种类　根据投影方向与轴测投影面的相对位置，轴测图可分为正轴测图和斜轴测图。当投影方向垂直于轴测投影面时，所得到的轴测图叫做正轴测图；当投影方向倾斜于轴测投影方向时，所得到的轴测图叫做斜轴测图。在每类轴测图中，按轴向伸缩系数关系不同可分为三种：当 $p=q=r$ 时，称为正（或斜）等测轴测投影；$p=q\neq r$ 时，称为正（或斜）二测轴测投影；$p\neq q\neq r$ 时，称为正（或斜）三测轴测投影。此处仅介绍最常用的正等轴测图画法。

6. 正等轴测图的参数　正等轴测图（简称正等测图）的轴间角为 120°，Z 轴正方向垂直向上，轴向伸缩系数 $p=q=r=0.82$，为作图方便取 $p=q=r=1$。如图 4-14 所示，这样画出的轴测图是实物的 1.22 倍。

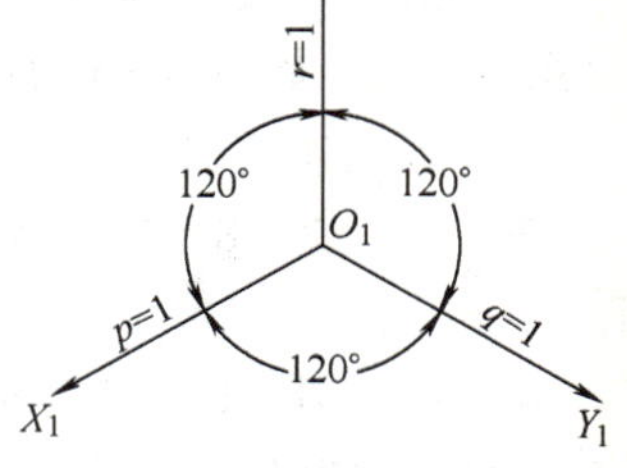

图 4-14　正等测图的参数

4.2.2　平面立体正等轴测图的画法

1. 画正等轴测图的一般步骤　①读视图，想象物体空间形状，确定直角坐标系，并在视图上标注出来。②画轴测轴。③依次画出物体上各线段和各表面的轴测图，从而连线构成物体的轴测图。先画物体大结构，再画物体小结构；先画物体切割前基本体，再画截平面。在设立直角坐标系和具体作图时，应考虑作图简便，有利于坐标的定位和度量，并尽量减少作图线。

画轴测图的方法可分为坐标法和方箱法。坐标法是在投影图或在物体自身上确定坐标系，取若干点的坐标值，然后在轴测投影面上画出对应点。对平面立体，可根据立体表面上各顶点的坐标，分别画出它们的轴测投影，然后依次连接成表面的轮廓线。所谓方箱法，就是借助长方体的各表面画出物体轴测图的方法。凡是基本形状是长方形的立体都适合用方箱法画。

2. 平面基本体正等轴测图的画法

【例 4-8】　根据如图 4-15a 所示正六棱柱的三视图，作其正等测图。

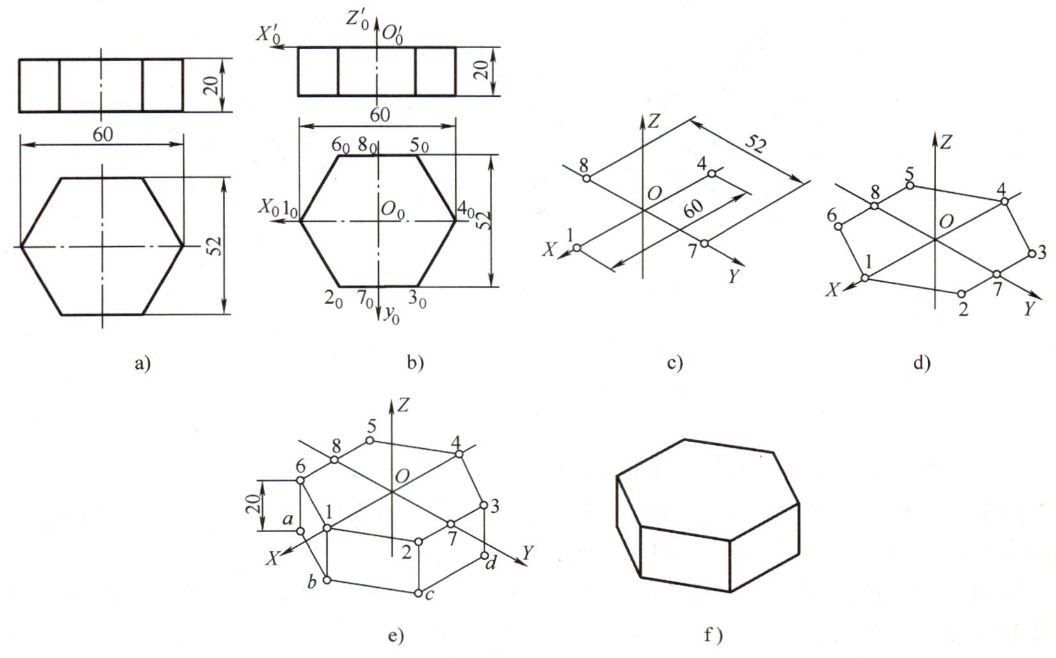

图 4-15　坐标法画六棱柱的正等轴测图

a）视图　b）确定坐标轴　c）定出轴上点　d）定出顶点、连接各点

e）过各顶点向下画侧棱连接各点　f）完成全图

可选择坐标法，作图步骤如下。

1）由于六棱柱前后、左右对称，为使作图更简洁，将原点选择在六棱柱的顶面上，在投影图上建立如图 4-15b 所示的直角坐标系。

2）画出正等轴测图的轴测轴，分别在 OX、OY 上量取点 1、4、7、8，如图 4-15c 所示。

3）过点 7、8 作 OX 轴的平行线，量得 2、3、5、6，连成六棱柱顶面，如图 4-15d 所示。

4）由点 6、1、2、3 沿着 OZ 轴向下量取 20mm，得点 a、b、c、d，连接 $6a$、$1b$、$2c$、$3d$，得到六棱柱，如图 4-15e 所示。

5）擦去作图线，加深轮廓线，如图 4-15f 所示。为使图形清晰，不画虚线。

3. 平面切割体正等轴测图的画法

【例 4-9】 根据图 4-16a 所示的投影图，作其正等测图。

可选择方箱法画正等测图。画出完整的基本形体的轴测图，然后按其结构特点逐个切去多余的部分进而完成物体的轴测图。图 4-16 所示为用方箱法画轴测图的过程。

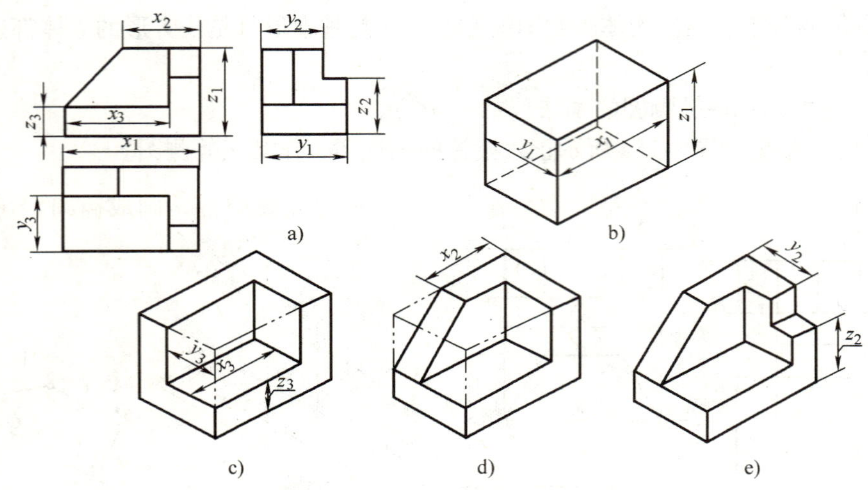

图 4-16 用方箱法画平面立体的轴测图

a）立体三视图 b）画方箱 c）切左前角 d）切斜面 e）切右前角

【例 4-10】 根据图 4-17a 所示的投影图，作其正等测图。

分析： 作被截切的平面立体的轴测图，通常先用坐标法画出完整的平面立体的轴测图，然后采用挖切方法逐个画出各个切口部分。

作图： ①在投影图上建立直角坐标系，如图 4-17a 所示。②画出正等轴测图的轴测轴，按尺寸 40mm、34mm、38mm 画出完整长方体的正等轴测图，如图 4-17b 所示。③根据尺寸 10mm、28mm、8mm，画出长方体被一正垂面和一侧平面切割掉一个四棱柱以后的正等轴测图，如图 4-17c 所示。④根据尺寸 8mm、12mm，画出形体上左端后侧开槽后的正等轴测图，如图 4-17d 所示。⑤根据尺寸 18mm、24mm，画出形体左前端被铅垂面切割后的正等轴测图，如图 4-17e 所示。⑥擦去作图线，加深轮廓线，如图 4-17f 所示。

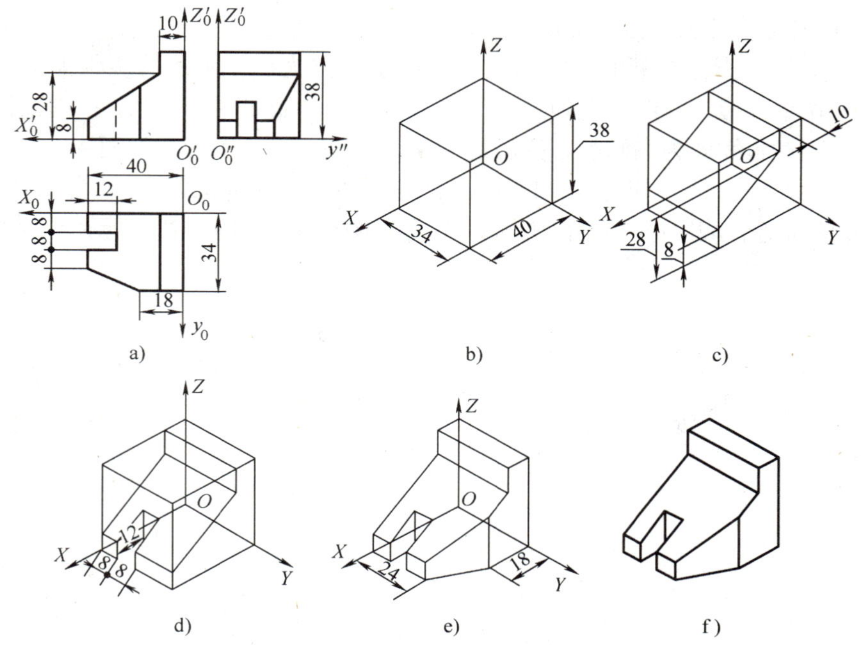

图 4-17　用方箱法画平面立体的轴测图

4.2.3　回转立体正等测图画法

1. 平行于坐标面的圆的正等轴测图画法　圆在正等测图中都是画成椭圆。在不同的坐标面上椭圆的长短轴的方向是不同的，但画法都是一样的。图 4-18 所示为三个不同坐标平面圆柱的正等测图。

（1）用坐标法画圆的正等测图　如图 4-19 所示。

对于处于一般位置平面或坐标面（或其平行面）上的圆，都可以用坐标法作出圆上一系列点的轴测投影，然后光滑地连接起来即得圆的轴测投影。

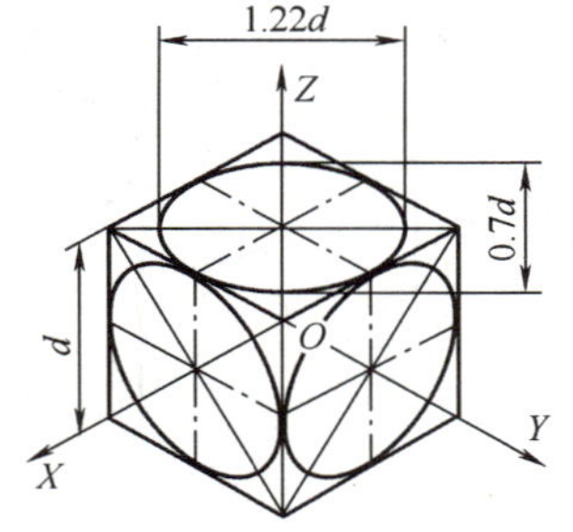

图 4-18　不同坐标面上圆的正等测图

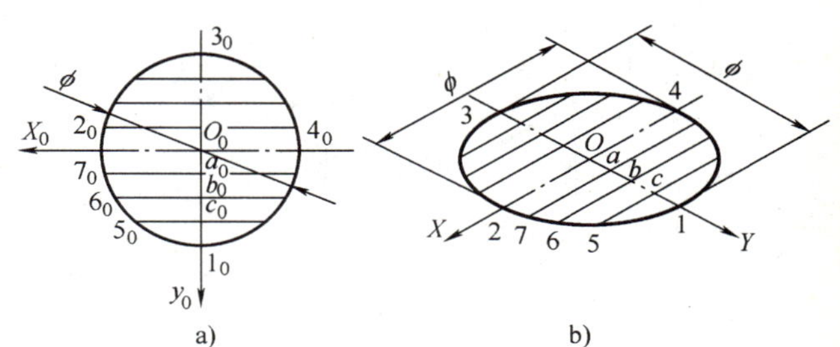

图 4-19　用坐标法画圆的正等测图

以水平面上的圆为例，其正等测的作图步骤如下：设立坐标轴，在其上定出一系列点 1_0、2_0、3_0、4_0、a_0、b_0、c_0…，分别过 a_0、b_0、c_0…作平行于 O_0X_0 轴的直线，在圆周上得到点 5_0、6_0、7_0…，如图 4-19a 所示；画出正等轴测图的轴测轴，根据圆的直径在 OX 及 OY 轴上分别确定椭圆上的点 2、4、1、3；再确定 OY 轴上的一系列点 a、b、c…，然后按坐标相应地作出通过点 a_0、b_0、c_0…的平行直线的轴测投影，即求得椭圆上的一系列点 5、6、

7…；光滑连接各点，即为椭圆的轴测投影，如图 4-19b 所示。

（2）用四段圆弧近似画圆的正等测图　现以水平圆为例，画法的步骤如下：设立坐标轴，作圆的外切正方形，标明其上切点 1_0、2_0、3_0、4_0，如图 4-20a 所示；作正方形轴测投影及对角线，则对角线即为椭圆长、短轴的位置，如图 4-20b 所示；如图 4-20c 所示进行连接，定圆心 A、B、C、D 及切点 1、2、3、4；分别以 C、D 为圆心，$C2$ 为半径画出圆弧；分别以 A、B 为圆心，$A2$ 为半径画出圆弧；连成近似椭圆，如图 4-20d 所示。

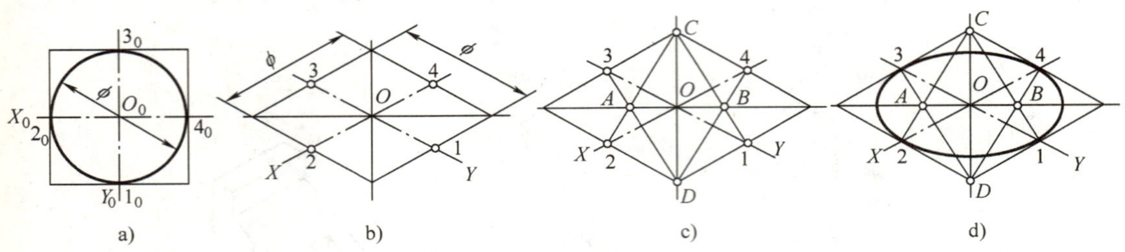

图 4-20　用四段圆弧近似画圆的轴测图

2. 圆柱正等测图的画法　先明确圆平面与哪一个坐标面平行，再按上述方法画图。

【例 4-11】　绘制如图 4-21a 所示圆柱的正等轴测图。

作图：在投影图上建立直角坐标系，如图 4-21a 所示；作轴测轴，画出圆柱顶面水平圆的正等轴测图，如图 4-21b 所示；沿 OZ 轴量取 50mm，确定圆柱底面圆心的位置，画出其正等轴测图，如图 4-21c 所示；作两椭圆的切线，画出圆柱的正等轴测图，如图 4-21d 所示；擦去作图线，加深轮廓线，如图 4-21e 所示。

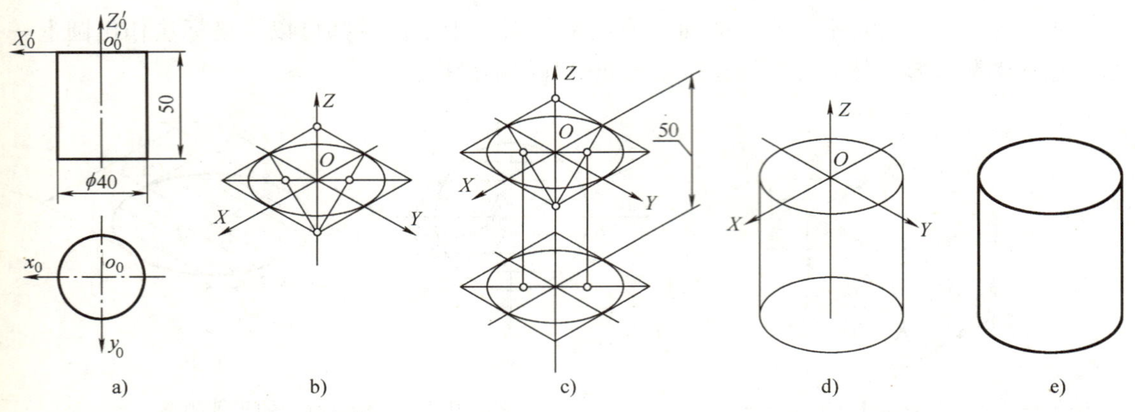

图 4-21　圆柱正等测图的画法

3. 切口圆柱正等测图的画法　可以先将完整的曲面立体轴测图画出，然后运用取点法，在轴测图上求出截交线上各点的投影，光滑连接各点，即可得到截交线的轴测投影。

【例 4-12】　绘制图 4-22a 所示切口圆柱的正等轴测图。

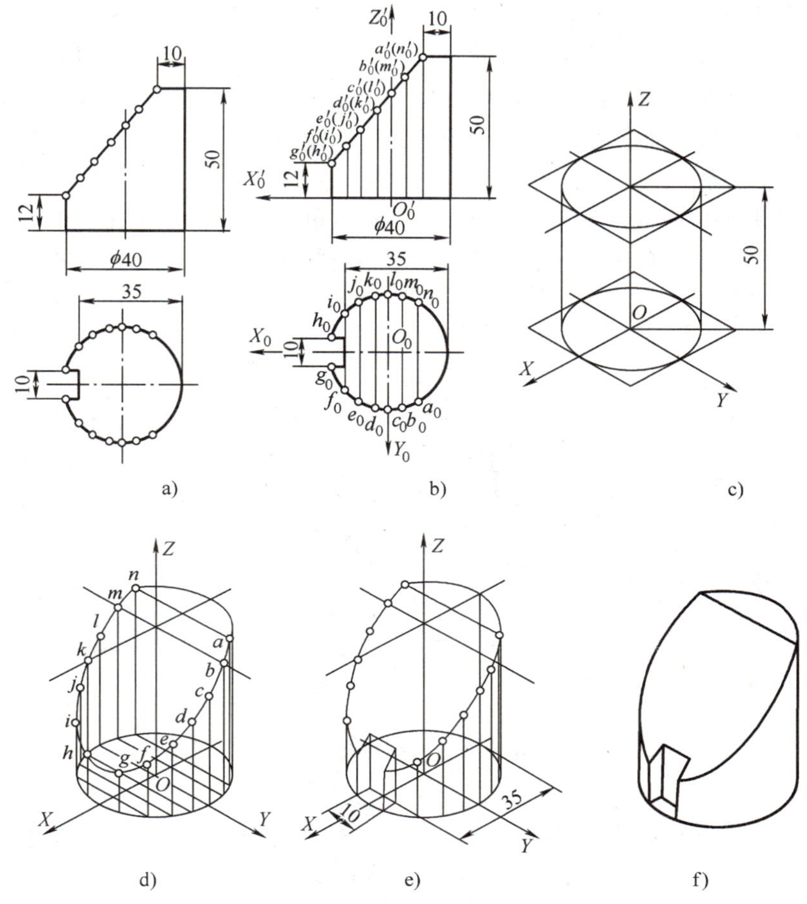

图 4-22　切口圆柱正等测图的画法

4.3　平面切割体三视图的绘制

【知识链接 2】3.3　直线上点的投影规律及作图方法；3.5　平面上点和直线的投影

4.3.1　平面立体表面点的投影

练一练： 当基本体三视图绘制完成后，基本体上所有端点、棱线、面的三面投影已在视图上表示出来，在基本体三视图上找找端点、棱线、面的三面投影。

1. 在平面立体表面上求点的方法　首先要根据已知点的投影位置和可见性判别点的空间位置，即判别点在哪条直线或在哪个平面上。若在直线上，则根据点在直线上的特性直接求点的投影；若点在平面上，则先判别该平面的空间位置，再选择作图方法：若点所在平面是特殊平面，则可根据平面的积聚性和点的投影规律求出该点的其余两投影；若点所在平面是一般平面，则根据一般平面求点投影的原理作图，即作出辅助线求出该点的其余两投影。

【例 4-13】　如图 4-23a 所示，已知正六棱柱表面上点 M 的正面投影 m' 和点 N 的水平投影 n，求点的其余两面投影。

根据点 M 正面投影 m' 的位置及可见性，可判断点 M 在正棱柱的侧面 $ABCD$ 上，且 $ABCD$ 面为铅垂面，在水平面上的投影有积聚性，可利用积聚性直接求点，如图 4-23b 所示。

作图：在平面 $ABCD$ 的正面投影 $a'b'c'd'$ 内，过点 M 的正面投影 m' 作竖直投影线，交 ab 于点 m；然后根据点的二面投影求第三投影的方法求出点 m''，并判别可见性，点 m 与 m'' 皆可见。

根据点 N 的水平投影 n 不可见，可判断点 N 在正棱柱的下底面上，且底面为水平面，在正面和侧面上的投影都有积聚性，可利用积聚性直接求点。具体作图如图 4-23c 所示。

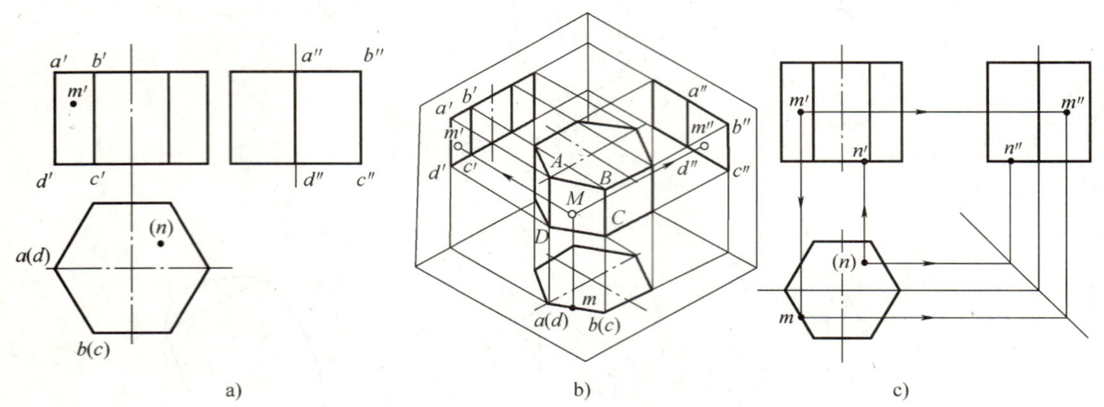

图 4-23　正六棱柱表面求点

2. 三棱锥三视图的绘制及表面求点　将如图 4-24a 所示正三棱锥 $S\text{-}ABC$ 放在三投影面体系中，使其底面为水平面，侧面△SAC 为侧垂面，侧棱线 SB 为侧平线。正三棱锥三视图如图 4-24b 所示，画棱锥三视图的方法是先画出底面三角形及顶点的三面投影，再连接锥顶点与底面各点的同名投影，得到各棱线的投影即可。具体画图时，最好先绘制点的水平投影。

【例 4-14】　如图 4-25a 所示，已知正三棱锥 $S\text{-}ABC$ 表面上点 M 的正面投影 m'，点 N 的水平投影 n，求作 M、N 点的其余两投影。

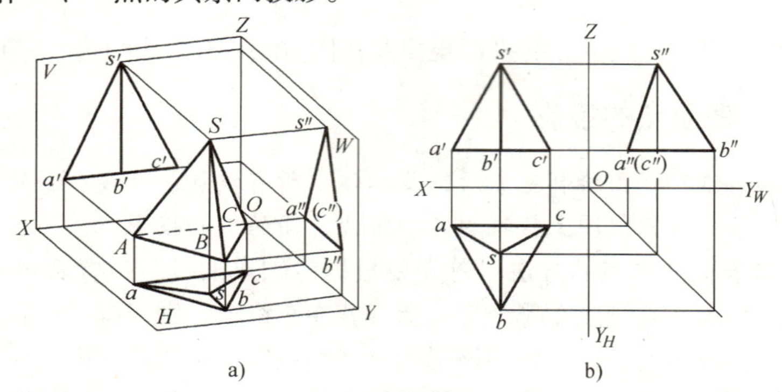

图 4-24　正三棱锥三视图

1）求点 N。

分析：根据点 N 的水平投影 n 的位置及可见性，可知点 N 在正三棱锥 $S\text{-}ABC$ 的侧面

SAC 上，平面 SAC 的侧面投影有积聚性，先利用积聚性求侧面投影，再根据二面投影求正面投影。

作图：先在△SAC 上，过点 N 的水平投影 n 作一水平线，经过 45°等宽辅助线转折成垂直线与△SAC 的侧面积聚投影相交即得 n''；再根据点的投影规律求出正面投影 n'；最后判断可见性，其中 n'为不可见。如图 4-25b 所示。

2）求点 M。

分析：根据点 M 的正面投影 m'的位置及可见性，可知点 M 在正三棱锥的侧面 SAB 上，且侧面 SAB 为一般位置平面，须用作辅助线方法来求点的投影。

作图：

方法一：在△SAB 内，连接锥点 S 与点 M 并延长交 AB 于Ⅰ点，则点 M 在平面△SAB 内的一条直线 SⅠ上，点 M 的各面投影必在直线 SⅠ的同名投影上。具体作法是：连接 $s'm'$并延长交 $a'b'$于 1′，再在 ab 上求出 1，连接 $s1$，过 m'作垂直投影线与 $s1$ 交于 m，最后由 m'与 m 求出 m''。判别可见性可知 m 与 m''皆可见，如图 4-25c 所示。

方法二：在△SAB 内，过点 M 作一直线平行于直线 AB，则点 M 的各面投影必在直线ⅡⅢ的同名投影上。具体作法是：过 m'作直线 2′3′∥$a'b'$，其中 2′在 $s'a'$上，再作出 2，并过 2 作直线 23∥ab，过 m'作垂直投影线交 23 于点 m；最后根据点的两面投影求出第三投影点 m''，如图 4-25d 所示。

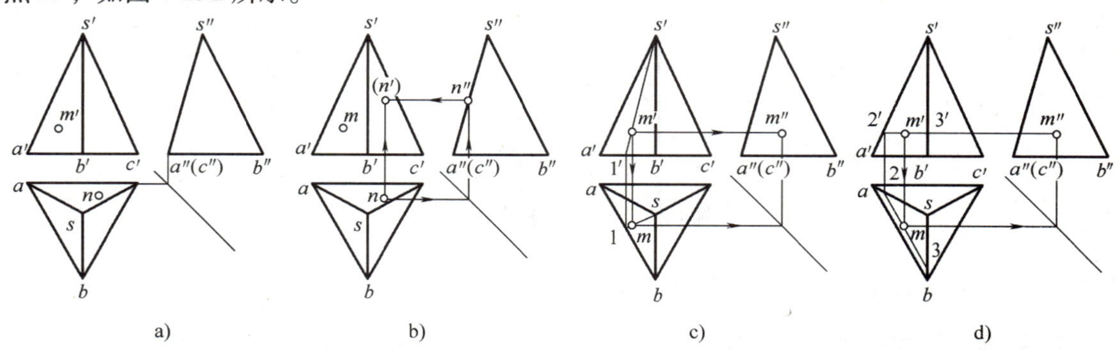

图 4-25　正三棱锥表面求点

4.3.2　平面立体表面直线的投影

平面立体表面上的线实质上是平面立体表面上点与点之间的连线。根据平面立体表面上点的求法，求出点的各面投影再依次连接即可。需要注意的是，只有在同一表面内的点的同名投影才可连接，因此，作图关键是要分析平面上的线实际是由几条线段组成的，即线段实际有多少个端点。连线时要考虑可见性，直线的可见性是根据直线所在平面来判定的，若平面可见，则平面上的直线可见，反之则平面上的直线不可见。

【例 4-15】　如图 4-26a 所示，已知正三棱锥表面上某线段的正面投影，求其另两面投影。

分析：由图 4-26a 可知，线段的正面投影已知，分别在棱面 SBC 与 SAB 之内，可判断此线段由三个线段组成：ⅠⅡ与ⅡⅢ交于Ⅱ点，ⅢⅣ与ⅡⅢ交于Ⅲ点。如图 4-26b 所示。因此，分别在棱面 SBC 与 SAB 中求出点Ⅰ、Ⅱ、Ⅲ与Ⅳ的投影再连线即可。

作图： 编号标注点的正面投影，根据点的投影规律及点属于直线的投影特征，求出点Ⅰ的投影，如图 4-26c 所示；求出点Ⅱ的投影，再连线，1″2″为不可见，画虚线，如图 4-26d 所示；求出点Ⅲ的投影，再连线，2″3″为不可见，画虚线，如图 4-26e 所示；求出点Ⅳ的投影，再连线，2″3″为不可见并与 3″4″投影重合，3″4″可见，此处画成粗实线，如图 4-26f 所示。

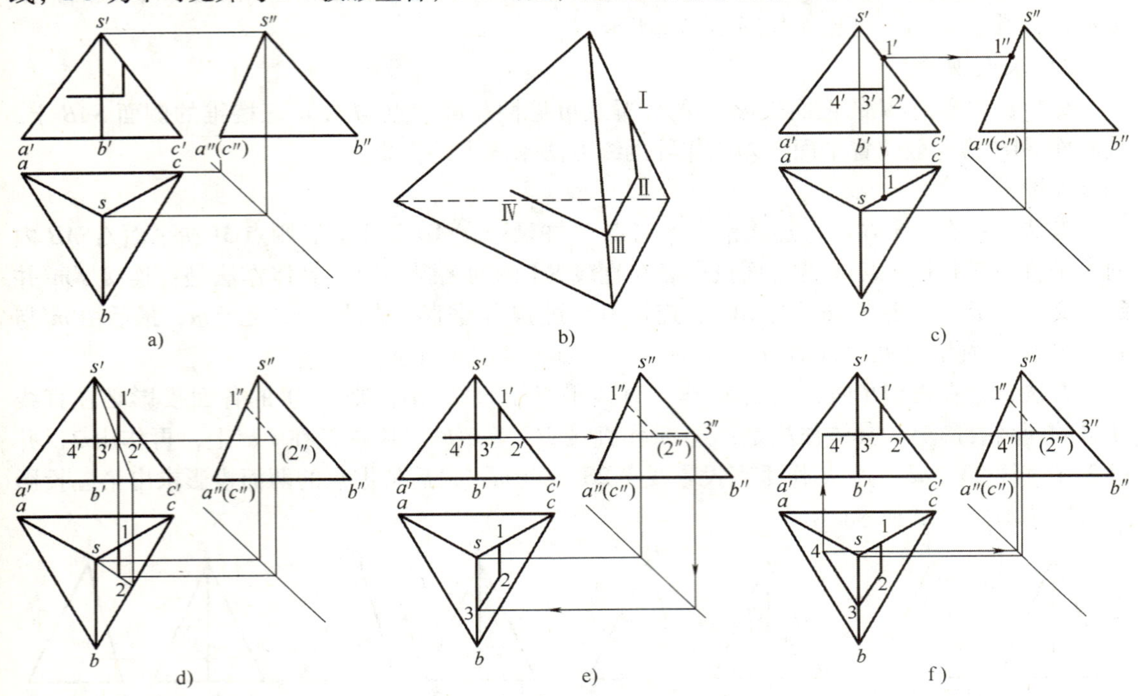

图 4-26　平面立体表面上的线

4.3.3　平面切割体三视图的绘制

1. 平面立体截交线画法　截交线是截平面和立体表面的共有线，平面立体的表面是由若干个平面图形所组成的，所以它的截交线是由直线所组成的封闭的平面多边形，这个多边形的各条边就是截平面与平面立体各表面的交线，且均为直线。因此，平面立体的截交线可用求平面立体表面直线投影的方法来求，即求截交线投影的实质就是求每段交线两端点的投影。如点在棱线上，可利用点在线上的投影特性直接求出；如点位于没有积聚性投影的棱面上，则须利用在物体表面上求点的方法求得。

2. 切割体三视图的绘制基本方法　先进行形体分析：分析切割体被切割之前的基本体的形状；分析截平面相对于投影面的位置；分析截平面截切立体的位置和截切到了哪些平面；分析产生了哪些截交线。在以上分析的基础上再进行画图，步骤如下：①先画被切割之前的基本体（完整基本体）的三视图。②逐个画出截切产生的截交线的投影。③修改并加深图形。

【例 4-16】　画出如图 4-27a 所示切割体的三视图。

分析： 切割体的基本体是正六棱柱，上方被正垂面截切，截交线是六边形，六个顶点均在棱线上。

作图： 画出没有截切的正六棱柱的三视图，画出正垂面的正面投影，如图 4-27b 所示；俯视图上不需增加线型，只需画正垂面的左侧面投影。标注六个点的水平投影和正面投影，再求出侧面投影 1″、2″、3″、4″、5″、6″；依次连接各交点求得截交线的侧面投影，如图 4-27c 所示；擦去多余的线，描深完成全图，如图 4-27d 所示。

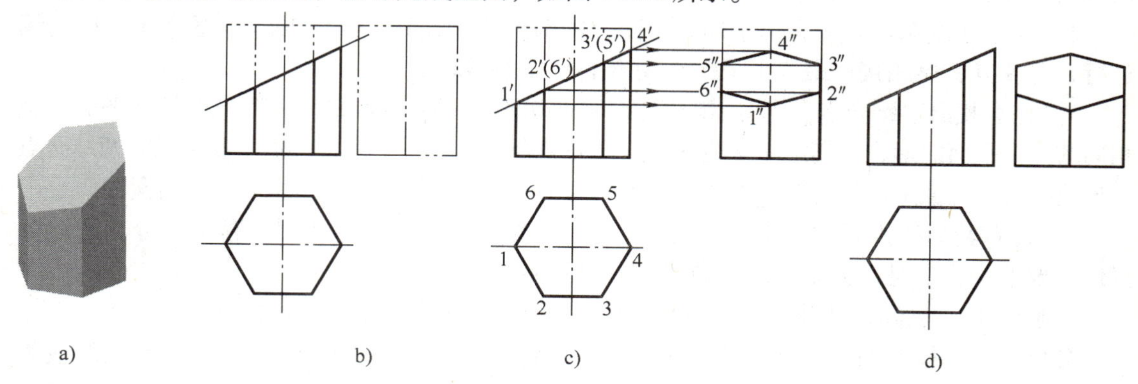

图 4-27　切割体三视图示例

【例 4-17】　画出图 4-28a 所示切割体的三视图。

作图过程如下：画完整的三视图，如图 4-28b 所示；求左棱线上交点的投影，如图 4-28c 所示；求前、后棱线上交点的投影，如图 4-28d 所示；用直线法求棱面上交点投影，如图 4-28e 所示；连线、描深，完成全图，如图 4-28f 所示。

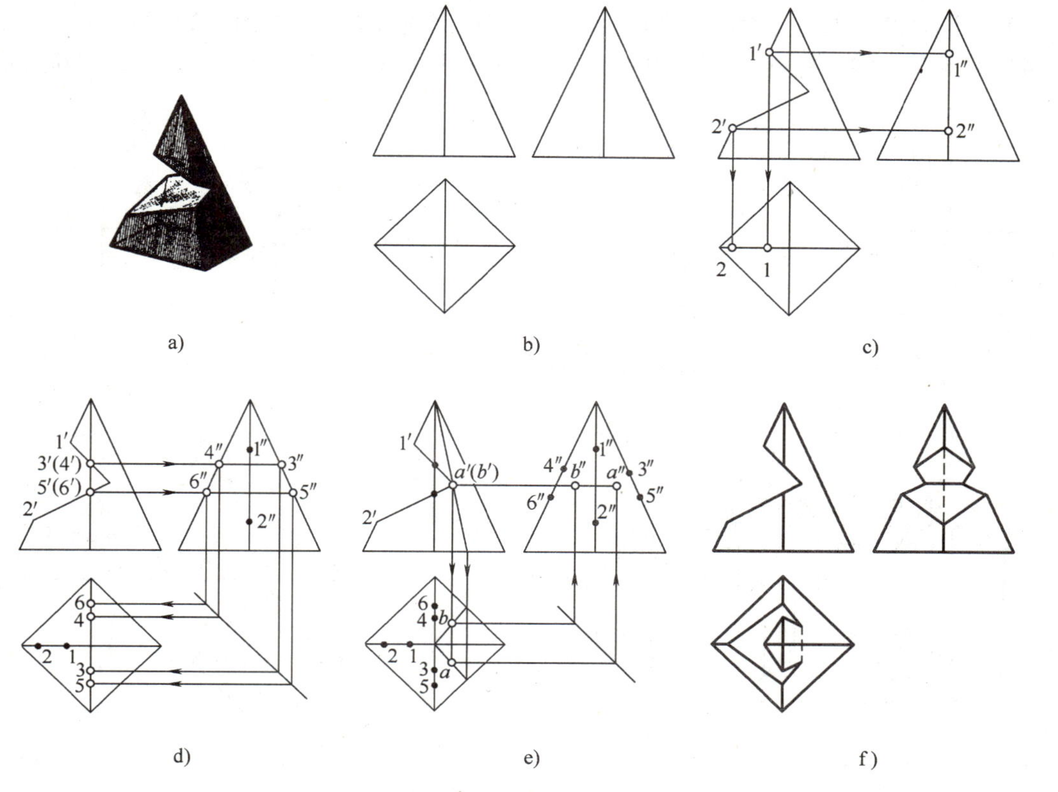

图 4-28　求截交线投影的分解图

画切割体的三视图，应注意以下几点。

1）注意画图顺序。无论立体怎样被切割，都应先画出立体原形的三视图，再画截平面具有积聚性的投影，以体现切口、凹槽的特征形状，进而按点的投影规律求出其他投影（先求位于棱线和特殊位置平面上的点，后求位于一般位置平面上的点）。

2）注意连线顺序。只有位于同一平面上的两点才能连线。连线时，应逐个面依次连续进行，并使其首尾相接，最终形成一个闭合的平面图形。

3）注意找出“结合点”。当用组合的截平面切割同一平面体时，必然出现与截平面数量相同的几个平面图形，它们之间交线的端点即为结合点，如图4-28e中的a、b所示。两结合点的连线，既是两截平面的交线，也是被切出的两平面图形的分界线和转折线，切勿漏画。

4）注意轮廓线投影的变化。一是立体上原有轮廓线的投影、切割后存留部分轮廓线的投影不要漏画；二是已被切去的轮廓线的投影不要多画。

【例4-18】 已知正四棱锥的切口如图4-29a所示，试完成俯视图，并画出左视图。

分析：正四棱锥的切口是由正垂面与侧平面截切而成，如图4-29b所示。其截交线应为相连的五边形与三角形。四个棱面均为一般位置平面，没有积聚性的投影。作图步骤如下：

1）先画出正四棱锥完整的三视图，再绘制正垂面与侧平面的正面投影，并标注多边形点的投影，如图4-29c所示。

2）求出点的另两面投影。点Ⅰ和点Ⅱ在右棱面上，均为一般位置平面，需要作辅助线求点的水平投影；点Ⅲ、点Ⅳ、点Ⅴ和点Ⅵ是截平面与四条棱线的交点，均在棱线上，点的投影直接用直线上求点的方法求得，如图4-29d所示。

3）判断截交线的可见性，依次连接线，完成截交线的投影，如图4-29e所示。

4）判断轮廓线的完整性与棱线的可见性，擦去多余线条即完成全图，如图4-29f所示。

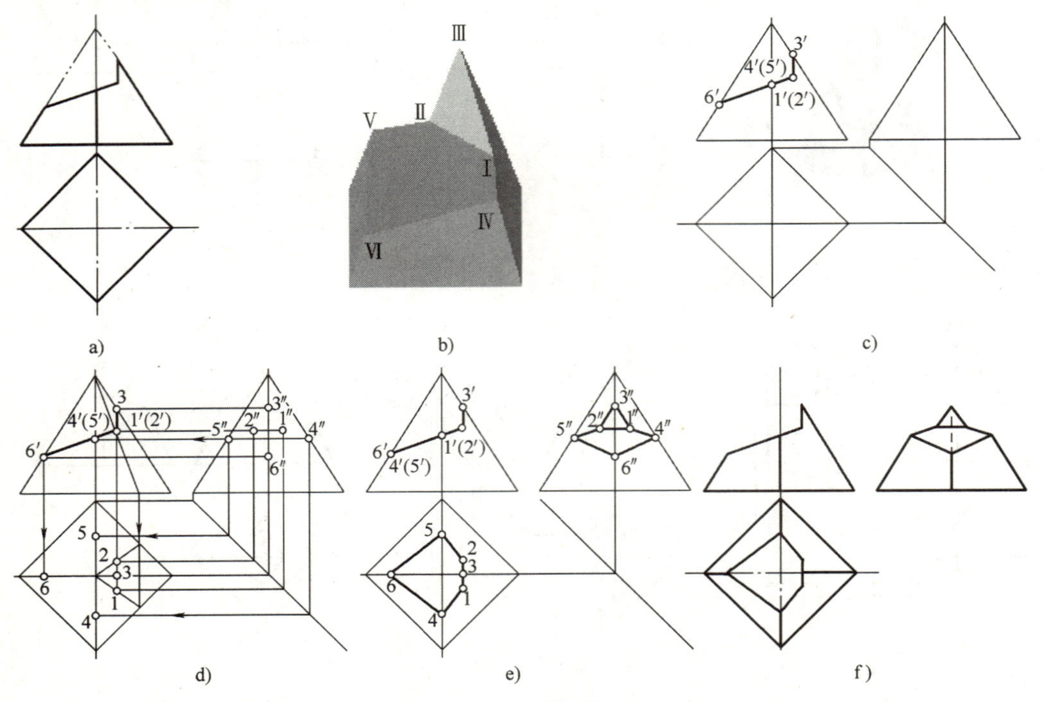

图4-29　正四棱锥切口

4.4　圆柱切割体三视图的绘制

4.4.1　圆柱体表面点的投影

练一练： 在圆柱三视图上找转向轮廓素线的投影。

圆柱面投影有积聚性，这是圆柱体表面求点的投影时可利用的条件。

【例 4-19】　如图 4-30b 所示，已知圆柱面上 M 点与 N 点的正面投影 m'与 n'，求 M、N 两点的其他两面投影。

分析： 由图可知，点 M、N 均在柱面上，由于圆柱面的水平投影有积聚性，所以圆柱面上点 M、N 的水平投影在该圆上。因 m'不可见，所以点 M 在圆柱的后部，因点 M 在圆柱的左半部分，所以 m''为可见。点 N 在圆柱的最右素线上，所以 n 在投影圆的最右点，n''在左视图的对称中心轴线处，因点 N 在圆柱的右半部分，所以 n''为不可见。

作图： 从 m'、n'向下作直线与圆周相交可求得 m、n；由 M、N 的两面投影再求出侧面投影 m''和 n''，如图 4-30c 所示。

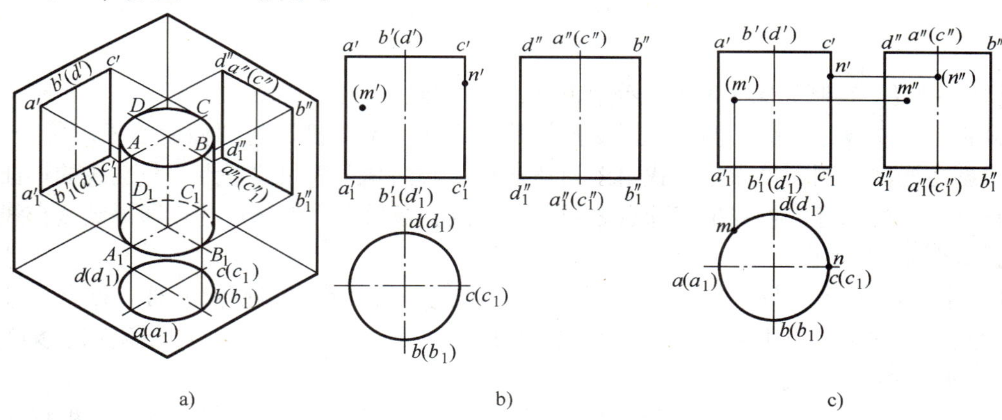

图 4-30　圆柱体表面点的投影

4.4.2　圆柱截交线

平面切割回转体产生的截交线是封闭的平面曲线，其投影可能是直线、圆、曲线。求平面与回转立体截交线的作图步骤是：

1）根据平面与回转面的相对位置，分析截交线的形状及其在投影面上的投影特点。

2）求点的投影。若投影是直线，则求两个端点的投影；若投影是圆，则求圆心的投影和半径大小；若投影是曲线，则求许多点的投影：先求出特殊点（即确定截交线范围的最高、最低、最前、最后、最左和最右点），后求一般点（前面介绍的立体表面上取点的方法）。

3）判断可见性，依次光滑连接各点的同面投影，并补全回转面轮廓线的投影。

1. 圆柱截交线的基本类型　由于截平面与圆柱轴线的相对位置不同，截交线有三种不同的形状，如图 4-31 所示。截平面垂直圆柱轴线，截交线为圆，如图 4-31a 所示；截平面平行圆柱轴线，截交线为矩形，如图 4-31b 所示；截平面与圆柱轴线斜交，截交线为椭圆，如图 4-31c 所示。

2. 圆柱截交线的求法 圆柱的投影有积聚性，可利用积聚性求出截交线的投影。如图4-31a、b 所示两种情况，直接按截平面的位置找好投影关系即可得到截交线。图 4-31c 所示的截交线是椭圆，需要描点连线绘制。

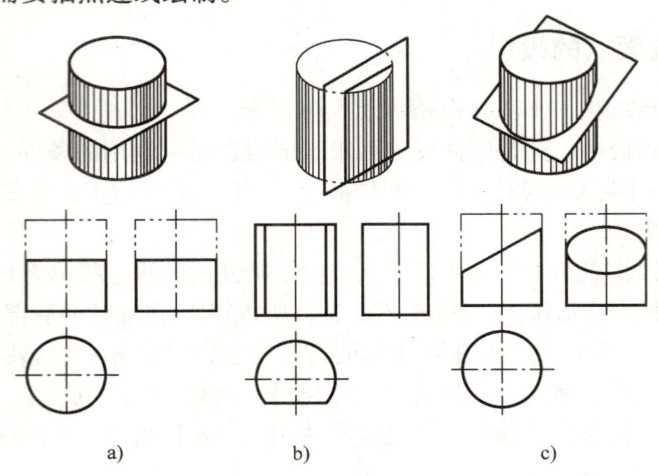

图 4-31 圆柱截交线

【例 4-20】 绘制如图 4-32a 所示用正垂面切割圆柱体的三视图。

分析： 截交线是椭圆，椭圆的正面投影是一直线，水平投影与圆柱面的投影重合为圆，侧面投影为椭圆。侧面投影需先找出系列特殊点：截交线上极限位置点、截交线的特征点和转向轮廓线上的点等。再找出特殊点之间的一般点，最后光滑连接这些点即得到截交线，作图步骤如图 4-32 所示。

1）求出截交线上特殊位置点的投影。Ⅰ、Ⅱ点是最低点和最高点，Ⅲ、Ⅳ点是最前点和最后点。根据水平投影 1、2、3、4 和正面投影 1′、2′、3′、(4′) 可求出侧面投影 1″、2″、3″、4″，如图 4-32b 所示。

2）求出截交线上的一般位置点投影。在截交线上任取Ⅴ、Ⅵ、Ⅶ、Ⅷ点，根据水平投影 5、6、7、8 和正面投影 5′、(6′)、7、(8′) 可求出侧面投影 5″、6″、7″、8″，如图 4-32c 所示。

3）依次光滑连接 1″、8″、4″、6″、2″、5″、3″、7″、1″，即可得到截交线的侧面投影，如图 4-32d 所示。

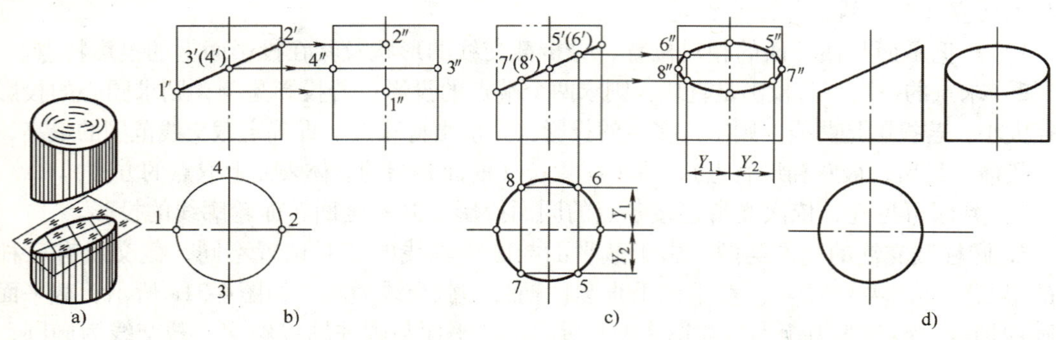

图 4-32 圆柱被截平面斜切

【例 4-21】　画出图 4-33a 所示切割圆柱的截交线。

作图：先画圆柱的三视图，如图 4-33b 所示；再画切口的正面和水平投影，如图 4-33c 所示；后画其侧面投影，如图 4-33d 所示；最后整理完成。

说明：用多个平面切割圆柱的截交线求法是将每次切割分成基本类型后再作图。后面的回转体作图思路相同，即先介绍回转体基本类型，具体作图时按基本类型作图。

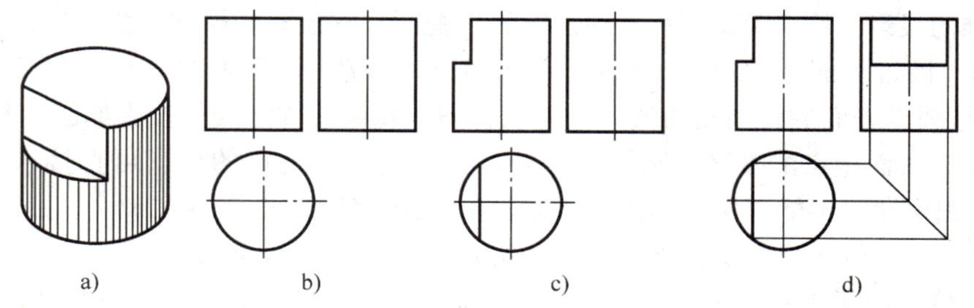

图 4-33　切割圆柱的截交线绘制

4.4.3　圆柱切割体三视图绘制

与平面切割体的画图步骤一致，先画完整圆柱的三视图，再画切割后的三视图，如有多处切割，须依次画出各部分的三视图。

【例 4-22】　画出图 4-34a 所示轴块的三视图。

轴块左端中间开一通槽，右端上、下对称各切去一块，三视图的画图步骤如图 4-34 所示。先画圆柱的三视图，如图 4-34b 所示；画左端通槽及右端上、下切口的正面和侧面投影，如图 4-34c 所示；完成左端、右端水平投影，如图 4-34d 所示；描深图形，如图 4-34e 所示。

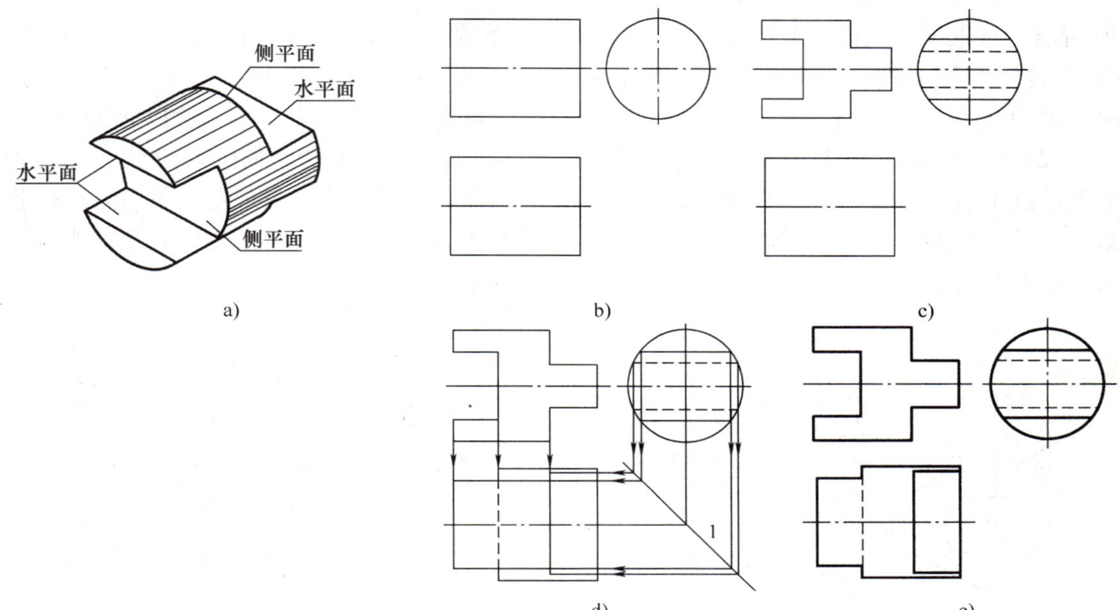

图 4-34　轴块的三视图绘制

4.5　圆锥切割体三视图的绘制

4.5.1　圆锥体表面点的投影

1. 圆锥的投影　图4-35a所示为圆锥体的三视图，它没有积聚性，俯视图是一个圆，是底圆的投影。圆锥表面上的四条特殊素线：最前素线 SB、最后素线 SD、最左素线 SA 和最右素线 SC 是圆锥表面的转向轮廓线。圆锥三视图上转向轮廓素线的投影如图4-35b所示。

2. 求圆锥表面上点的投影　圆锥四条特殊素线和底圆上点的投影可直接求；由于圆锥体锥面没有积聚性，不能直接求锥面上一般点的投影，需要辅助方式。

练一练： 在圆锥体的三视图上找圆锥四条特殊素线和底圆的三面投影。

【例4-23】　如图4-35c所示，已知圆锥表面上点 M 的正面投影，求其另两面投影。

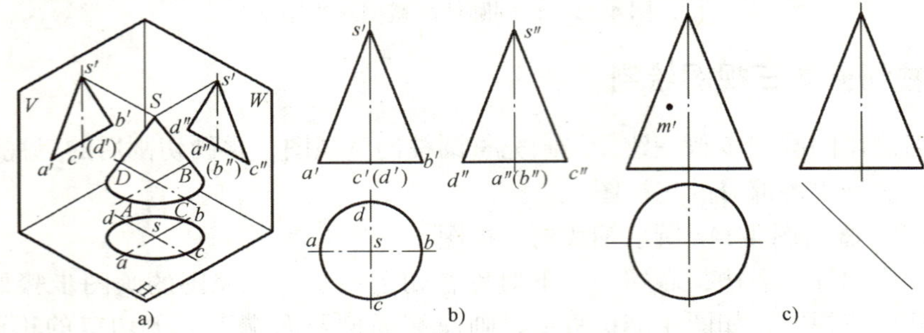

图4-35　圆锥直观图和三视图

在圆锥表面上求点的投影，可以用下列两种方法。

（1）素线法　过锥顶作辅助直线的方法（圆锥表面只有过锥顶的线才是直线）。如图4-36所示，过锥顶 S 和锥面上点 M 作一素线 SA，交底圆于点 A。作图：作出 SA 的正面投影 $s'a'$，再作出点 A 的水平投影，连线完成 SA 的水平投影 sa，再求得 m，后由 m 与 m' 求出 m''。因为 m' 可见，则点 M 位于圆锥的前半部，又因点 M 在圆锥的左半部，所以 m'' 可见。

（2）纬线圆法　作与轴线垂直的辅助平面求圆锥面上点的方法。如图4-37所示，在锥面上过点 M 作水平面得一水平圆即纬线圆，其水平投影为圆，此圆与最左、最右素线的投影交于 A、B 两点。作图：作正面投影，水平面积聚为直线 $a'b'$ 且垂直于轴线；量取半径画水平投影的同心圆，再求得 m；后由 m 与 m' 求出 m''。

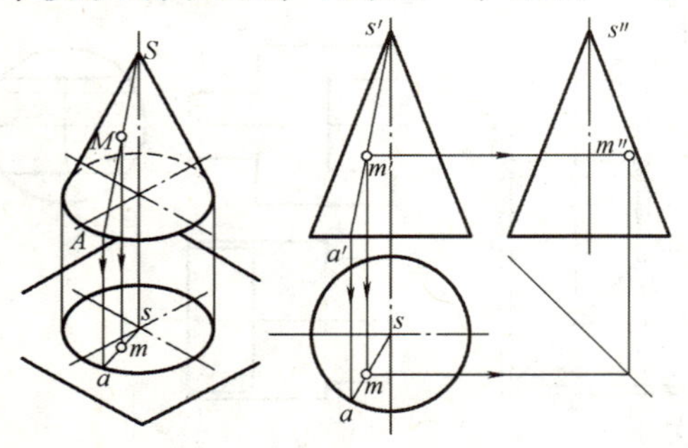

图4-36　求圆锥表面上点（素线法）

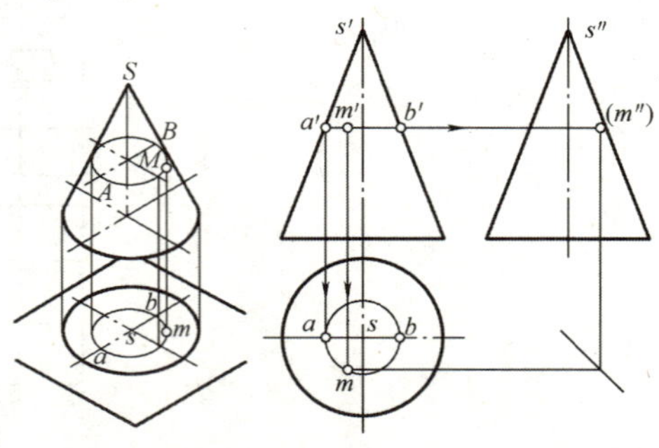

图4-37　求圆锥表面上点（纬线圆法）

4.5.2　圆锥截交线

1. 截交线形状　截平面与圆锥轴线的相对位置不同，其截交线形状也不同，如图 4-38 所示。若截平面过圆锥顶点，截交线形状为相交直线构成的三角形，如图 4-38a 所示；若截平面与轴线垂直，截交线形状为圆，如图 4-38b 所示；若截平面与轴线倾斜（$\theta > \alpha$），截交线是椭圆，如图 4-38c 所示；若截平面与轴线倾斜，平行于一素线（$\theta = \alpha$），截交线是抛物线，如图 4-38d 所示；若截平面与轴线平行（$\theta = 0$），截交线是双曲线，如图 4-38e 所示。

2. 圆锥三种基本类型截交线画法　圆锥截交线形状有多种，但从作图方法来分，可分为三种基本类型，即截平面过锥顶时的三角形、与轴线垂直时的圆、其他位置时的曲线（非圆非直线的形状）。如图 4-38 所示，截交线是圆和三角形时，可直接按截平面的投影对应关系，求出截交线；当截交线是椭圆时，需找到椭圆的长、短轴四个端点以及圆锥特殊素线与截平面的交点等特殊点；当截交线是抛物线与双曲线时，需找出截交线上的最高、最低、最前、最后、最左、最右等极限位置点，截交线特征点和圆锥面上转向轮廓线上的点等特殊点。对于截交线上一般点的求法，通常采用纬线圆法。

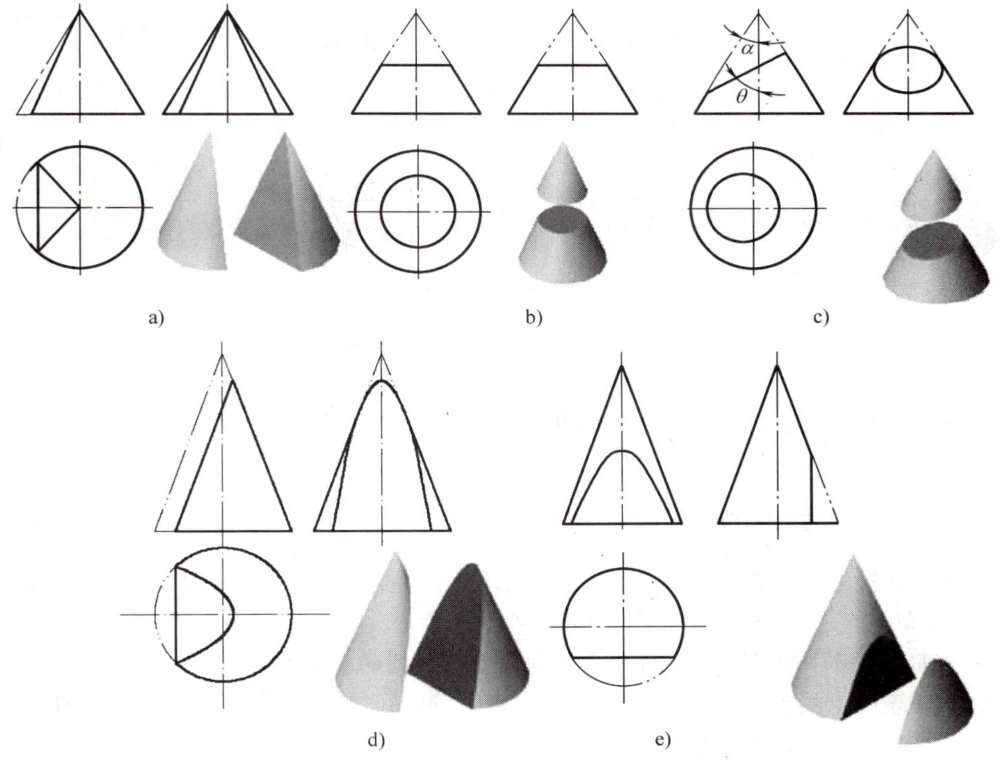

图 4-38　圆锥截交线

4.5.3　圆锥切割体三视图绘制

【例 4-24】　图 4-39a 所示为圆锥被一正垂面截切，求作其三视图。

分析： 图 4-39a 所示圆锥的轴线是铅垂线，截平面是正垂面，截交线为曲线，其正面投影积聚为一直线，侧面、水平面投影需要求出。作图如下：

1）画出圆锥主、俯、左视图，画出截平面的正面投影，如图 4-39b 所示。

2）求特殊点，共有五个点，可以在主视图上标注出来，如图 4-39c 所示。点Ⅰ为最高点，位于最右素线上，由点 1′可作出点 1 与 1″。点Ⅱ、Ⅲ位于圆锥的最前、最后素线上，可由点 2′、3′求得点 2″、3″，再求 2、3。点Ⅳ、Ⅴ为最低点，位于底圆上，可作出点 4、5，再求点 4″、5″。

3）求一般点，可用纬线圆法。先作点的正面投影 6′和 7′（必须在斜线上），再在俯视图上作纬线圆，从而可得到点 6、7，后求侧面投影 6″、7″（根据图形精度要求可多求几个点的投影）。如图 4-39d 所示。

4）依次光滑连接点 4″、6″、2″、1″、3″、7″、5″和 4、6、2、1、3、7、5、4，得到截交线如图 4-39d 所示。

5）整理圆锥轮廓线，完成全图，如图 4-39e 所示。

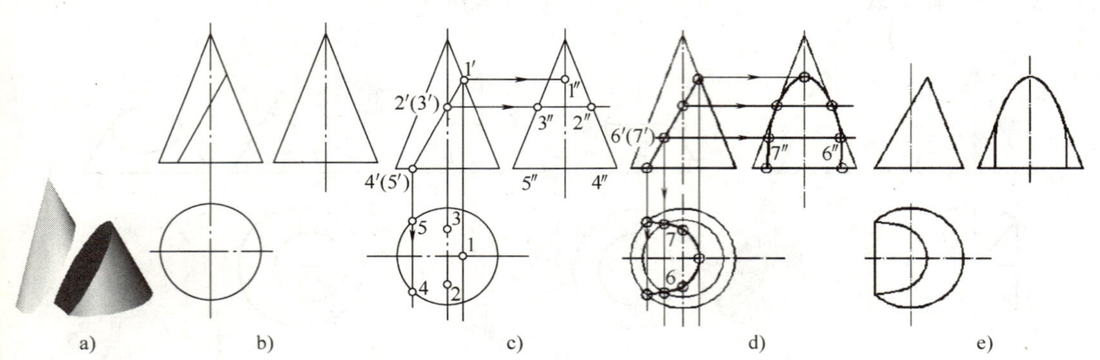

图 4-39 圆锥被正垂面截切的三视图画法

4.6 圆球切割体三视图的绘制

4.6.1 圆球体表面点的投影

1. 圆球的投影及分析 圆球三面投影都是直径相同的圆，这三个圆分别是球面在三个投影方向上转向轮廓素线圆的投影，如图 4-41a 所示。

练一练： 在圆球的三视图上找三个转向轮廓素线圆的三面投影。

2. 圆球表面上的点 当点处于转向轮廓素线圆时可直接求出点的投影，一般点可以用纬线圆法来确定球面上的点的投影。

【例 4-25】 已知图 4-40b 所示球面上点 M 的正面投影 m'，求其另两面投影 m 与 m''。

根据 m'的位置和可见性知点 M 位于圆球的前、右、上部分，可过点 M 作辅助水平面得纬线圆，即可在辅助纬线圆的投影上求得点 M 相应投影。作图：如图 4-40c 所示，先在球面的主视图上过点 m'作一水平直线与圆有两交点；再在俯视圆中以主视图交点之间距离长为直径画一同心圆，从而求得点 m；后根据 m'与 m 求得到 m''。

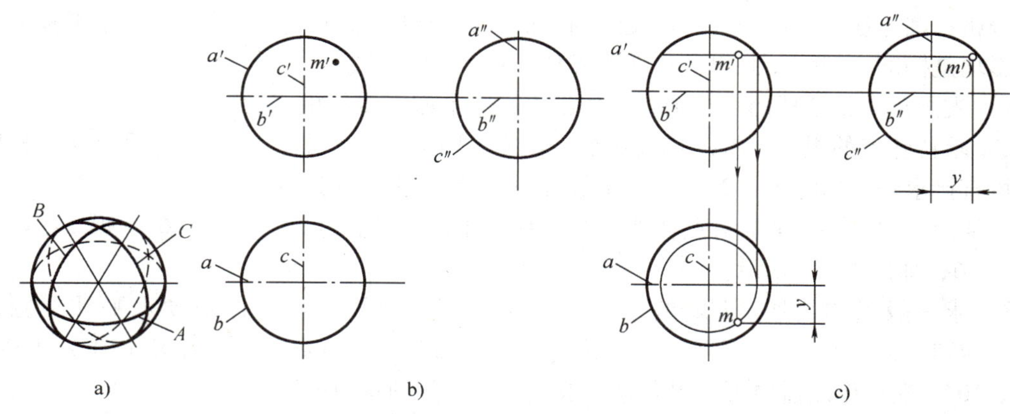

图 4-40　圆球面上点的投影

4.6.2　圆球截交线画法

圆球被任意平面截切，得到的截交线都是圆。但是截平面与投影面的位置不同，截交线的投影有所区别。当截平面是投影面平行面时，截交线在所平行的投影面上的投影是一个圆，其他两面投影均为直线，如图 4-42a 所示；当截平面是投影面垂直面时，截交线在所垂直的投影面上积聚为直线，其他两面投影为椭圆，如图 4-42b 所示。

4.6.3　圆球切割体三视图绘制

【例 4-26】　作出图 4-41b 所示截切圆球的三视图。

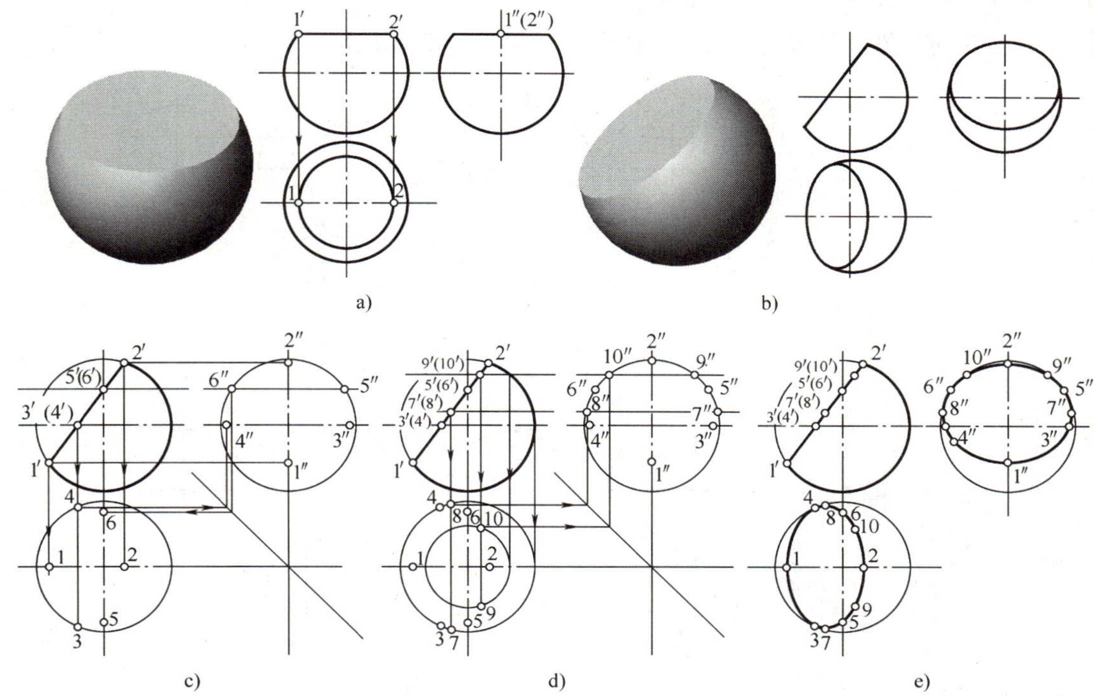

图 4-41　圆球的截交线

分析：圆球被正垂面截切，截交线的正面投影积聚为直线，可直接画出，水平投影与侧面投影均是椭圆，需作图画出。作图步骤如下：

1）先画出完整圆球的三视图，并作出主视图上截交线的积聚投影。

2）求特殊点的投影。特殊点共6个，在主视图上标明。Ⅰ、Ⅱ点在前后半球的分界圆上，可直接求得1、2、1″、2″；Ⅲ、Ⅳ点在处于上、下半球分界圆上的点：由3′（4′）得3、4，从而得3″、4″。Ⅴ、Ⅵ点在处于左、右半球分界圆上的点：由5′（6′）得5″、6″，从而得5、6，如图4-41c所示。

3）求一般点的投影。1′2′的中点是长轴7′8′的积聚投影，作辅助水平纬线圆，由7′（8′）得7、8和7″、8″；9′（10′）是任意点，作辅助水平纬线圆P，由9′（10′）得9、10和9″、10″，根据作图需要可作出其他一般点投影，如图4-41d所示。

4）将同名投影依次光滑连接，完成截交线的投影，如图4-41e所示。

5）整理圆球轮廓线，完成全图，如图4-41b所示。

【例4-27】 绘制如图4-42a所示开槽半圆球三视图。

分析：半圆球开槽是由一水平面与两侧平面截切而成的。多平面切割圆球的截交线求法可分成基本类型来求。水平面与半圆球截切，截交线在俯视图上的投影是圆的一部分，在左视图上的投影积聚为直线；侧平面与半圆球截切，截交线在左视图上的投影是圆的一部分，在俯视图上的投影积聚为直线；平面的交线中间部分从左方观察为不可见，左右分界圆的上部分轮廓线在开槽处被截掉了。作图步骤如下。

1）画出半圆球完整的三视图，并完成主视图，如图4-42b所示。

2）画出水平面截交线，如图4-42c所示。

3）画出侧平面截交线，如图4-42d所示。

4）判别可见性，处理轮廓线，完成全图，如图4-42e所示。

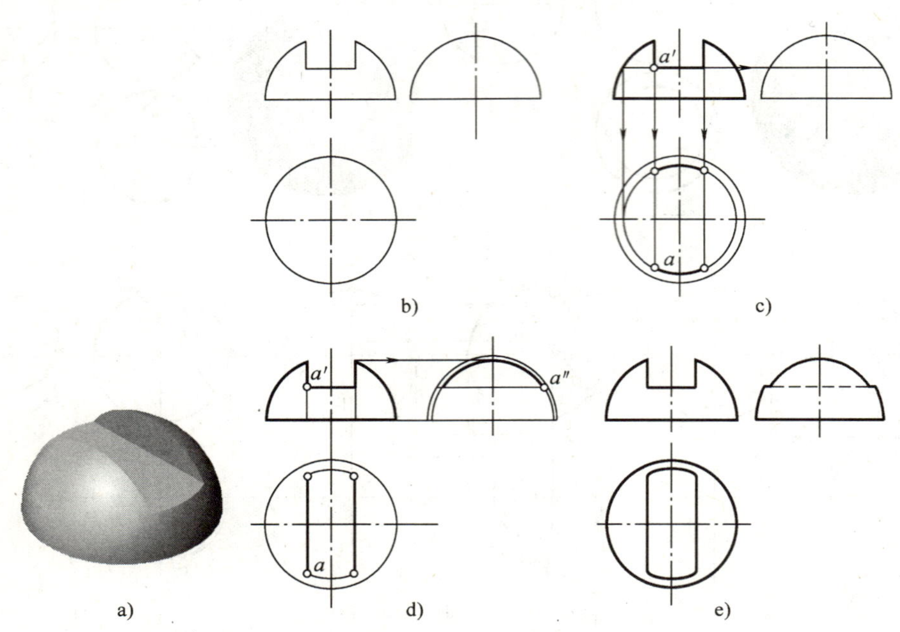

图4-42　开槽半球的三视图

4.7　圆环表面点投影

圆环面上的点一般采用辅助纬线圆方法求得。图 4-43a、b 所示为轴线是铅垂线圆环的投影图和三视图。

【例 4-28】　已知图 4-43b 所示圆环面上点 A 的正面投影 a'，求圆环左视图及点 A 另两面投影 a 及 a''。

用纬线圆法求解：在主视图上过 a'作一水平直线，由 a'可知，点 A 在环的外环面前、左半部，因此在俯视图上作出辅助纬线圆的投影可得到 a；再由 a'及 a 求出 a''，如图 4-43c 所示。

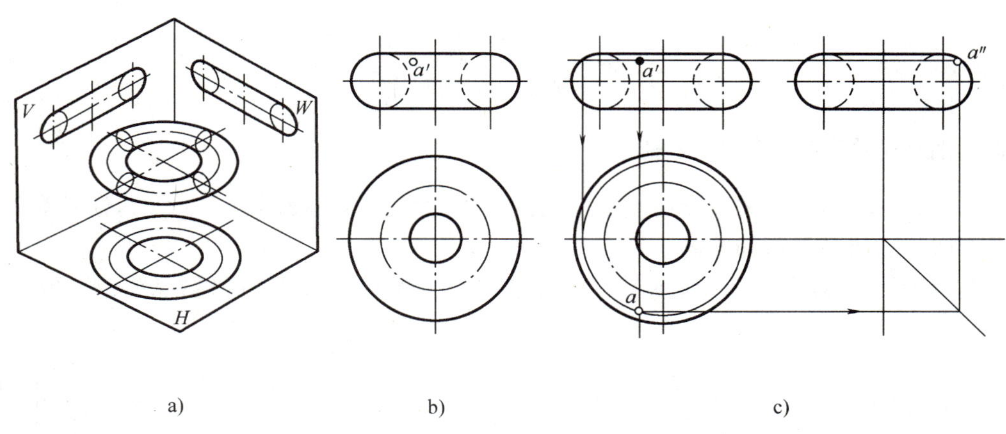

图 4-43　圆环的三视图及表面求点

4.8　组合切割体三视图绘制与识读示例

4.8.1　根据轴测图绘制切割体三视图

方法及步骤是：①分析基本形体。②画原始基本形体的三视图。③画截平面的三视图，检查和描深。

【例 4-29】　绘制如图 4-44a 所示轴测图的三视图。

分析： 该物体的原始形体是长方体，切去形体 1（四棱柱）形体 2（三棱柱）和形体 3（四棱柱）。

作图： 画基准线、位置线，画原始形体的三视图；画截平面的三视图：画切去四棱柱的三视图，如图 4-44c 所示；画切去三棱柱的三视图，如图 4-44d 所示；画切去形体 3 的三视图，如图 4-44e 所示；检查、描深，如图 4-44f 所示。

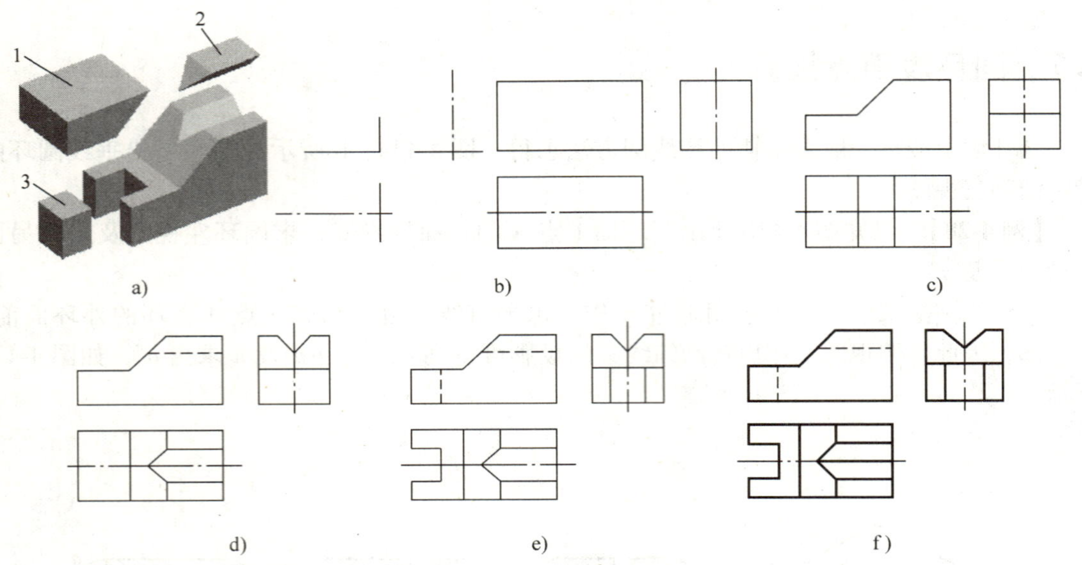

图 4-44　根据轴测图画三视图

4. 8. 2　组合切割体三视图绘制

方法：绘制几个基本体组合后被平面切割产生的切割体三视图时，可将其分成单个基本体被平面切割的情况分析和绘制。

【例 4-30】 根据图 4-45a 所示带方孔和切口正五棱柱的轴测图和主视图，完成其三视图。

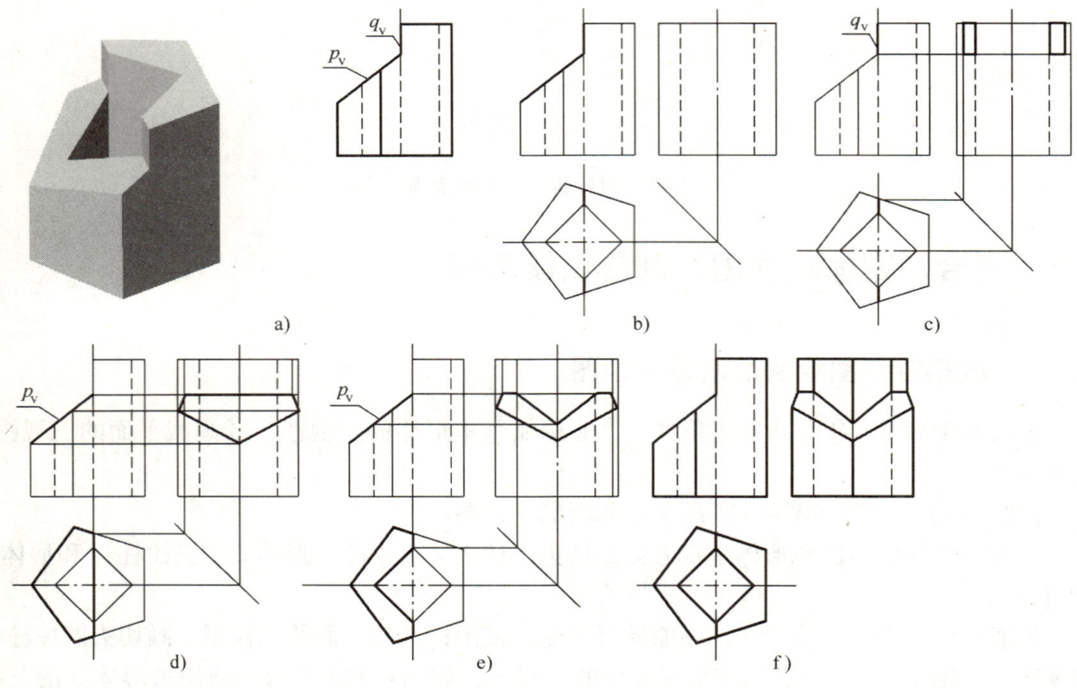

图 4-45　带方孔和切口正五棱柱三视图

分析：带方孔的正五棱柱的切口由 P、Q 两平面组成，由于正五棱柱外表面及方孔的内表面在水平投影面上的投影有积聚性，可知 P 面截交线形状为八边形，Q 面截交线为两个矩形线框。作图步骤如下。

1）画出完整带方孔正五棱柱三视图，作出 P_V 正面投影与 Q_V 水平投影，如图 4-45b 所示。

2）求出 Q 面截切带方孔正五棱柱的交线，如图 4-45c 所示。

3）求出 P 面截切正五棱柱的交线，如图 4-45d 所示。

4）求出 P 面截切带方孔正五棱柱的交线，如图 4-45d 所示。

5）判断棱线的可见性，擦去多余线条，完成全图，如图 4-45d 所示。

【例 4-31】　根据图 4-46a 所示物体的轴测图和俯视图，完成其三视图。

分析：组合回转体的轴心线为侧垂线，是由半球、大圆柱、小圆柱和圆锥组合而成。再用一正平面截切此立体，从右到左截交线形状依次为球表面半圆、大圆柱表面直线、小圆柱表面直线与圆锥表面曲线。

作图步骤：

1）从右到左依次画出完整半球、大圆柱、小圆柱和圆锥的三视图；画出正平面的水平投影和侧面投影，如图 4-46b 所示。

2）画出半球截交线的正面投影，为一半圆，如图 4-46c 所示。

3）画出大、小圆柱截交线的正面投影，各为两条直线，如图 4-46d 所示。两圆柱分界面在主视图上积聚为一直线，中间不可见，画虚线。

4）画出正平面切圆锥曲线的正面投影，可利用辅助纬圆法求一般点，圆锥与圆柱的交线后面部分不可见，画虚线，如图 4-46e 所示。

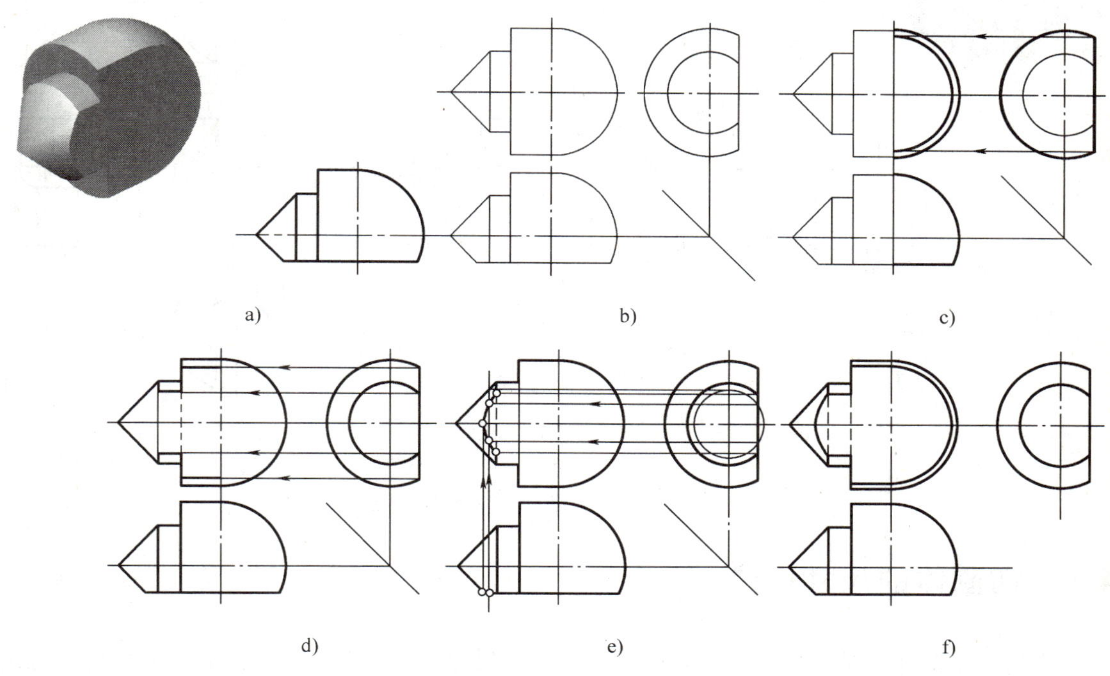

图 4-46　组合切割体三视图

5）擦去多余的图线，加粗可见轮廓线，整理完成全图，如图 4-46f 所示。球与大圆柱之间无分界线。

【例 4-32】 根据图 4-47a 所示切口圆筒的轴测图和主视图，完成三视图。

分析： 空心圆柱的切口是由侧平面 *S*、*R*，水平面 *Q*，以及正垂面 *P* 截切而成的。侧平面 *S*、*R* 与圆柱轴线平行，产生的截交线是两素线；平面 *Q* 与圆柱轴线垂直，产生的截交线是圆弧；平面 *P* 与圆柱轴线倾斜相交，产生的截交线是椭圆弧。其中平面 *P*、*Q*、*R* 与空心圆柱内、外表面都截切。

作图：

1）先画出完整的空心圆柱的三视图，并作出各截平面交线的正面投影和水平投影，如图 4-47b 所示。

2）求出侧平面 *S*、*R* 截切立体产生的截交线，如图 4-47c 所示。

3）求出平面 *P* 截切外圆柱体表面产生的截交线，如图 4-47d 所示。

4）求出平面 *P* 截切内圆柱体表面产生的截交线，如图 4-47e 所示。

5）求出平面 *Q* 截切圆筒表面产生的截交线；对圆筒的轮廓线进行整理，擦去多余图线，完成全图，如图 4-47f 所示。

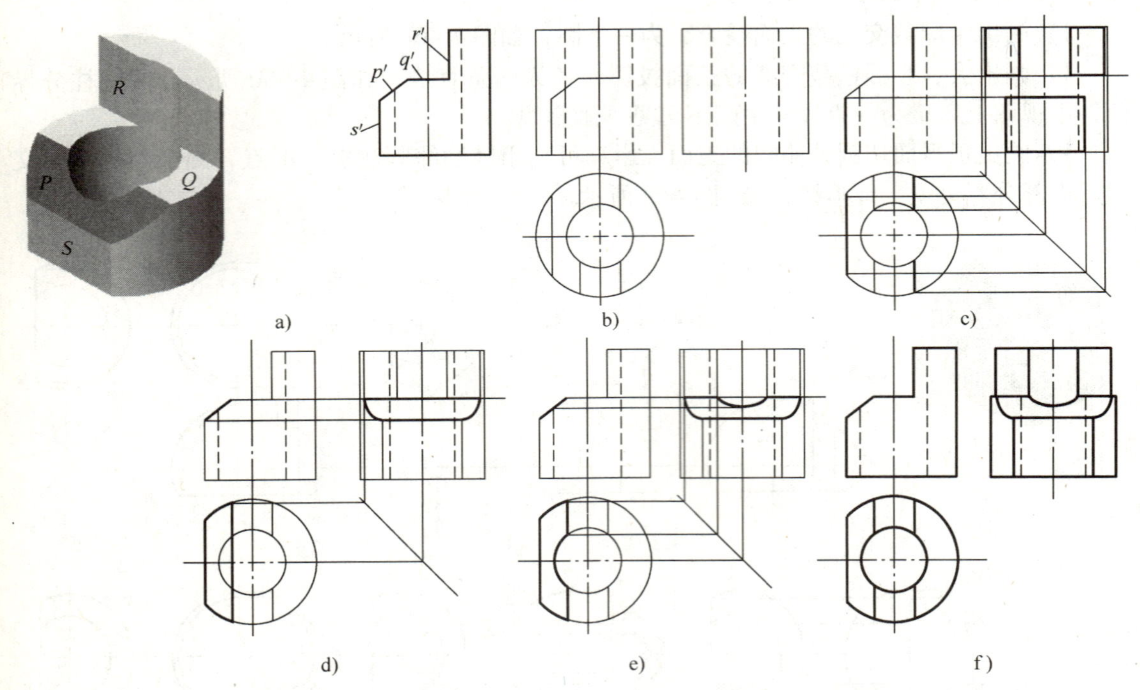

图 4-47　空心圆柱开口三视图

4.9　切割体的尺寸标注

切割体需要标注基本体的尺寸和截平面的位置尺寸。由于截交线是由截平面位置所确定的，因此截交线不需要标注，如图 4-48 所示。

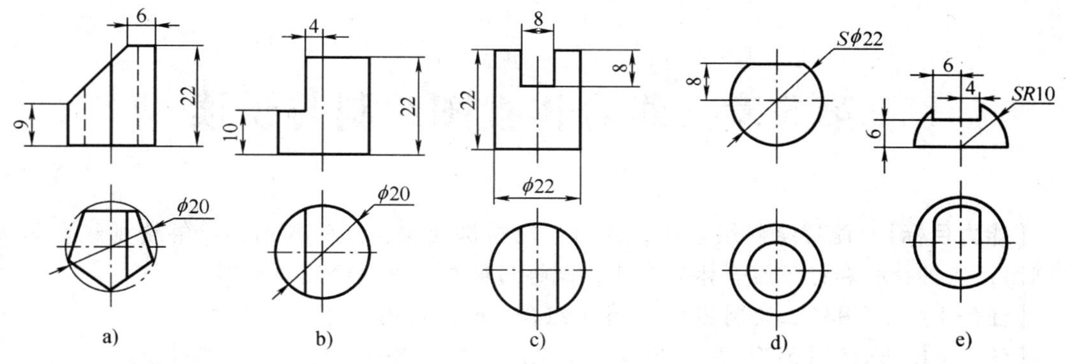

图 4-48　切割体尺寸注法

第5章　组合体视图绘制与识读

【能力目标】　能够绘制组合体三视图；能够识读组合体的视图；能够绘制组合体正等轴测图；能够分析和标注组合体的尺寸；能够用第三角画法绘图与识图。

【任务1】　在图纸上绘制图5-25所示组合体的三视图，并标注尺寸。

【任务2】　识读图5-27a所示物体的三视图，想象空间结构，制作其模型。

【任务3】　在图纸上用第三角画法绘制图5-43所示物体的基本视图。

5.1　组合体三视图的绘制

从几何角度看，尽管机器零件形状千差万别，但都可以将其看成由若干简单的棱柱、棱锥、圆柱、圆锥等基本几何体组合而成。由基本体组合而成的物体称为组合体。

5.1.1　组合体的构成方式

组合体的构成方式一般分为叠加和挖切两种。叠加就是若干基本体如同积木的堆积，如图5-1a所示组合体可看作是由1、2、3三部分叠加所形成的；挖切就是从一基本体中挖去另一些基本体，包括切割块、开槽、穿孔，如图5-1b所示组合体可看作是长方体被挖去1、2两部分所形成的；由于有些实际零件较复杂，更多的组合体是叠加和挖切两种形式的综合，如图5-1c所示组合体可看作是由1、2两部分叠加形成之后，又被挖切去3、4两部分所形成的。在某些情况下，组合体按叠加或切割方式组合并无严格的界线，同一形体可以按叠加去分析，也可以按切割去理解，这就应根据具体情况，以利于理解和作图为准。

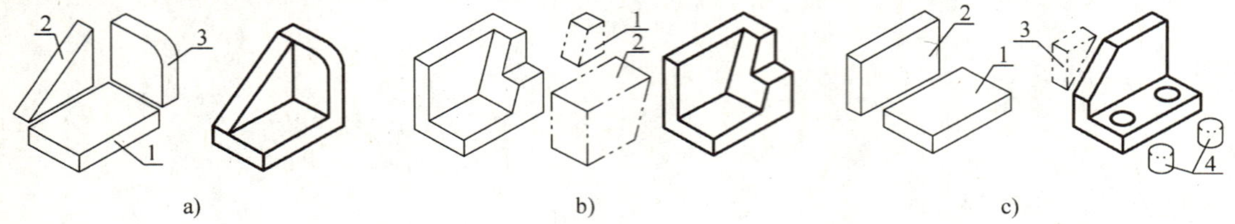

图5-1　组合体的构成方式

a）叠加式组合　b）挖切式组合　c）叠加和挖切综合式组合

5.1.2　组合体相邻表面界线分析与画法

由基本体构成组合体时，不同形体上有些表面因为组合成为一个实体，其内部结构不再存在，有些则连成一个平面，有些产生了相交或相切，因此绘图前必须分析相邻表面的连接方式和界线情况。组合体相邻两表面之间的连接方式分为平齐、相交、相切三种。

1）相邻两形体表面平齐时，说明两表面构成同一平面，在接合处没有分界线，在视图上不应用线隔开，如图5-2a所示上、下两形体前表面、后表面均平齐，则主视图中间无分界线。当相邻两形体的表面不平齐时，说明它们在连接处有分界线，在视图上应有分界线隔开，如图5-2b所示上、下两形体前表面不平齐，则主视图中间有分界线。

思考： 图5-2a所示上、下两形体若前表面平齐、后表面不平齐，主视图有什么变化？

2）两表面相交时，连接处有明显的交线，在图上必须画出分界线，如图5-2c所示。

3）两表面相切时，在相切处表面光滑过渡，无分界线，图上不应画线，如图5-2d所示。

说明： 只有平面与曲面或曲面与曲面之间才会出现相切的情况，也只有相切时，图形才会出现不封闭的框。

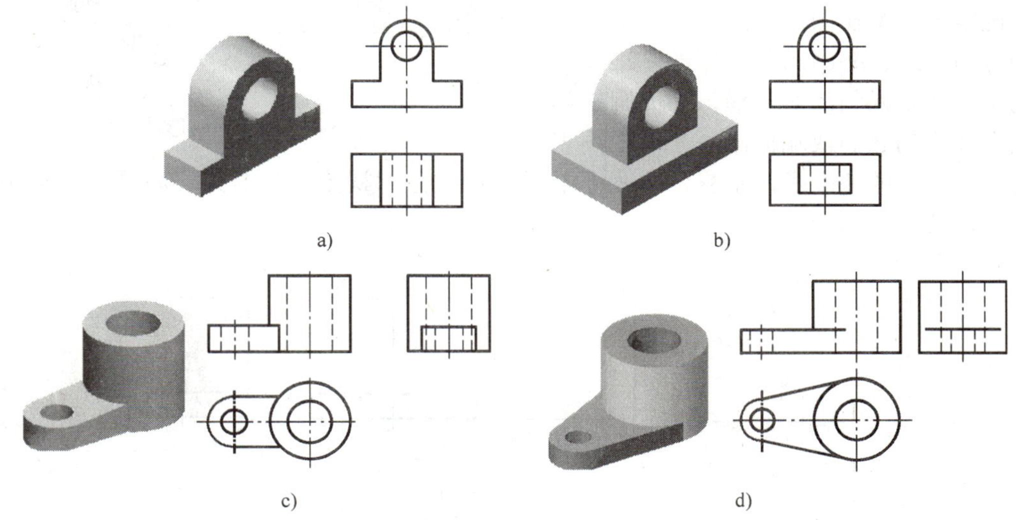

图5-2 组合体相邻表面界线分析与画法

5.1.3 组合体三视图的画法

1. 形体分析法 在绘制和识读组合体的视图时，为使复杂的问题变得简单，常用形体分析法，即先根据构成方式和相对位置将组合体分解成简单几何体部分，再分部分绘图和识图的方法。如图5-3a所示的支座，可以看成是圆筒、底板、肋板、耳板和凸台五个部分组合而成，如图5-3b所示。形体分析法是绘图和识图的基本方法。

图5-3 支座的形体分析

2. 画组合体三视图的方法和步骤 画组合体的视图时，常采用形体分析法，就是假想把组合体分解为几个较简单的基本几何体，并确定各基本几何体的构成方式和相互位置，再逐步绘制各部分的视图，最后综合整理完成视图。下面举例说明画组合体三视图的作图步骤。

【例5-1】 绘制如图5-4a所示轴承座的三视图。

绘图前进行形体分析。先认清组合体的形状结构，分析它由几个简单的形体组成，再分析各组成部分之间的相对位置，然后分析各相邻表面间的连接关系，确定相邻表面间有无分界线。如图 5-4a 所示轴承座是由底板、圆筒、支承板和肋板四部分叠加而成，支承板在底板上方且后表面平齐，圆筒在支承板上方且左右两表面相切，肋板在底板、圆筒、支承板之间，如图 5-4b 所示。圆筒下方与支承板和肋板上方组合为实体，最下方中部轮廓线不存在。绘图步骤如下。

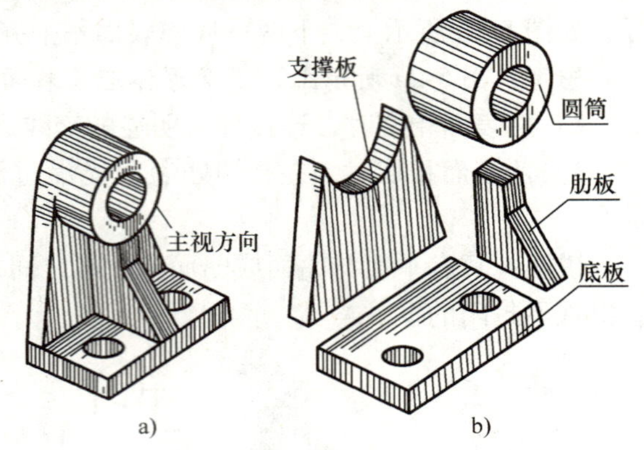

图 5-4　轴承座的形体分析

1）布置视图。画图前要先布置视图，布图就是根据组合体的总长、总宽、总高及比例确定各视图在图框内的具体位置，使三视图分布合理，并画出各视图的基准线。常用的基准线是视图的对称线，如大圆柱体的轴线以及大的底面或端面。每一个视图需要确定两个方向的基准线，如图 5-5a 所示。画基准时注意视图间长对正、高平齐、宽相等的三个对应关系。

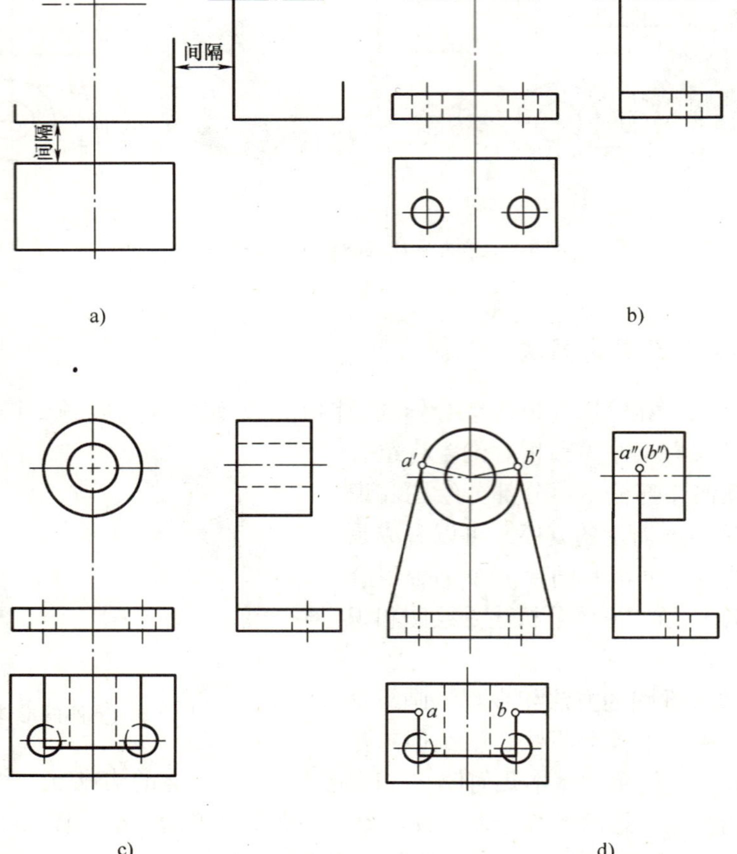

图 5-5　轴承座三视图的作图步骤

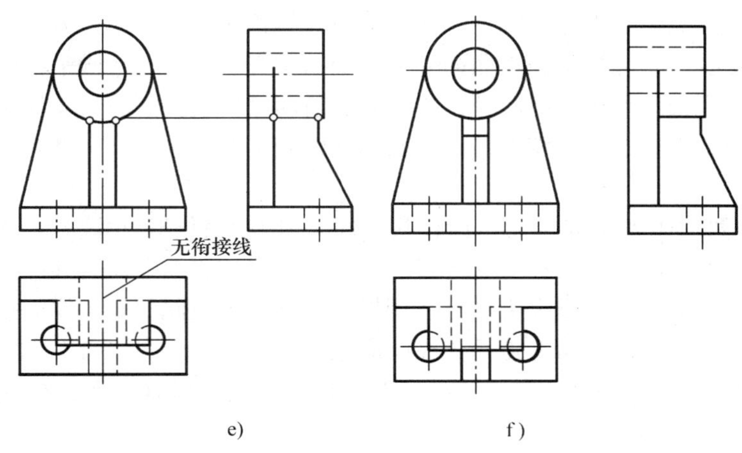

图 5-5　轴承座三视图的作图步骤（续）

2）画底稿。画底稿时要用稍硬的铅笔（2H 铅笔），逐个画出各组成部分的三视图，一般顺序为由大到小、由外形到内形、三个视图配合作图，使每部分均符合“长对正、高平齐、宽相等”的投影规律。画底板，定圆的中心，画圆孔，从俯视图开始，三视图同时画出，如图 5-5b 所示。画圆筒，从主视图开始，三视图同时画出，如图 5-5c 所示。画支承板，先画主视图，画俯视图和左视图时，注意切点位置，如图 5-5d 所示。画肋板，从主视图开始，注意左视图交线位置，如图 5-5e 所示。

3）检查和描深。全图底稿完成后，再按原画图顺序仔细检查，纠正错误和补充遗漏，不可见轮廓用虚线画出；对称线、轴线和圆的中心线均用点画线画出；然后按标准图线描深各线，如图 5-5f 所示。

3. 画图时应注意的问题　先画主体部分，再画次要部分。先画反映物体实形的视图，再按投影关系画出其他视图。几个视图要配合着画，不要先画完一个视图，再画另一个视图，而应按逐个简单形体的顺序来画图。不能将组合后不存在轮廓线的投影画出。若需要标注尺寸，则在所有视图描深完工之后再标注尺寸。

5.2　相贯体的三视图绘制

5.2.1　相贯线的概念及性质

1. 相贯线的概念　相交的两形体称为相贯体，相交立体表面的交线称为相贯线。相贯不同于两立体的简单叠加，而是一立体的表面全部或部分“贯入”另一立体的表面，因此相贯线多数情况下是三维空间的封闭线。由于相贯立体的形状及相对位置不同，相贯线的形状也各不相同。相交有平面立体和平面立体相交、平面立体与曲面立体相交、曲面立体与曲面立体相交三种情况，如图 5-6 所示。

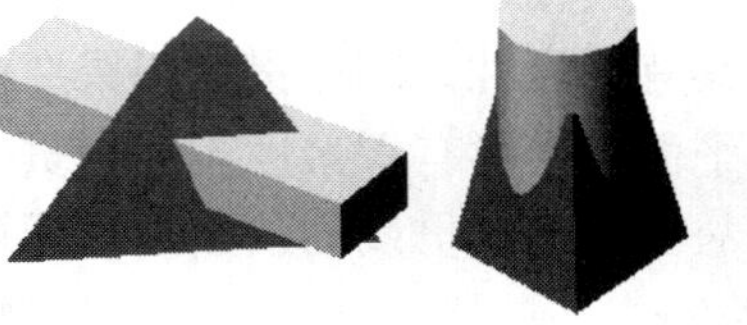

图 5-6　相贯线

平面立体与平面立体的交线实际是平面与平面立体相交的截交线，为空间折线；平面立体与曲面立体的交线，实际是平面与曲面立体相交的截交线，为若干段平面曲线组成的组合截交线，以上交线可归结为截交线问题，绘图方法前面已介绍。两曲面立体相交的交线是空间曲线，是主要的相贯线，本节将专门讨论两回转体相贯的画法。

2. 相贯线的性质

1）相贯线为两物体表面所共有（具有共有性），即相贯线既在甲立体表面上又在乙立体表面上，相贯线上所有的点既在甲立体表面上又在乙立体表面上。由共有性可知：当相贯两立体中有一立体的某个投影积聚为线时，相贯线的投影必在此积聚为线的投影上，如若圆柱面积聚为圆时，则圆柱面上所有点积聚在圆周上。

2）相贯线通常为封闭空间曲线，特殊情况下，相贯线可以是平面曲线或直线，也可能不封闭，如两立体部分相贯。

3. 相贯线的作图方法　求相贯线的思路是：先求相贯线上一系列点的投影再光滑连线。求点的投影时，主要利用相贯线的共有性和回转体表面求点的方法，先根据相贯线上的点在甲立体表面上，利用回转体表面求点的方法求出点投影所在的范围（圆或直线），再根据相贯线上的点在乙立体表面上，利用回转体表面求点的求出点投影所在的范围（圆或直线），后求两范围（圆或直线）的交点。求相贯线的常用方法有 2 种，即表面取点法和辅助平面法。

求相贯线时，首先应对物体空间和投影进行分析，分析两相交立体的几何形状、相对位置和尺寸大小，相贯线的形状特征和投影范围。当相贯线的投影是非圆曲线时，一般按如下步骤求相贯线。

1）求出能确定相贯线投影范围的特殊点的投影，特殊点包括曲面转向轮廓线上的共有点和极限位置点，即最高、最低、最前、最后、最左、最右点。

2）求出特殊点之间一般点的投影。

3）判断相贯线投影的可见性，用粗实线或虚线依次光滑连接之。

5.2.2　利用表面取点法求相贯线

当两相贯立体表面在两个投影面上分别具有积聚性时，常用此方法。表面取点法就是利用积聚性，依据已知立体表面上点的某面投影求其他投影的方法。两回转体相交，若有一个是轴线垂直投影面的圆柱，则该圆柱在这个投影面上的投影积聚为圆，那么，相贯线在这个投影面上的投影与此圆重合，相贯线上的点在这个投影面上的投影全部在此圆周上，这可看作作图的已知条件。

【例 5-2】　绘制图 5-7a 所示两圆柱正贯的三视图，注意相贯线的求法。

分析：图 5-7a 所示两圆柱的相贯体，可以采用先分别绘制两圆柱三视图的底稿，再绘制其相贯线。两圆柱其轴线在同一平面内，且垂直相交。水平放置圆柱的轴线为侧垂线，圆柱面在侧面投影具有积聚性，即相贯线积聚在侧投影面的投影圆周上；竖直圆柱轴线为铅垂线，圆柱面在水平面的投影有积聚性，即相贯线积聚在水平投影面的投影圆周上，可利用聚积性求相贯线；只需求出相贯线的正面投影即可完成绘图。作图步骤如图 5-7b ~ f 所示。

1）布图，绘制水平放置圆柱三视图，绘制竖直放置圆柱三视图，擦去不存在的线，如图 5-7b 所示。

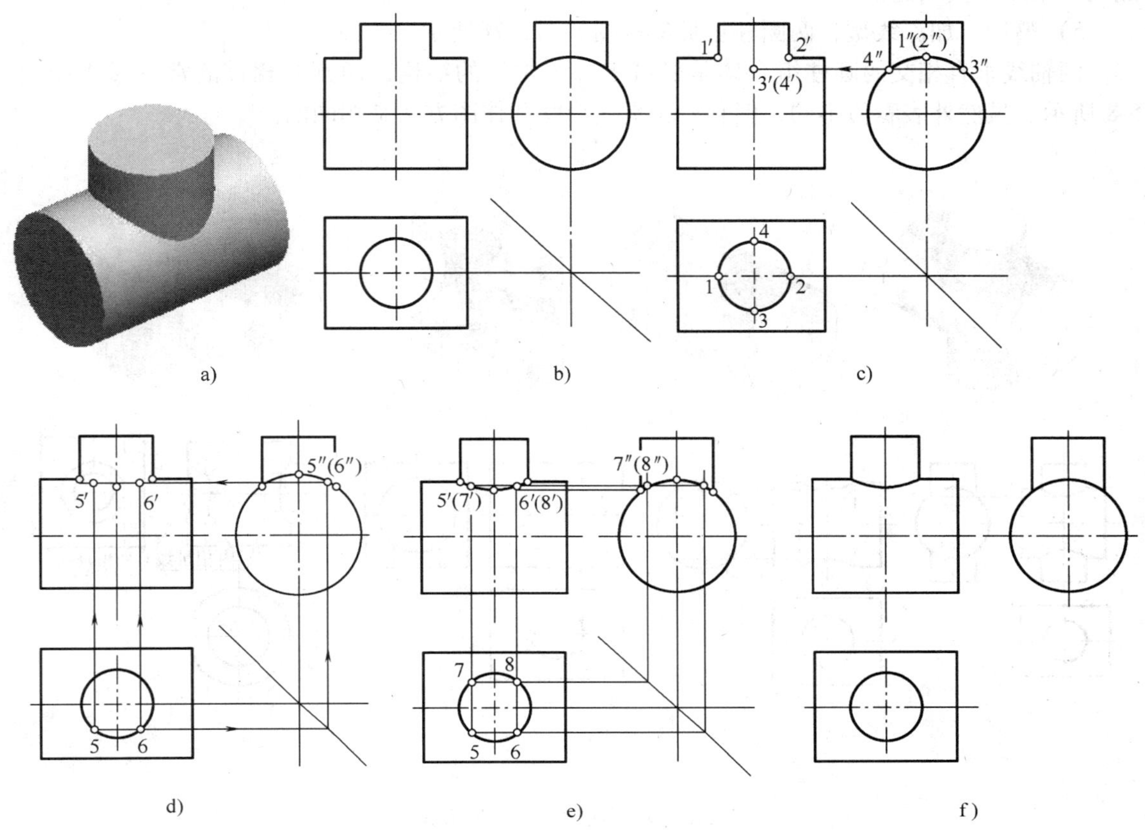

图 5-7　两圆柱正贯三视图的绘制

a）立体图　b）分步图　c）求特殊点　d）求一般点

e）求一般点　f）判断可见性并光滑连线

2）求相贯线特殊点。根据空间位置可知，Ⅰ、Ⅱ为相贯线最左及最右点，也是最高点；Ⅲ、Ⅳ为相贯线最前及最后点，也是最低点。此特殊点均在回转体的转向轮廓线上，可直接求：先确定点的水平投影 1、2、3、4；再分析知特殊点的侧面投影，既在水平圆柱侧面投影圆周上，又在竖直圆柱最前、最后素线投影上，故圆与最前、最后素线投影线的交点就是特殊点的侧面投影；然后根据水平投影和侧面投影求得点的正面投影 1′、2′、3′、4′，如图 5-7c 所示。

3）找出一系列一般点的投影。一般点在特殊点之间取，即在Ⅰ、Ⅱ、Ⅲ、Ⅳ点之间取点，可取无数点，图形精确度越高需取点越多，这里仅在每两点之间取一个点Ⅴ、Ⅵ、Ⅶ、Ⅷ，取其他点作图方法相同。此图只需求出点的正面投影，而且因为物体前后对称，只需绘制前面两点的正面投影，如图 5-7d 所示。先确定点的水平投影 5、6，再利用“宽相等”作出点所在铅垂线的侧面投影，并与圆求交点得到点的侧面投影，后根据水平投影和侧面投影求得点的正面投影 5′、6′（若不对称还需绘制Ⅶ、Ⅷ点的投影，如图 5-7e 所示，方法相同）。

4）擦去作图线，光滑连线完成相贯线。由于正面投影前半个相贯线可见，将求得的各点光滑地用粗实线连接。

5）整理、加深线型，两圆柱正贯三视图如图 5-7f 所示。

两轴线垂直相交的圆柱组合体是机械零件上常见的结构，两圆柱相贯的常见形式如图 5-8 所示。虽然外表看似不同，但它们相贯线形状和作图方法是相同的。

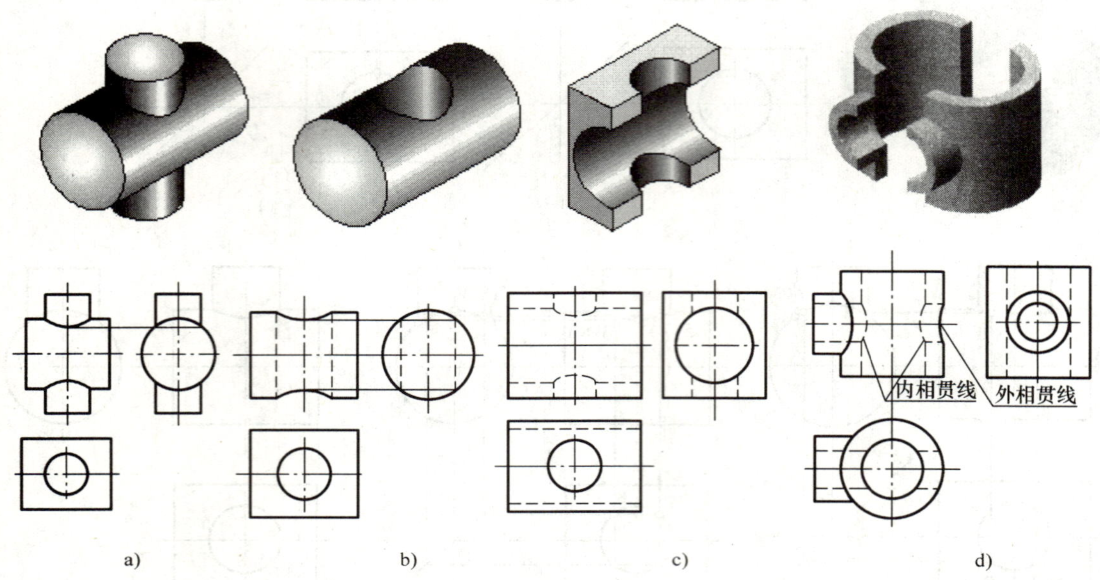

图 5-8　两圆柱相贯的常见形式

a）两圆柱相交　b）圆柱开圆柱孔　c）开圆柱孔　d）两圆柱孔相交

两圆柱相贯线的形状与直径大小有关，如图 5-9 所示。

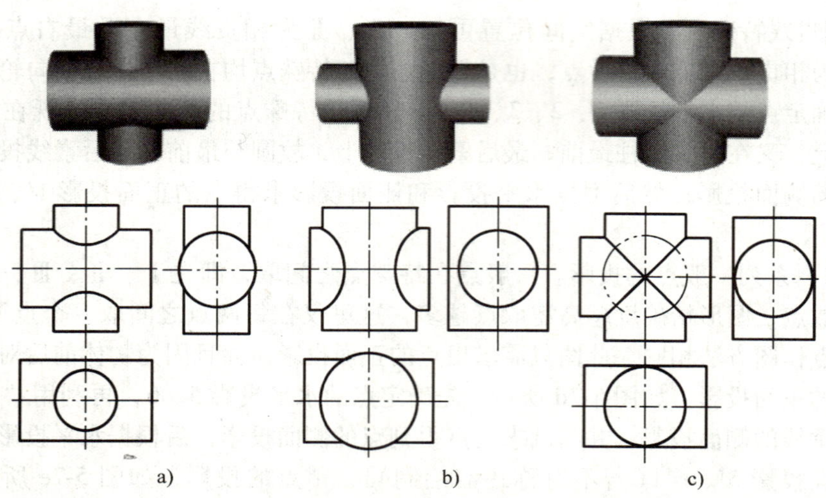

图 5-9　两圆柱直径变化对相贯线的影响

a）水平圆柱直径大　b）水平圆柱直径小　c）两圆柱直径相等

5.2.3 利用辅助平面求相贯线

为方便作图，采用辅助平面法时，应使所选用的辅助平面与两相贯体表面截交线的投影是圆或直线，一般选择特殊位置平面作为辅助平面。利用辅助平面求相贯线的方法是：过相贯线上的点作一辅助平面同时与两相贯体表面相交，得两物体的截交线并求出两截交线的投影，它们同面投影的交点就是相贯线上点的投影，求一系列点的投影后光滑连线。

【例5-3】 绘制图5-10a所示圆柱与圆锥相贯的三视图，注意相贯线的求法。

分析： 图5-10a所示圆柱与圆锥的相贯体，可以采用先绘制圆锥三视图底稿，再绘制圆柱三视图，然后擦去多余的线并绘制其相贯线。图示水平放置圆柱轴线为侧垂线，圆柱表面在侧面的投影积聚为圆，相贯线的侧面投影也积聚在该圆周上，不用再求，需要求出相贯线的水平投影和正面投影。求相贯线可作水平辅助平面，因水平辅助平面截切圆柱时截交线为两根直线（平行圆柱轴线），截切圆锥时截交线为圆。

作图过程如图5-10b~e所示。

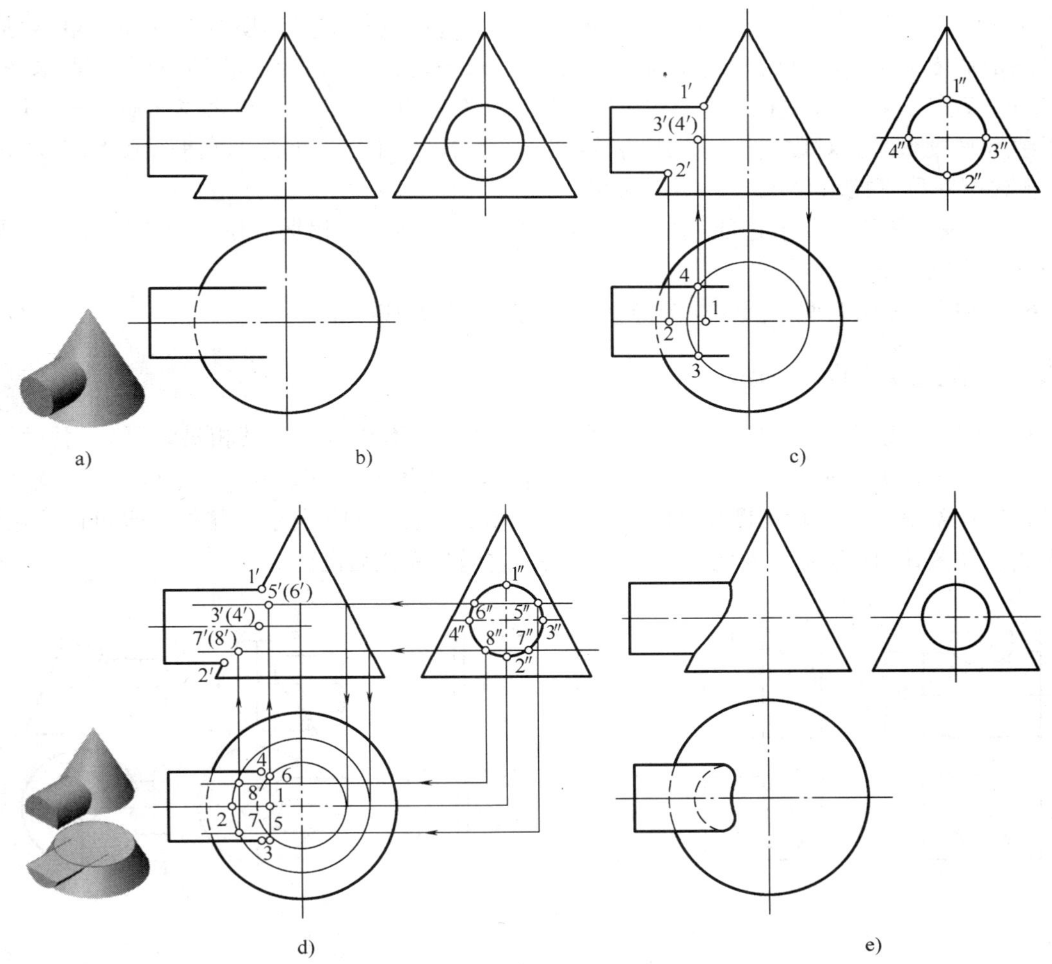

图5-10 圆柱与圆锥相贯

1）布图，绘制竖直放置圆锥的三视图，绘制水平放置圆柱的三视图，擦去不存在的线，如图 5-10b 所示。

2）求相贯线特殊点投影。根据空间位置可知相贯线最高点Ⅰ、最低点Ⅱ、最前点Ⅲ及最后点Ⅳ在圆柱的最上素线、最下素线、最前素线、最后素线上，故点的侧面投影在圆周上，可直接确定投影 1″、2″、3″、4″。最高点Ⅰ为圆锥最左素线上的点和圆柱最上素线上的点，最低点Ⅱ为圆锥最左素线上的点和圆柱最下素线上的点，因此可直接确定其正面投影 1′、2′；根据正面投影和侧面投影求出这两点的水平投影，如图 5-10c 所示。

3）利用水平辅助平面求Ⅲ、Ⅳ点的水平投影和正面投影。先求水平投影，过Ⅲ、Ⅳ点的水平辅助平面截切圆柱的截交线为最前、最后两素线，投影已画出（水平投影可延长，方便作图），水平辅助平面截切圆锥的截交线为圆，其水平投影也为圆，在正面投影或侧面投影上测得半径后可画出此圆，求交点可得水平投影 3、4。再根据侧面投影和水平投影求得正面投影 3′、4′，如图 5-10c 所示。

4）找出一般点的投影。因水平辅助平面截切圆柱时截交线为两根直线且平行圆柱轴线，截切圆锥时其截交线为圆，其水平投影也为圆。先确定一般点Ⅴ、Ⅵ、Ⅶ、Ⅷ的侧面投影 5″、6″、7″、8″，在圆周上；再求点的水平投影，过侧面投影点作横线与圆和三角形得交点，测量宽度大小可绘制两截交线的水平投影（直线和圆），求直线和圆的交点得点水平投影 5、6、7、8；再求正面投影 5′、6′、7′、8′，如图 5-10d 所示。此相贯体前后对称，因此相贯线水平投影前后对称，正面投影前后重合，所以可仅求出前面点的水平投影 5、7 和 5′、7′，再根据对称直接求得 6、8，不用求 6′、8′。

5）擦去作图线，光滑连线完成相贯线。水平投影图上，相贯线位于上半圆柱的可见，位于下半个圆柱的不可见。

6）整理、加深线型，圆柱与圆锥相贯三视图如图 5-10e 所示。

5.2.4 相贯线的近似画法

相贯线也可以采用近似画法。当两圆柱正交且直径不相等时，其相贯线可以用圆弧代替，圆弧的半径为大圆柱的半径，圆心在小圆柱体的轴线上，如图 5-11a 所示。当两圆柱正交且直径相差很大时，其相贯线可以用轮廓线代替，如图 5-11b 所示。相贯线也可以采用模糊画法，如图 5-11c 所示，左图为简化前画法，右图为简化后画法。

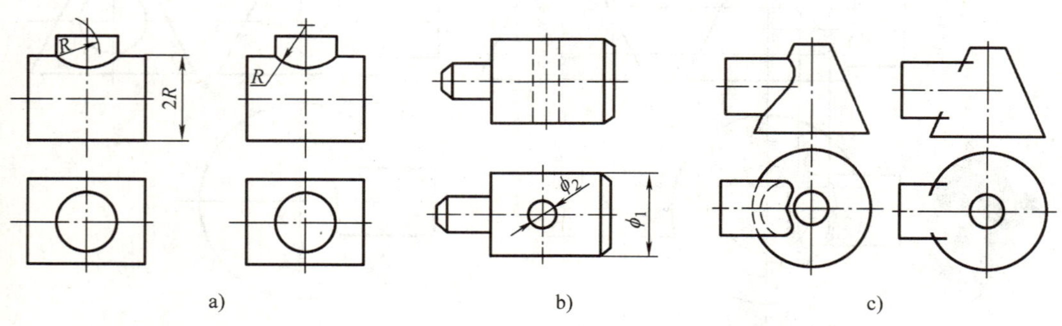

图 5-11　相贯线的近似画法和模糊画法

5.2.5　相贯线的特殊情况

一般情况下相贯线是一条封闭的空间曲线，但特殊情况下，它可能为直线或平面曲线。

1）两回转体公切于一球体时，相贯线为两个椭圆，如图 5-12 所示。

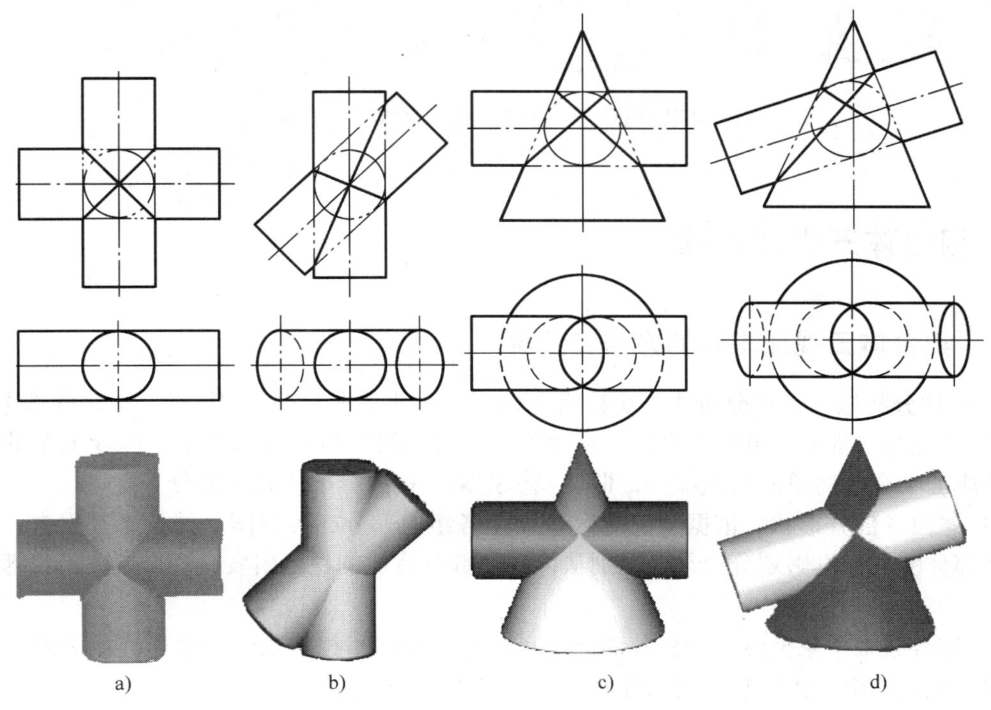

图 5-12　两回转体公切于球时的相贯线

2）两回转体具有公共轴线时，相贯线为垂直于轴线的圆，当回转体的轴线平行于某投影面时，相贯线在该投影面上的投影积聚成一条直线段，如图 5-13 所示。

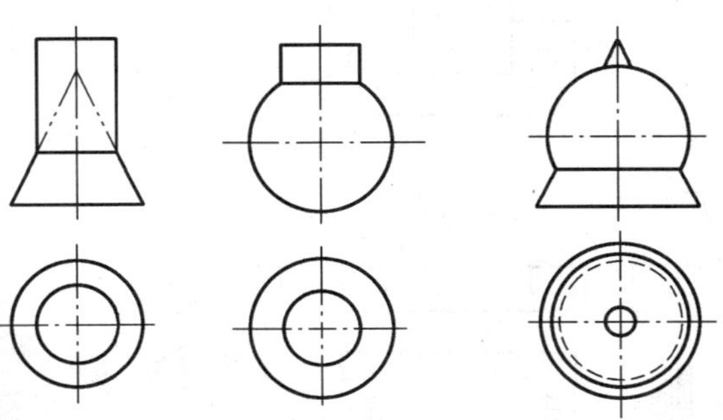

图 5-13　同轴回转体的相贯线

3）两平行轴线的圆柱相交及共锥顶的圆锥相交，其相贯线为直线，如图 5-14 所示。

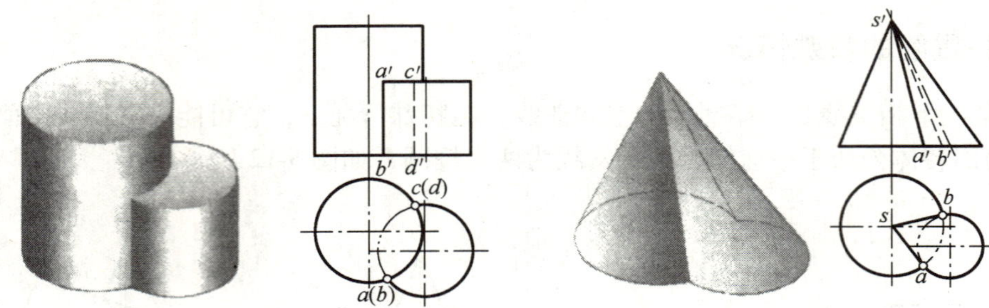

图 5-14　两平行轴线的圆柱相交及共锥顶的圆锥的相贯线

5.3　组合体三视图识读

5.3.1　组合体三视图识读的方法和步骤

1. 形体分析法　形体分析法是识读组合体三视图的基本方法。识图的一般步骤如下。

1）抓住特征部分，分解组合体。从反映形状特征较明显的视图入手，将较复杂的组合体分解成若干个较简单的组成部分，即按线框把某一视图分解成几个部分。

2）想象各部分形状。依据“三等”规律把各组成部分在各视图上的投影找出来，从而将每个部分的三个投影划分出来，分别从体现每部分特征的视图出发，逐个想象出每部分的形状。

3）综合起来想象整体。分析各部分之间的构成方式和相互之间的表面连接关系，进而综合起来想象出组合体的整体空间形状。

【例 5-4】　识读图 5-15a 所示物体的三视图。

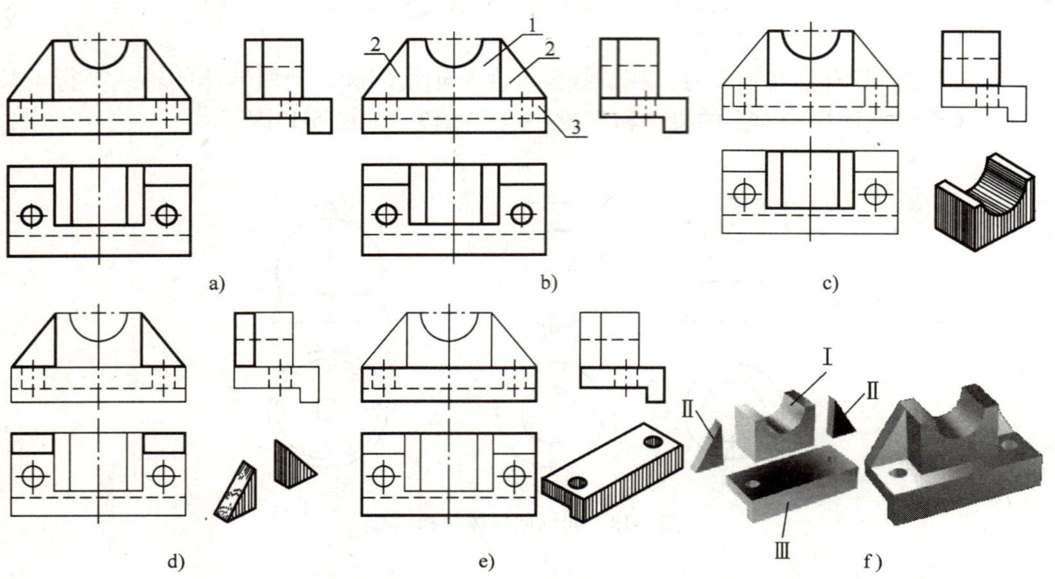

图 5-15　组合体三视图识读

1）抓住特征视图分线框。主视图特征较明显，将主视图分为三个线框，即三个部分，如图 5-15b 所示。

2）想象各部分形状。依据“三等”规律分别在其他视图上找出对应的投影，如图 5-15 中的粗实线所示，并从各自特征图出发想象出各组成部分的形状，如图 5-15c、d、e 所示。

3）综合起来想象整体。长方体Ⅰ在底板Ⅲ上面，两形体的左右对称面重合，后面靠齐；肋板Ⅱ在长方体Ⅰ的左、右两侧并与其相接，后面靠齐，从而综合想象出物体的整体形状，如图 5-15f 所示。

2. 视图中线框的含义　按线框投影想象空间形状时，要能明确视图中线框的含义。

1）视图中的每个封闭线框可能表示物体上一个平面的投影，也可能表示物体上一个曲面及其组合面的投影或一个孔的投影。如图 5-16a 所示，主视图中的封闭线框Ⅰ、Ⅱ、Ⅲ就分别表示底板、肋板、U 形柱前表面的投影（此例也表示其后表面的投影，线框分析常对表面而言）。主、俯视图中的大、小圆线框分别表示大、小通孔的投影；而左视图中的线框Ⅵ则表示四棱柱面与半圆柱面相切所形成的组合表面的投影。

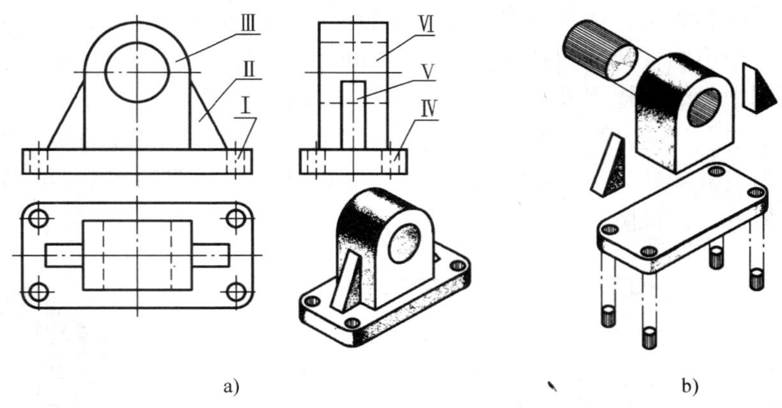

图 5-16　视图上线框的含义

2）视图中相邻的两个封闭线框，通常表示物体上位置不同的两个表面的投影，说明这两处表面肯定不在一个平面，也不相切。如图 5-16a 主视图中的Ⅰ、Ⅱ、Ⅲ线框两两相邻，说明三个面前方肯定不在一个平面上，它们所表示的三个面的位置关系在俯视图中看得很清楚，底板面在前，U 形柱面居中，肋板面在后。对左视图中Ⅳ、Ⅴ、Ⅵ线框作同样的分析可知，三个面左方肯定不在一个面上，从主视图或俯视图中看得很清楚，底板面在左，肋板面居中，U 形柱面在右。下面进一步揭示判别物体表面相对位置的方法，如图 5-17 所示。以其中的图 5-17c 为例：左视图中的相邻两线框，其上下关系一看即明，但这不是判别的重点，重点是要找出在该视图上无法判别，必须在其他视图（如主、俯视图）中才能确定的左右位置关系。只有这样，当将该两线框所示表面的形状（两个矩形）及其左右关系加以综合想象时，才能对所判别部位的形体产生立体感。

3）在一个大封闭线框内的各个小线框，一般是表示在大平面体（或曲面体）上凸出或凹下的各个小平面体（或曲面体）的投影。如图 5-16a、b 所示，俯视图中的大线框表示有圆角的大四棱柱体（底板）的投影，其中的四个小圆线框表示在大四棱柱上凹下的四个小圆孔的投影，中间两组相接的线框则表示在大四棱柱体上凸出的一个空心 U 形柱和两条肋板的投影。

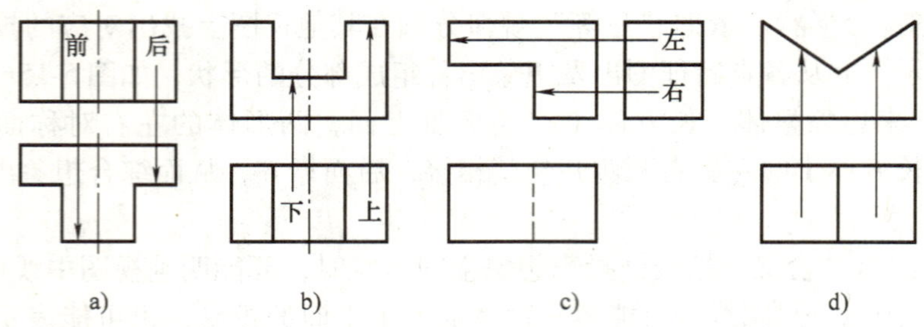

图 5-17　判别表面之间相对位置的方法

a）前后位置　b）上下位置　c）左右位置　d）倾斜位置

3. 识别特征视图　从特征视图入手可提高读图速度。所谓特征视图，就是能表达立体的形状特征或它在相邻立体之间的位置特征的视图。图 5-18a 所示轴承座的三视图中，以圆柱凸台的主视图投影为主，联系其他两视图上的投影，即可想象出它是一个与中间半圆柱相贯、中间穿了一个小圆柱孔的圆柱体（如图 5-18b 所示立体Ⅰ），故可认为主视图是它的特征视图。左视图中封闭线框 *F* 构成的图形反映了中间孔座的形体特征，其立体图如图 5-18b 所示立体Ⅱ，所以左视图是孔座的特征视图。俯视图中粗实线框构成的多边图形 *G*（孔座及圆柱凸台的投影线框除外），反映下方底板的形体特征，立体图如图 5-18b 所示立体Ⅲ，所以俯视图是底板的特征视图。

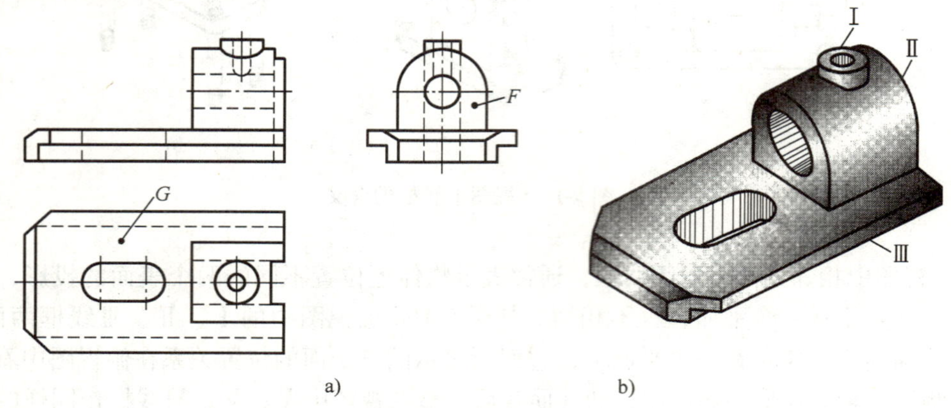

图 5-18　特征视图的识别

4. 看组合体视图的顺序　“先主后次、先易后难、先部分后整体”。

先主后次：一般在可看作组合体的机器零件的几个视图中，主视图是首先确定的视图，它既与零件工作位置或加工位置相符，又力求清楚地表达出零件的形体特征。因此，一看主视图，就可以大体了解组合体的形体特征和基本形体。所以，看组合体视图时，一般应先看主视图，后联系起来看其他视图；先看特征视图，后看其他视图；先看主要结构部分，后看次要结构部分。

先易后难：先看容易看懂、容易确定的部分，后看不易看懂和难于确定的部分。

先部分后整体：先分析组合体中各部分的基本形体，后分析组合体的整体形体。

5.3.2　识读组合体一面视图想象可能的立体形状

识读一面视图想象立体形状是训练读图想象力的好方法。识读一面视图不是目的，而是将它作为提高空间想象能力、打通看图思路的一种手段。当看一面视图或视图的某一部分时，就能想像出是凹或凸的，并能很快的构思出满足该视图要素的多种物体的形状来，看图的思路就通了。看图都是从一个视图或视图中的某一部位开始的，之所以还要与其他视图找投影对应关系，是为了将想象出的多种可能形状加以定形、定位，确定物体的唯一形状，这就是看图的实质。如图 5-19a 所示主视图，想象空间形状如图 5-19b 所示主视图和俯视图，立体图如图 5-19c 所示。

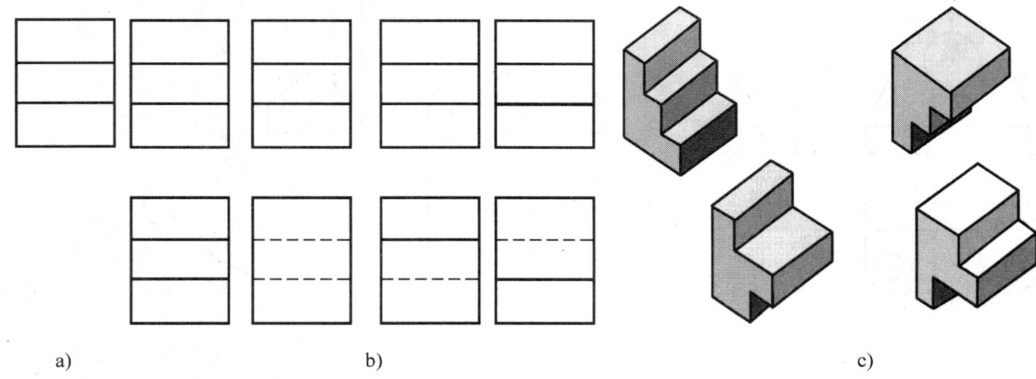

图 5-19　识读组合体一面视图想象空间可能形状

5.3.3　组合体轴测图绘制

1. 组合体的轴测图绘制方法　分析组合体的组成部分，逐个绘制每个部分的轴测图，再进行整理，然后擦去作图辅助线，加深轮廓线，进而完成整体的轴测图。

2. 组合体的轴测图绘制示例　分析如图 5-20a 所示组合体由底板、立板及 2 个三角形肋板叠加而成。画其正等测图时，可采用叠加法。其具体作图步骤如图 5-20b ~ e 所示。

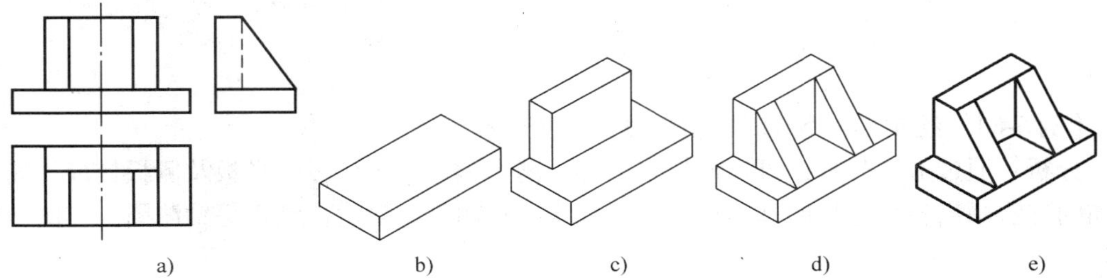

图 5-20　用叠加法画组合体的正等测图

a）三视图　b）画底板的正等测图　c）画立板的正等测图

d）画两块肋板的正等测图　e）描深，完成全图

【例 5-5】　绘制如图 5-21a 所示支板的正等轴测图。

轴测图的绘制过程如下。

1）读图，想象支板的空间形状，如图 5-21f 所示。

2）确定轴测轴的位置，在视图上定出直角坐标系，画出轴测轴，如图 5-21b 所示。

3）画出底板轴测图，画出立板轴测图，如图 5-21c 所示。

4）画出底板圆角轴测图，画出上半圆柱面轴测图，画出立板上圆柱孔轴测图，如图 5-21d 所示。

5）画出底板上圆柱孔轴测图，画出上前面肋板轴测图，如图 5-21e 所示。

6）擦去作图线，加深完成轴测图，如图 5-21f 所示。

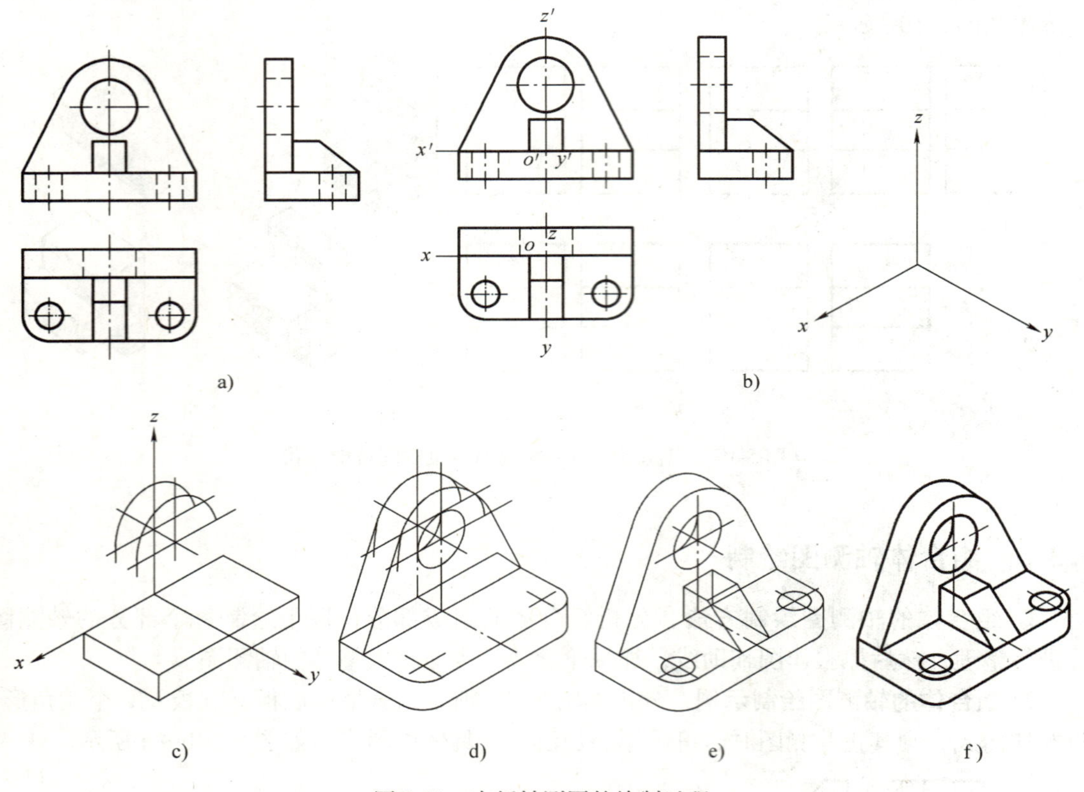

图 5-21　支板轴测图的绘制过程

【例 5-6】　绘制如图 5-22a 所示架体的正等轴测图。

分析：通过形体分析，可知该架体由三个基本形体——底板、竖板及侧板构成。先采用叠加的方法画出各个完整的基本形体，再依次进行切割，最后得到正等轴测图。作图步骤如下。

1）在投影图上建立直角坐标系，如图 5-22a 所示。

2）画出底板、竖板、侧板的正等轴测图，如图 5-22b 所示。

3）画竖板圆角及圆孔的正等轴测图，如图 5-22c、d 所示。

4）画底板上腰形槽的正等轴测图，如图 5-22e 所示。

5）擦去作图线，加深轮廓线，如图 5-22f 所示。

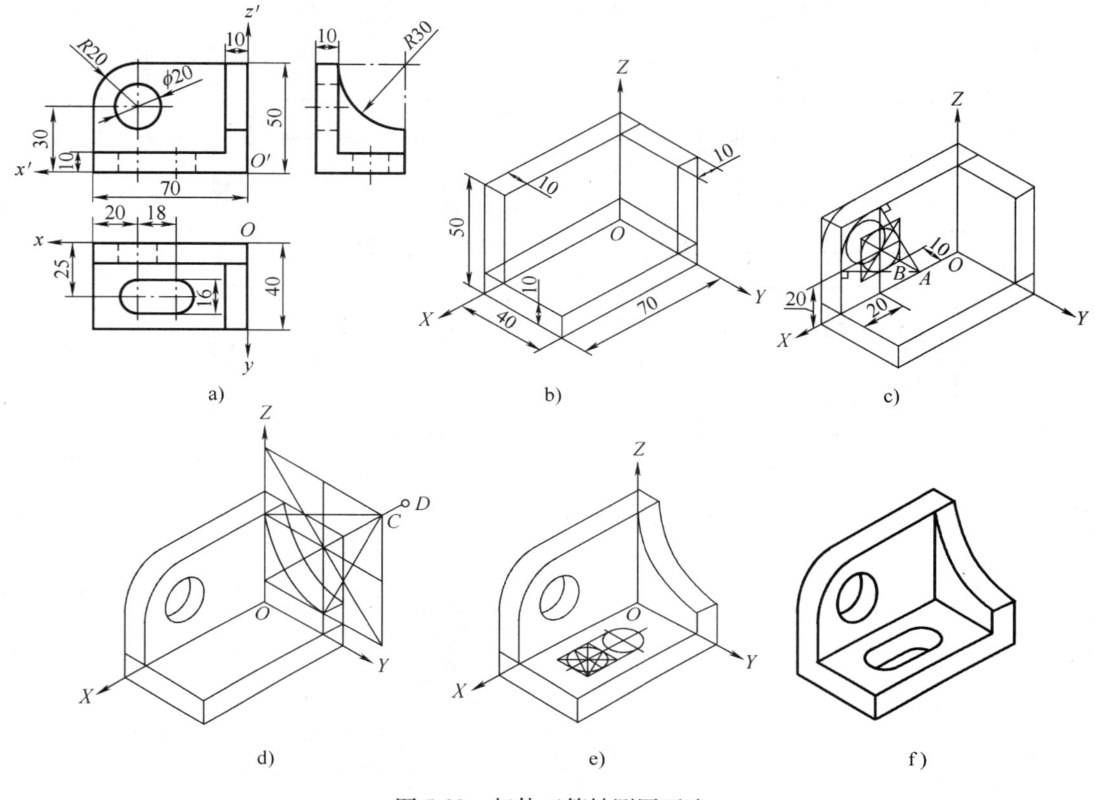

图 5-22　架体正等轴测图画法

5.4　组合体尺寸分析与标注

5.4.1　组合体尺寸标注要求

组合体尺寸标注的基本要求有三点：①尺寸标注应符合国家标准。②所注尺寸应齐全，能唯一地确定物体的形状大小和各组合部分的相对位置。③尺寸应标注在适当的位置，尺寸的布置应清晰、整齐，方便读图。

5.4.2　组合体尺寸分析和标注

1. 组合体的尺寸种类　组合体的尺寸可分为定位尺寸、定形尺寸和总体尺寸。

定位尺寸是各形体之间的相对位置尺寸，定形尺寸是决定单个形体大小的尺寸，总体尺寸是组合体的总长、总宽、总高尺寸，如图 5-23a 所示。基本体的定位尺寸最多有三个，若基本体在某方向上处于叠加、平齐、对称、同轴之中任意一种情况，则应省略该方向上的一个定位尺寸，如图 5-23b 所示，左右两圆孔只标注一个定位尺寸（对称、平齐），上方圆筒的定位尺寸均省略。当组合体的一端为有同心孔的回转体时，该方向上一般不注总体尺寸，如图 5-23c 所示。

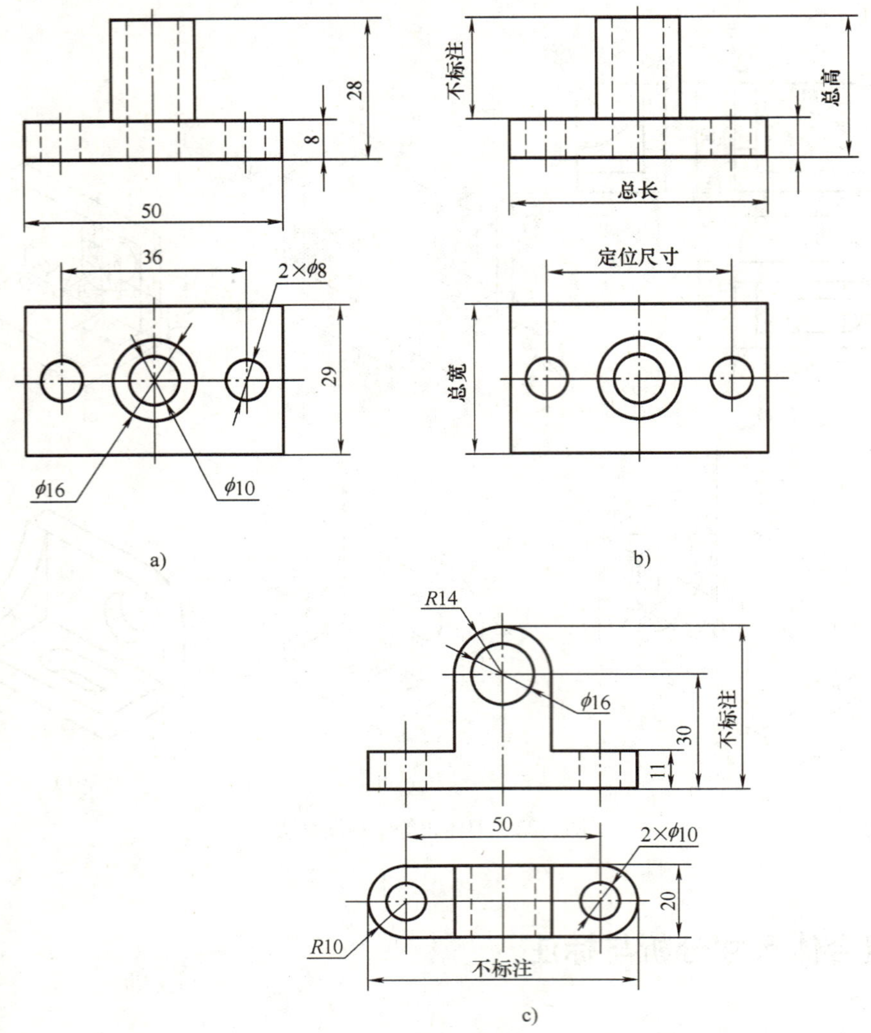

图 5-23　组合体的尺寸标注要求

2. 标注尺寸的步骤　为了保证尺寸齐全，标注组合体尺寸的基本方法是形体分析法，下面举例说明尺寸标注步骤。

【例 5-7】　分析并标注如图 5-24a 所示物体的尺寸。

1）用形体分析法分析组合体由哪些基本体组成，明确各基本体之间的构成方式及相对位置。该物体可分为底板、圆筒、支承板和肋板四个基本部分，如图 5-24b 所示。

2）标注每一个单个形体的定位尺寸和定形尺寸。标注底板的定形尺寸，如图 5-24c 所示。标注圆筒的定位尺寸和定形尺寸，如图 5-24d 所示。标注支承板的定位尺寸和定形尺寸，如图 5-24e 所示。标注肋板的定位尺寸和定形尺寸，如图 5-24f 所示。

3）标注长、宽、高三个方向的总体尺寸。当圆弧为主要轮廓线时，总体尺寸不标注，如图 5-24f 所示的高度方向不标总体尺寸。若总体尺寸与单个形体的定形尺寸、定位尺寸重合，总体尺寸不再标注，避免重复。如图 5-24f 所示，总宽尺寸为底板宽 33mm 与圆筒伸出底板的长度 4mm 之和，不再标注。

4）检查、调整，补全漏掉的尺寸，去掉多余的尺寸，避免出现封闭尺寸。

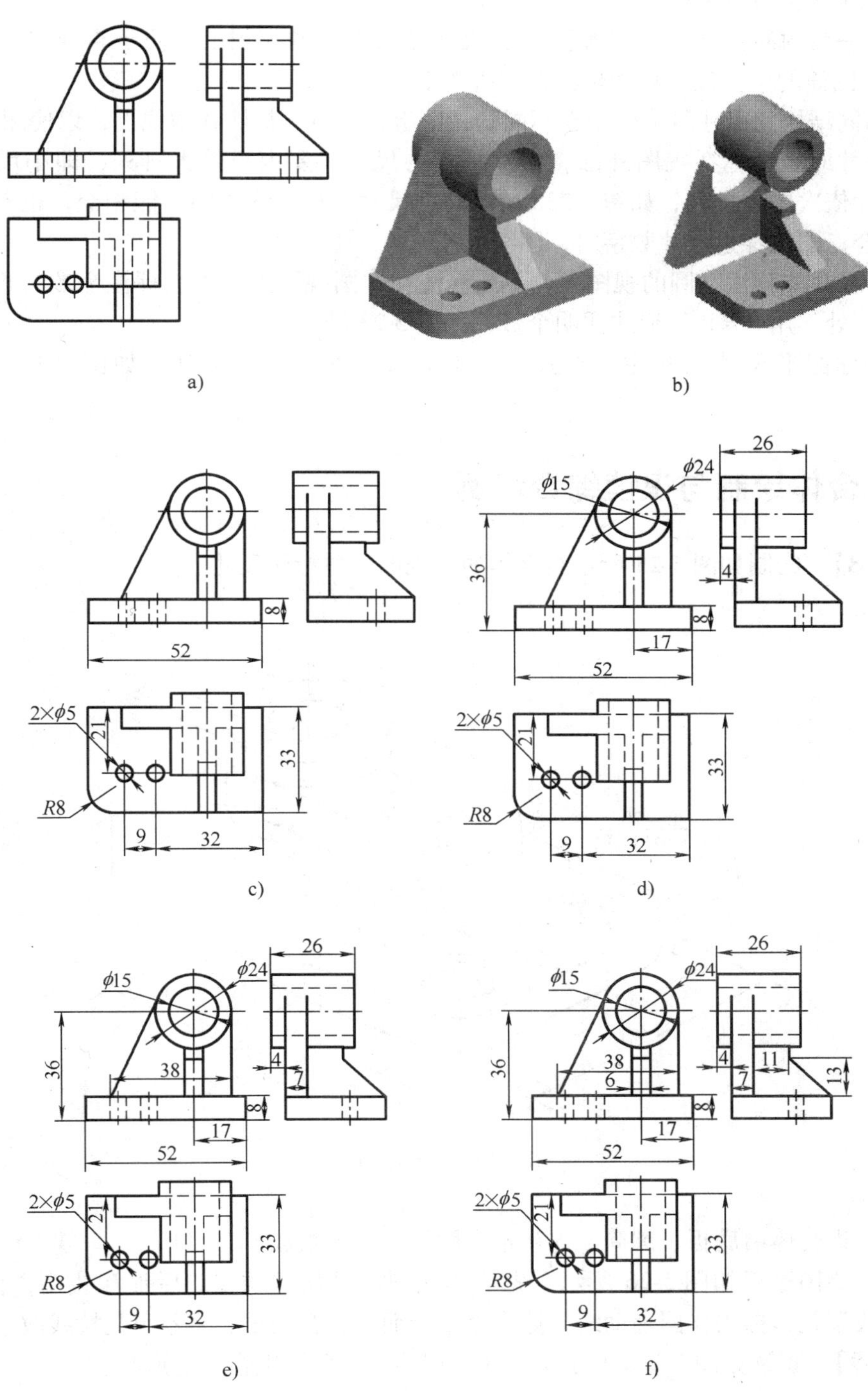

图 5-24　组合体的尺寸标注示例

3. 标注尺寸应注意的问题

1）尺寸应标注在反映形体特征的视图上。如图 5-24b 所示，肋板的尺寸标注在左视图上比标注在俯视图上清楚。

2）同一结构的尺寸应集中标注在反映其形状特征的视图上，便于查找尺寸。如图 5-24b 所示，圆筒的主要尺寸集中标注在左视图上。

3）不同结构的尺寸尽量分散在不同的视图上，尽量不标注在虚线上，以使图形清晰。

4）尺寸应尽量标在视图外部。相互平行的尺寸，要内小外大排列，即小尺寸靠近图形，大尺寸依次向外排列，如图 5-23a 所示高度尺寸。尺寸线之间不能相交，也不能与任何的图线重合；图线穿过尺寸数字时，图线应断开。

5）半径只能标注在圆的视图上，不能标注在非圆视图上，不能标注个数。相同的直径可以标注一处，用“$n\times$”形式注明个数，如图 5-23a 所示。

6）对称图形尺寸只标注一个尺寸，不能分成两个尺寸标注，如图 5-23a 所示长度 50mm。

5.5 组合体绘制与识读综合示例

【例 5-8】 绘制如图 5-25 所示组合体的三视图，并标注尺寸。

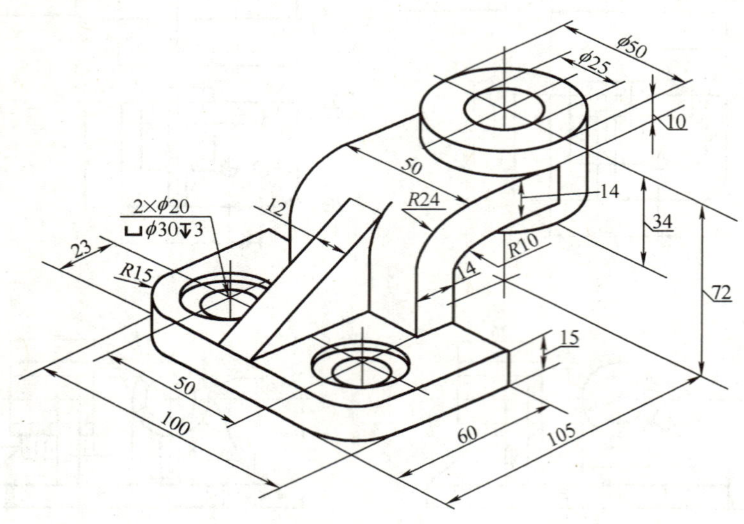

图 5-25　物体立体图

分析： 组合体由底板、圆筒、连接板、肋板四部分组成。

作图： 绘图过程如图 5-26 所示。先绘制底图，再整理线型，后加深线型，标注尺寸，其中整理线型是指擦去作图辅助线、擦去因组合而不存在的线、将不可见棱线改成虚线。

【例 5-9】 识读如图 5-27a 所示组合体三视图，想象该组合体的形状。

1）分析视图、划分线框。从主视图入手，将视图划分为Ⅰ、Ⅱ、Ⅲ、Ⅳ四个部分（图 5-27a），可以认为该组合体是由四个基本形体构成的。

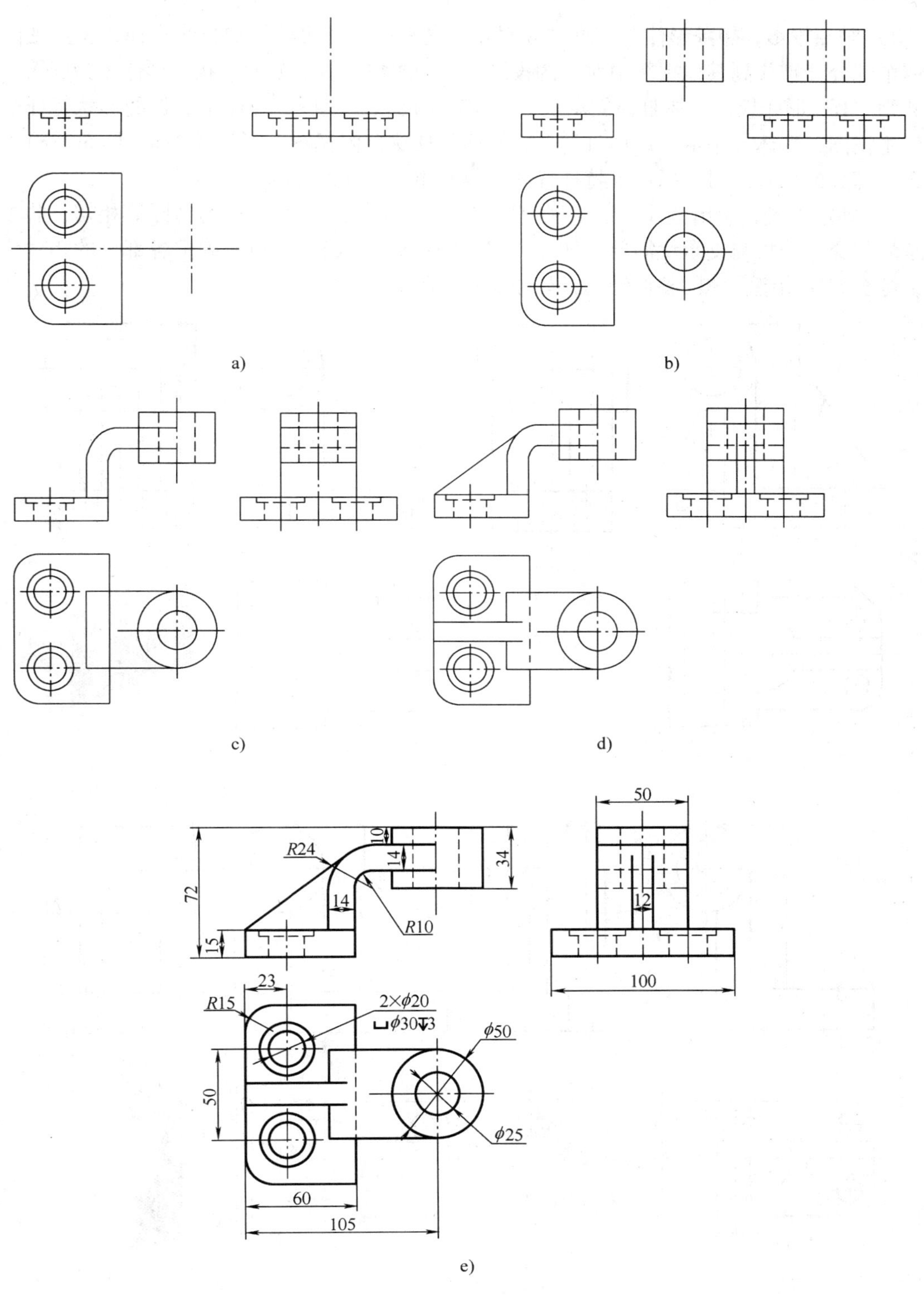

图 5-26　三视图

a）布图，绘制基准线，绘制底板　b）绘制圆筒　c）绘制连接板

d）绘制肋板，整理线型　e）加深线型，标注尺寸

2）对照投影，想象形体。依据“长对正、高平齐、宽相等”的投影规律，将主视图中的四个部分分别找到其他视图中对应的投影，一一想象出各部分的形状。形体Ⅰ为圆筒，形体Ⅱ为“L”形底板，形体Ⅲ为支承块，形体Ⅳ为肋板。其中，形体Ⅰ、Ⅳ的形状特征视图位于主视图，形体Ⅱ左端、形体Ⅲ的形状特征则反映在俯视图上（图 5-27b～图 5-27e）。分析每一部分的三视图时，抓住了特征视图就容易想象出这部分的形状。

3）确定位置，想出整体。由主视图可知，“L”形底板、支承块均与圆筒相切，肋板与支承块相交，肋板与支承块简单叠加在“L”形底板上。经过分析，确定各部分的相对位置后，综合想象出组合体的整体结构，如图 5-27f 所示。

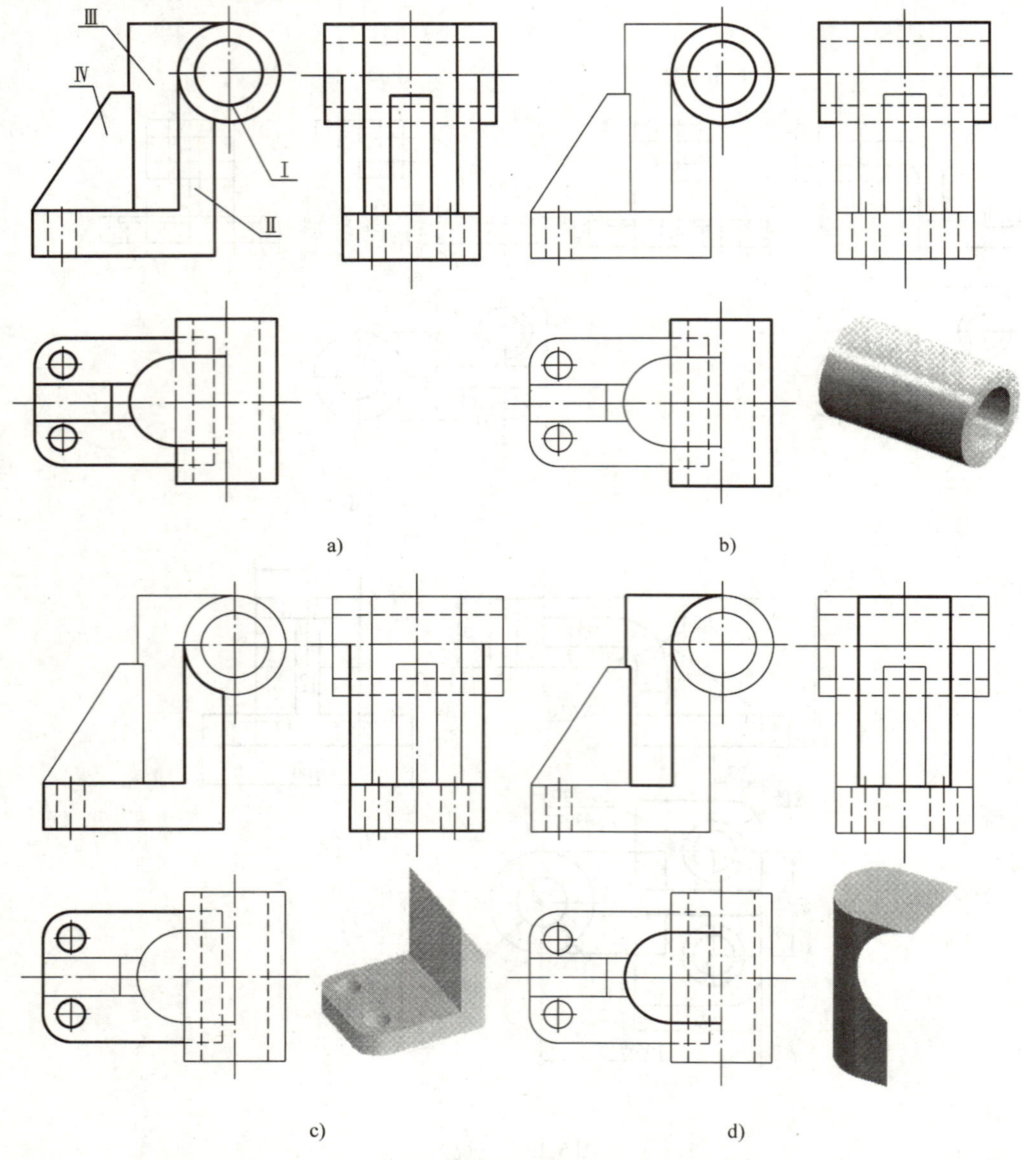

图 5-27　用形体分析法读图

a）题目，划分线框　b）根据投影想象出形体Ⅰ
c）根据投影想象出形体Ⅱ　d）根据投影想象出形体Ⅲ

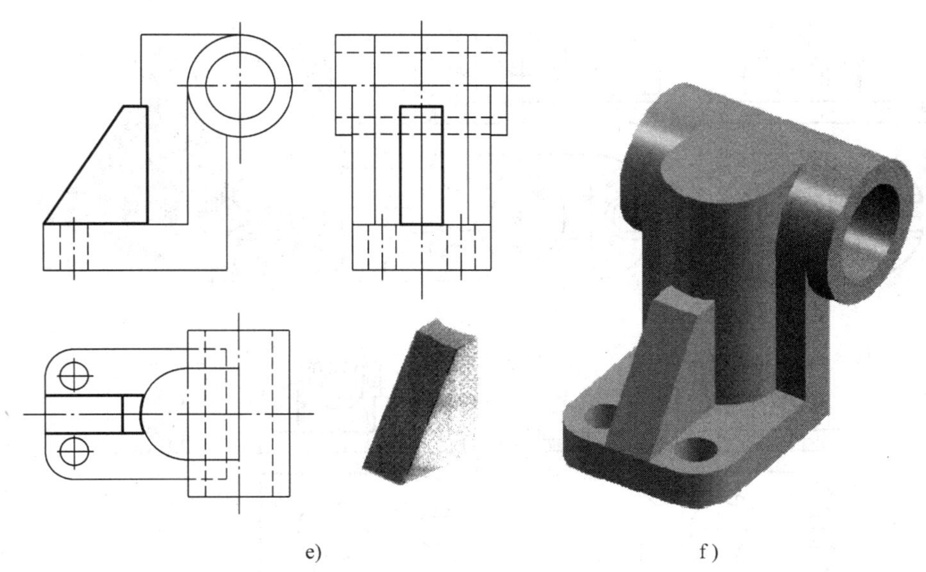

图 5-27 用形体分析法读图（续）
e）根据投影想象出形体Ⅳ f）综合起来想象整体

【例 5-10】 根据如图 5-28a 所示的主、俯视图，想象该组合体的形状并补画左视图。

分析：①将主视图分为Ⅰ、Ⅱ、Ⅲ，Ⅳ四个部分。利用投影关系，在俯视图中找到与这四部分对应的投影，如图 5-28b 所示。

②分别想象各部分的形状。经分析可知，形体Ⅰ为一带半圆柱的底板，其上带有“U”形槽、通孔；形体Ⅱ为一圆筒，前端有一“U”形槽，后端有一圆孔；形体Ⅲ为一长方体；形体Ⅳ是由小半圆柱与小长方体合并成，其上开有一“U”形槽。

③从主视图和俯视图分析，各形体组合连接关系为：形体Ⅲ与形体Ⅱ相交且两者底面平齐；形体Ⅳ与形体Ⅱ相交且两者顶面平齐；形体Ⅱ、Ⅲ直接叠加到形体Ⅰ上。

④综合分析，想象出该组合体的形状，如图 5-28c 所示。

作图：

1）根据主、俯视图，画出形体Ⅰ底板的左视图，如图 5-28d 所示。

2）画出形体Ⅱ圆筒的左视图，前端槽、后端孔暂未画出，如图 5-28e 所示。

3）画出形体Ⅲ长方体的左视图，注意相交的关系，如图 5-28f 所示。

4）根据主、俯视图，画出形体Ⅳ的左视图，形体Ⅱ圆筒的前端槽、后端孔的投影一起画出。注意平齐的关系及内、外表面相贯线的画法，如图 5-28g 所示。

5）检查、加深，如图 5-28h 所示。

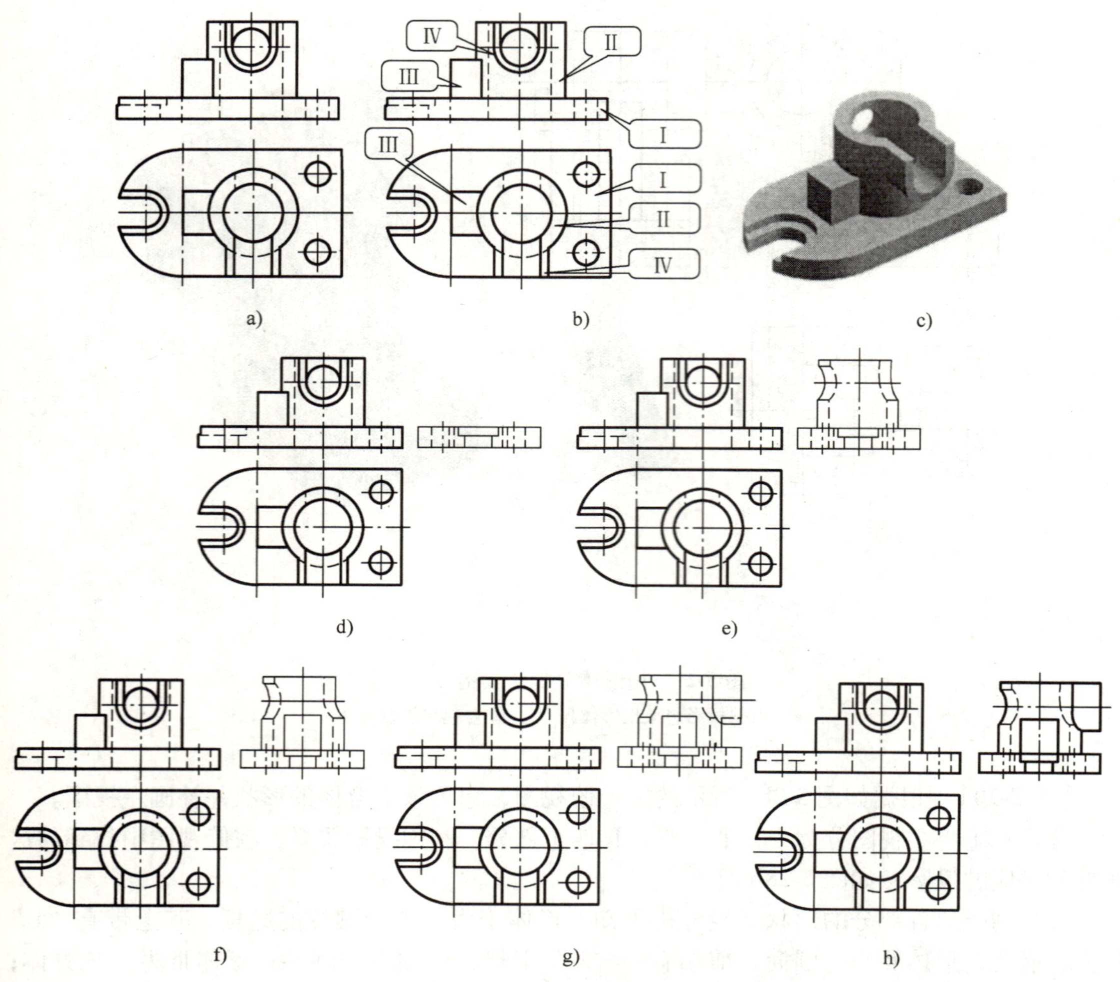

图 5-28　根据组合体的主、俯视图，补画出左视图

【例 5-11】　根据如图 5-29a 所示的主、俯视图，想象该组合体的形状并补画左视图。

分析： 按主视图上的封闭线框，将组合体分为圆柱体Ⅰ、底板Ⅱ、右端与圆柱面相交的厚肋板Ⅲ三个部分，再分别找出三部分在俯视图上对应的投影，想象三部分形体的形状，如图 5-29b 所示。再进一步分析细节，如主视图右边虚线表示阶梯圆柱孔，主、俯视图左边虚线表示长方形凹槽和矩形通槽。综合起来想象整体形状，如图 5-29c 所示。

补画左视图：其过程如图 5-29d ~ g 所示。

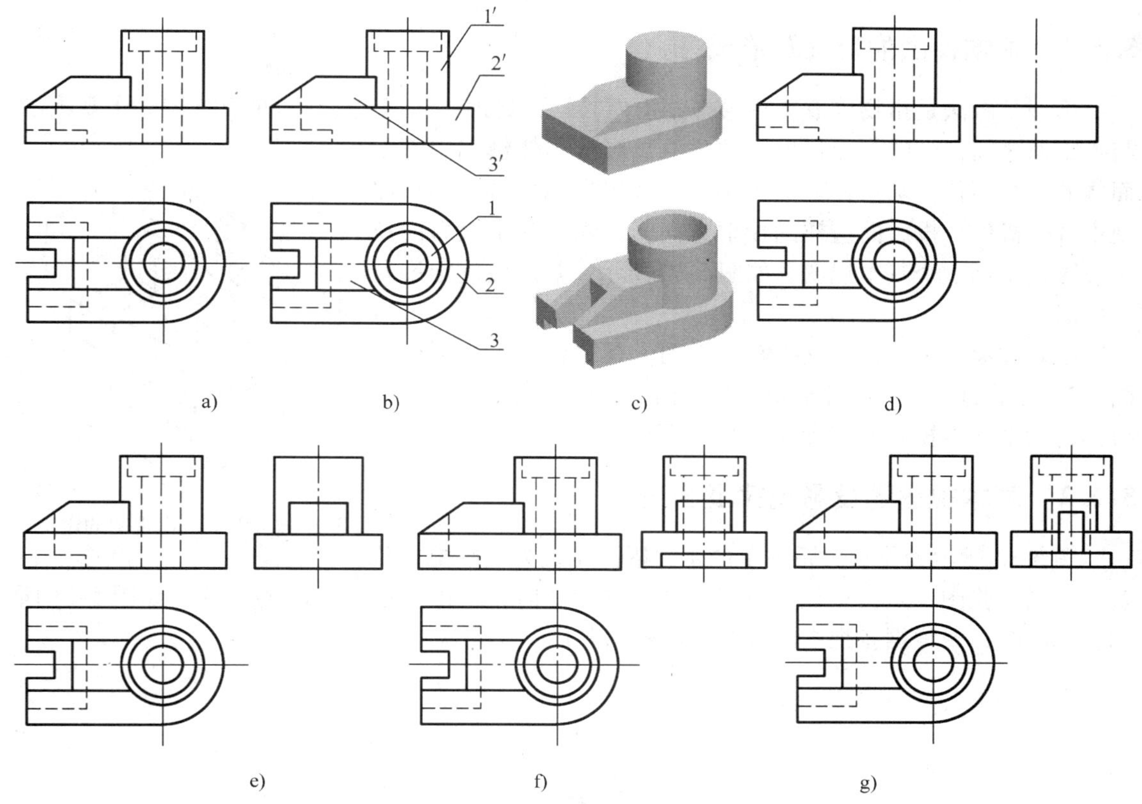

图 5-29　根据组合体的主、俯视图，补画出左视图

a）题目　b）将组合体分成三部分　c）组合体形体　d）补画底板Ⅱ的左视图　e）画圆柱体Ⅰ和厚肋板Ⅲ的左视图　f）画长方形凹槽和阶梯圆柱孔的左视图　g）画矩形通槽的左视图

5.6　第一角投影基本视图

根据正投影法的基本要求可知，表示一个物体可有六个基本投影方向，相应地有六个基本的投影平面分别垂直于六个基本投影方向。机件向基本投影面投射所得的图形是基本视图。基本视图的名称如下。

1）主视图——从前向后投射所得的视图。

2）俯视图——从上向下投射所得的视图。

3）左视图——从左向右投射所得的视图。

4）右视图——从右向左投射所得的视图。

5）仰视图——从下向上投射所得的视图。

6）后视图——从后向前投射所得的视图。

基本视图的表示法分第一角投影和第三角投影。国标中规定“应按第一角画法布置六个基本视图，必要时（如按合同规定等），才允许使用第三角画法”，即我国优先采用第一角投影。美国、英国、加拿大、日本等国采用第三角投影。本节介绍第一角投影画法。

5.6.1　基本视图的定义及形成

第一角画法是指物体放置在第一分角内（V 面之前、H 面之上），并使物体处于观察者与投影面之间得到的多面正投影的方法。国标具体规定用正六面体的六个面作为基本投影面，将机件放置在六面体中，按照观察者—机件—投影面这样的投射方向，向六个基本投影面作正投影，得到六个基本视图，如图 5-30 所示。然后按规定展开投影面。

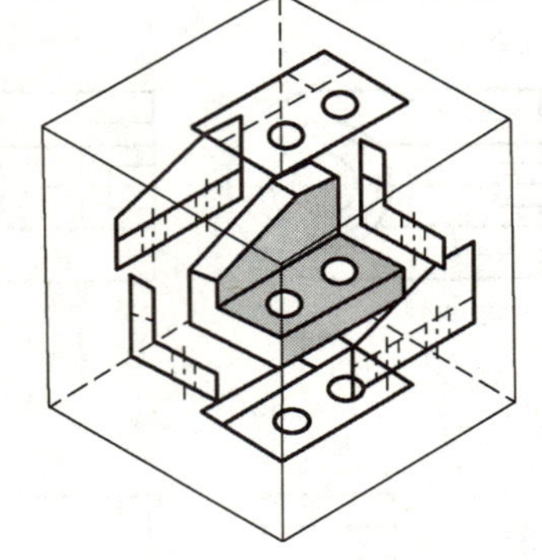

图 5-30　六个基本视图的定义

投影面展开规定：正立投影面不动，其余各基本投影面按图 5-31 所示的方法，展开到正立投影面所在的平面上。展开后得到的六个基本视图的配置如图 5-32 所示。

5.6.2　基本视图的投影规律及画法

图 5-32 所示为位置关系表示的基本视图位置为视图配置位置。在同一张图样上，按配置位置布局基本视图时，一律不标注视图的名称，如图 5-33 所示。识图时，要根据各视图的位置辨认视图名称。

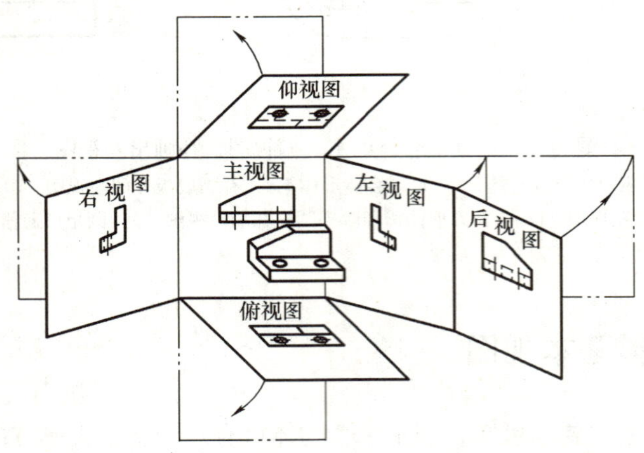

图 5-31　基本视图的展开过程

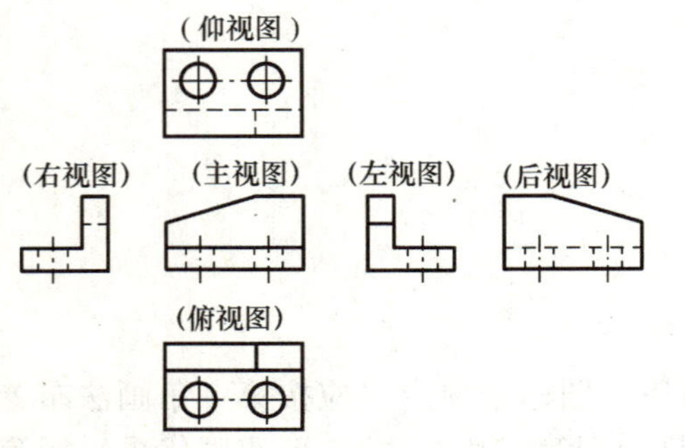

图 5-32　六个基本视图的展开图

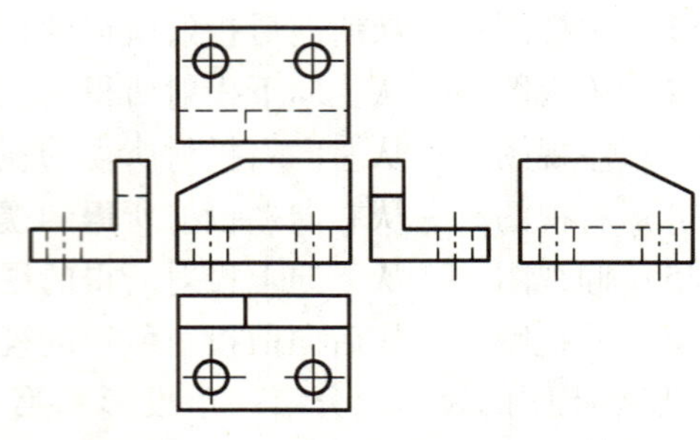

图 5-33　六个基本视图的配置关系图

六个基本视图之间的投射关系仍满足“长对正、高平齐、宽相等”的投影规律，即主视图、俯视图、仰视图之间长对正，主视图、左视图、右视图、后视图之间高平齐，俯视图、仰视图、左视图、右视图之间宽相等。

物体方位与六个基本视图的关系是重要的信息，各基本视图反映的物体方位如图5-34所示。各视图形状之间也存在一定关系，可归纳为：左视图与右视图左右“对称”、主视图与后视图左右“对称”、俯视图与仰视图上下“对称”。所谓“对称”，主要指外框线和点画线对称、内部线位置对称，但对称图中虚线与粗实线可能相同，也可能有变化，即一个视图中是虚线，而“对称”图中也许是粗实线，具体要根据可见性来判断。

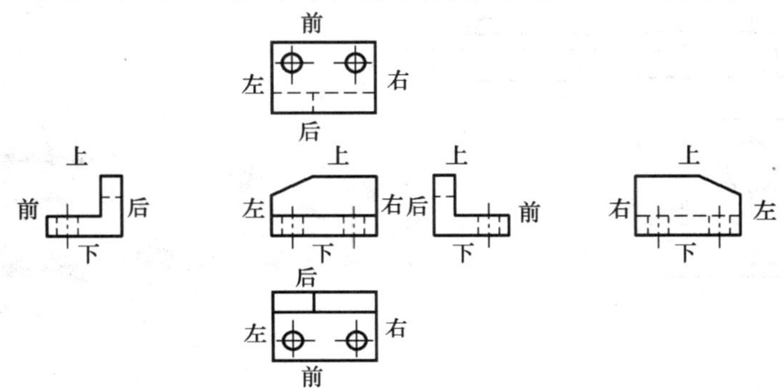

图5-34　物体与六个基本视图的方位关系

5.6.3　基本视图的画图示例

【例5-12】　根据如图5-35a所示主视图和俯视图，补画其余基本视图。

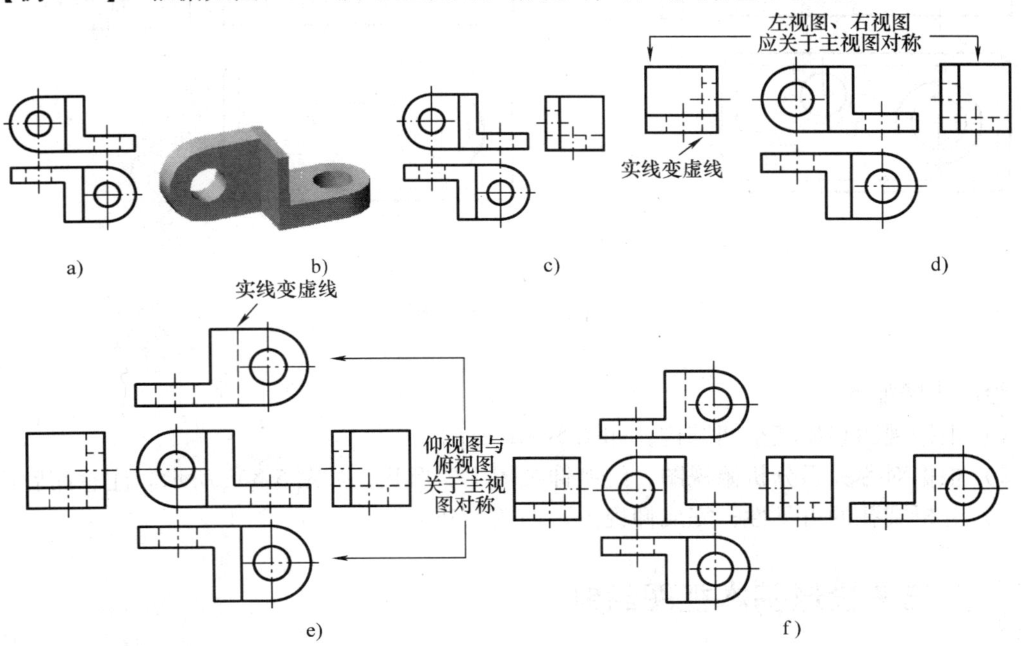

图5-35　基本视图画法

绘图步骤如下。

1）根据视图想象其空间结构，如图 5-35b 所示。

2）根据主、俯视图，补画左视图，如图 5-35c 所示。

3）根据对称关系，分析左视图，补画右视图，如图 5-35d 所示。

4）根据对称关系，分析俯视图，补画仰视图，如图 5-35e 所示。

5）根据对称关系，分析主视图，补画后视图，如图 5-35f 所示。

【例 5-13】 根据如图 5-36a 所示三视图，补画其仰视图。

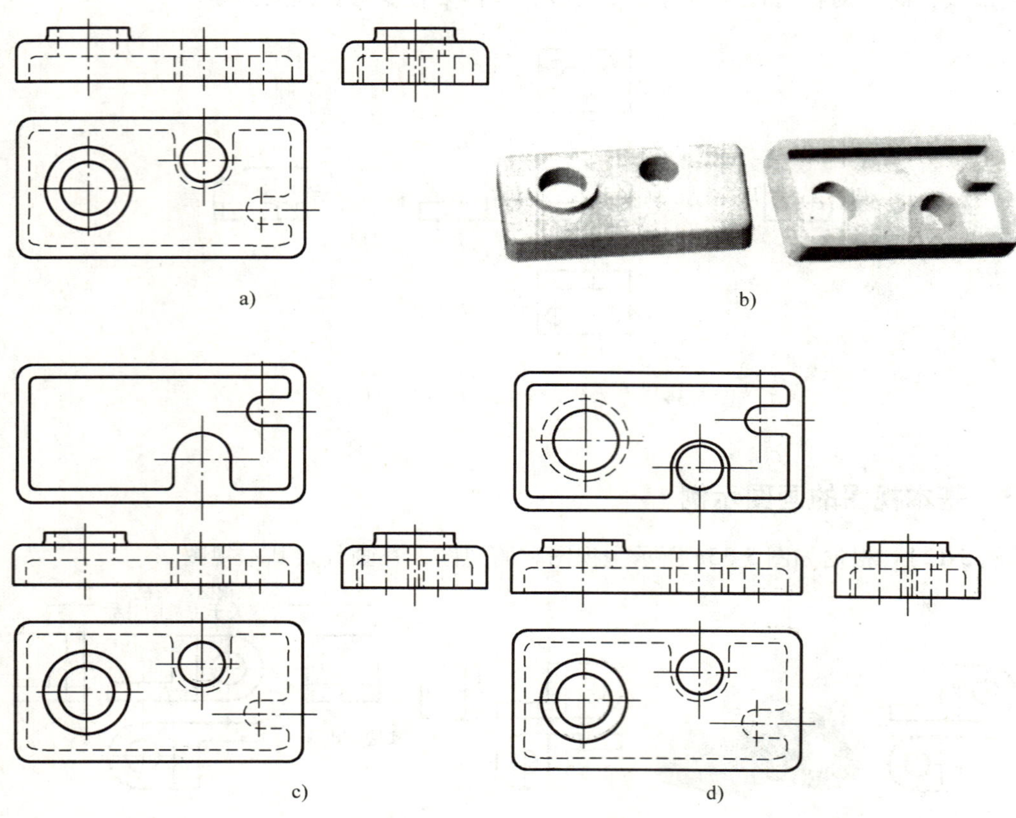

图 5-36　例 5-13 图

绘图步骤如下。

1）根据视图想象其空间结构，如图 5-36b 所示。

2）根据对称关系分析俯视图，绘制仰视图主要形状，如图 5-36c 所示。注意前后位置。

3）分析圆孔的可见性，完成仰视图，如图 5-36d 所示。

5.7　第三角投影基本视图绘制

1. 第三角投影定义和形成　三个相互垂直的平面将空间划分为八个分角，分别称为第一角（Ⅰ）、第二角（Ⅱ）、第三角（Ⅲ）…如图 5-37 所示。第一角画法是将物体置于第一角内，使其处于观察者与投影面之间而得到正投影的方法；第三角画法是将物体置于第三角内，假设各投影面均为透明的，按照观察者—投影面—物体的相对位置关系按正投影的方法进行投影，如图 5-38 所示，投影得到的三个基本视图如图 5-39 所示。然后按照图 5-40 所示方法展开各投影面，即第三角画法规定投影面展开时前立面不动，顶面向上旋转 90°、侧面向前旋转 90°与前立面在一个平面上，展开后的图如图 5-41 所示。

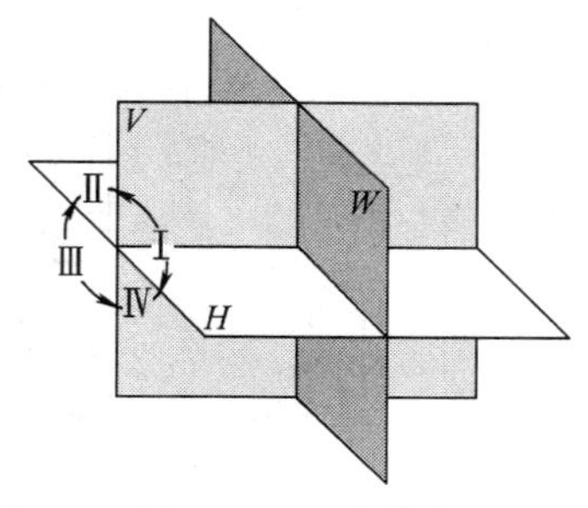

图 5-37　八个分角

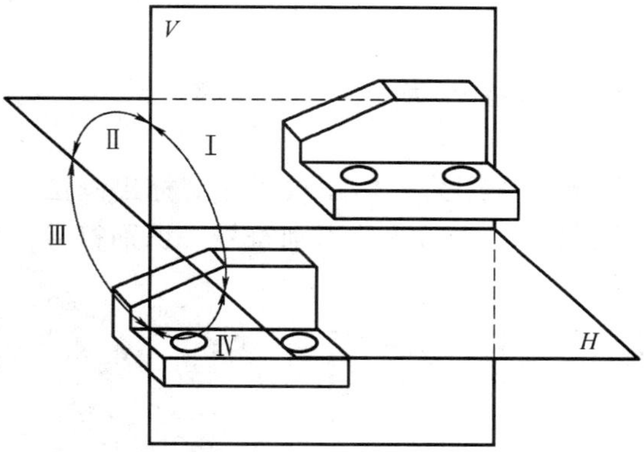

图 5-38　第三角投影位置

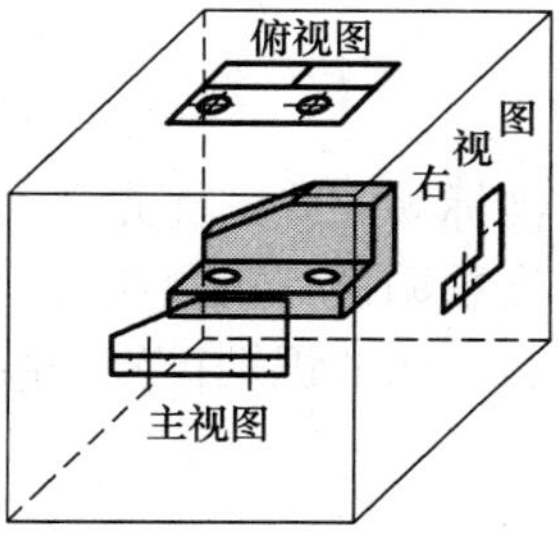

图 5-39　第三角画法

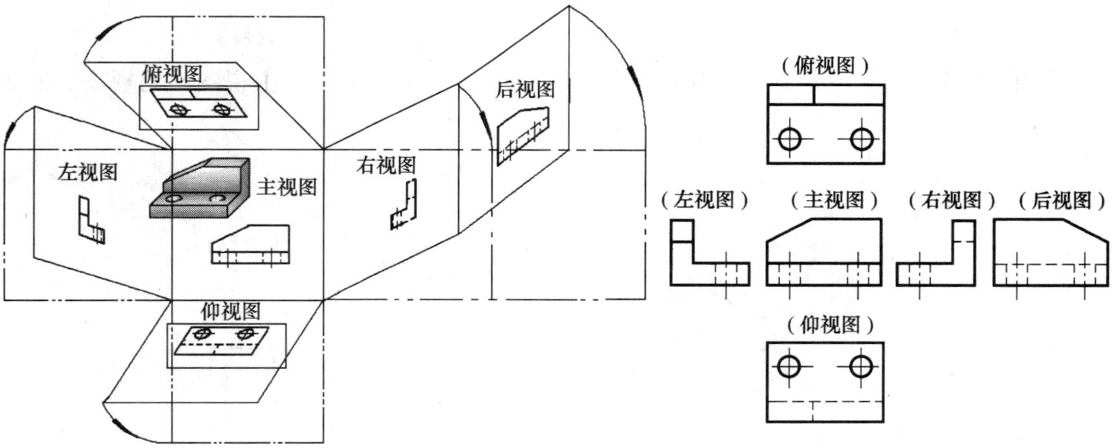

图 5-40　第三角画法投影面的展开过程及基本视图

2. 第三角投影视图的绘制　第一角画法和第三角画法都采用正投影，两种画法的六个基本视图名称相同，相同名称的图形也相同，只是相同名称图形放置位置不同。对比可知，只是右视图与左视图互换了位置，仰视图与俯视图互换了位置。六个视图之间仍保持“长对正、高平齐、宽相等”的对应关系。当第三角画法基本视图按此形式配置时，不需注写视图名称。

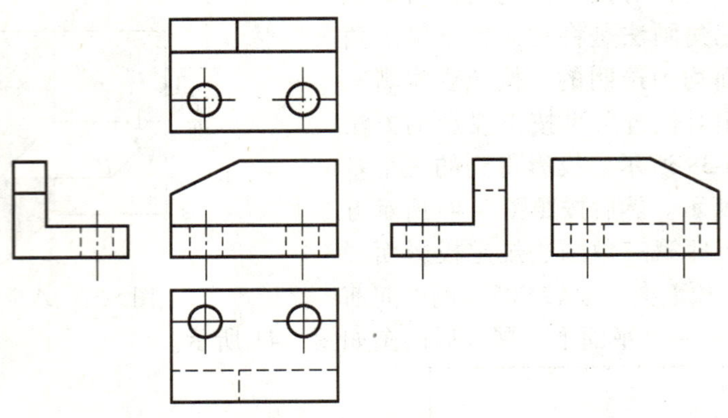

图 5-41　第三角画法基本视图的配置位置

国标规定我国优先采用第一角画法，因此，采用第一角画法时无需标出画法的识别符号。当采用第三角画法时，必须在图样中画出第三角画法的识别符号。识别符号如图 5-42 所示。画法的识别符号一般画在标题栏附近。

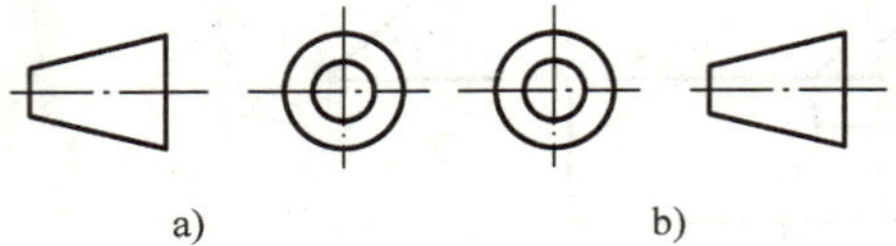

图 5-42　第一角和第三角画法的识别符号
a）第一角画法的识别符号　b）第三角画法的识别符号

【例 5-14】　用第三角画法绘制图 5-43a 所示组合体的三视图（主视图、俯视图、右视图）。

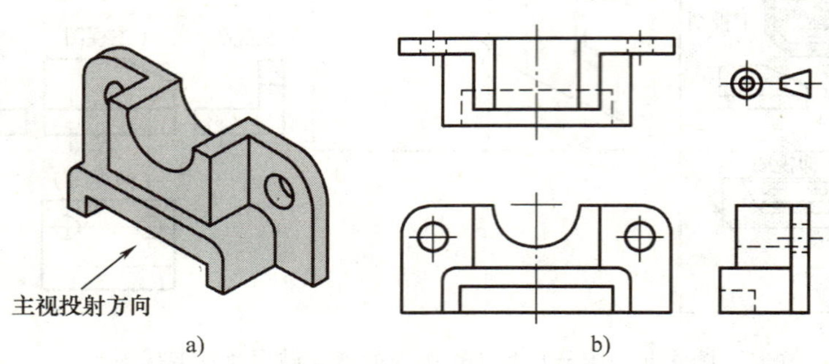

图 5-43　第三角画法示例

本书后面内容仍以第一角画法进行介绍。

第 6 章　机件图样图形的绘制与识读

【能力目标】 能够绘制和识读基本视图、向视图、局部视图及斜视图；能够用剖视图绘制机件图样；能够用断面图等绘制机件图样；能够识读剖视图、断面图及规定画法的图样。

【任务 1】 根据图 6-86 所示机件立体图，确定合理表达方案，在图纸上绘制其图形。

【任务 2】 识读图 6-93a 所示机件的图形，想象空间结构，制作其模型。

机件（包括零件、部件和机器）的结构是多种多样的，前面学习了用三视图和基本视图来表达物体结构，但三视图和基本视图的表达方法并不是最常用的方法，它只是表达方法的基础。在生产中要清楚地表达结构，图形选择原则是：在完整、清晰地表达物体的前提下，使视图数量为最少。要考虑绘制和识图方便，避免不必要的细节重复；避免使用虚线表达物体的轮廓及棱线。因此，有些简单机件，用一个或两个视图并配合尺寸标注就可以清楚表达其结构了，而有些复杂的机件，用三个视图也难以表达清楚。要想把机件的结构正确、完整、清晰、简练地表达出来，必须根据机件的结构特点以及复杂程度采用适当的表达方法。为此，国家标准规定了视图、剖视图、断面图、规定画法和简化画法等表达方法，供绘图时选用。

6.1　视图表达方法的画法及识读

视图是机件向投影面投射所得的图形，主要用于表达机件的外部结构。视图分为：基本视图、向视图、局部视图、斜视图四种。

6.1.1　基本视图的应用

通过前面学习，我们知道基本视图是机件向基本投影面投射所得的图形，按照机件向投影面投射方向可确定视图的名称，它们是：主视图、俯视图、左视图、右视图、仰视图、后视图。视图表示方法主要是表达机件外部结构的一种方法，基本视图均可用视图表达方法来绘制，也可用剖视图等表达方法，此处介绍视图画法的应用情况。

实际设计工作中，同一机件并非要同时选用六个基本视图，至于选取哪几个视图，要根据它的结构特征而定，以机件结构表达清楚为原则。选用基本视图时一般优先选用主、俯、左三个基本视图。另外，在实际设计工作中一般不按配置位置来布置每一个基本视图。

6.1.2　向视图的定义和标注

为了合理利用图纸，国标允许将基本视图自由配置，即将基本视图移动到其他位置绘制，不按照配置位置绘制的基本视图称为向视图。从图形而言，向视图可通俗理解为是未按投影关系配置的基本视图。这样，只要知道向视图图形是什么基本视图，并布置好图形位置，向视图就容易画了。

应用向视图时必须进行标注，标注原则是：在另外相应视图附近绘制箭头指明投射方向，注上大写的拉丁字母，并在向视图上方注写相同的字母，即标出向视图的名称，如图6-1所示。绘制向视图时，最好先确定绘图位置，先进行标注，再绘制图形。

实际制图时，为了合理布图，向视图应用较普遍，但不要将每一个基本视图均按向视图来布置，否则会增加识图困难。一般主视图不移动，俯、左视图也不移动。

【例6-1】 根据如图6-2所示三视图，补画其右视图和A向视图。

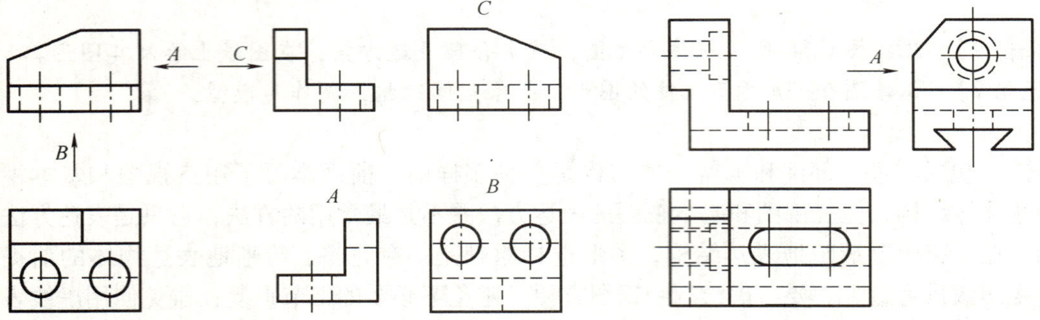

图6-1　向视图的画法和标注　　图6-2　向视图的画法示例

1）根据视图想象其空间结构，如图6-3a所示。

2）根据对称关系，分析左视图，补画右视图，如图6-3b所示。

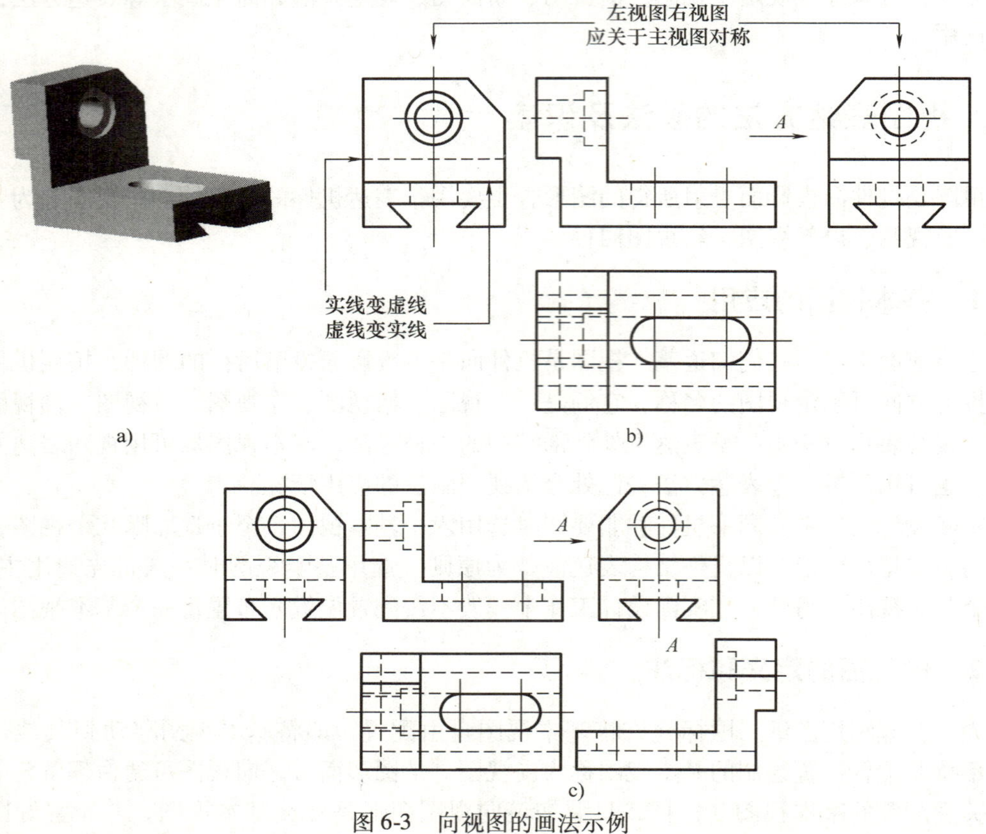

图6-3　向视图的画法示例

3）分析字母 *A* 和箭头所指方向，确定 *A* 向视图实为后视图。根据对称关系，分析主视图，补画 *A* 向视图，如图 6-3c 所示。

6.1.3　局部视图的定义和画法

将机件的部分向基本投影面投射所得的视图称为局部视图。从图形而言，局部视图可通俗理解为局部的基本视图，即只绘制机件部分结构的基本视图或基本视图只绘制了一部分。

当采用一些完整视图后，物体可能仍有部分形状未表达清楚，又没有必要画出整个基本视图时，可以只画出物体局部结构向基本投影面的投影。如图 6-4 所示机件，在绘制主视图、俯视图两个完整基本视图后，左侧和右侧仍有小凸台和左下侧肋板厚度没有表达清楚，它是机件的局部结构，选用完整的左、右视图表现它的形状是不必要的，可以仅绘出这两处局部结构的视图，其余部分都省略，即用局部视图来表达。

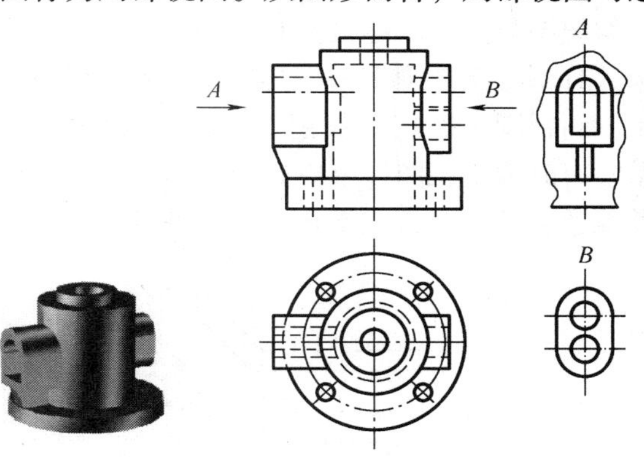

图 6-4　局部视图的示例

局部视图的断裂边界用波浪线表示，如图 6-5a 中的 *A* 视图。当所表示的局部结构是完整的，其外轮廓线又是封闭的，波浪线可省略不画，如图 6-5a 中的视图 *B*、视图 *C*。局部视图的配置及标注：局部视图的配置可选用三种方式（GB/T 4458.1—2002），①按基本视图配置，可省略标注，如图 6-5a 中 *A* 及箭头均省略；②按向视图的配置形式配置，则按向视图方式标注，即在局部视图上方标出视图的名称，在相应的视图附近用箭头指明投射方向，并注上同样的字母，如图 6-5a 中的 *C*；③按第三角画法配置在视图上所需表示物体局部结构的附近，并用细点画线将两者相连，如图 6-5b 所示。

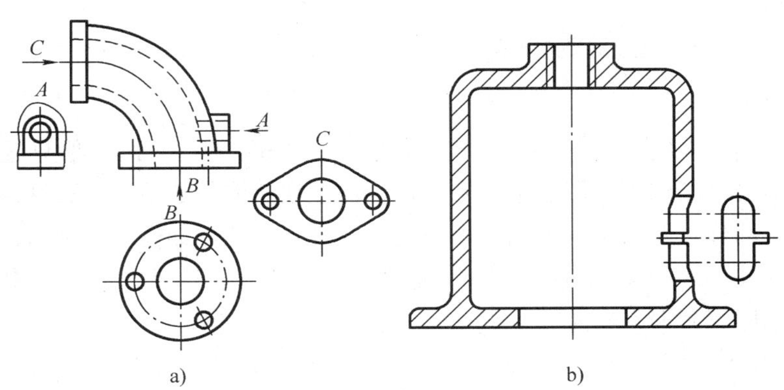

图 6-5　局部视图的标注和配置

6.1.4　斜视图的定义和画法

将机件倾斜部分向不平行于任何基本投影面的平面（一个新的投影面）投射所得的视

图称为斜视图。新的投影面一般选择是平行于倾斜部分且垂直于某投影面的平面。

由于机件上的倾斜结构在基本视图上不反映实形，绘图和识图都有困难。若将机件上的倾斜部分向平行于倾斜部分的平面投射，便可在新的投影面上得到反映这部分实形的视图，如图 6-6 所示。由于斜视图只要求表达机件倾斜部分的实形，所以其余部分不必全部画出来，其断裂边界使用波浪线表示。斜视图一般按照投射关系配置，如图 6-7a 所示。有时为了在图样上更好地布局，也可以配置在其他适当的位置，在不致引起误解时，还允许将图形旋转，如图 6-7a、b 所示。

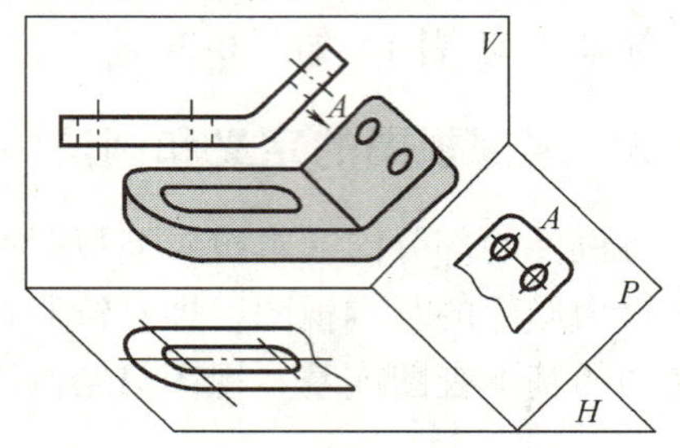

图 6-6　斜视图的形成

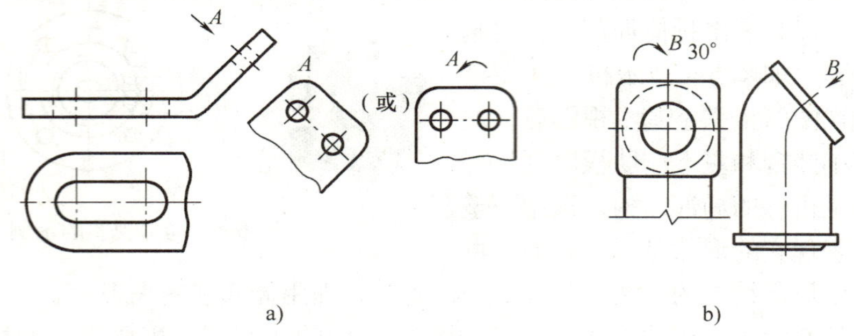

图 6-7　斜视图的画法和旋转时的画法

斜视图必须标注。先在相应的视图附近沿垂直于倾斜面的方向用箭头指明投射方向，注上大写拉丁字母，再在斜视图上方用同样的字母标明名称，字母一律水平书写，如图 6-7 所示。经过旋转的斜视图标注时，应加旋转符号，其箭头为旋转方向，字母应在旋转符号的箭头端，如图 6-7 所示。当需要标注出图形旋转角度大小时，可将旋转角度标注在字母后，如图 6-7b 所示。

6.1.5　视图的应用及视图的识读

1. 视图的应用

1）视图是一种表达方法，主要用于表达机件的外部结构，所以一般只画机件可见部分的投影，内部不可见结构不采用画虚线来表达，即在表达清楚的情况下，视图上的虚线可以不画。其不可见部分一般采用剖视图、断面图等方法来表达。如图 6-8 所示，泵体采用四个基本视图（主视图、左视图、右视图和仰视图）就清晰地表达了，其中右视图省略部分细虚线，仰视图细虚线全部省略。

2）需要画斜视图的机件，往往同时要画局部视图，这两种图经常是相伴的，即画斜视图时，只绘制倾斜部分的视图，将机件不反映实形的部分省略不画，在相应的基本视图中也省去倾斜部分的视图，如图 6-7 所示。需要画局部视图的机件却不一定要画斜视图。

3）为了节约绘图时间和图幅，对于对称机件，在不致引起误解的前提下，可只画视图的一半或四分之一，并在对称中心线的两端分别画出两条与其垂直的平行细实线，如图 6-9 所示。

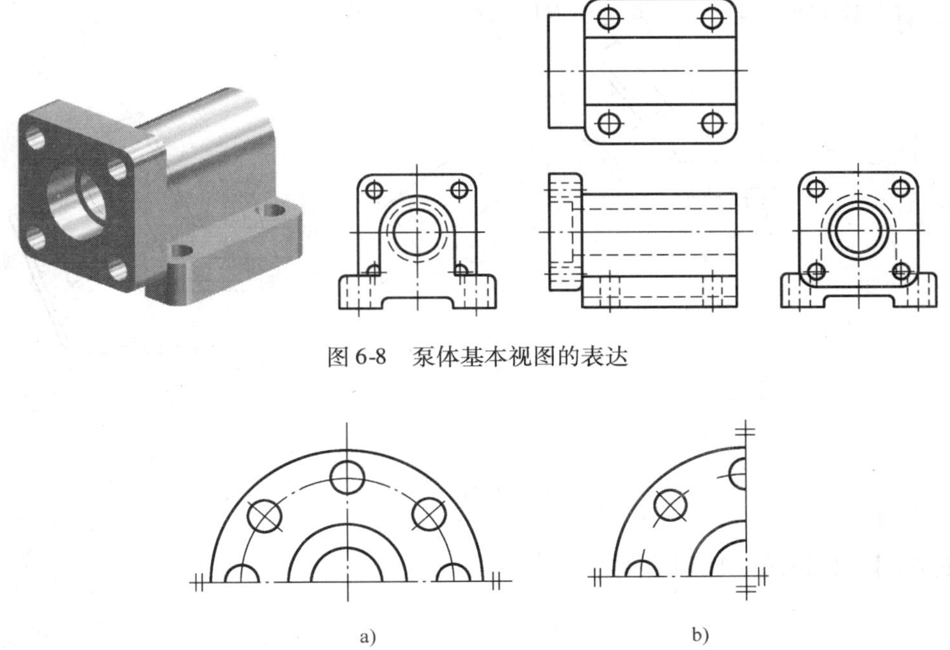

图 6-8　泵体基本视图的表达

a)　　b)

图 6-9　对称机件的简化画法

2. 视图的识读

（1）识读方法　首先确定各图形的名称。观看图上方有无字母，若无字母则是基本视图，根据图形所在位置判定投射方向，从而确定图形名称；若有字母，则是按向视图配置的视图，通过注写的字母和箭头判定投射方向来确定视图名称。其次，区分完整视图和局部视图，有波浪线的肯定不是完整视图；无波浪线的视图，观察其外形尺寸，小于其他完整视图外形尺寸的是局部视图或者斜视图。斜视图和局部视图容易产生混淆，区分斜视图和局部视图的方法很简单：局部视图画在基本投影面上，表示投射方向的箭头不是水平方向就是竖直方向。斜视图画在辅助投影面上，表示投射方向的箭头是斜的。最后，分部分想象各部分形状，并综合想象整体结构，仍然采用组合体“先分后合”的识读方法。

（2）读图示例　指出以下例题各视图的表达方式，简单说明各例所示机件的结构，分析结构部分时，注出各部分对应的投影，在斜视图中的对应投影用方框内写数字表示，并画出机件的立体图。

【例 6-2】　识读图 6-10a 所示机件。

1）视图分析。图中共四个图形，首先根据中间两个视图上方无字母及位置确定视图是主视图和俯视图；通过字母“*A*”及箭头确认左边视图 *A* 是左视图；通过字母“*B*”及箭头确认右边视图 *B* 是斜视图。再来确认表达方法，本图归纳为：完整主视图、局部俯视图、局部左视图 *A*、斜视图 *B*。

2）结构分析。将主视图分成四部分，即此件由四部分组合而成，找各部分的视图并标注，观察知四部分均为块板结构。下方 Ⅰ（1、1′、1″）板呈半“工”形，前后各开一圆柱通孔；右下Ⅱ（2′、2）长方体板上有一槽孔和两圆柱通孔；上后方Ⅲ（3、3′、3″）是长方体薄板；右上后方Ⅳ（4′、4）也是长方体薄板。立体图如图 6-10b 所示。

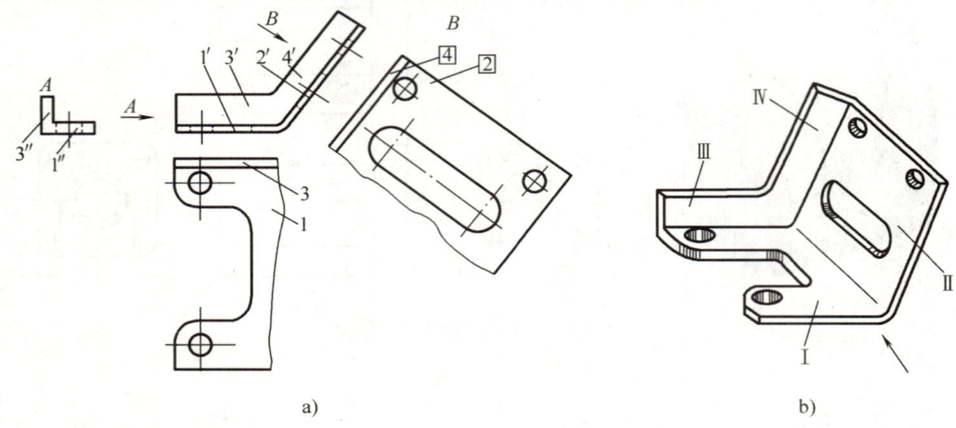

图 6-10　读图示例

【例 6-3】　识读图 6-11a 所示机件。

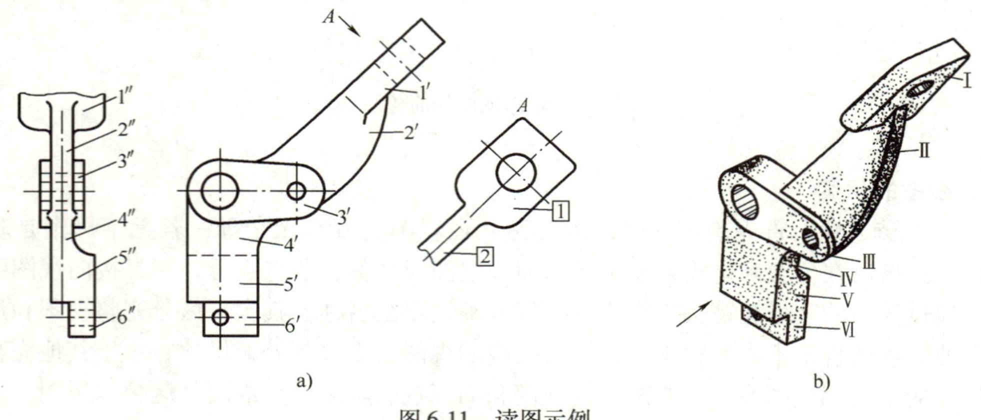

图 6-11　读图示例

1）视图分析。图中共三个图形，首先根据左、中两个视图位置及上方无字母，确定视图是主视图和右视图；通过字母“*A*”及箭头确认右边视图 *A* 是斜视图。再来确认表达方法，本图归纳为：完整主视图、局部右视图、斜视图 *A*。

2）结构分析。将主视图分成六部分，即此件由六部分组合而成，找各部分的视图并标注，想象各部分形状。上方Ⅰ（1′、1″、1）是圆角长方体板，中央有一圆柱通孔；中间Ⅲ（3′、3″）是长方形两端加圆的柱体，两端各有一个圆柱通孔；Ⅱ（2′、2″、2）是弧形板，连接Ⅰ和Ⅲ；下方Ⅳ（4′、4″）是与Ⅱ同厚的板；Ⅴ（5′、5″）是四棱柱体；最下方Ⅵ（6′、6″）是长方体，有一个圆柱通孔。立体图如图 6-11b 所示。

6.2　剖视图的基本画法

用视图的方法表达机件结构，凡是遇到内部结构需要表达时，都要用虚线绘制，内部结构越复杂则视图上的虚线也就越多，这让图形不清楚，也不便标注尺寸，还给识图带来困难。如图 6-12a、b 所示的机件及其主视图、俯视图，机件内部结构较为复杂，主视图用视图表达，虚线较多，影响图形的清晰。为了清晰地表达内部不可见结构，国家标准规定了剖视图的画法，即假想将机件剖开，让内部的结构成为可见，然后再投射绘制。如图 6-12a 所示的机件，假想用一正平面沿其前后对称面剖开，移去前面部分，内部的孔、槽等显露出来了，再按正投影法画出后面未移去部分的图形，如图 6-12c、d 所示，图形清晰多了。剖视图在实际图样中应用非常广泛，技术人员必须熟练掌握。

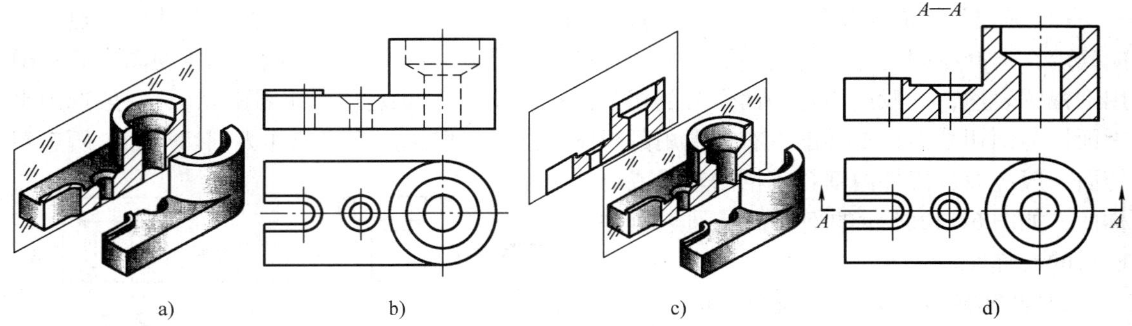

图 6-12　机件立体图和剖视图的形成
a）立体图　b）视图　c）剖视图的形成　d）剖视图

6.2.1　剖视图的几个术语

剖视图是针对某个方向投射的视图而采用的一种新表达方法，术语如图 6-13 所示。

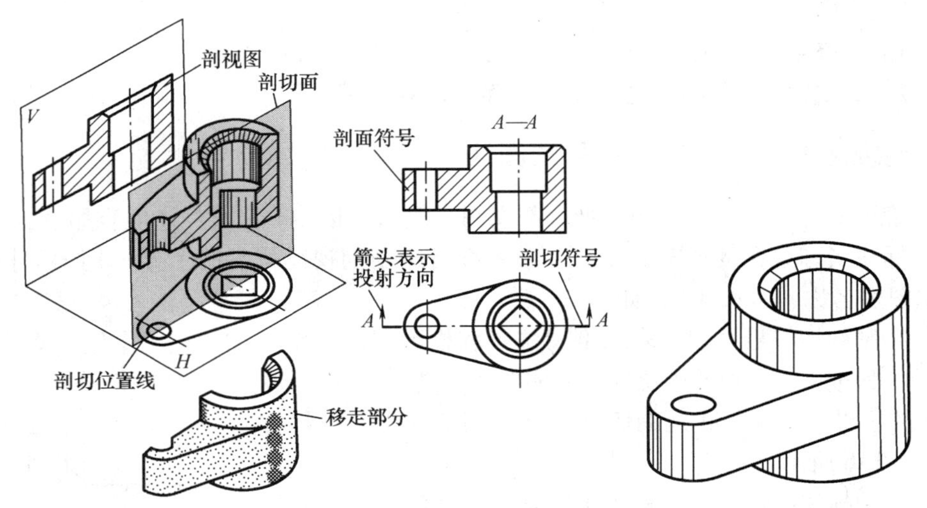

图 6-13　剖视图的术语

剖切面：用来剖切机件的假想面。

剖视图：假想用剖切面剖开机件，将处在观察者与剖切面之间的部分移去，把其余部分向投影面投射所得的图形。剖视图可简称为剖视。

剖面区域：剖切面与机件实体的接触部分。

剖面符号：在剖面区域中绘制的符号，用来区分剖切平面所通过机件的实体或空白部分。

剖切符号：除本剖视图之外的某视图上指示剖切面起、迄和转折位置及投射方向的符号。

6.2.2　画剖视图的步骤

1）确定剖切面及其位置。剖切面可以是平面或圆柱面，具体选择要根据结构和观察方向确定，选择原则是选取的剖切面在剖开后能让不可见的结构变成可见。如主视图、后视图用剖视图表达，一般选用正平面作为剖切平面；俯视图、仰视图用剖视图表达，一般选用水平面作为剖切平面；左视图、右视图用剖视图表达，一般选用侧平面作为剖切平面。所选剖切面一般应通过机件内部孔、槽的轴线或对称面，如图 6-12c 所示的剖切面是通过机件前后的对称面。

2）将确定的剖切面和投射方向标注在图上，如图 6-14b 俯视图所示。

3）画投影轮廓线。分析剖切后剩下部分的形状，并判断剖切平面处及其后面原来不可见的结构是否变成了可见；画剖切平面处的可见轮廓线，再画剖切平面后面的可见轮廓线，如图 6-14a 所示。剖开后可见结构应画成粗实线，而不再画成虚线，如图 6-14a 中的 1、2、3 区域。

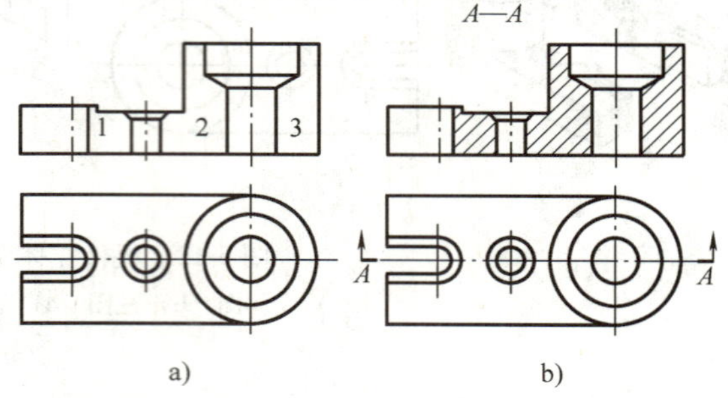

图 6-14　剖视图的绘制步骤

4）画剖面符号。在剖面区域上画出剖面符号，如图 6-14b 所示。

5）检查完成所有图形和标注，加深线型如图 6-14b 所示。

6.2.3　剖视图的标注和剖面符号的画法

1. 剖视图的标注　为了识图方便，剖视图一般需要标注。完整标注内容如下。

（1）标注名称　在剖视图的上方（或者准备绘制剖视图位置的上方）用大写拉丁字母标出剖视图的名称“×—×”，如“*A—A*”。

（2）绘制剖切符号　用来表示剖切位置和投影方向。在相应的视图上绘制短粗实线用来指明剖切面的起、止和转折位置，粗实线尽可能不与轮廓线相交，在剖切符号旁标注与剖视图相同的字母。在起、止处剖切符号外侧用箭头指明投影方向，如图 6-14b 所示。

（3）省略标注的情况　剖视图也经常省略标注，识图时要根据图形特点分析省略内容。

1）当剖视图处于主、俯、左、右等基本视图的位置，中间又没有其他的图形隔开时可省略箭头。如图 6-14b 所示的标注可以省略箭头。

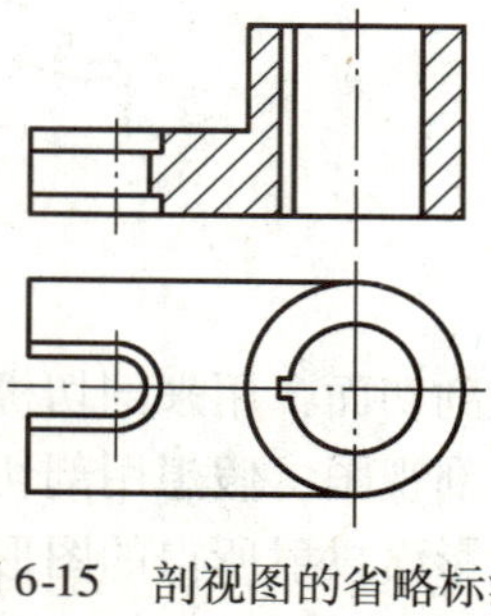

2）单一剖切平面通过对称平面或基本对称的平面，且剖

图 6-15　剖视图的省略标注

视图按投影关系配置，中间又没有其他的图形隔开时，可不加任何标注，如图 6-15 所示。图 6-14b 所示标注也可全部省略。

2. 剖面符号的画法　国家标准规定剖面区域内要绘制剖面符号，并规定了不同材料的剖面符号，附录 E 所列是其中的一部分。金属材料或者未指明材料时，要求剖面符号以适当角度、间隔相等的细实线绘制，最好与主要轮廓或剖面区域的对称线成 45°。

剖面符号应用时要注意：剖面符号仅表示材料的类别，材料的名称和代号必须在标题栏中注明。当剖视图中的主要轮廓线与水平线成 45°或接近 45°时，则剖面线应画成与水平线成 30°或 60°的线，倾斜方向、间隔仍应与图形上原来的剖面线方向一致，如图 6-16 所示。

6.2.4　画剖视图时的几点说明

1）由于剖视图的剖切是假想的，实际机件并没有剖开，因此某一视图画成剖视后，其余视图仍需按完整的结构进行分析和投影绘制。例如图 6-14 中的俯视图不能只画一半。

2）若机件上的不可见结构在其他图上已表达清楚，在剖视图中的虚线一般省略不画，如果尚有未表达清楚的结构或使用少量虚线可使图更易于理解时，才将虚线画出，如图 6-17 所示。

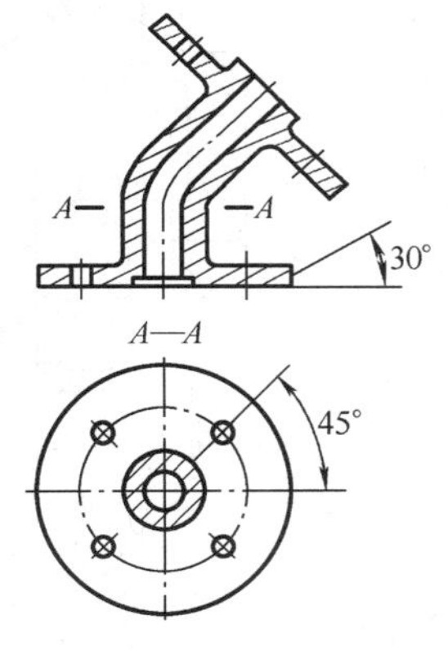

图 6-16　剖面符号特殊画法

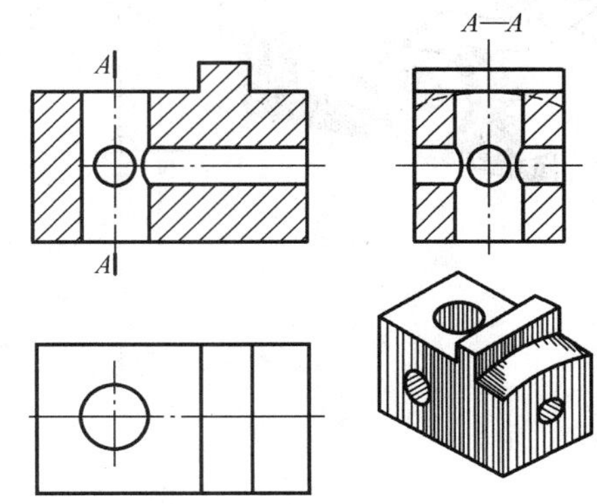

图 6-17　剖视图上的虚线

3）同一机件可根据需要多次剖切，即同一机件的多个视图可同时采用剖视图的表达方式，每次剖切都应从完整的结构考虑，各个方向（或者各个视图）的剖切互不影响。但若几个剖视图均是表达同一个零件时，各剖视图的剖面线方向应相同，间隔要相等，如图 6-18a 所示主视图、俯视图均采用了剖视图。

4）剖视图既可按照基本视图的投影关系配置，也可放置于其他位置，若布置在其他位置，则一定要标注。剖视图配置在不同位置时，要注意其方向，如图 6-18b 所示。

5）根据需要，也可绘制几个图形来表达同一个方向不同位置的结构，如图 6-18a 所示机件绘制了两个主视图，全剖主视图表达内部结构，局部主视图表达右边外部结构（说明：图中 *C—C* 右视图若绘制在主视图左右两侧，则需要旋转 90°）。

6）机件上相同的内部结构一般只需要剖开一处，其他位置处虚线一般也省略不画，识读时根据尺寸标注的数量来判断总数。

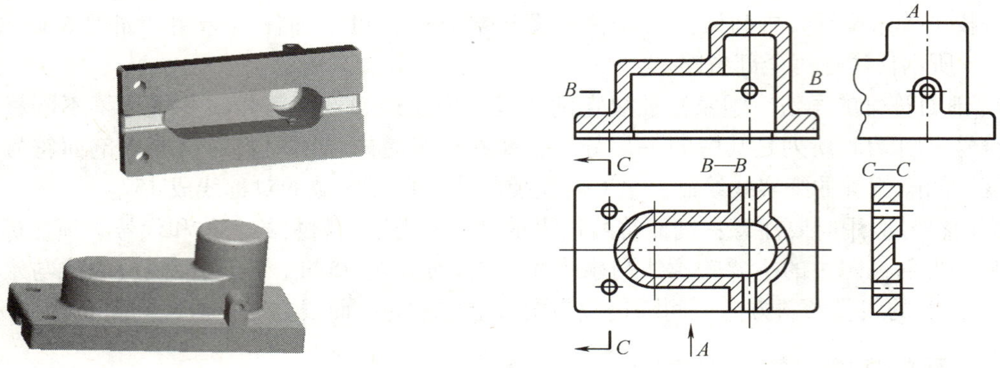

a)

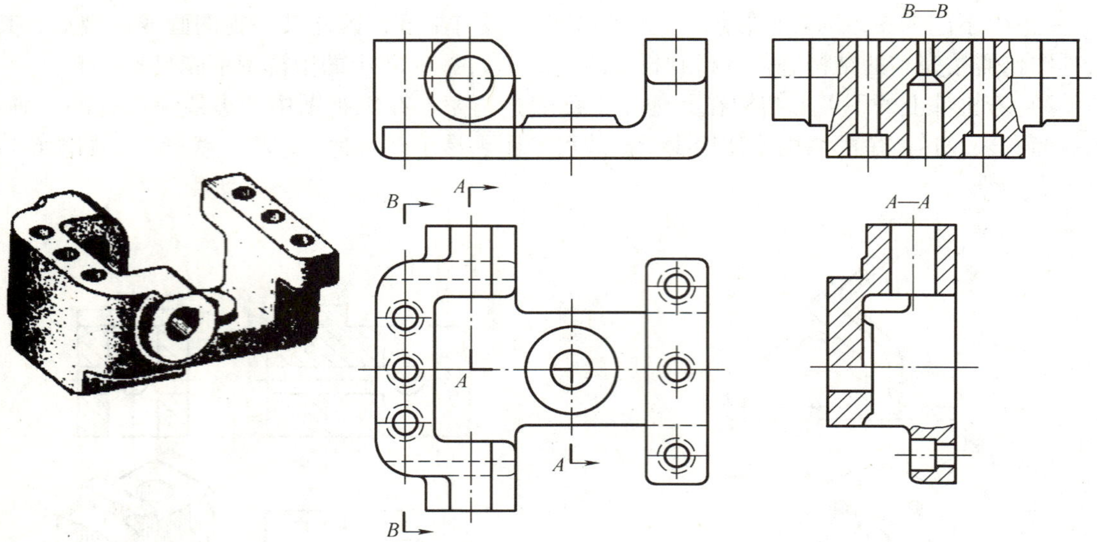

b)

图 6-18　剖面符号画法和配置位置

7）画剖视图时，应画出剖切面后方的所有可见轮廓线，不得遗漏，如图 6-19b、c、d、e 所示，每组左边是正确的，右边是错误的。

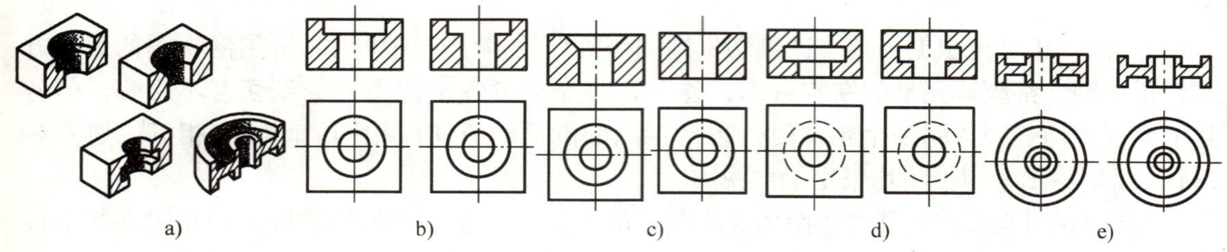

图 6-19　剖视图中遗漏示例

8）剖视图只是一种新的表达方法，而不是一种新的投射方向。例如，由前向后投射的视图称为主视图，主视图可以用视图绘制，也可用剖视图绘制。视图主要用于表达机件外部结构，剖视图着重用于表达机件的内部结构或被遮盖的结构。绘图时要针对具体观察方向（或具体视图）、机件结构和表达目的来确定表达方式，即选择用视图还是用剖视图。

6.3　三类剖视图的画法

画剖视图时，根据表达的需要，既可以将机件完全切开后按照剖视绘制，也可只将它的一部分画成剖视图，而另一部分保留外形，因而得到三种剖视图：全剖视图、半剖视图、局部剖视图。

6.3.1　全剖视图的画法

用剖切平面完全地剖开机件所得的视图称为全剖视图。

如果零件的外形较简单，而内部较为复杂，可考虑将机件完全剖开，着重表现内部的结构形状。如图 6-20a 所示，端盖的外形相对于内部结构来讲较为简单，因而决定在主视图中将零件全部剖开以表现其内部特征。剖切平面的位置通过机件的对称面，剖开后，端盖中间部分的大孔、小孔及边缘的圆形槽都成为可见结构，在视图中用粗实线表示，如图 6-20b 所示。全剖视图主要用于表达外形简单而内部结构较复杂的机件。

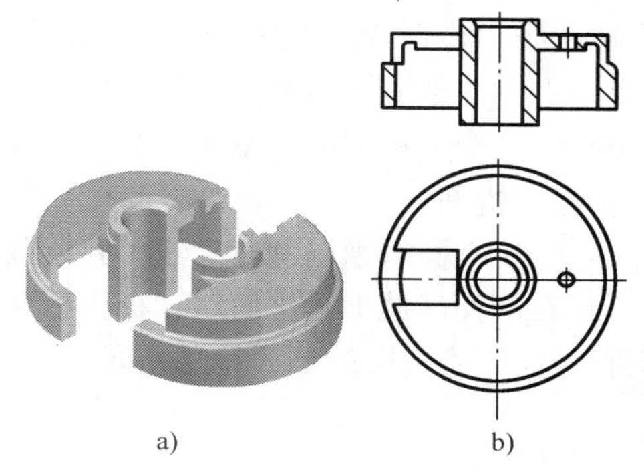

图 6-20　全剖视图示例

【例 6-4】　将图 6-21a 所示机件的主视图用全剖视图重新绘制。

分析： 在图纸上绘制时，主视图用全剖视图，俯视图用视图，右边小孔的虚线可不绘制。

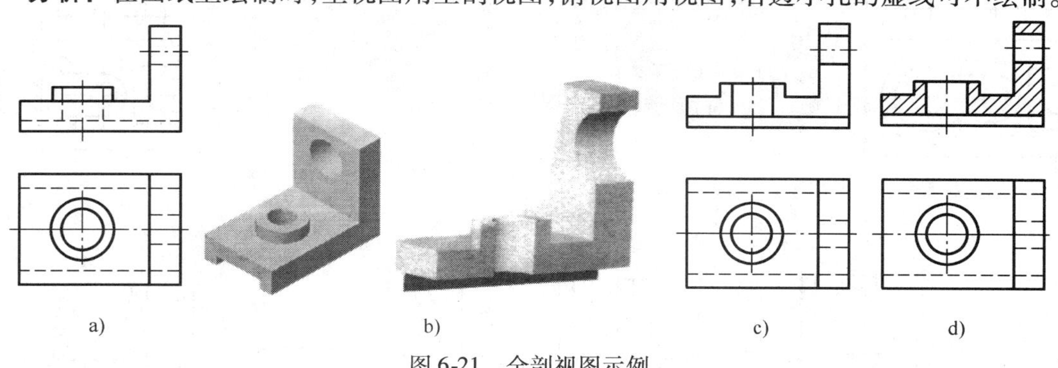

图 6-21　全剖视图示例

作图：

1）根据提供的视图想象机件空间形状，如图 6-21b 所示。绘图前必须明确空间形状。

2）布图，抄画俯视图，右边小孔的虚线不绘制。

3）分析剖切情况。确定剖切平面、剖切位置和投射方向，明确剖切后机件的变化，特别是可见性的变化。此例采用正平面从前后对称面处剖开，移走了前部分。

4）分析原主视图上多余的可见粗实线和原来不可见的虚线会变成粗实线的线；重新绘制全剖主视图线。点画线一般可直接抄画，虚线应变成粗实线的线绘制成实线，原主视图上多余的粗实线不要抄画，如图 6-21c 所示。

5）在剖面区域上画剖面符号，标注、整理全图如图 6-21d 所示。

6）检查无误后，加深线型，完成全图。此图可省略标注。

【例 6-5】 将图 6-22a 所示机件的主视图用全剖视图重新绘制，并绘制其 *A—A* 全剖左视图。

分析： 主视图、左视图用全剖视图；俯视图用视图，虚线可不绘制。

作图：

1）根据提供的视图想象机件空间形状，如图 6-22b 所示。

2）布图，抄画俯视图，虚线不绘制。

3）分析全剖主视图剖切情况。确定剖切平面、剖切位置和投射方向，分析机件的变化。采用正平面从前后对称面处剖开，移走了前部分。

4）分析原主视图上多余的可见粗实线和不可见的虚线会变成粗实线的线，重新绘制全剖主视图线，检查后，加深、整理线型，如图 6-22c 所示。

5）在剖面区域上画剖面符号、标注，完成主视图。此图可省略标注，如图 6-22d 所示。

6）绘制全剖视图的左视图，分析剖切情况。剖切位置用 *A—A* 标注出来，用侧平面剖开，移走左边部分。

7）分析全剖左视图的轮廓线，并绘制图形线，如图 6-22e 所示。

8）在剖面区域上画剖面线，标注、整理，完成左视图，如图 6-22f 所示。左视图上的剖面符号应与主视图的剖面符号相同。

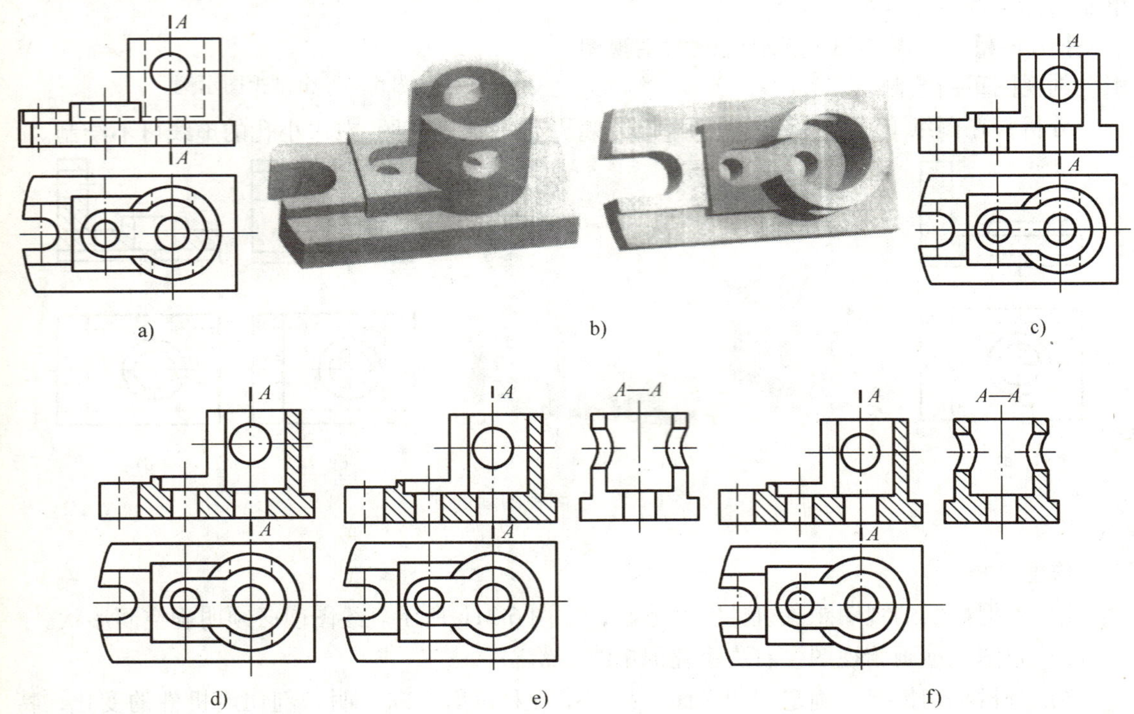

图 6-22　画全剖视图示例

6.3.2　半剖视图的画法

当机件具有对称平面时，在垂直于对称平面的投影面上投影所得的图形，可以对称线为界，一半画成剖视图，一半画成视图，这种组合成的图形称为半剖视图，如图 6-23 所示。半剖视图主要用于机件对称且内、外结构均需要表达的情况，如图 6-23 所示机件，结构左右对称，前部有凸台和孔，若将主视图画成全剖视图，则识图时容易忽略前部分外形，因此以对称面为界，一半画成剖视表达内形，另一半画视图表达外形。如图 6-24 所示机件，结构左右对称，前部有凸台和孔，前后对称，左部有凸台和孔，主、左视图采用半剖视图表达。

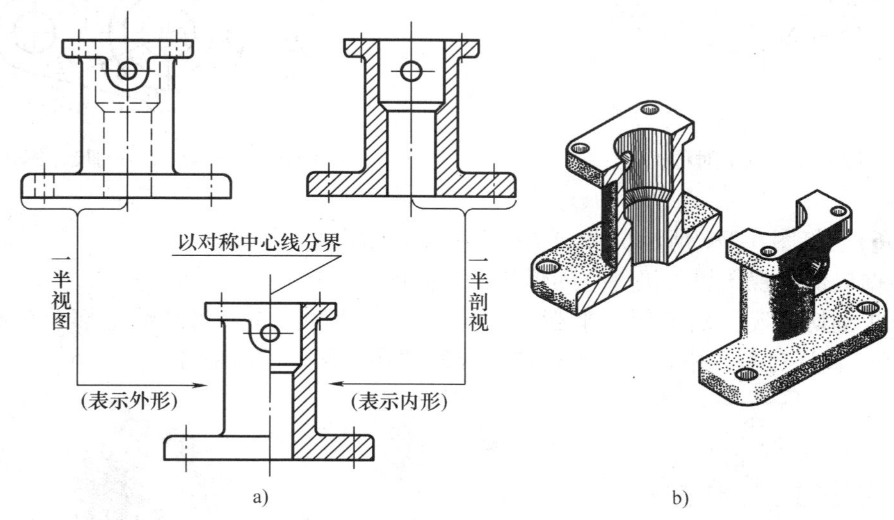

图 6-23　半剖视图定义

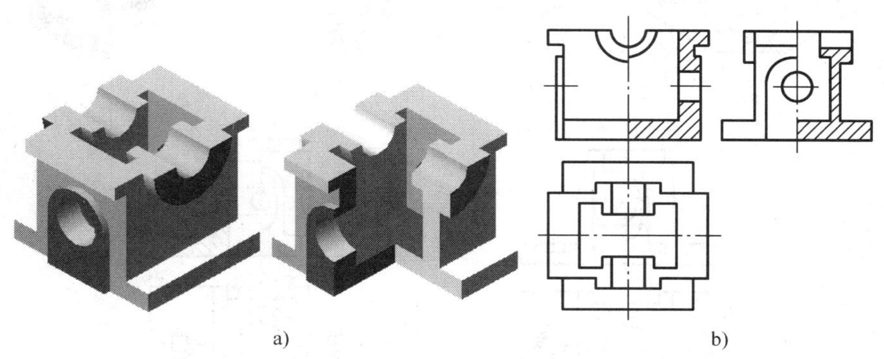

图 6-24　半剖视图示例

画半剖视图时应注意：半个视图和半个剖视图之间的分界线一定是点画线，不能是粗实线或者其他线型；由于机件是对称的，半个视图中的虚线也应省略不画；半剖视图的标注方法与全剖视图相同。

有时，机件接近对称，且不对称部分已在其他图上表达清楚时，也可画成半剖视图，如图 6-25 所示。在半剖视图中标注对称尺寸时，其尺寸线应超过对称线，并只在尺寸线的一端绘制箭头，如图 6-26 所示。

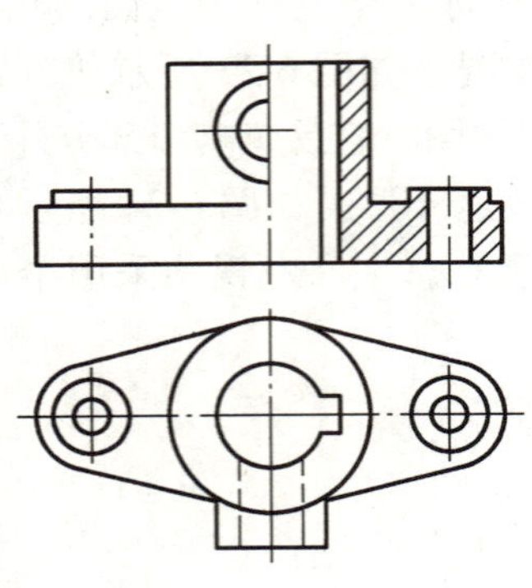

图 6-25　基本对称机件

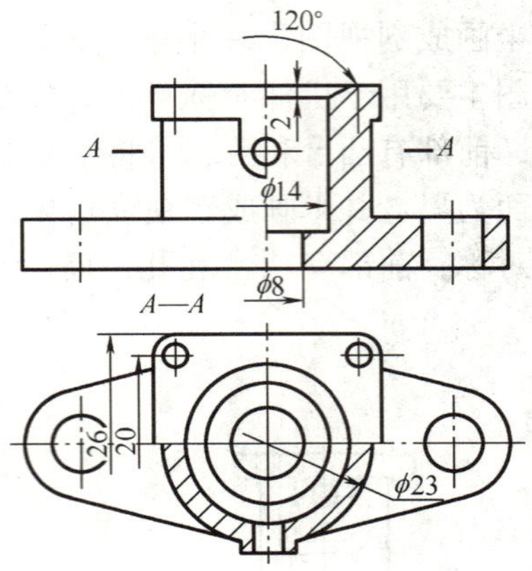

图 6-26　半剖视图中的尺寸标注

【例 6-6】　将图 6-27a 所示机件的主视图用半剖视图重新绘制。

1）根据提供的视图想象机件空间形状，立体图如图 6-27b 所示。

2）分析剖切情况。确定剖切平面、剖切位置和投射方向，明确移走部分后机件的变化。采用正平面通过左、中、右三个孔轴心线处剖开，移走了前部分。

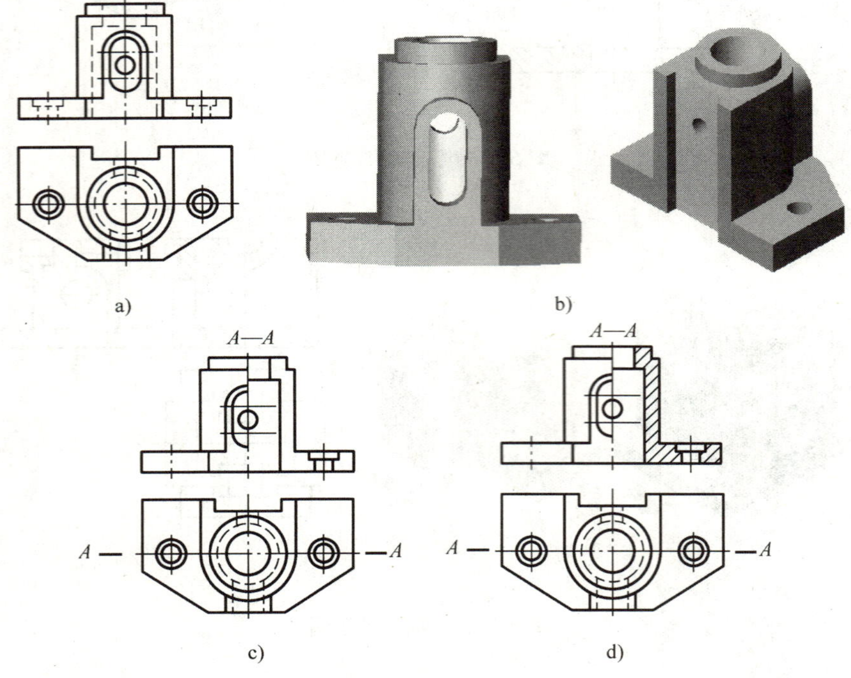

图 6-27　半剖视图示例一

3）准备右边绘制成剖视图，左边绘制成视图。分析原主视图左边多余的线，重新绘制半剖主视图左边图线，原主视图左边虚线不要绘制，左右分界线绘制成点画线。

4）分析剖切后原主视图右边多余的粗实线和会变成粗实线的不可见虚线，按剖视重新绘制主视图右边图线，检查无误后，加深、整理线型，如图 6-27c 所示。

5）在剖面区域上画剖面线，标注、整理，完成主视图，如图 6-27d 所示。

【例 6-7】　将图 6-28a 所示机件的主视图用全剖视图、俯视图用半剖视图重新绘制。

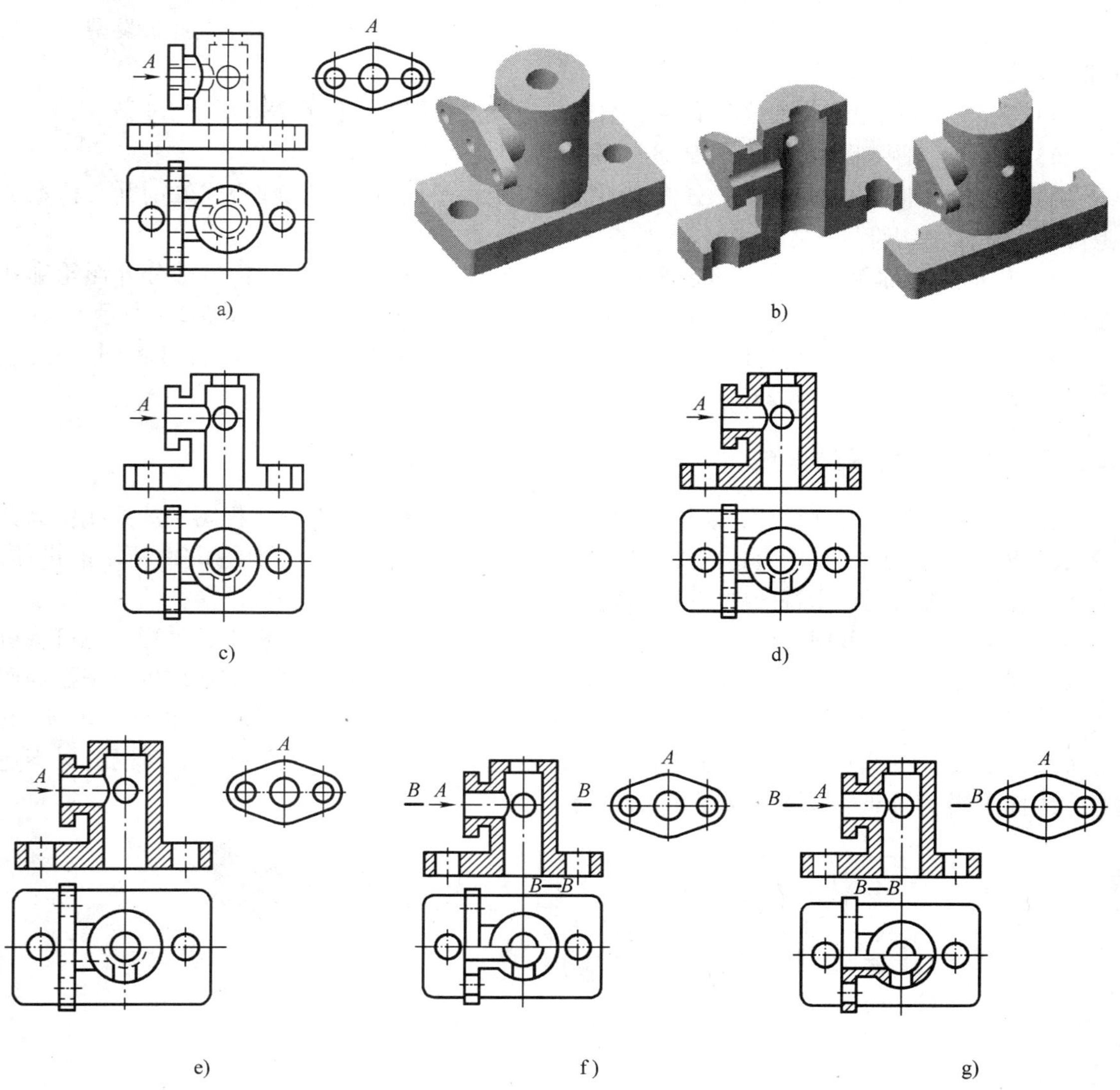

图 6-28　半剖视图示例二

分析：在图纸上绘制时，主视图用全剖视图，俯视图用半剖视图，并抄绘 *A* 向局部视图。

作图：

1）根据提供的视图想象机件空间形状，立体图如图 6-28b 所示。

2）绘制全剖视图的主视图，分析剖切情况。确定剖切平面、剖切位置和投射方向，明确移走部分后，机件的变化，特别是可见性的变化。采用正平面从前后对称面处剖开，移走了前部分。

3）布图，抄画俯视图，虚线可以不绘制，也可绘制一半虚线。

4）分析原主视图上多余的线和会变成粗实线的虚线，重新绘制全剖主视图线。原主视图上多余的粗实线和左边前后小孔的虚线不要绘制，中间的小圆要绘制，加深线型，如图6-28c 所示。

5）在剖面区域上画剖面线，标注、整理，完成主视图，如图 6-28d 所示。

6）抄绘 *A* 向局部视图，如图 6-28e 所示。

7）绘制半剖视图的俯视图，分析剖切情况。用水平面从上方孔轴心线处剖开，移走了上部分。标注剖切符号。

8）以前后对称面为界，前部分画成剖视图，后部分画成视图。分析后部分外形轮廓并绘制视图线，虚线不要绘制；分析前部分内部轮廓并绘制剖视图线，如图 6-28f 所示。

9）在剖面区域上画剖面线，俯视图上的剖面符号应与主视图的剖面符号相同。标注、整理，完成俯视图，如图 6-28g 所示。

6.3.3　局部剖视图的画法

用剖切面局部地剖开机件，所得的剖视图称为局部剖视图。局部剖视图用波浪线作为分界线，将一部分画成剖视图表达内形，另一部分画成视图表达外形。如图 6-29 所示的机件，为表达孔的结构，仅在主视图中将孔剖开就可以了，其余部分全部画成外形视图。

局部剖视图是一种很灵活的表达方法，在同一视图上既可以表现机件的外形，也可将机件某些局部结构剖开来表达，且不受机件是否对称的限制，剖切范围和剖切位置可根据需要决定，因此应用比较广泛。如图 6-30a 所示的箱体，主、俯视图用视图表示如图 6-30b 所示，图形不太清楚。为了使箱体的内、外部结构都表达清楚，采用全剖视图和半剖视图均不适宜，因而采用了局部剖视图，如图 6-30c 所示。

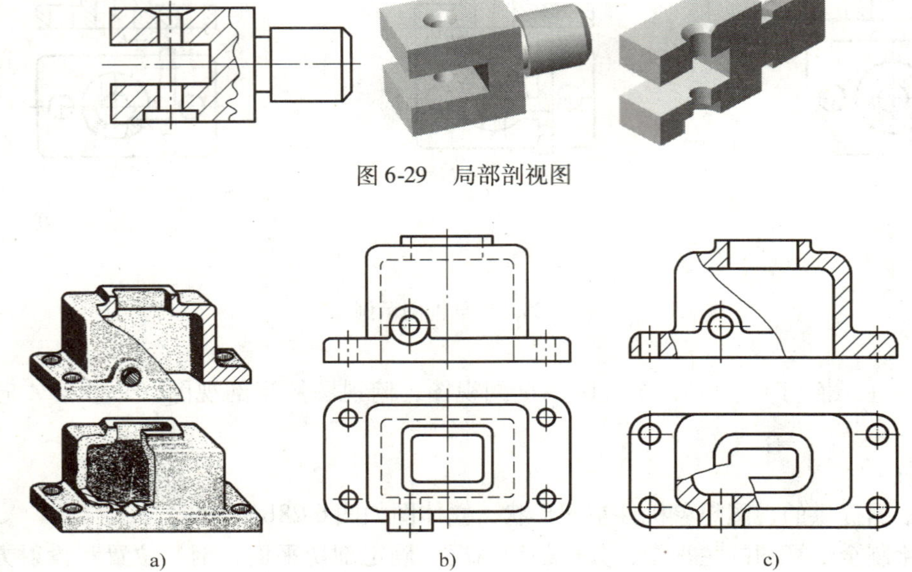

图 6-29　局部剖视图

图 6-30　局部剖视图应用（一）

画局部剖视图时应注意：视图与剖视图的分界线（波浪线）不能超出视图的轮廓线，不应与轮廓线重合或画在其他轮廓线的延长位置上，也不可穿空（孔、槽等）而过，如图 6-31a、图 6-31b 所示。当被剖切的局部结构为回转体时，允许将该结构的轴线作为剖视与视图的分界线，如图 6-32 所示。局部剖视图的标注与全剖视图相同，对于剖切位置明显的局部剖视图，一般省略标注。

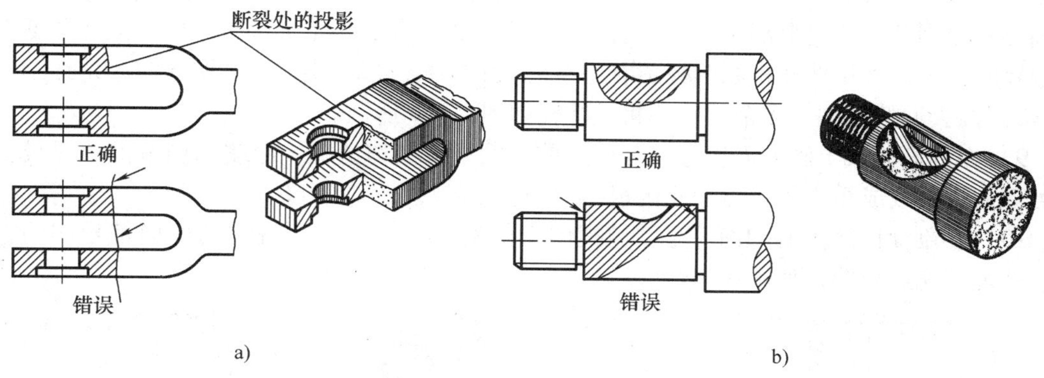

图 6-31 局部剖视图分界线选择和画法

在下列情况下宜采用局部剖视图：①机件只有局部内形需要表达，如图 6-29 所示。②机件内、外形状均需表达而又不对称时，如图 6-30 所示。③当机件的内、外部结构均需要表达，但又不适宜采用全剖或半剖视图时，如图 6-33 所示。

图 6-32 局部结构为回转体时局部剖视图分界线选择

图 6-33 局部剖视图应用（二）

【例 6-8】 将图 6-34a 所示机件的主视图、俯视图用局部剖视图重新绘制。

分析：在图纸上绘制时，主视图、俯视图用局部剖视图，虚线不再绘制。

作图：

1）根据提供的视图想象机件空间形状，如图 6-34b 所示。

2）画局部剖视图的主视图。分析剖切情况（确定剖切范围、剖切平面、剖切位置和投射方向），采用正平面，移走前部分，作两处局部剖切。分析移走部分后机件的变化。

3）确定剖切范围绘制边界线，如图 6-34c 所示。

4）根据可见性，将原主视图上右边不可见的虚线改成粗实线，如图 6-34d 所示。上方圆筒中的一条水平虚线不要改成粗实线，可擦去，后面的圆孔也变成了可见。

5）擦去原主视图上多余的可见粗实线和上方圆筒中的那条水平虚线，整理线型，如图 6-34e 所示。

6）在剖面区域上画剖面线，标注、整理线型，完成主视图。如图 6-34f 所示。

7）绘制局部剖视图的俯视图。分析剖切情况，用水平面分两处局部剖切。首先从后方孔轴心线处剖开，移走上部分；再从前方孔轴心线处剖开，移走上部分。确定剖切范围，绘制边界线。根据可见性，将原俯视图右边不可见的虚线改成粗实线，如图 6-34g 所示。

8）擦去原俯视图上多余的圆孔粗实线，如图 6-34h 所示。

9）在剖面区域上画剖面符号。分析左前方的局部剖切情况，绘制剖切范围边界线，将不可见的虚线改成粗实线。擦去原俯视图中间多余的虚线，如图 6-34i 所示。

10）在剖面区域上画剖面符号。俯视图上的剖面符号应与主视图的剖面符号相同，标注、整理，完成全图，如图 6-34j 所示。

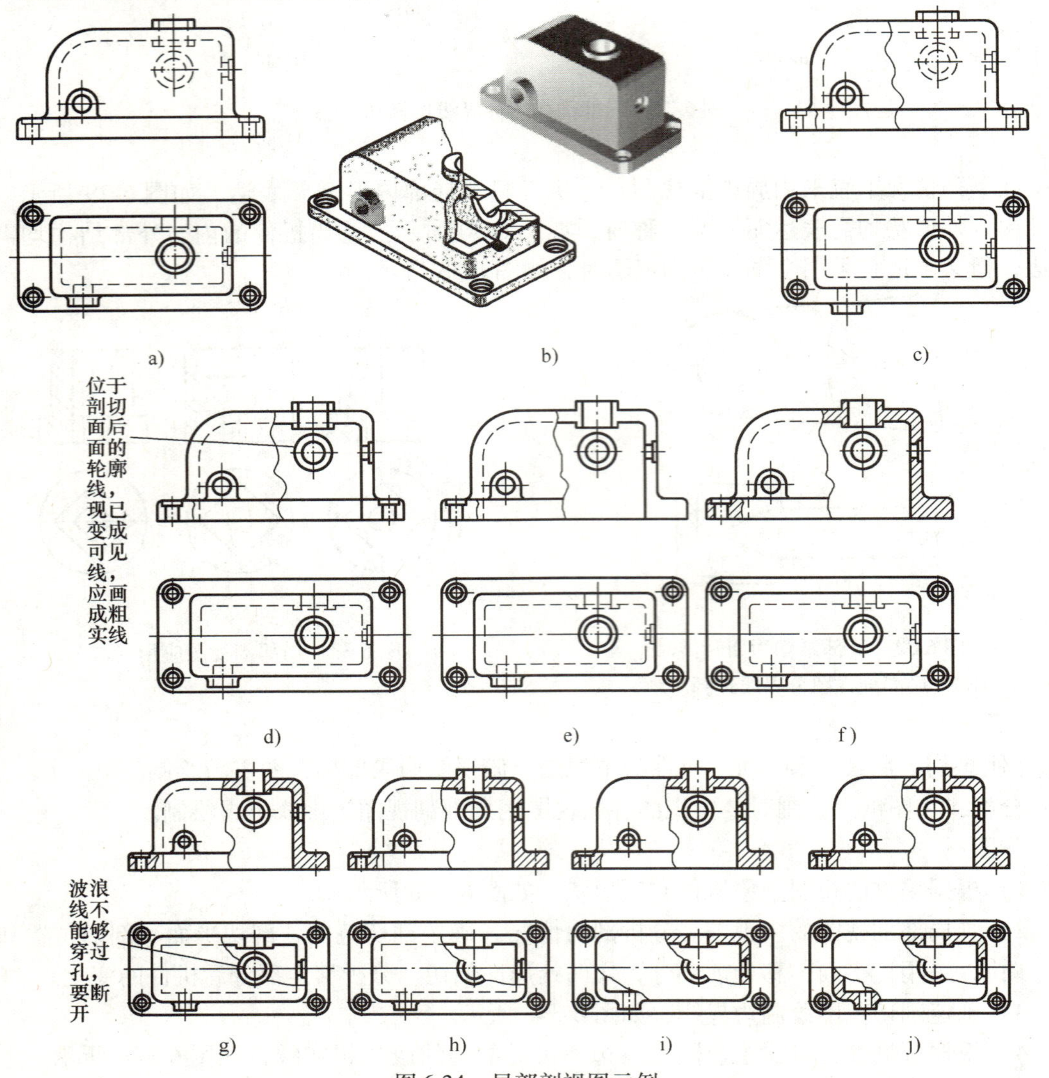

图 6-34　局部剖视图示例

6.4　剖视图常用的剖切方法及画法

根据机件的结构特点，剖切时采用的剖切面可以是一个也可是几个，剖切平面可以相互平行、相交或是其他组合形式，即可分为单一剖切面、几个平行的剖切平面、几个相交的剖切平面。无论采用哪种剖切方式，都可以获得全剖视图、半剖视图和局部剖视图。

若机件的外部形状不复杂，内部孔轴线、槽均在一个面上，只采用一个剖切面将形体全部切开就能清楚地表现内部结构形状时，尽量选择单一剖切方式。单一剖切方式根据剖切面类型不同又分为单一平行平面剖切方式、单一垂直平面剖切方式、单一圆柱面剖切方式，前面示例均为单一平行平面剖切方式，此处不再赘述了。

6.4.1　一个垂直面剖开倾斜结构的剖视图画法

当机件上具有倾斜结构，且倾斜结构中有内部特征需要表达时，可采用平行倾斜面且垂直于基本投影面的剖切面剖开后绘制成剖视图。如图 6-35a 所示，机件上部的结构是倾斜的，若要表现该部分的内部形状，就采用通过两圆柱中心线的正垂面进行剖切，将该结构向平行于该剖切面的投影面投射得到全剖视图，如图 6-35b 所示。例如，图 6-36a 所示为不平行基本投影面的一个垂直面剖切获得的半剖视图。例如，图 6-36b “*A—A*” 所示为不平行基本投影面的一个垂直面剖切获得的局部剖视图。

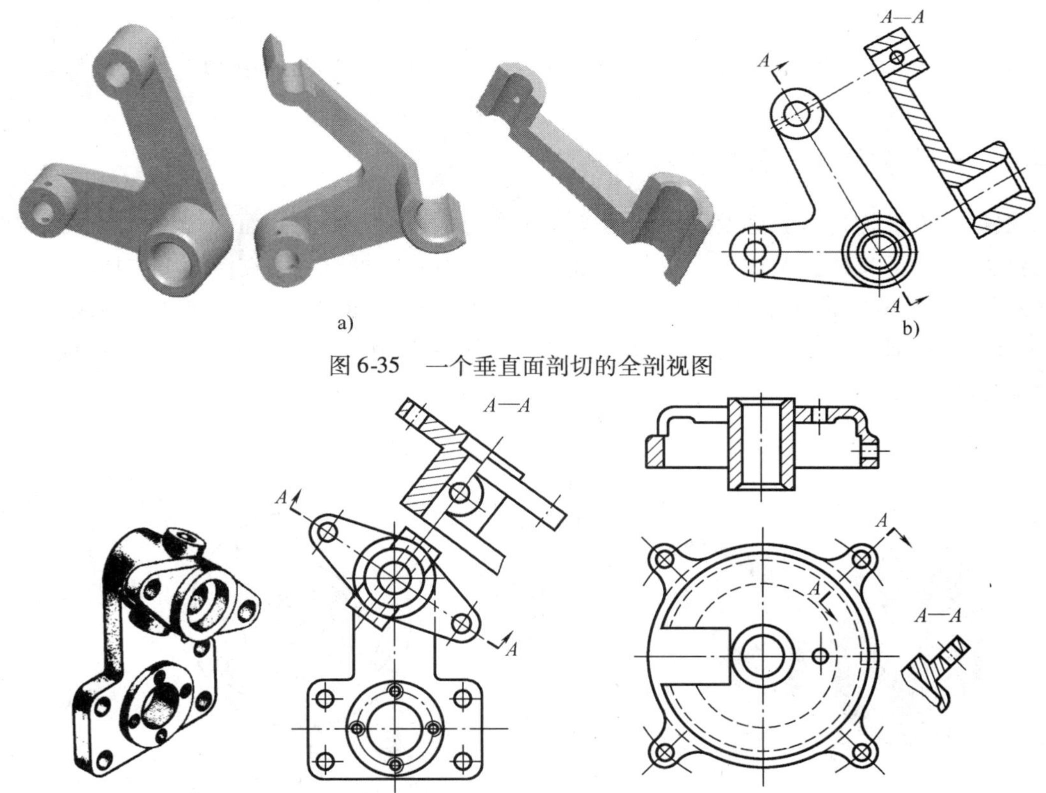

图 6-35　一个垂直面剖切的全剖视图

图 6-36　一个垂直面剖切的半剖视图和局部剖视图

画此类剖视图时应注意以下几点。

1）必须注出剖切符号、投射方向和剖视图名称。

2）为了看图方便，剖视图最好配置在箭头所指方向上，并与基本视图保持对应的投影关系，如图 6-37b 所示。为了合理利用图纸，也可将图形放置于其他适当的地方或旋转画出，但旋转画出图形必须标注旋转符号，如图 6-37c 所示。

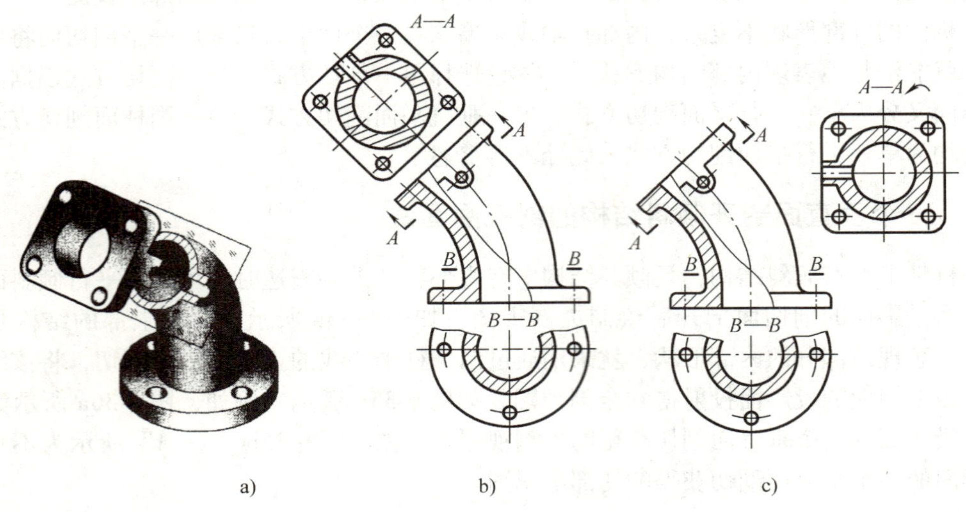

图 6-37　不平行基本投影面的一个垂直面剖切的剖视图示例

6.4.2　一个圆柱面剖开的剖视图画法

根据机件结构特点，必要时可选用圆柱面作为剖切面。采用柱面剖切物体时，剖视图应按展开绘制，即将柱面及被其剖得的结构展开成平面后再投射，且在图形上方标注时应加注“展开”。如图 6-38 所示的 *A—A* 剖视图是采用单一平行平面剖开物体所得的全剖视图，*B—B* 是用单一的剖切柱面剖切物体所得的剖视图。如图 6-39 所示的主视图是单一的剖切柱面剖切物体所得的半剖视图。

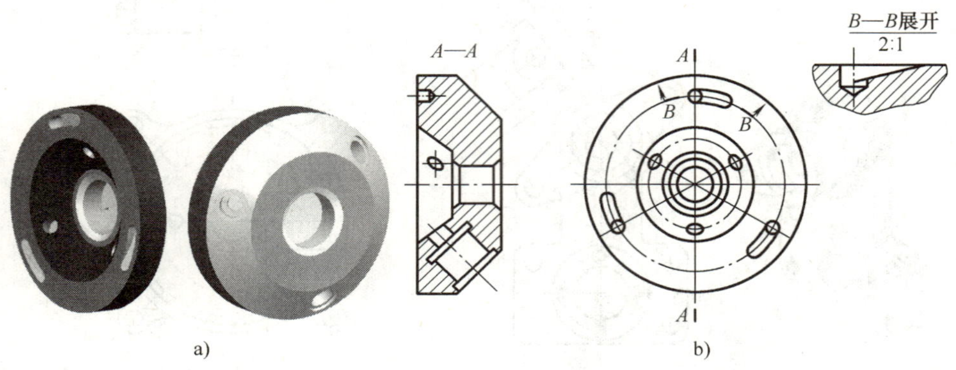

图 6-38　柱面剖切机件示例（一）

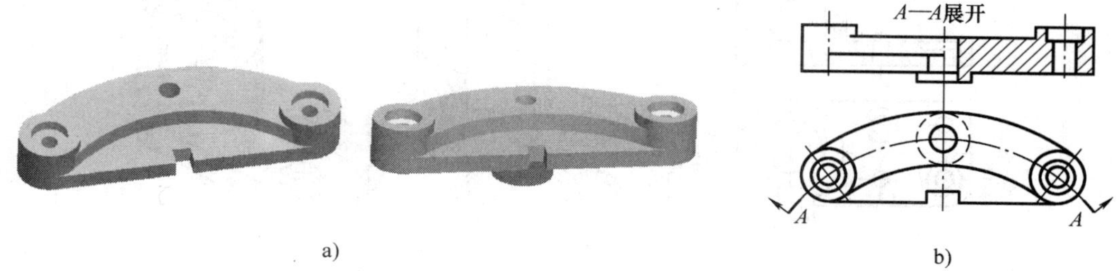

图 6-39 柱面剖切机件示例（二）

6.4.3 平行剖切平面剖切的剖视图画法

若机件的外部形状简单，内部的结构较多而又分布在相互平行的平面上，可用几个相互平行的剖切面将机件内部结构全部剖开，绘制成全剖视图，如图 6-40 所示机件的全剖主视图，如图 6-41 所示机件的全剖左视图。若机件的外部形状需要表达，内部的结构也较多且分布在相互平行的平面上，可用几个相互平行的剖切面将机件内部结构局部剖开，绘制成局部剖视图，如图 6-42 所示机件的局部剖的主视图。

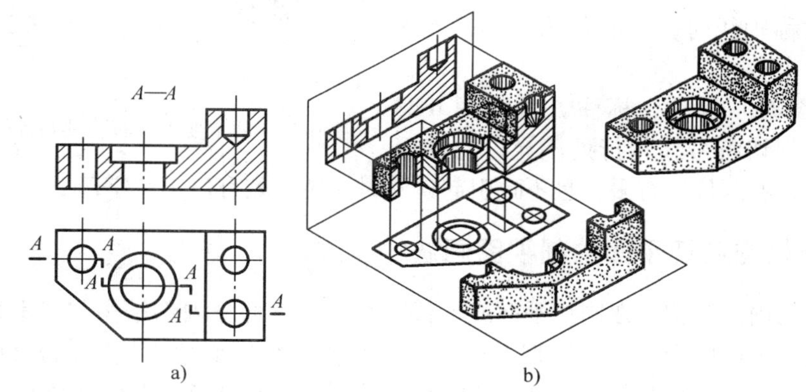

图 6-40 几个平行剖切平面剖开的全剖视图（一）

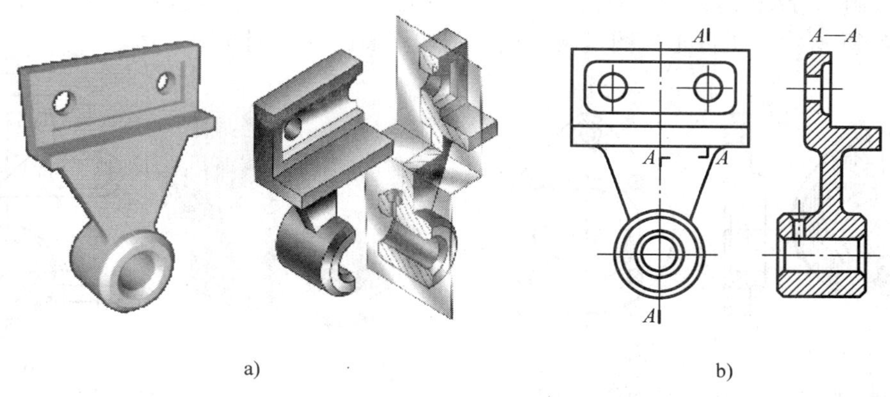

图 6-41 几个平行剖切平面剖开的全剖视图（二）

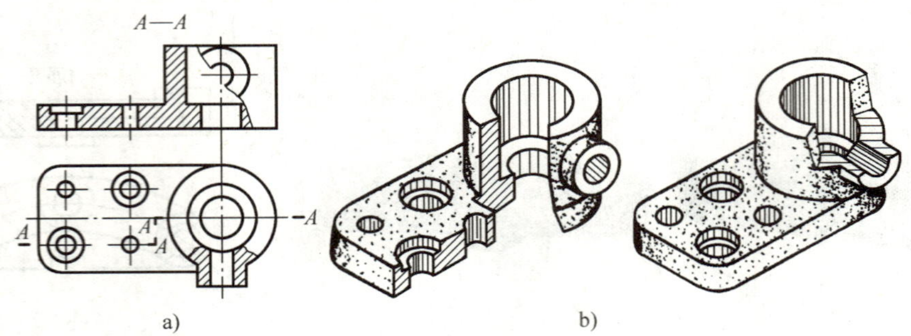

图 6-42　几个平行剖切平面剖开的局部剖视图

画此类剖视图时应注意以下几点。

1）虽采用了两个或多个相互平行的剖切平面，但在剖切平面的分界处不能画出分界线。

2）剖切平面的转折处应该是直角，且不应与图中的实线或虚线重合。一般情况下也不要在孔或槽的中间部分转折，以免孔或槽的结构仅有一部分被剖切。只有当两个要素在剖视图中具有公共对称轴线时，才能各画一半，如图 6-43 所示。

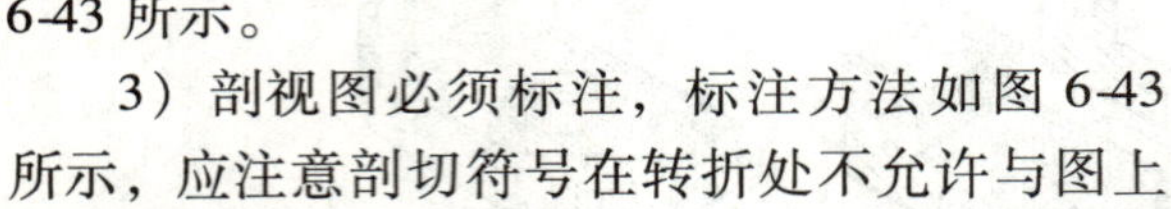

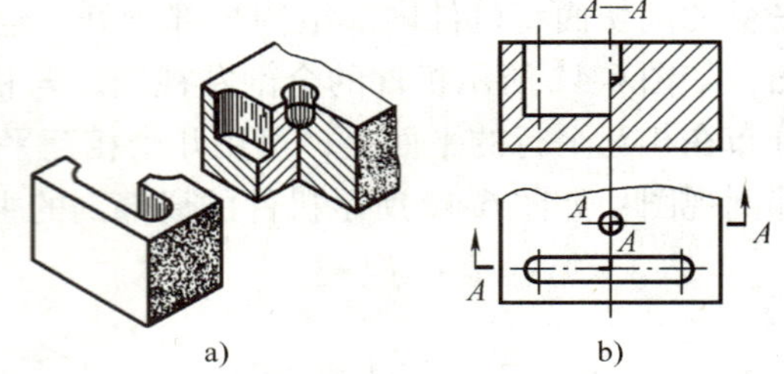

图 6-43　两个要素具有公共对称轴线的示例

3）剖视图必须标注，标注方法如图 6-43 所示，应注意剖切符号在转折处不允许与图上的轮廓线重合；若因位置有限，且不致引起误解时，转折处可以不注字母。

6.4.4　两个相交剖切平面的剖视图画法

有些机件的内部结构不在同一平面或平行平面上，且部分内部结构与基本投影面倾斜，但有回转轴线，可用两个相交的剖切平面（交线是基本投影面垂直线）剖开机件。绘制剖视图时，将垂直剖切面剖开的倾斜部分绕交线旋转到与基本投影面平行后再进行投影。如图 6-44a 所示机件的主视图，可用两个相交的剖切平面（正平面和侧垂面）剖开机件，将侧垂面剖开的倾斜部分绕交线旋转到与基本投影面（正平面）平行后再进行投影，如图 6-44b 所示。如图 6-45 所示，机件主视图是两个相交剖切平面的局部剖视图。

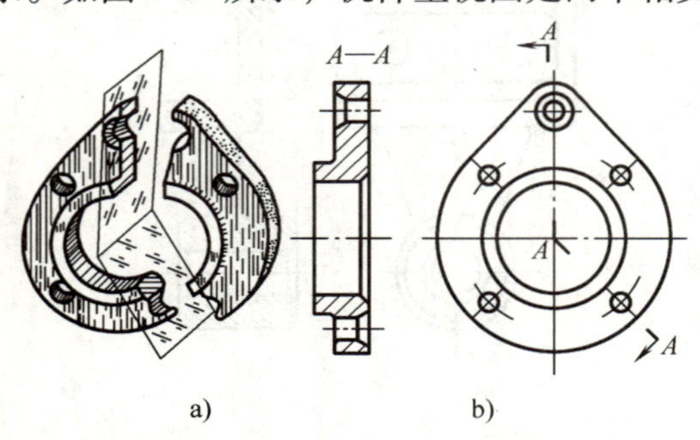

图 6-44　两个相交剖切平面的全剖视图

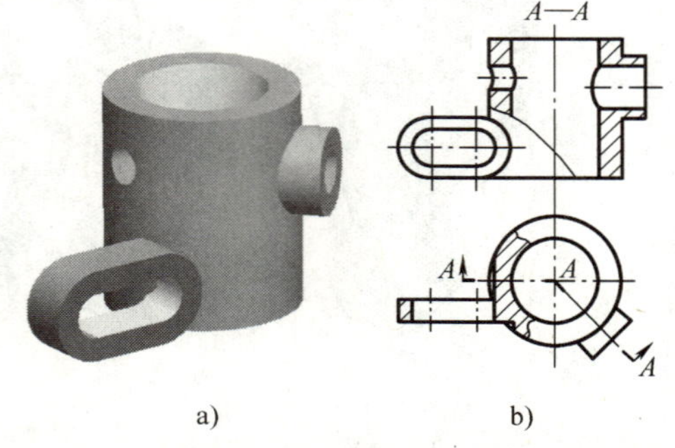

图 6-45　两个相交剖切平面的局部剖视图

画此类剖视图时应注意以下几点。

1）剖视图必须进行标注。

2）处在剖切平面后面的其他结构，一般仍按原来的位置投影，如图 6-46 所示的小孔。

3）当剖切后机件上产生不完整的情况时，此部分应按不剖绘制，如图 6-47 中的臂。

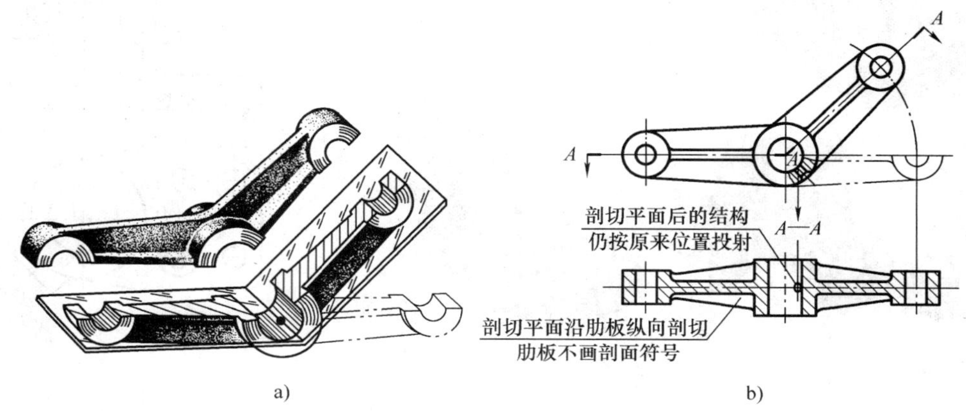

图 6-46　两个相交剖切平面的剖视图其他结构处理

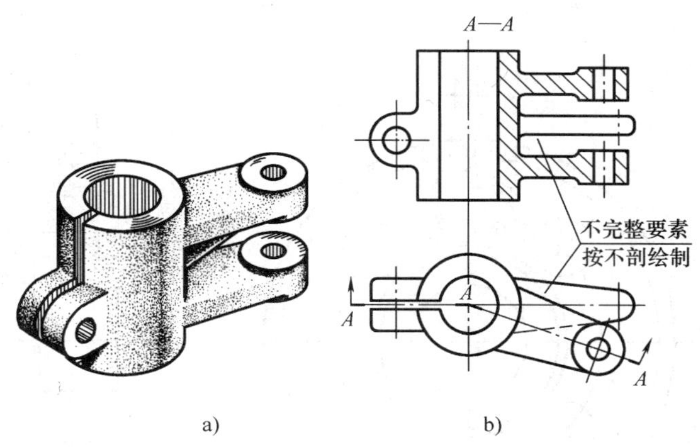

图 6-47　剖视图产生不完整情况处理

6.4.5　几个剖切面组合剖切的剖视图画法

当用以上各种剖切方法都不能集中表达机件内部结构时，可用组合的剖切平面剖开零件后进行投影。组合的剖切平面是由平行于基本投影面的剖切平面、垂直基本投影面的剖切平面和柱面组成。各部分的绘制方法可按以上相应的剖切方法绘制。几个相交的剖切平面获得的全剖视图如图 6-48b 所示的主视图、图 6-48c 所示的左视图；相交平面和柱面剖切的全剖视图如图 6-49b 所示的俯视图、图 6-49d 所示的主视图。

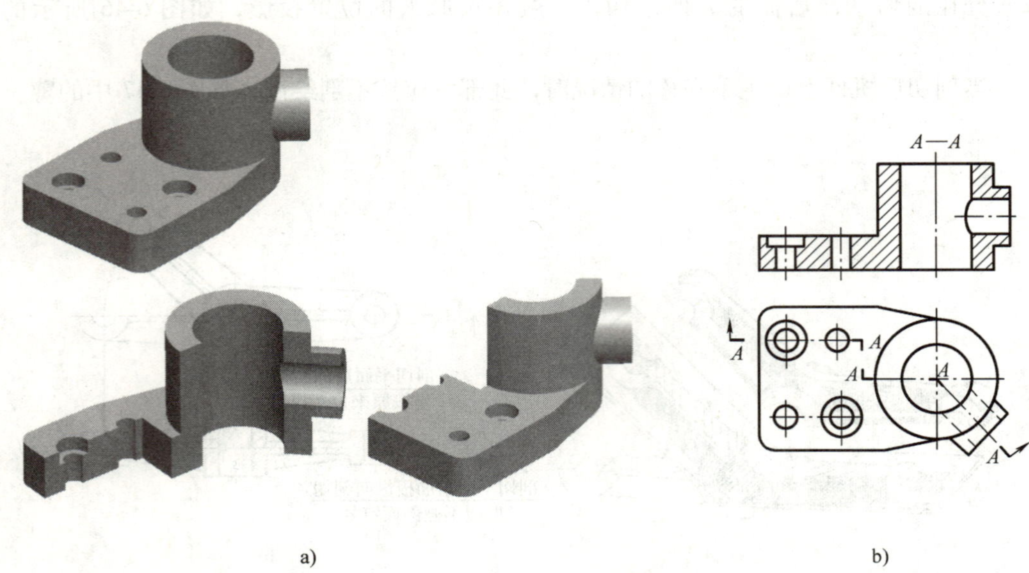

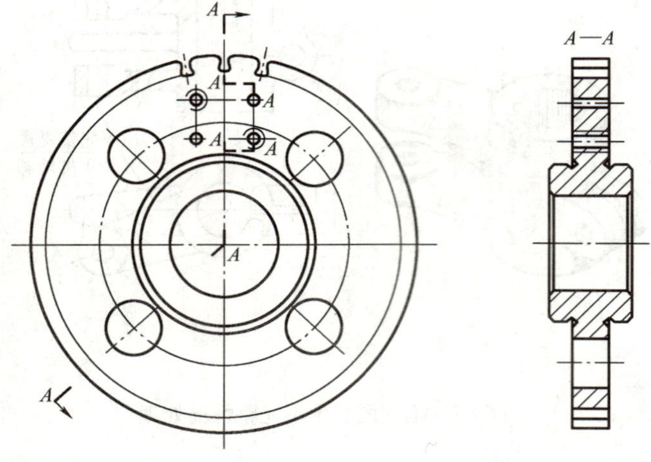

图 6-48　几个相交的剖切平面获得的全剖视图

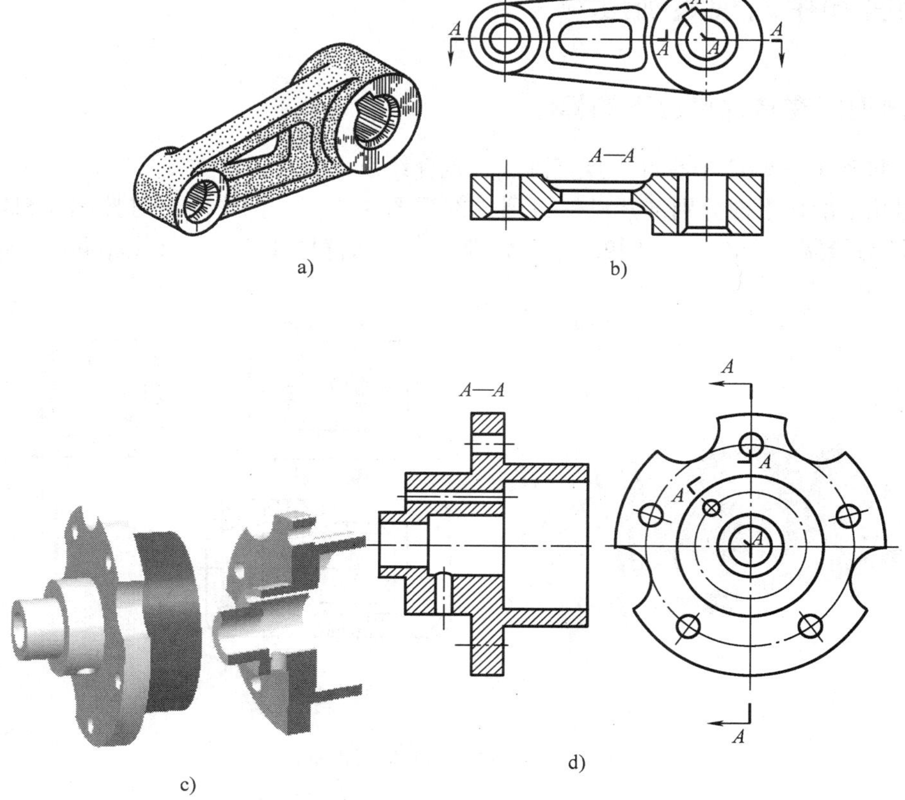

图 6-49　相交平面和柱面剖切的全剖视图

这种剖切方法画剖视图形时，还可以采用展开画法，但必须在剖视图上方标注“*X*—*X* 展开”。如图 6-50 所示，因零件的三处倾斜结构都要旋转到与侧平面平行后再画出全剖左视图，故采用展开画法。

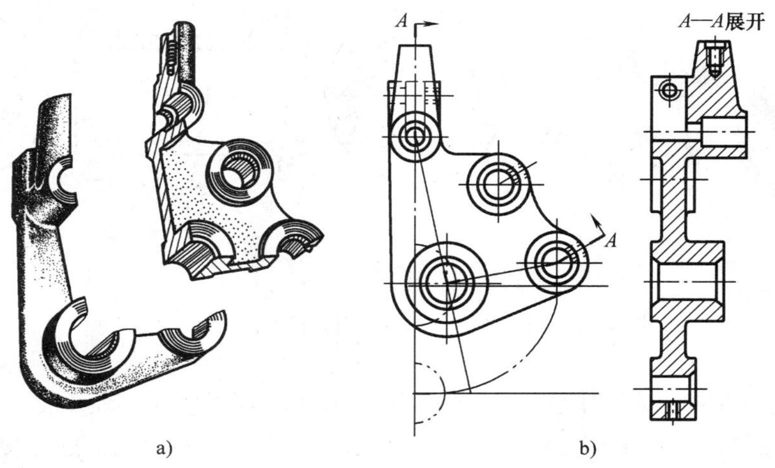

图 6-50　几个剖切面组合剖切的剖视图展开画法

6.5 剖视图中的规定画法

6.5.1 剖视图在特殊情况下的标注

GB/T 4458.6—2002 中有许多规定画法，现介绍以下几种。

1）用几个剖切平面分别剖开机件得到的剖视图为相同的图形时，可按图 6-51b 所示形式标注，即只绘制一个图形，在相应位置分别标注剖切符号和箭头，标注相同的字母。

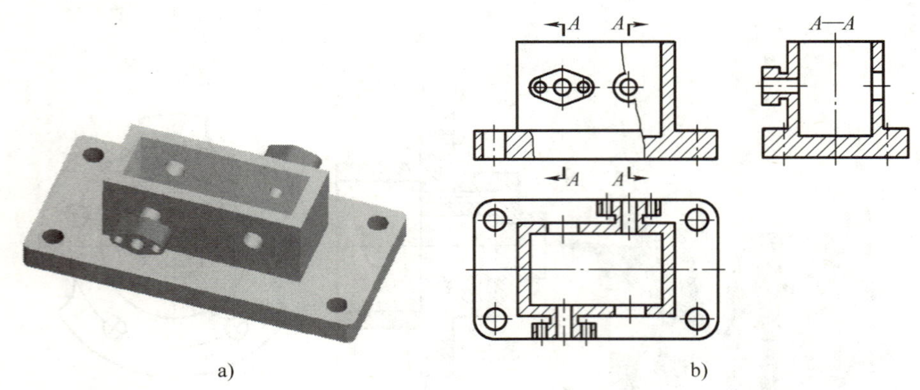

图 6-51　剖视图图形相同时的标注

2）用一个公共剖切平面剖开机件，按不同方向投射得到的两个剖视图，可按图 6-52b 所示形式标注，即剖切处只标注一次剖切符号，但分别绘制箭头，标注不同的字母，并在相应位置分别绘制图形，标注相应字母。

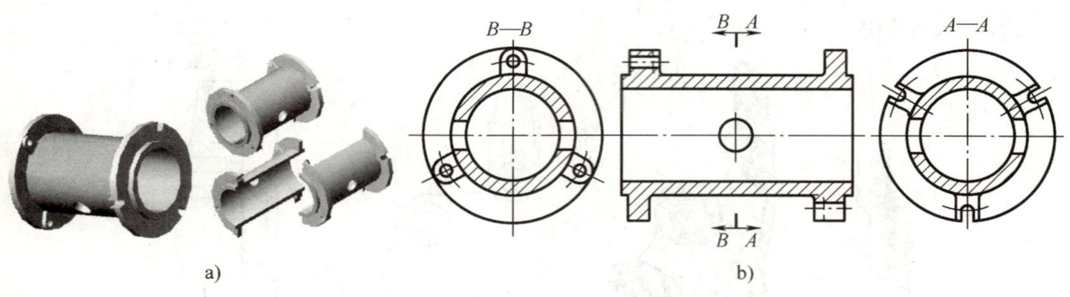

图 6-52　用一个公共剖切平面获得的两个剖视图

3）可将投射方向一致的几个对称图形各取一半（或四分之一）合并成一个图形。此时应标清楚剖切位置、投射方向以及注释字母，并在剖视图附近标出相应的剖视图名称“X—X”，如图 6-53b 所示。

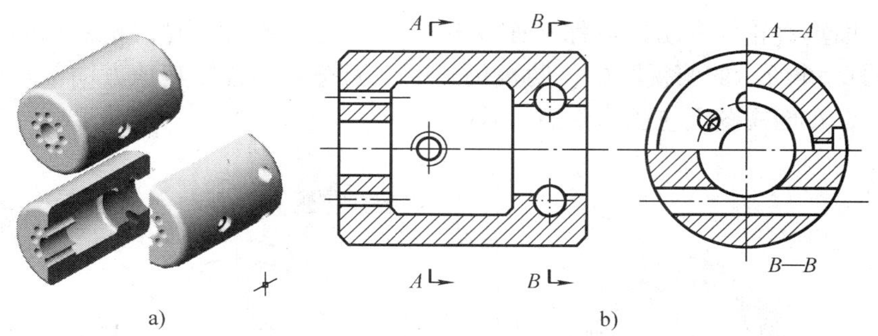

图 6-53　合并图形的剖视图

4）当只需要剖切绘制零件的部分结构时，应用细点画线将剖切符号相连，剖切面可位于零件实体之外，如图 6-54 所示。

5）在剖视图上需要表示位于剖切平面前的结构时，这些结构按假想投影的轮廓线绘制，即用细双点画线绘制，如图 6-55 所示。

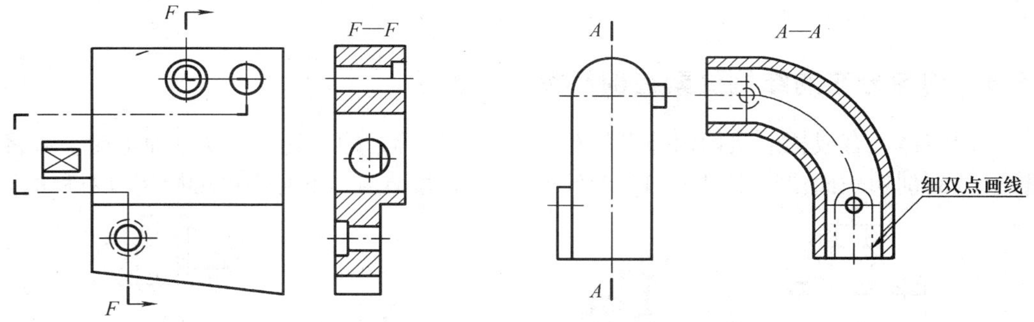

图 6-54　部分剖切结构的表示法　　　图 6-55　剖切面前结构的表示法

6.5.2　轮辐、肋在剖视图中的规定画法

当剖切平面通过板状轮辐和肋厚度方向的对称平面或回转体状轮辐的轴线时，这些结构都不画剖面符号，而用粗实线将它们与其邻接部分分开，如图 6-56、图 6-57 所示。

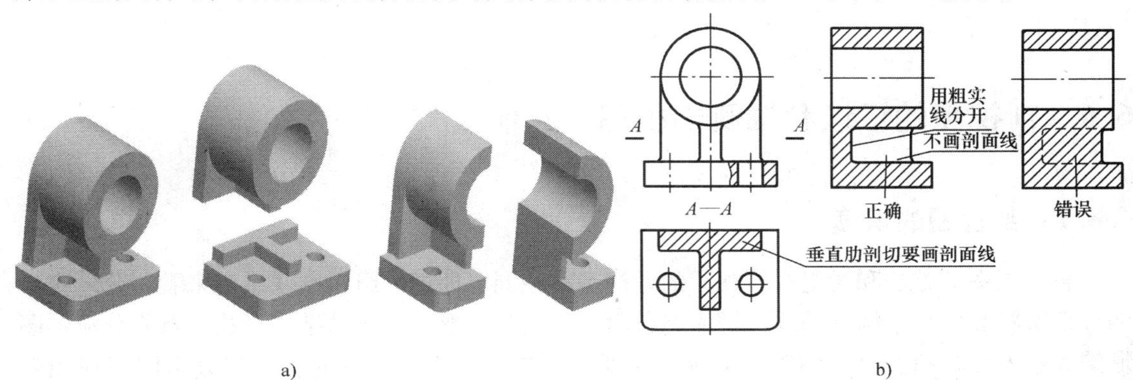

图 6-56　肋在剖视图中的画法

当剖切平面垂直轮辐和肋的对称平面或轴线（即横向剖切）时，轮辐和肋仍要画上剖面符号。如图 6-56 所示的俯视图中，肋板仍画上剖面符号。若按其他方向剖切肋、轮辐或薄壁等结构时，在剖视图上应画出剖面符号。

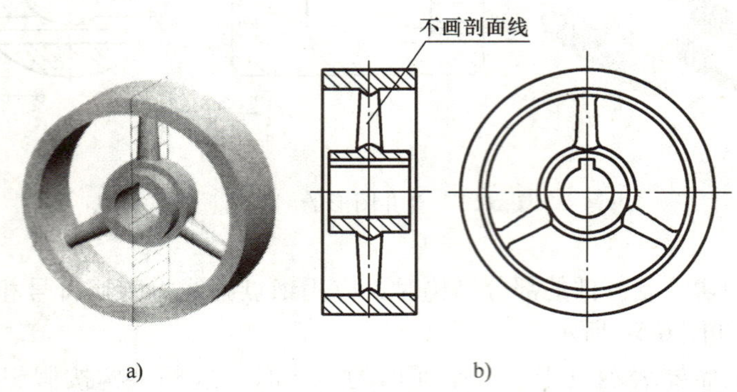

图 6-57　轮辐在剖视图中的画法

6.5.3　均匀分布的结构要素在剖视图中的画法

当回转体上有成辐射状均匀分布的孔、肋、轮辐等结构不处于剖切平面上时，可将这些结构旋转到剖切平面位置画出，如图 6-58 所示。这些结构若不对称也可绘制成对称的。

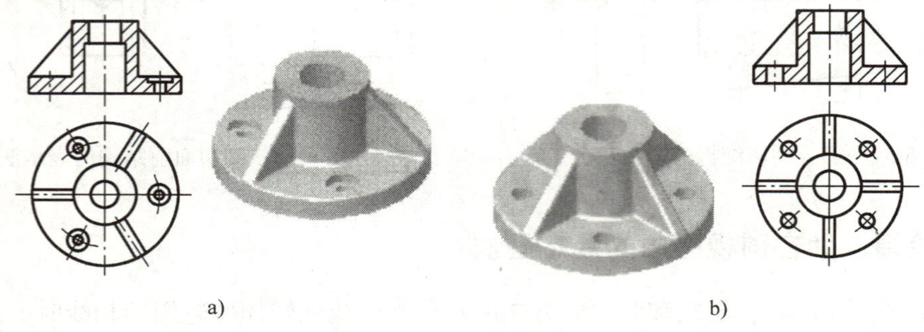

图 6-58　均匀分布的肋板和孔的画法

6.6　剖视图的识读和轴测剖视图的绘制

6.6.1　剖视图的识读

看剖视图的方法和看组合体视图的方法基本相同，即把一组视图联系起来看，分清零件的外部形状和内部结构的图线，进而想象出零件的外部形状和内部结构形状。首先分清各图形的表达方法，图上有剖面符号的肯定不是视图方法。看剖视图时，应先分析清楚视图名称、剖切位置、投射方向及各视图之间的投影关系，进而采用“分解、综合”的方法（形体分析法）将图看懂。

【例 6-9】 读如图 6-59a 所示的图样图形，绘制其立体图。

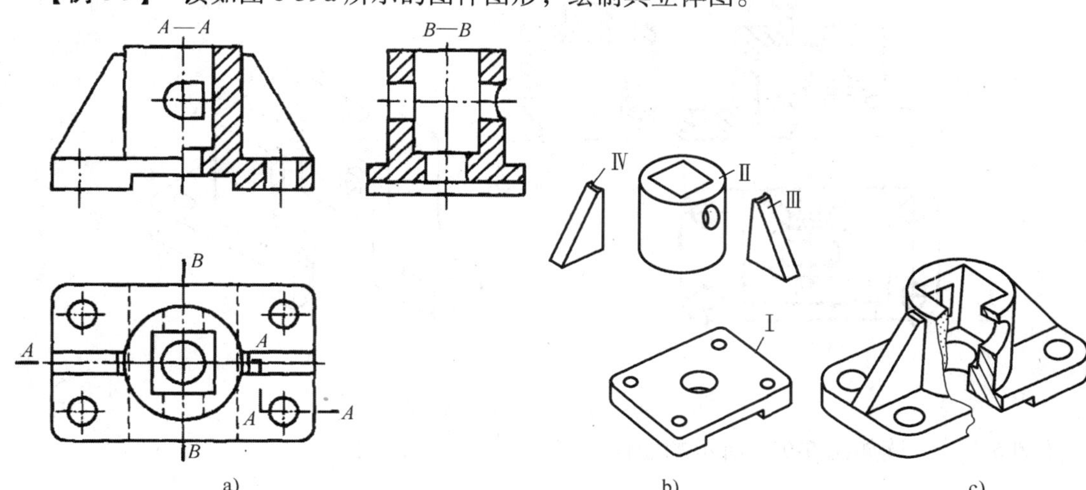

图 6-59　读图示例（例 6-9）

1）分析视图表达方法及各视图之间的投影关系。由图形位置知图形是主视图、俯视图、左视图。主视图采用半剖视，再由俯视图中的剖切符号知主视图 *A—A* 是采用两个正平面剖开的；左视图 *B—B* 采用全剖视，是侧平面通过左右对称平面剖切的，表达了零件内部结构形状；俯视图是视图，表达了底板、圆柱内方孔及圆底孔的形状。

2）利用各视图的表达特点，分析清楚零件内、外部结构形状。因为主视图是半剖视，说明零件左右部对称或接近对称，故可根据左半部的外形想象出右半部的外形，运用看组合体视图的方法，该零件可看成由四个基本形体构成，如图 6-59b 所示。底板 Ⅰ 是一个四棱柱，在底部中间切割掉一个小四棱柱而形成一个槽，顶面上对称地钻出四个孔，正中有一个大圆孔，四个竖棱切成圆弧棱。Ⅱ 是圆柱体，中间切割掉一个长正四棱柱后形成方孔，底部是穿透底板的圆孔；由主、左视图可看出圆柱上方后边有一方孔，前面有一中心线与方孔中心线共线的圆孔。Ⅲ、Ⅳ 是形状相同的斜四棱柱肋板。

3）综合起来想象零件的整体结构形状，如图 6-59c 所示。

【例 6-10】 读如图 6-60a 所示的图样图形，绘制其立体图。

1）分析视图表达方法及各视图之间的投影关系。由图形位置知图形是主视图、俯视图、左视图。图中主视图是一局部剖视图，根据视图名称 *A—A*，并由俯视图中的剖切符号可知该局部视图是由两个正平面剖开的，重点表达了底板上固定孔和零件中部的内腔。俯视图也是一局部剖视图，表达了底板及底板上面两个叠加在一起的大小四棱柱的形状、两凸台的左右相对位置、零件内腔后下方的圆凸台及其穿透内腔后壁的小孔深度。左视图 *B—B* 是采用了两个侧平面剖开的全剖视图，重点表达了内腔深度及前后壁上的凸台厚度。

2）利用各视图的表达特点，分析零件内外部结构形状。运用看组合体视图的方法和“三等关系”，可看出该零件由两个基本形体组成。下面是一个钻出四个对称小孔、中间切割出长方形孔的底板；上面是一个后腔壁与底板后面平齐的长方体，其顶部是一个有长方孔的小长方体，前面靠左、后腔壁上靠右各有一个带小孔且中心线等高的拱形凸台及圆柱形凸台。

3）综合起来想象零件的整体结构形状。轴测图如图 6-60b 所示。

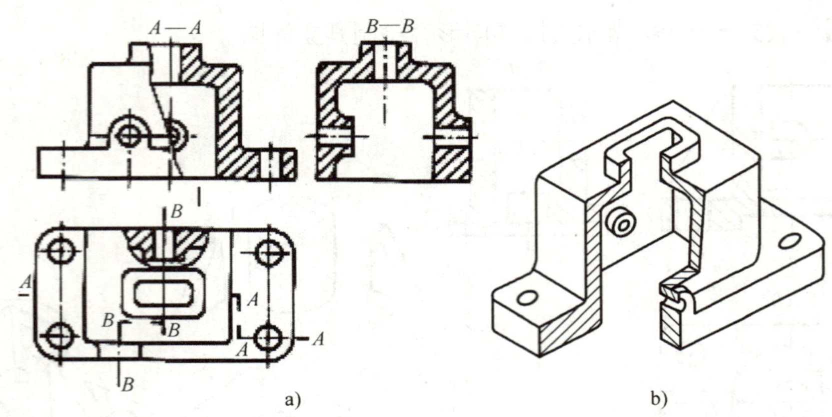

图 6-60　读图示例（例 6-10）

【例 6-11】　读如图 6-61a 所示的图样图形，绘制其立体图。

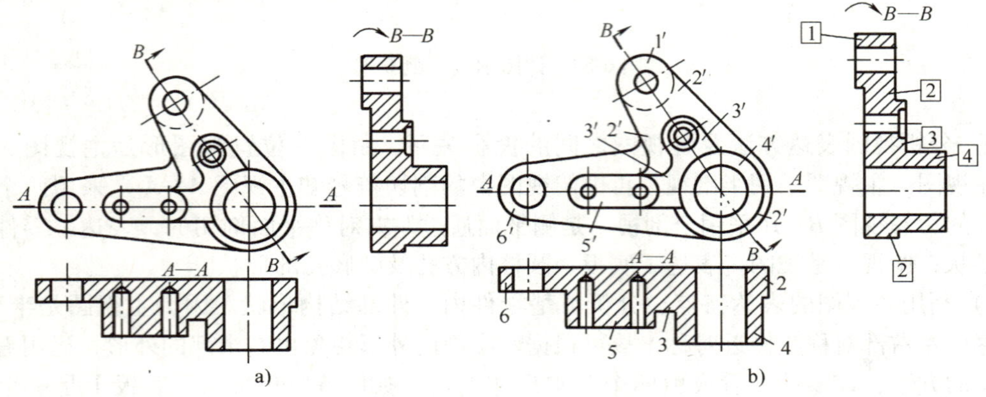

图 6-61　读图示例（例 6-11）

1）视图分析。这组图包含主视图、俯视图、斜视图，俯视图是指用水平面剖开的 *A—A* 全剖视图；斜视图是指用正垂面剖开的 *B—B* 全剖视图，旋转配置，正垂面经过路线见主视图中的剖切符号。

2）想象各部分结构。将主视图分成六部分，即此件由六部分组合，找出各部分的投影并标注，如图 6-61b 所示。再想象各部分结构。Ⅰ（1′、[1]）是圆筒；Ⅳ（4、4′、[4]）是大圆筒；Ⅱ（2、2′、[2]）是板，相切连接圆筒Ⅰ与圆筒Ⅳ；Ⅲ（3、3′、[3]）是凸台板，上有一阶梯孔，在Ⅰ、Ⅱ前方；左边Ⅵ（6、6′）是板，左端有一孔，宽度尺寸小于Ⅱ板；中间Ⅴ（5、5′）是长圆形凸台，上有两个不通孔，在Ⅵ前方，宽度尺寸大于Ⅲ板。

3）综合起来想象零件的整体结构形状，轴测图如图 6-62 所示。

6.6.2　轴测剖视图的绘制

画机件的轴测图时，为了表示机件的内部形状，可假想用剖切平面将机件的一部分剖去。画轴测剖视图时，一般不画不可见的轮廓线。具体画法同前面介绍切割体轴测图的画法，只是要在剖切区域加画剖面符号。正等测剖视图中的剖面符号的画法如图 6-63 所示。正等测剖视图示例如图 6-64 所示。

剖切平面通过机件的肋或薄壁等结构的纵向对称平面时，这些结构的剖视图都不画剖面符号，而是用粗实线将它与邻接部分分开；在图中表现不够清晰时，也允许在肋或薄壁部分用小点表示被剖切部分，如图 6-65 所示。

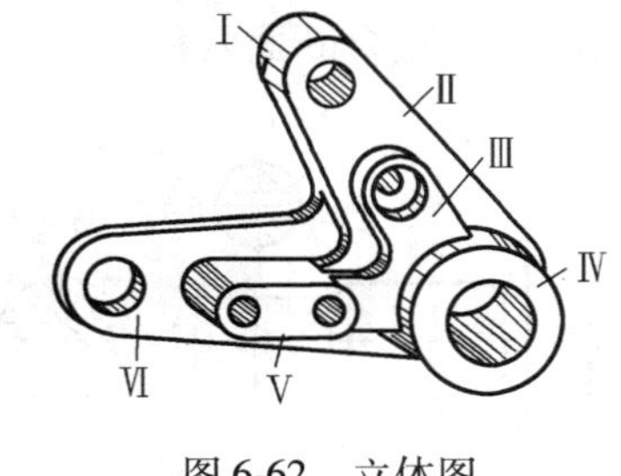

图 6-62　立体图

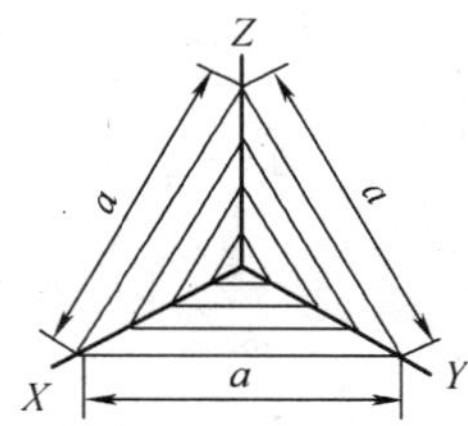

图 6-63　正等测剖视图中的剖面符号

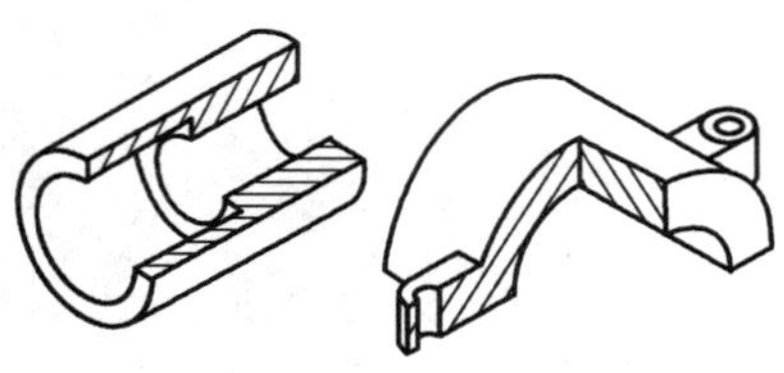

图 6-64　正等测剖视图示例

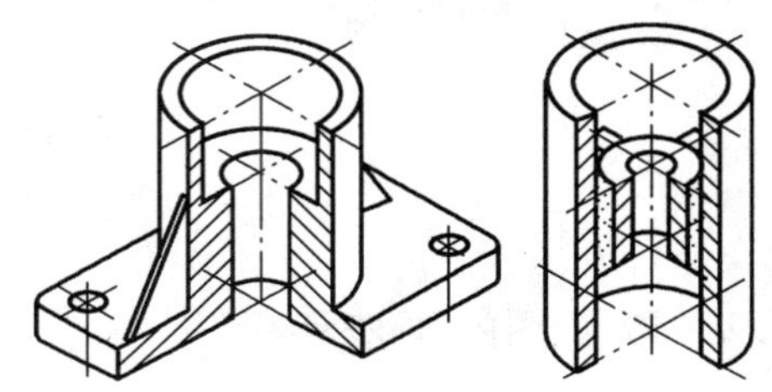

图 6-65　轴测剖视图肋的画法

6.7　断面图的画法

6.7.1　断面图的定义

假想用剖切面将机件某处切断，仅画出该剖切面与机件接触部分的图形，称为断面图，简称断面，如图 6-66 所示。国标规定剖面区域内也要画上剖面符号，剖面符号画法同剖视图上剖面符号画法。

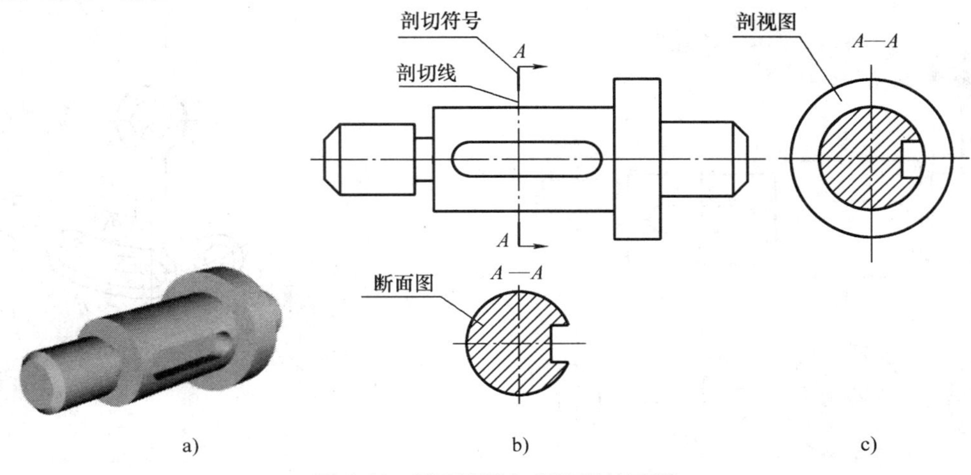

图 6-66　断面图及与剖视图的区别

a）轴测图　b）断面图　c）剖视图

断面图常用来表示机件上某一局部的断面形状，例如机件上的键槽和孔的深度、肋板的厚度、轮辐的断面形状以及各种型材的断面形状。如图 6-67 所示轴，用主视图来表达主体结构后，只有油孔和键槽的深度还没有表达清楚，虽然可用视图、剖视图来表达，但没有断面图表达简便。断面图按其配置的位置不同，可分为移出断面和重合断面两种。

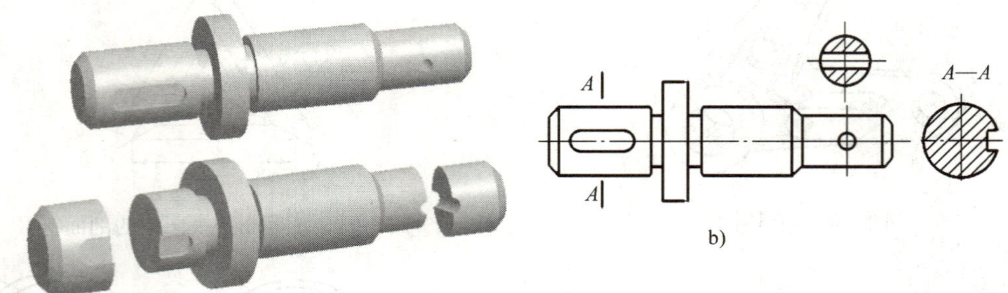

图 6-67　断面图的应用

a）轴测图　b）断面图

6.7.2　断面图的画法和标注

1. 移出断面图的画法　画在视图轮廓外面的断面图称为移出断面图，如图 6-67 所示。移出断面图的轮廓线用粗实线画出；一般绘制在剖切符号（表示剖切面位置的粗短线）延长线或剖切线（表示剖切面位置的细点画线）的延长线上，也可绘制在基本视图配置位置或其他适当的位置。图 6-67 中的断面图一个绘制在剖切符号延长线上，一个（*A*—*A* 视图）绘制在基本视图配置位置；图 6-68 中最左、最右两个断面图是其他的位置。

当剖切面通过回转面形成的孔或凹坑轴线时，此结构按剖视图绘制，如图 6-68*A*—*A*、*B*—*B*。当剖切面通过非圆孔会导致出现完全分离的两个断面时，此结构按剖视绘制，如图 6-69 所示。

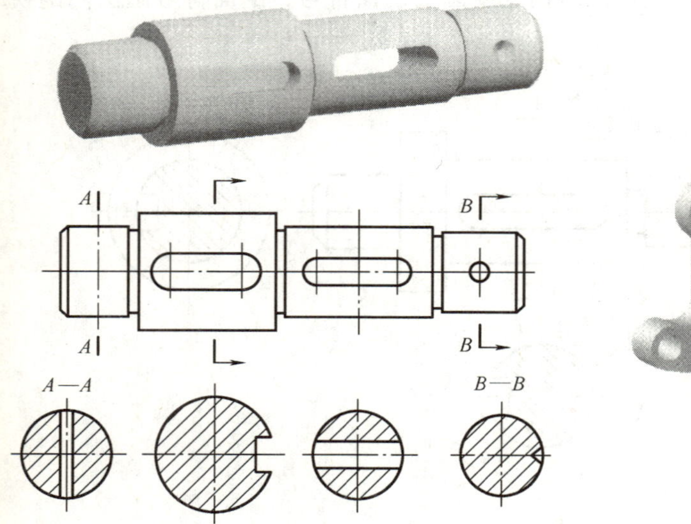

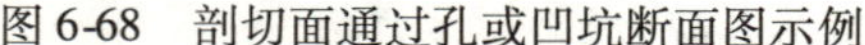

图 6-68　剖切面通过孔或凹坑断面图示例

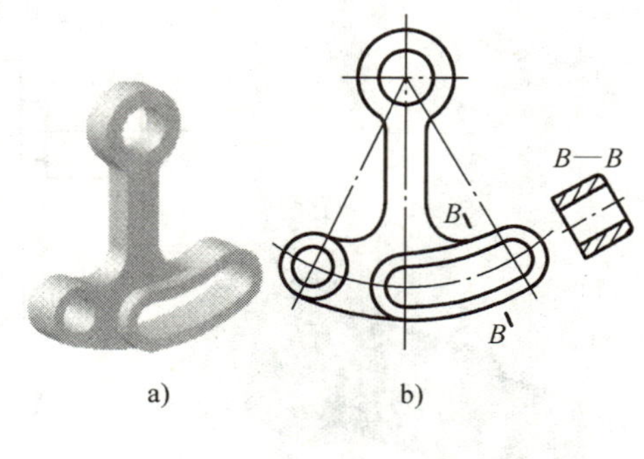

图 6-69　剖切面通过非圆孔断面图特例

当断面图形对称时，也可画在视图的中断处，如图 6-70a 所示。由两个或多个相交的剖切平面剖切得出的移出断面图，中间一般应断开，如图 6-70b 所示。

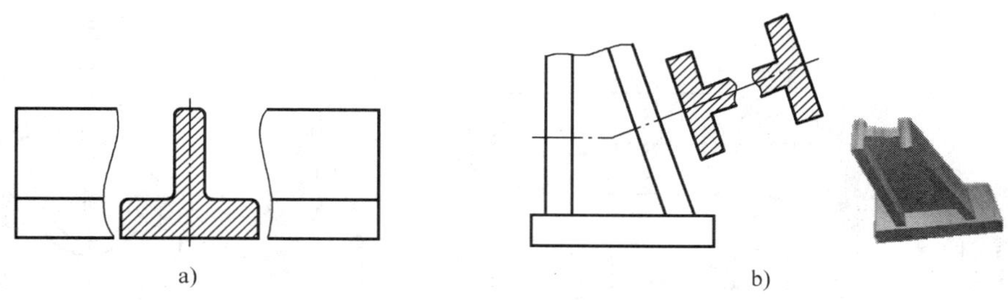

a)　　b)

图 6-70　移出断面图绘制示例

2. 移出断面图的标注　断面图的完整标注与剖视图的完整标注相同，如图 6-68 中 *B—B* 断面图。但移出断面图在下述情况时可省略一些标注：①移出断面图配置在剖切符号延长线上时可省略字母，如图 6-68b、c 所示断面图；②移出断面图按基本视图位置配置或移出断面图对称，虽然配置在其他位置时，可省略箭头，如图 6-68a 所示断面图；③移出断面图对称且配置在剖切符号延长线或视图的中断处，可省略全部标注，如图 6-68c 所示断面图。在不致引起误解时，允许将断面图转正绘制，但要加注旋转符号，其标注形式如图 6-71 所示。

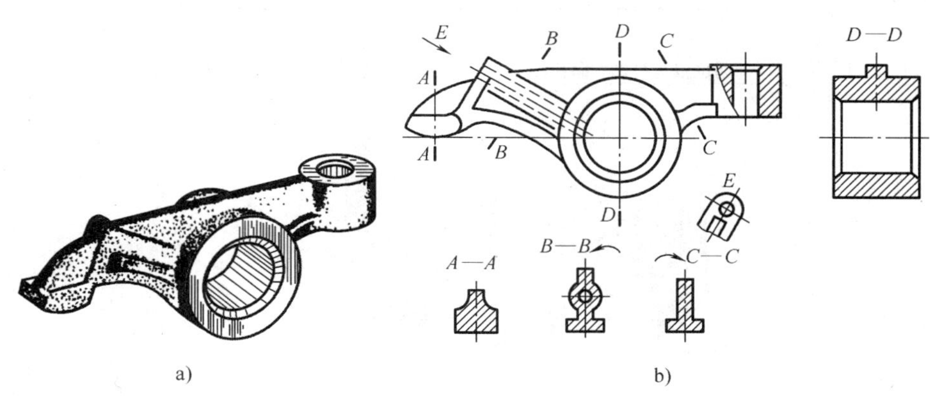

a)　　b)

图 6-71　移出断面图转正绘制示例

3. 重合断面的画法和标注　在视图轮廓线内画出的断面图称为重合断面图，如图 6-72 所示。重合断面图只适用于断面形状简单且不影响原图形清晰的情况。重合断面的轮廓线规定用细实线绘制。当视图中的轮廓线与重合断面中的图形重叠时，视图中的轮廓线仍应连续画出，不可断开，如图 6-73 所示。重合断面图一般省略字母，对称的重合断面图一般不标注，不对称的重合断面图才标注箭头。

识读断面图时，关键是要能根据图形位置和标注判断是机件何处的断面。

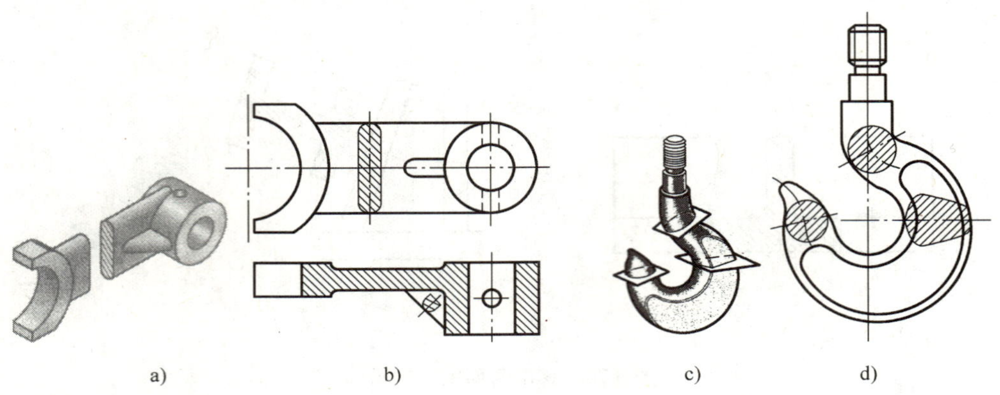

图 6-72　重合断面图示例

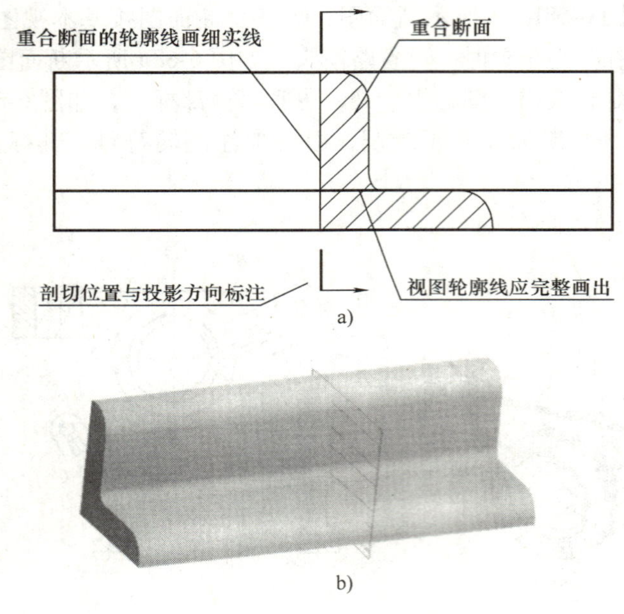

图 6-73　重合断面图画法和标注

6.8　局部放大图及简化画法

6.8.1　局部放大图

将机件的部分结构，用大于原图形所采用的比例绘出的图形，称为局部放大图，如图

6-74 所示。局部放大图应尽量配置在被放大部位的附近，应用细实线圆圈出被放大的部位。当同一机件有几个被放大的部位时，必须用罗马数字依次标明被放大的部位，并在局部放大图的上方标注出相应的罗马数字和所采用的比例。局部放大图的比例为图中图形与其实物相应要素的线性尺寸之比，并非为与原图形之比。局部放大图可以根据需要画成视图、剖视图、断面图，它与被放大的表达方式无关。

当机件上的细小结构在视图中表达不清楚或不便于标注尺寸和技术要求时，可采用局部放大图。必要时可用几个图形来表达同一个被放大部分的结构。

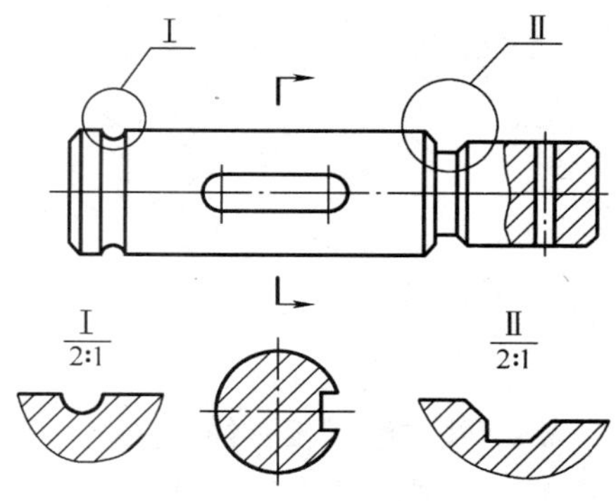

图 6-74　局部放大图

6.8.2　简化画法

1. 相同结构　当机件具有若干个按一定规律分布的相同结构时，如齿、槽等，只需画出几个完整的结构，其余用细实线连接，并注明该结构的总数，如图 6-75 所示。

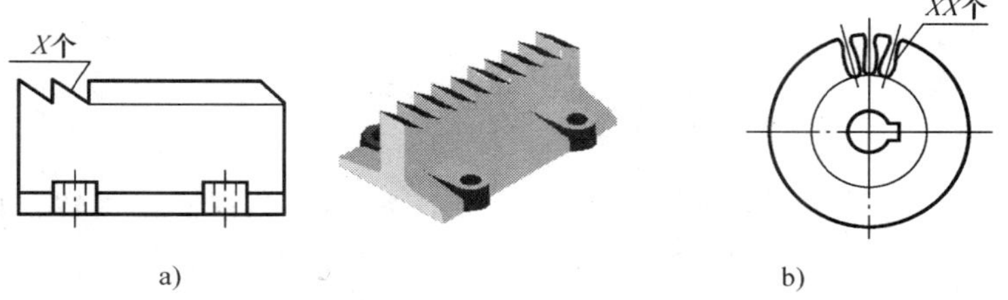

图 6-75　简化画法

若干直径相同且成规律分布的孔，可以仅画出一个或几个，其余用细点画线或“＋”表示其中心位置，并注明孔的总数，如图 6-76 所示。

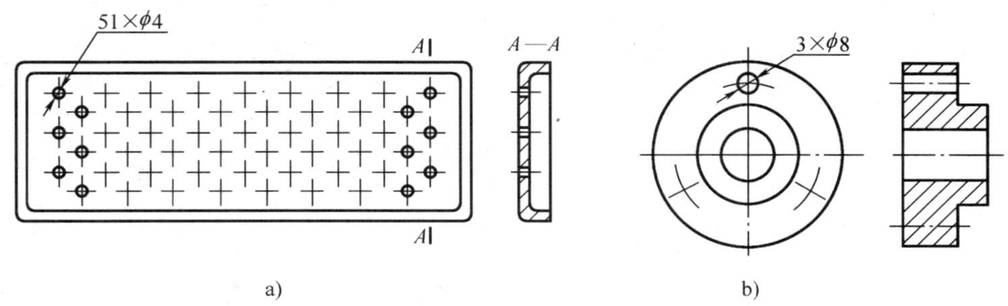

图 6-76　简化画法

2. 不能充分表达的平面　当机件上的平面不能充分表达时，可用平面符号（相交的两条细实线）表示，如图 6-77a、b 所示。

3. 滚花或网状结构　机件上的滚花或网状结构，可在轮廓线附近用粗实线局部示意画出，并在零件图或技术要求中注明这些结构的具体要求，如图 6-77c 所示。

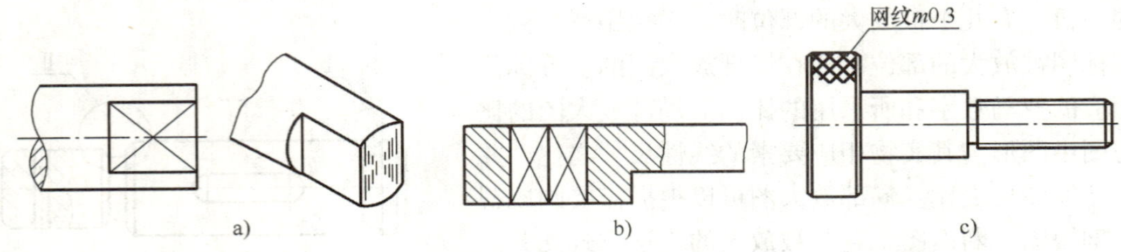

图 6-77　平面简化画法和滚花网纹表示

4. 小截交线或相贯线　某些截交线或相贯线与轮廓线接近，若不致引起误解，交线可用轮廓线代替，如图 6-78 所示。

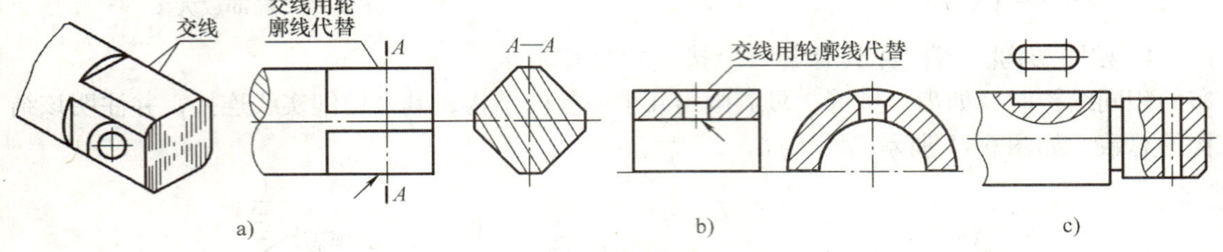

图 6-78　交线简化画法

5. 相同视图　一个零件上有两个或两个以上图形相同的视图，可以只画一个视图，并用箭头、字母和数字表示其投射方向和位置，如图 6-79、图 6-80 所示。

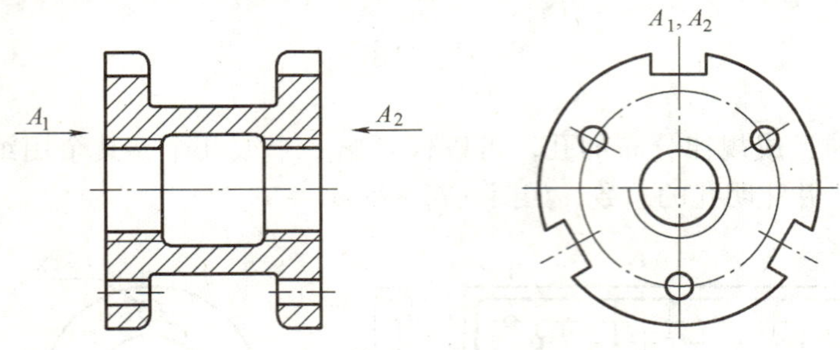

图 6-79　两个相同视图的表示

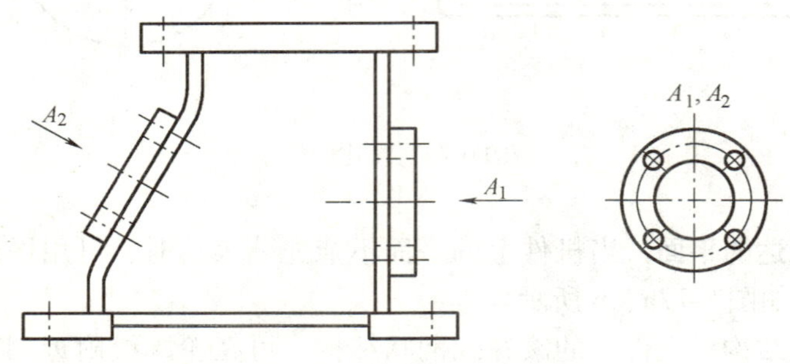

图 6-80　两个图形相同的局部视图和斜视图的表示

6. 法兰盘　圆柱形法兰盘及与其类似的机件上均匀分布的孔，可按图 6-81 的方法绘制。

7. 移出断面图剖面符号　若移出断面图省略剖面符号不致引误误解时，允许省略剖面符号，但剖切位置和断面图的标注必须符合规定，如图 6-82 所示。

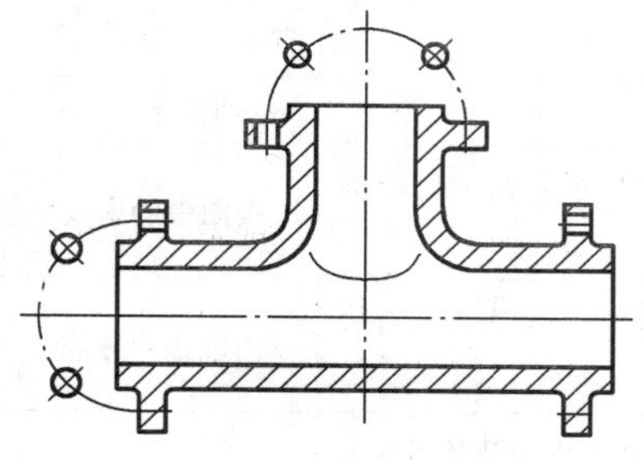

图 6-81　圆柱形法兰上孔的简化画法

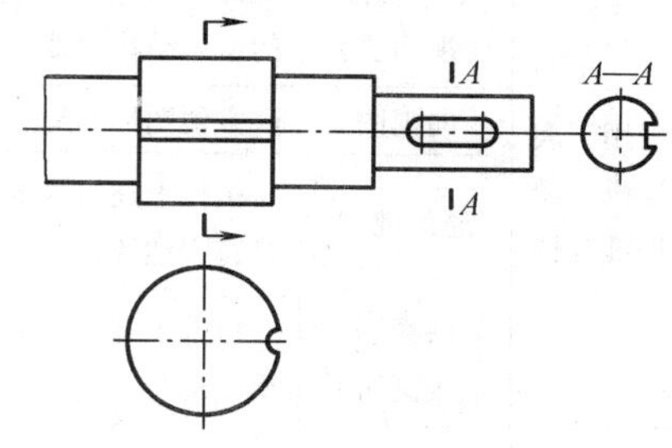

图 6-82　剖面符号的简化画法

8. 折断画法　较长的机件（轴、杆、型材、连杆等）沿长度方向的形状一致或按一定规律变化时，可断开后缩短绘制。断开后的尺寸仍应按实际长度标注，如图 6-83 所示。

9. 倾斜小角度的圆　与投影面倾斜的角度小于或等于 30°的圆或圆弧，可用圆或圆弧来代替其在投影面上投影的椭图、椭圆弧，如图 6-84 所示。

10. 斜度不大的结构　机件上斜度不大的结构，如在一个图形中已表达清楚，其他图形可只按小端画出，如图 6-85 所示。

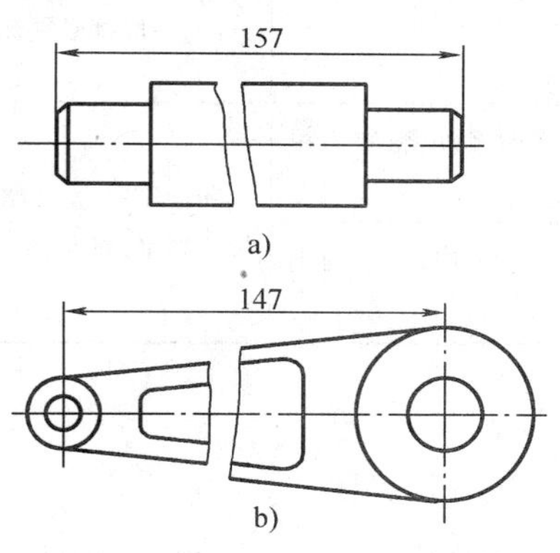

图 6-83　折断的简化画法

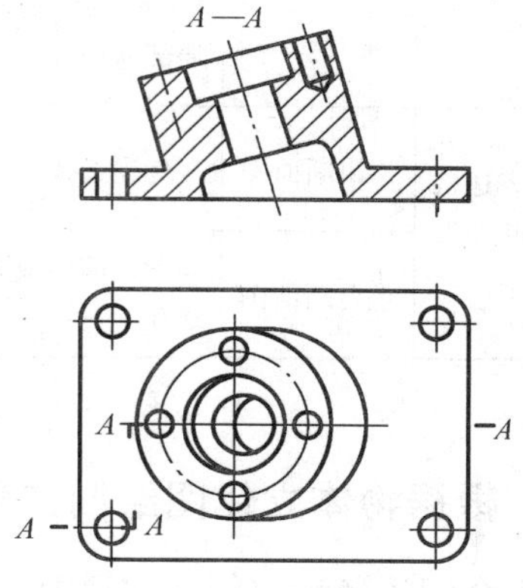

图 6-84　倾斜圆的简化画法

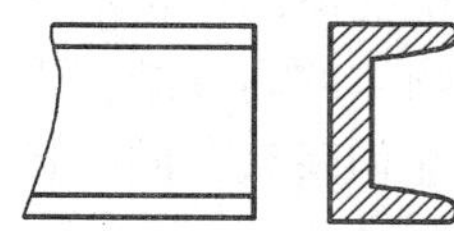

图 6-85　斜度不大结构的简化画法

6.9　机体表达方法小结及综合应用

6.9.1　机体表达方法小结

将机件常用的视图、剖视图、断面图表达方法的适用条件及应用说明列于表 6-1 中。

表 6-1　机件的常用表达方法适用条件

类型	用途	名称	适用条件	图形特点	说明
视图	用于表达机件的外部结构	基本视图（视图法）	外形复杂、内部简单机件的主体结构需要表达	按规定配置，不加任何标注	视图中不必要的虚线应省略
		向视图	方便图形布局	随意配置	必须标注
		局部视图	机件上还有局部结构外形没有表达清楚	以波浪线分界，完整轮廓则封闭	视图中的虚线一般省略
		斜视图（视图法）	机件上有倾斜结构外形需要表达	图形倾斜或图上方注有旋转符号	图形必须标注
剖视图	用于表达机件内部结构	全剖视图	机件外形简单、内形复杂，用于表达整个内部形状	展示整个内腔及其后部看得见的结构形状	用单一剖切面、几个平行的剖切平面、几个相交的剖切面中的任何一种，均可得到全剖视图、半剖视图和局部剖视图 剖视图也可根据需要按向视图的配置形式配置（除可省略标注外，含单一斜剖切面剖切在内的其余剖切方法，一般都必须标注）
		半剖视图	用于同时表达具有对称平面的机件的外形与内形（沿机件的对称面切开）	组合的图形以对称线分界	
		局部剖视图	用于表达机件的局部内形和保留机件的局部外形，或不宜采用全剖、半剖的机件（多沿机件的对称面、轴线局部地切开）	组合的图形多以波浪线分界，剖切的范围可大可小	
断面图	表达机件断面形状	移出断面图	优先选择	画在视图之外，轮廓为粗实线	断面图一般省略了某些标注要素（箭头、字母）
		重合断面图	图形简单或断面形状逐渐变化	画在视图之内，轮廓为细实线	

6.9.2　根据物体立体图绘制工程图样图形

前面介绍了各种视图、剖视图、断面图、简化画法等表达方法，在实际应用中，对于具体物体应选择哪些表达方式，则应根据物体的结构形状进行具体分析，原则是使所选择的表达方案能完整、清晰、简明地表示出物体的内外结构形状。选择时，要注意使每个图都具有明确的表达目的，要注意它们之间的互相联系，同时还要避免细节重复表达，力求简化绘图和方便识图。

【例 6-12】　根据图 6-86 所示变速箱体的立体图，选择表达方案绘制其图形。

结构说明：选定主视图的投射方向，如箭头 *A* 的方向，该零件可分解为 8 个部分，前后板结构相同，但各方均不对称，左右、上下各异，而且结构都复杂。

表达方案：主视图采用两正平面剖切的局部剖视，前方Ⅴ及右下角部分留下不剖，左边正平面过Ⅲ前部大孔轴线，右边正平面过Ⅵ中间孔轴线；右下角再用一个过Ⅶ孔轴心线正平面剖切的局部剖视。俯视图采用局部剖视，仅Ⅲ上方孔局部位置剖开。左视图采用从左右中间面剖开的全剖视图。局部左视图表达Ⅲ外部形状；右视图表达Ⅵ和Ⅶ的外部形状及相对位置；局部仰视图表达Ⅱ下部形状。选用一个剖切的右视图表达内部Ⅷ的形状及内壁结构。

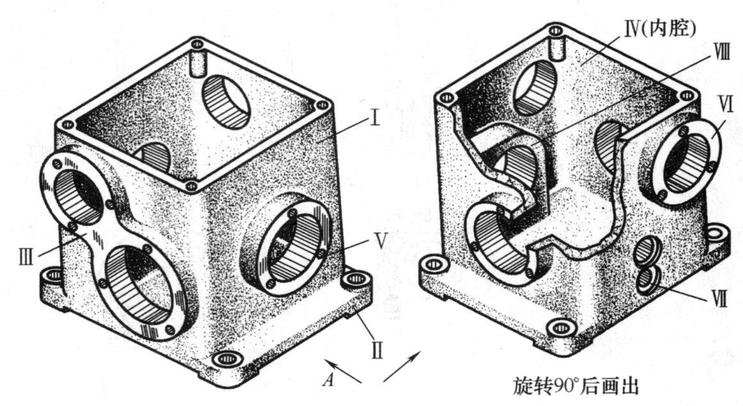

图 6-86　变速箱体立体图

Ⅰ部最上方 4 个小孔深度通过标注尺寸可知，Ⅱ部顶角 4 个内孔深度通过标注尺寸或俯视图、仰视图均能可见其孔可知为通孔，图形上就不表示了。

绘图过程：先绘制主视图，再绘制左视图或俯视图，后绘制其余 4 个图。每绘制一个图形，就完成一个图形的标注。变速箱体图样如图 6-87 所示。

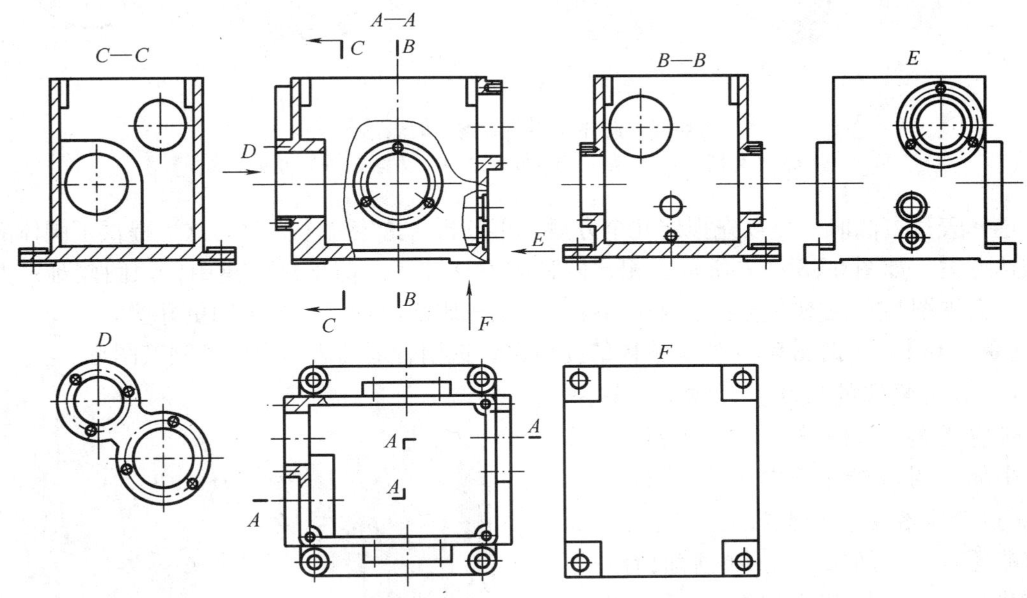

图 6-87　变速箱体图样图形

【例 6-13】　根据图 6-88a 所示阀体的立体图，选用合适的表达方法绘制其图形。

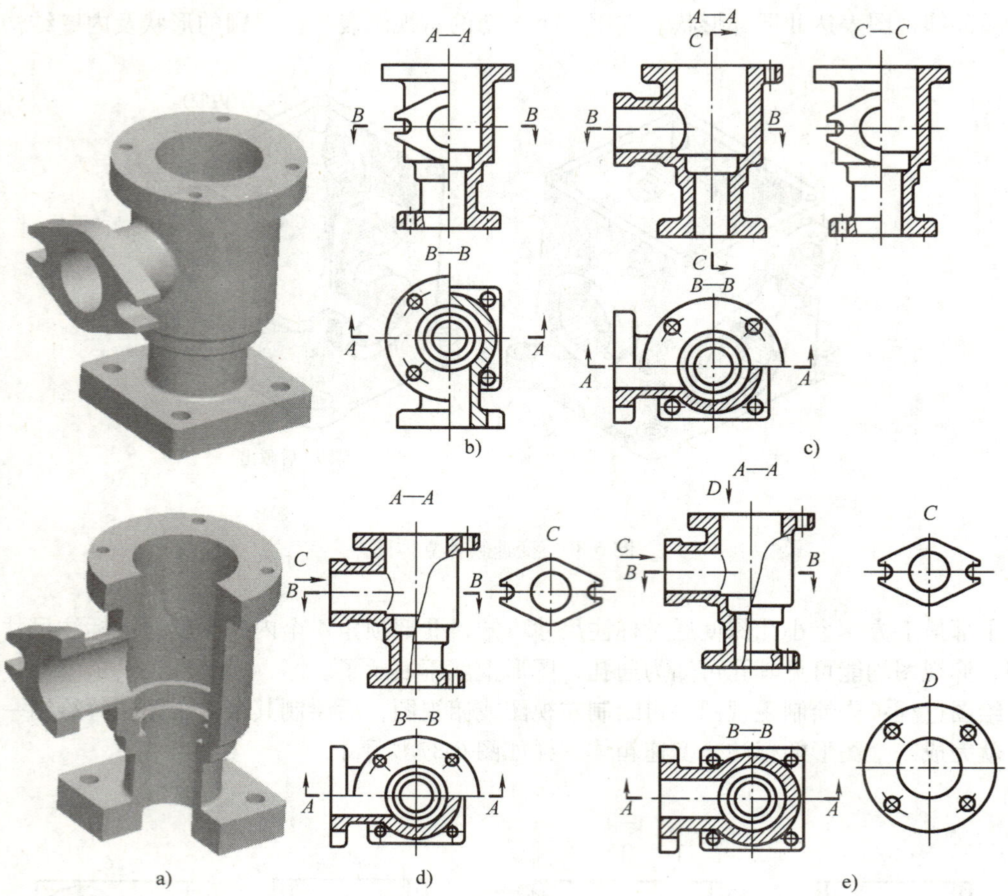

图 6-88　阀体立体图及阀体的表达方案

a）立体图　b）方案一　c）方案二　d）方案三　e）方案四

选择表达方法时，可以先拟定几个方案，再分析、选定一个方案。这里提供了阀体的四种表达方案，如图 6-88b ~ e 所示。相比四种方案，方案一信息过于集中，识图较难；方案二主、俯视图与左视图重复表达内孔结构；方案三比前两种好，方案四更好些。

【例 6-14】　根据图 6-89 所示泵体的立体图，选用合适的表达方法绘制其图形。

1）分析泵体的形状。泵体的主体是一个带空腔的长圆形柱体（两端是半圆柱，中部是与两端半圆柱相切的长方形体），这个空腔由三个圆柱孔拼成。主体的前端还有一个凸缘。主体的后面有一 8 字形凸台，凸台上部有同轴圆柱孔，孔与主体的空腔相通，空腔的下部有一个盲孔。左右两侧是圆柱，分别有圆柱孔，与主体的空腔相通，底部是一块有凹槽的长方形板，左右有两个圆柱孔。

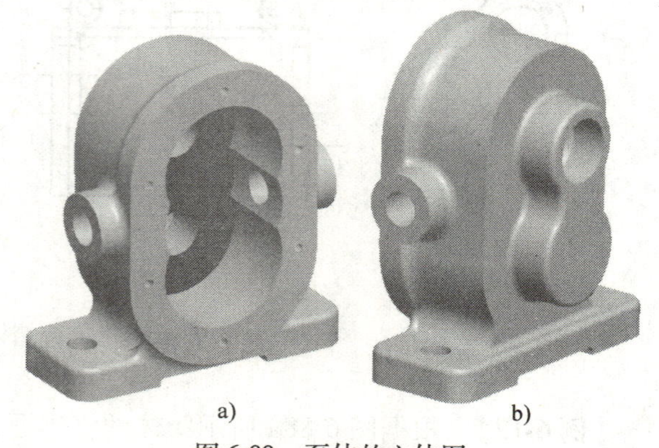

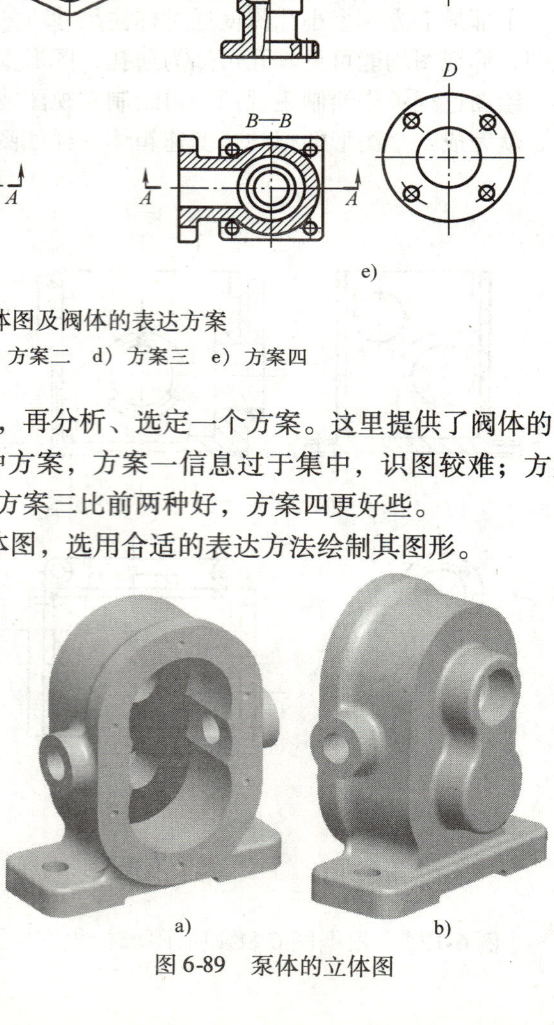

图 6-89　泵体的立体图

2）选择适当的表达方法。选用图6-89左图右前方为主视图方向。主视图主要用来表达前方外形，且泵体虽是左右对称，但根据这个泵体的形状，将主视图中左右两侧的圆柱和孔画成局部剖视图更好。底板上的两个圆柱孔也可在主视图中用局部剖视表达，只画其中一个就可以了。为进一步表达泵体的宽度尺寸和内部形状，选择左视图，并画成剖视图，用泵体的左右对称面作剖切平面，泵体的许多内部结构的形状都可以显示出来。为了强调左右两侧的圆柱、圆柱孔形状和位置及主体前端凸缘的厚度尺寸，选择此处保留视图而其他均剖开的局部剖视图。这样泵体的主体及其两侧已可表达清楚。另外，后面腰圆形凸台和8字形凸台没表示清楚，选择后视方向的外形视图；底板形状可增加一个仰视方向的局部视图来表达。

3）绘制图形。泵体的图样如图6-90所示。

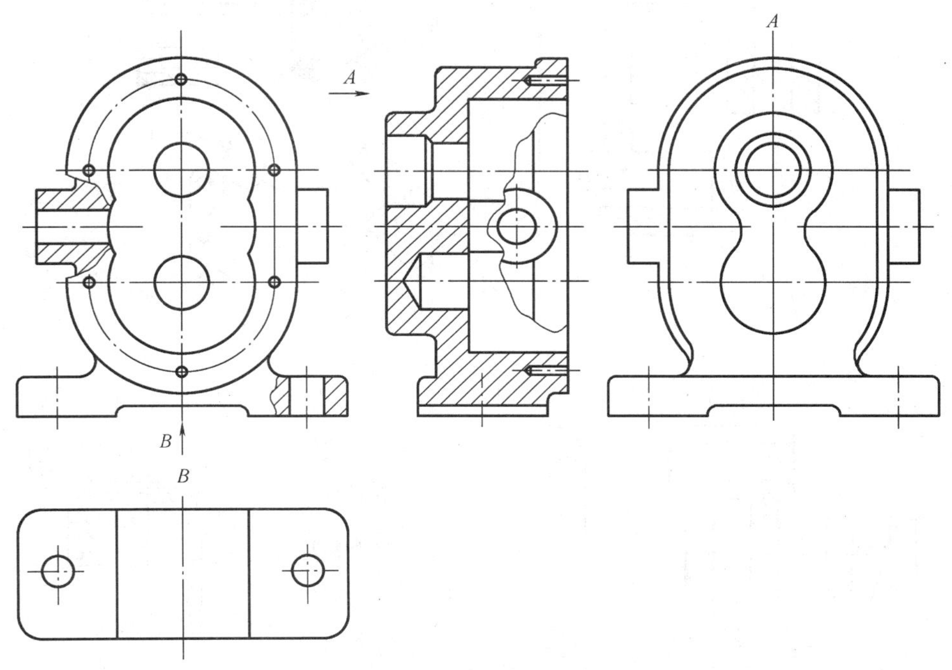

图6-90　泵体的图形

6.9.3　识图想象物体的空间形状

识读物体的空间形状就是通过识读物体图样想象物体空间形状。在识读图形时，首先要分辨每个图形是何种视图，即确定图形的名称。图上没有字母的一般是配置位置的图，先确定此类图形的名称，再根据字母和箭头确定其他图的投射方向。其次确定各图形的表达方式，即分辨每个图形是视图、剖视图还是断面图，属何种剖视、断面，怎样剖开的，表达的重点是什么，是否采用了简化画法。分辨方法是：没有剖面符号的图形一般是视图；若表示投射方向的箭头是斜的，那一定有斜视图，说明机件有倾斜部分。斜视图的图形一般较基本视图要小，多用波浪线或双折线作断裂边界线；如果图形上方有带箭头的弧线，那一定是斜视图。局部视图的图形也较小，但其投射方向的箭头不会是斜的。凡在图中画有剖面符号的图形一定是剖视图或断面图，对剖视图或断面图一定要找到它的剖切符号，剖切符号不能在本身图上去找，要到其他图上找。根据剖切符号的形式可辨别剖视图的剖切面形式，依照箭头的方向确定剖视或断面图的投射方向。如果剖视或断面图上方有带箭头的弧线，其投射方向必定倾斜于基本投影面。如果有剖视图而无剖切符号，那必定是符合省略标注的规定；如果有剖切符号而无箭头，那必定符合省略箭头的规定。如果图形中有的地方的画法有异于视图、剖视和断面，那就可能是其他表达法。最后，分部分识读各形状和综合想象整体形状。

【例 6-15】　读如图 6-91a 所示机件的图形，绘制其立体图。

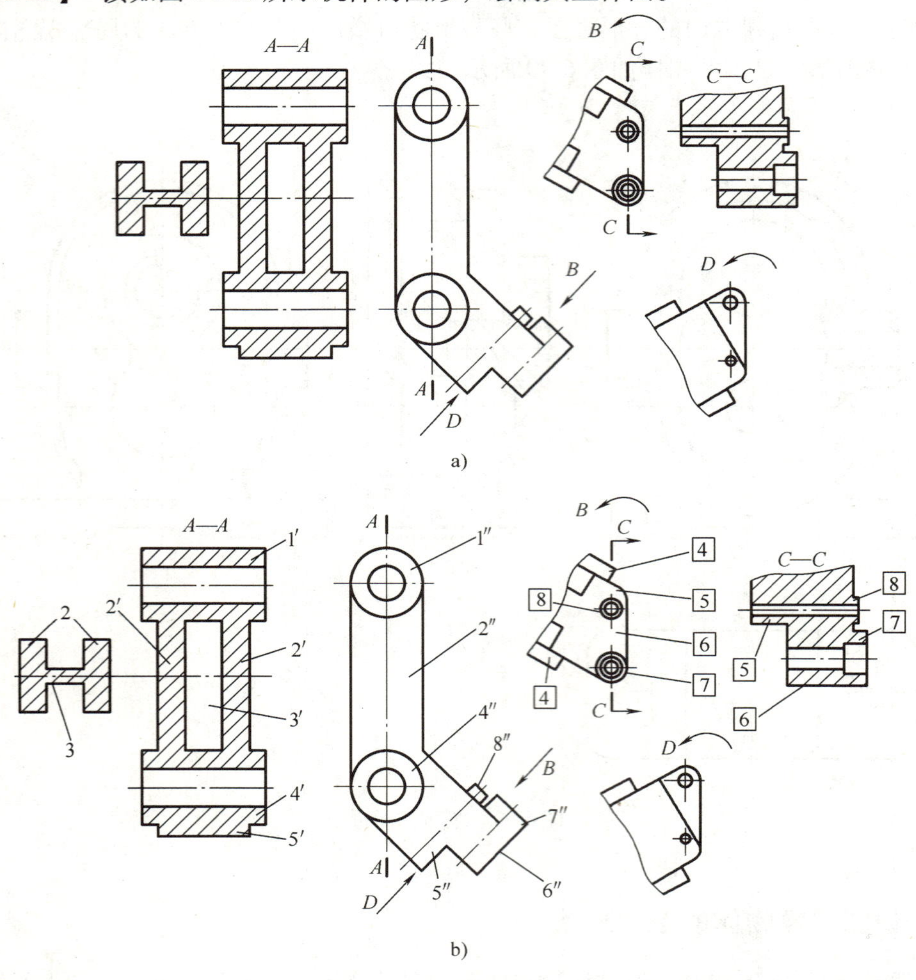

图 6-91　读图例一

1）分析图形。这组图包含主视图、左视图、移出断面、斜视图、*C—C* 剖视图。主视图是 *A—A* 全剖视图，剖切符号画在左视图中，箭头被省略；移出断面画在剖切平面积聚线的延长线上，此图用来表达此处宽度尺寸；斜视图 *B* 的投射方向箭头画在左视图右方，此图表达倾斜形状及其上凸台形状和位置；斜视图 *D* 的投射方向箭头画在左视图下方，此图表达倾斜结构下方形状；*C—C* 剖视图的剖切符号和箭头画在斜视图 *B* 中，此图表达两处孔的深度位置。

2）分析部分结构。左视图可分成八个部分，说明此件由八部分组合，找出各部分的投影，并分别标注，如图 6-91b 所示。想象各部分形状：Ⅰ(1′、1″) 是圆筒；Ⅱ(2、2′、2″) 是两块平板；Ⅲ(3、3′) 是薄平板；Ⅳ(4′、4″、4) 是圆筒；Ⅴ(5、5″、5) 是棱柱体；Ⅵ(6″、6) 是柱体；Ⅶ(7″、7) 是圆凸台，中央有一沉孔，直通形体Ⅵ；Ⅷ(8″、8) 是圆凸台，中央有一圆孔，直通形体Ⅴ。

3）综合整体结构。平板Ⅱ和Ⅲ成工字形配置，连接圆筒Ⅰ和Ⅳ。平板Ⅲ在 *A—A* 剖视中按不剖处理了，实际上被剖了。形体Ⅴ和Ⅵ组合后与圆筒Ⅳ相连，其上下两平面与圆筒Ⅳ相切，两个凸台都在其顶面上。立体图如图 6-92 所示。

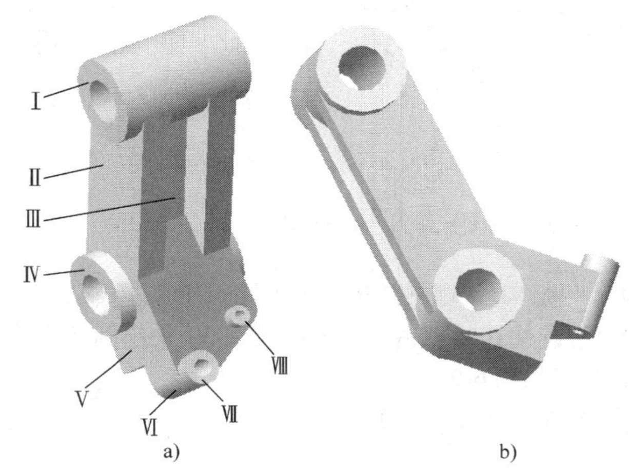

图 6-92　立体图一

【例 6-16】　读如图 6-93a 所示机件的图形，绘制其立体图。

1）分析图形。这组图包含主视图、俯视图、右视图、斜视图。主视图是局部剖视图 *A—A*，表达左边内部结构和右边前方凸台，其剖切符号画在俯视图中；俯视图中作了两个局部剖视图 *D—D*、*E—E*，分别表达两处孔的深度，其剖切符号和箭头分别画在主视图和斜视图 *B* 中；右视图是全剖视图 *C—C*，用来表达此处断面结构，其剖切符号和箭头画在主视图中；斜视图 *B* 是经过转正后画出的，用来表达倾斜结构形状，表示其投射方向的箭头画在俯视图旁。

2）分析部分结构。主视图可分成八个部分，说明此件由八部分组合，找出各部分的投影，并分别标注，如图 6-93b 所示。想象各部分形状：Ⅰ(1、1′、1″) 是长圆形底板，左侧周边有三孔，右边前后各有一突耳，突耳中各有一孔；Ⅱ(2、2′、2″、2) 是圆筒，由斜视图 *B* 和俯视图知其外圆柱左前上部分被加工成平面，平面上有一圆柱通孔；右边Ⅵ(6、6′) 是圆筒，在Ⅰ上方；Ⅳ(4、4′) 是圆筒，上方孔口倒角，与圆筒Ⅵ共轴线，直径小于圆筒Ⅵ，在Ⅳ上方；中间Ⅲ(3、3′、3″) 是肋板，在 *A—A* 图中按不剖处理了，连接圆筒Ⅱ、Ⅳ与Ⅵ；前方Ⅴ(5、5′) 是凸台，中央有一孔，与圆筒Ⅳ内孔相通；Ⅶ(7、7′、7″) 是平板，连接圆筒Ⅱ、Ⅵ；Ⅷ(8′、8″) 是前后两块平板，在Ⅶ下方，连接圆筒Ⅱ、Ⅵ，主视图上不画剖面符号，是因此处为空。

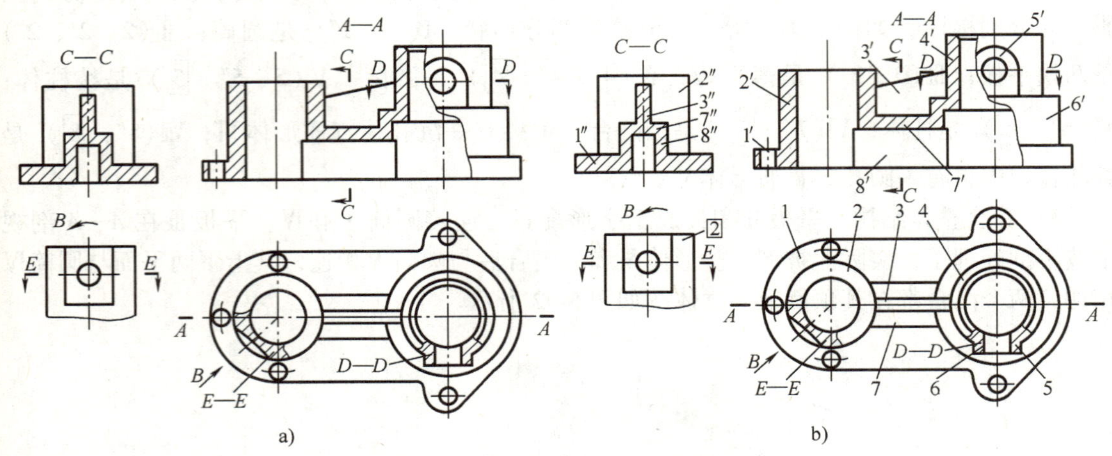

图 6-93 读图示例二

3）综合整体结构。平板 VII、Ⅷ三块连成一体，中间是空洞，左与圆筒Ⅱ相通，右与圆筒 VI 相通。圆筒Ⅱ中小圆柱孔、Ⅷ中间空洞、圆筒 VI 中小圆柱孔均挖至最底部，因此底板Ⅰ中间也为空心。立体图如图 6-94 所示。

【例 6-17】 识读如图 6-95 所示四通阀图样的图形，绘制其立体图。

1）了解图形的数量和各图形的名称（或者观察方向）。四通阀共用了五个图形，根据图形上的字母、位置和图形总体尺寸，可判定图 *B—B* 和图 *A—A* 是主要视图，另三个是辅助视图。先确定主要视图的名称，图 *B—B* 是主视图，图 *A—A* 是俯视图；再根据标注（字母和箭头）确定辅助视图的名称，图 *C—C* 是右视图，*D* 图是俯视图，图 *E—E* 为斜视图。

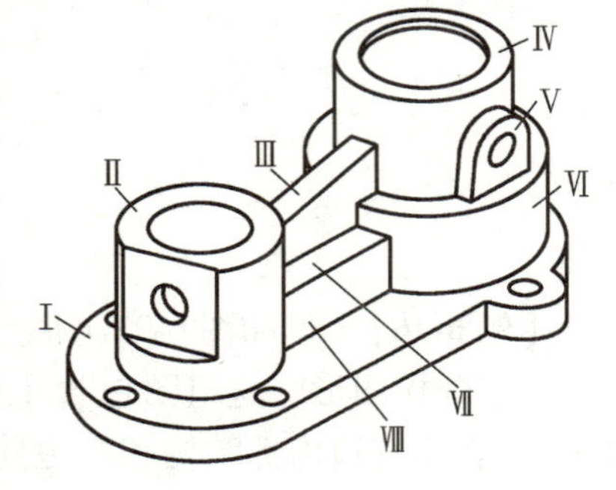

图 6-94 立体图二

2）了解各图形的表达方法。根据标注（剖切符号、字母和箭头）分析各图形详细的剖切平面和剖切位置。*B—B* 主视图是用两个相交的剖切平面（正平面和铅垂面）剖切的全剖视图；*A—A* 俯视图是用两个平行的剖切平面（水平面）剖切的全剖视图；*C—C* 右视图是用一个剖切平面（侧平面）剖切的全剖视图，用了对称表示方法；*D* 俯视图是局部视图，仅表达最上方形状；*E—E* 斜视图是用一个的剖切平面（铅垂面）剖切的全剖视图。

3）分析图形，想象各部分的形状。应用形体分析法，将机件分解成几个部分，先看主要部分，后看次要部分，想象出各部分的形状。根据 *B—B* 主视图可分成上、中、下、左、右五个部分，中间为四通管体，管内有圆柱孔连通，上、下、左、右四个端部各有一个平板（即法兰盘），四个法兰盘形状不同，上端部是方体板（见 *D* 图），下端部是圆柱盘（见 *A—A* 图），左端部是圆柱盘（见 *C—C* 图），右端部是腰圆柱盘（见 *E—E* 图），四个法兰盘均有多个小通孔。左右两端部通过圆筒与中间四通管体连接，上、下端部各有止口（即阶梯孔）。

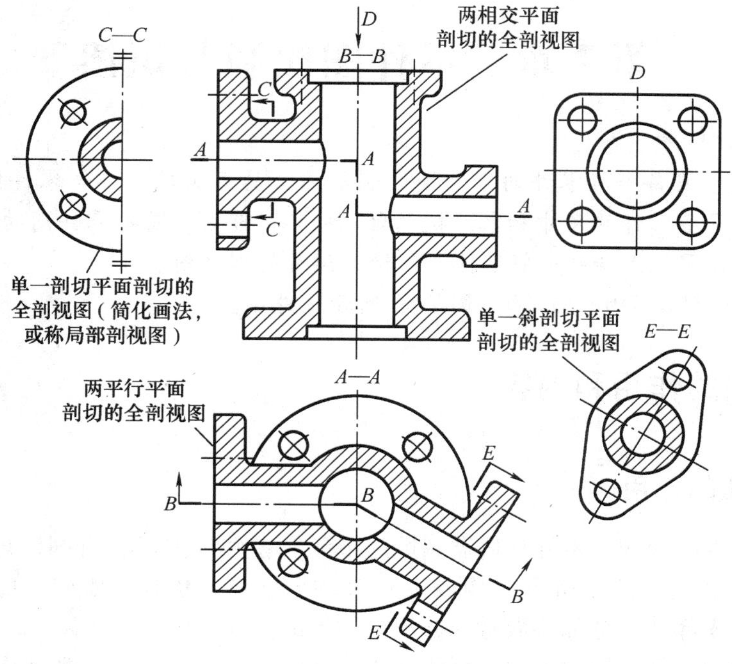

图 6-95　四通阀图形

4）综合归纳，想象整体。整体结构如图 6-96 所示。

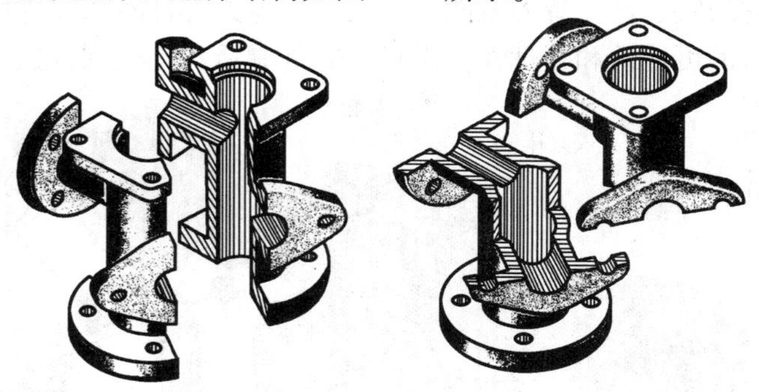

图 6-96　四通阀立体图

第 7 章　零件图绘制与识读

【能力目标】 具备一般零件的零件图绘制能力；具备齿轮、弹簧零件图和螺纹规定画法的绘制能力；具备零件的尺寸和零件技术要求的标注能力；具备零件图的识读能力。

【任务 1】 在图纸上绘制一般零件、齿轮、弹簧的零件图。

【任务 2】 识读图 7-6～图 7-9、图 7-86 所示零件图。

7.1　零件图的作用和内容

7.1.1　零件图的作用

机器是由零件组成的，零件是机器制造的单元。零件根据是否有国标规定分为标准件、常用件和一般零件。图 7-1 所示为构成齿轮泵的分解图。螺栓、螺钉、螺母、垫圈、键、销、滚动轴承等零部件，全部参数有国标规定的零部件称为标准件；齿轮、弹簧，部分参数有国标规定的常用零件称为常用件；泵体、泵盖、垫片，全部参数可根据设计需求自行设计的零件称为一般零件。根据一般零件的形状结构特点可又分为轴套类零件、轮盘类零件、叉架类零件和箱体类零件。表达零件的图样称为零件工作图，简称零件图。零件图是生产部门的重要技术文件，它反映了设计者的意图，表达了机器或部件对该零件的要求，同时也考虑了零件的结构和制造的可能性和合理性，是指导零件制造和检验的依据。

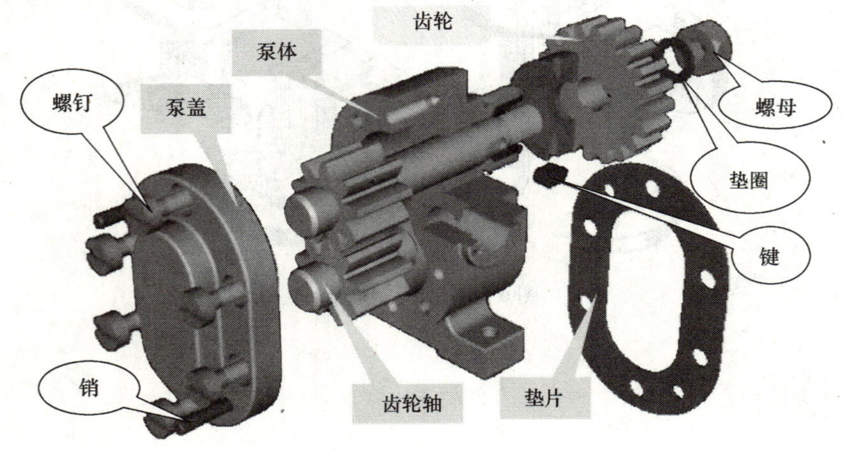

图 7-1　零件分类

7.1.2　零件图的内容

零件图是生产中指导制造和检验该零件的主要图样。它不仅仅要把零件的内、外结构和大小表达清楚，还需要对零件的材料、加工、检验、测量提出必要的技术要求。零件图必须包含制造和检验零件的全部技术资料，因此，一张零件图一般应包括以下内容（图 7-2）。

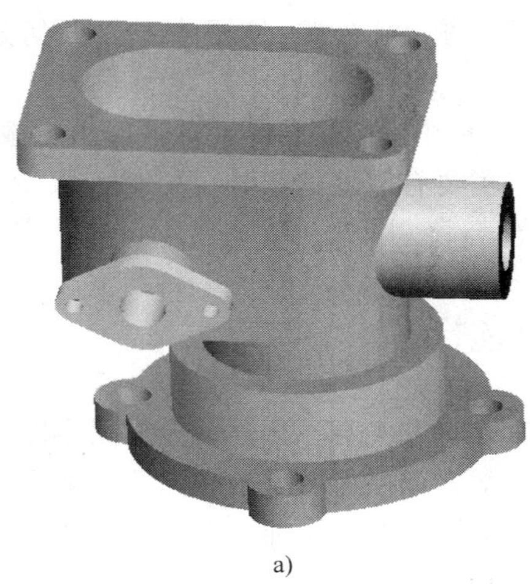

a)

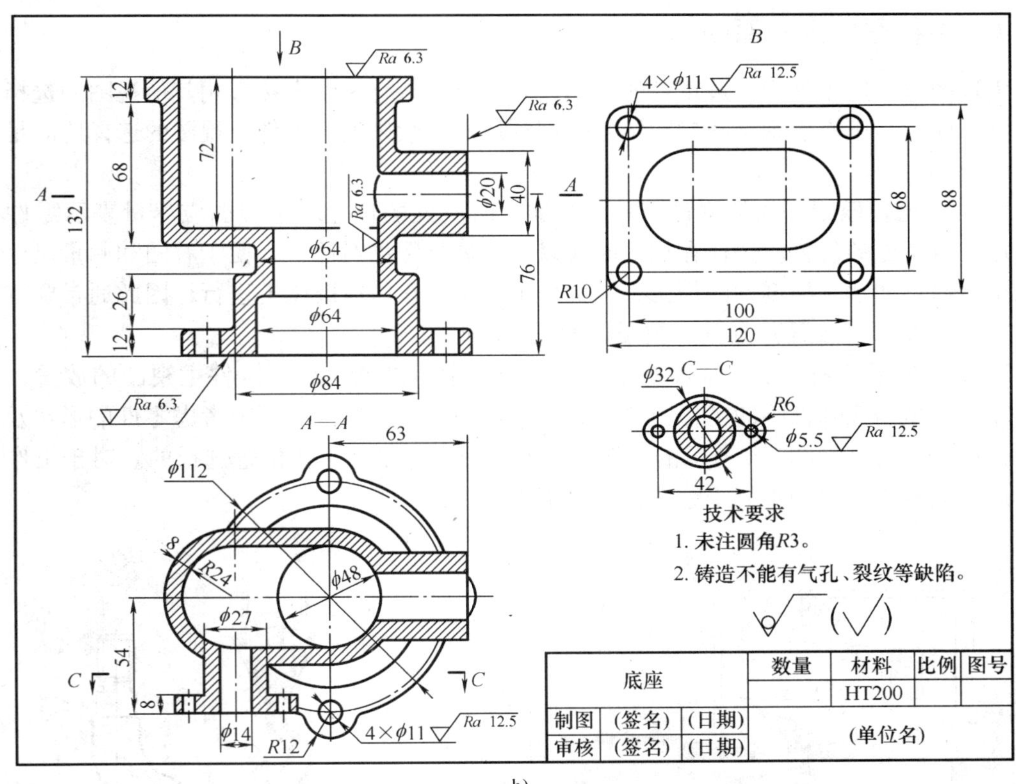

b)

图 7-2　零件图

1. 一组图形　用于正确、完整、清晰和简便地表达出零件内外形状的图形，其中包括机件的各种表达方法，如视图、剖视图、断面图、局部放大图和简化画法等。

2. 完整的尺寸　零件图中应正确、完整、清晰、合理地注出制造零件所需的全部尺寸。

3. 技术要求　用一些规定的代（符）号、数字、字母和文字注解说明零件制造和检验时在技术指标上应达到的要求。如尺寸公差、表面结构、几何公差、材料和热处理、检验方法以及其他特殊要求等。

4. 标题栏　标题栏应配置在图框的右下角。它一般由更改区、签字区、其他区、名称以及代号区组成。填写的内容主要有零件的名称、材料、数量、比例、图样代号以及设计、审核、批准者的姓名、日期等。

7.2　零件表达方案的选择

零件的形状多种多样，其表达方案各不相同，应根据零件的结构特点、加工方法和在机器中的位置选用适当的表达方案，以最少数量的视图，正确、完整、清晰地表达零件的全部结构形状。此外，还应当考虑读图和绘图简便。一个较好的表达方案，包括零件主视图的选择和视图数量、表达方法的选择。

7.2.1　主视图的选择原则

主视图是表达零件形状最重要的视图，其选择是否合理将直接影响其他视图的选择和看图是否方便，甚至影响到画图时图幅的合理利用。一般来说，零件主视图的选择应满足以下三个原则。

1. 加工位置原则　加工位置是零件在加工时所处的位置。主视图应尽量表示零件在机床上加工时所处的位置。这样在加工时可以直接进行图物对照，既便于看图和测量尺寸，又可减少差错。如轴套类零件的加工，大部分工序是在车床或磨床上进行，因此通常要按加工位置（即轴线水平放置）画其主视图，如图 7-3 所示。

2. 工作位置原则　工作位置是零件在装配体中所处的位置。零件主视图的放置，应尽量与零件在机器或部件中的工作位置一致。这样便于根据装配关系来考虑零件的形状及有关尺寸，便于校对。如图 7-4 所示的吊钩零件的主视图就是按工作位置选择的。对于工作位置歪斜放置的零件，因为不便于绘图，应将零件放正。

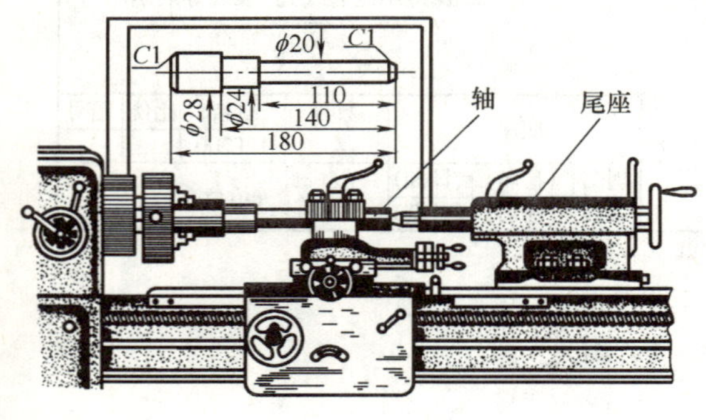

图 7-3　轴类零件的加工位置

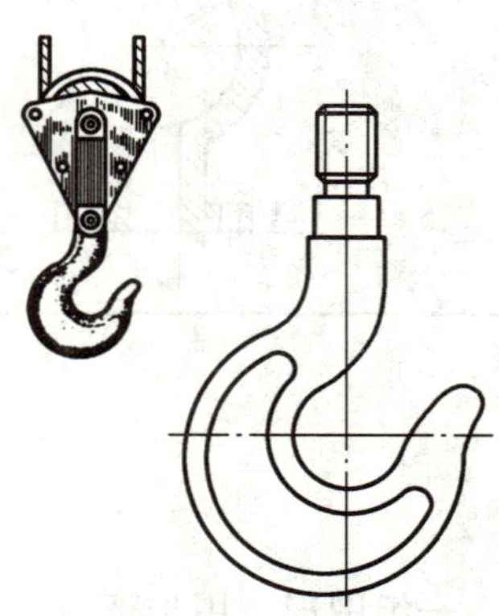

图 7-4　零件的工作位置

3. 形状特征原则　形状特征原则就是将最能反映零件形状特征的方向作为主视图的投影方向，即主视图要较多地反映零件各部分的形状及它们之间的相对位置，以满足表达零件清晰的要求。图7-5所示为轴承盖主视图投影方向的比较。由图可知，图7-5b的表达效果显然比图7-5c的表达效果好得多。

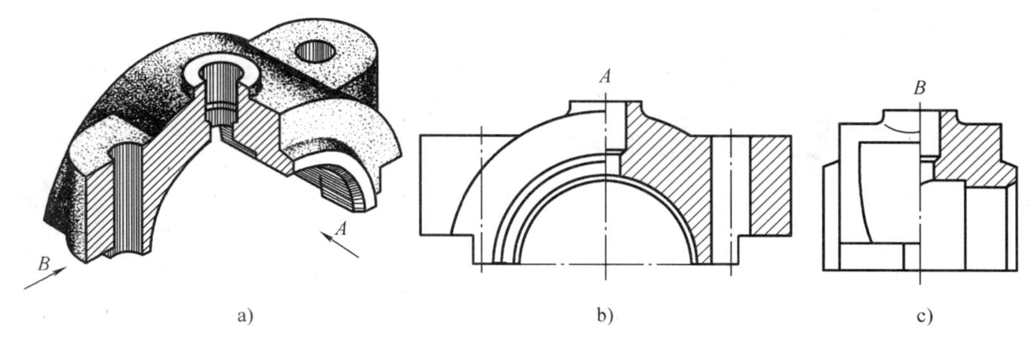

图7-5　确定主视图投影方向的比较

7.2.2　其他视图的选择

一般来讲，仅用一个主视图是不能完全反映零件的结构形状的，必须选择其他视图，包括剖视、断面、局部放大图和简化画法等各种表达方法。主视图确定后，对其表达未尽的部分，再选择其他视图予以完善表达。具体选用时，应注意以下几点。

1）根据零件的复杂程度及内、外结构形状，全面地考虑还需要的其他视图，使每个所选视图应具有独立存在的意义及明确的表达重点，注意避免不必要的细节重复，在明确表达零件的前提下，使视图数量为最少。

2）优先考虑采用基本视图，当有内部结构时应尽量在基本视图上作剖视；对尚未表达清楚的局部结构和倾斜部分结构，可增加必要的局部（剖）视图和局部放大图；有关的视图应尽量保持直接投影关系，配置在相关视图附近。

3）按照视图表达零件形状要正确、完整、清晰、简便的要求，进一步综合、比较、调整、完善，选出最佳的表达方案。

7.2.3　典型零件的表达方案

零件种类繁多，按照其结构形状分类，大致可以分为四种类型，轴套类、轮盘类、叉架类和箱体类。

1. 轴套类零件　轴套类零件即轴类和套类零件，包括各种轴、销、套、筒等圆杆类、圆柱类及圆筒类零件。轴套类零件的主要结构特征是轴向尺寸大于径向尺寸。其结构形状一般都比较简单，通常由大小不同的同轴回转体组成，如圆柱体、圆锥体等。

轴套类零件常见的工艺结构有轴肩、圆角及倒角、砂轮越程槽、螺纹轴段及螺纹退刀槽、中心孔、键槽、轴端螺孔等，这些结构按设计要求和工艺要求确定，并应符合标准规定。轴类零件毛坯一般为锻件，套类零件毛坯一般为锻件或铸件。

轴套类零件的加工主要在车床和磨床上进行，其主视图一般按加工位置确定，即主视图为轴线水平横放，同时这也基本符合轴套类零件的工作位置，且能够反映轴套类零件的结构

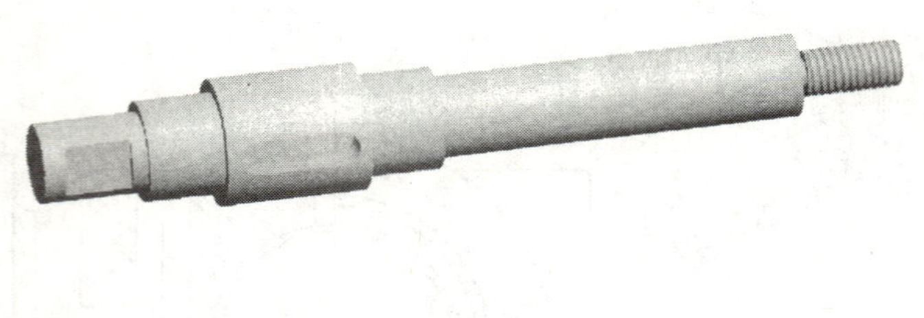

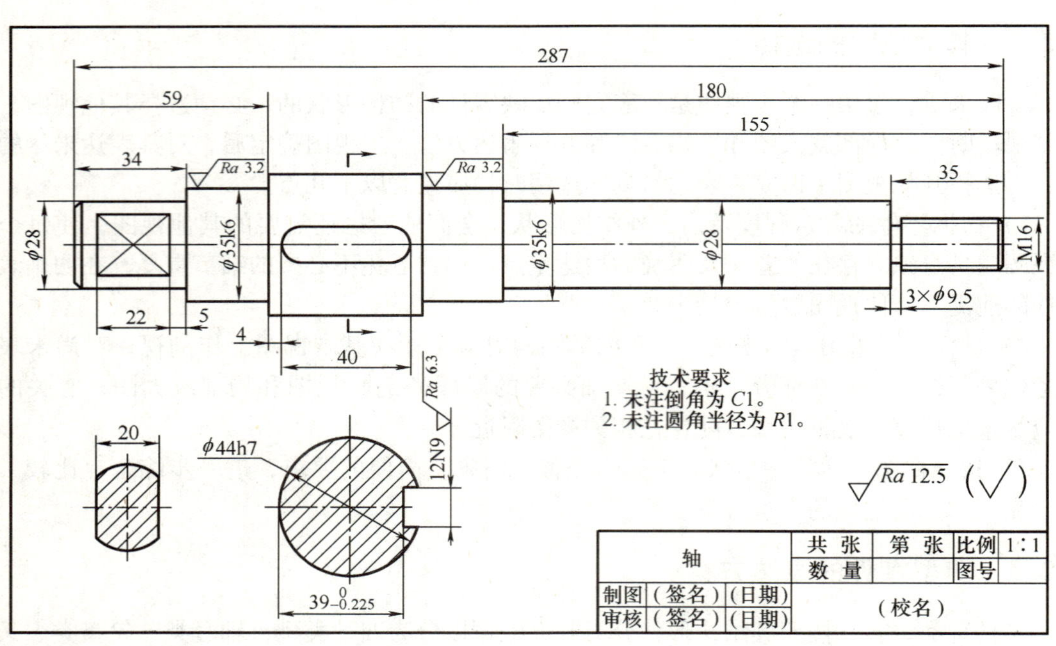

a)

图 7-6　轴套类立体图和零件图

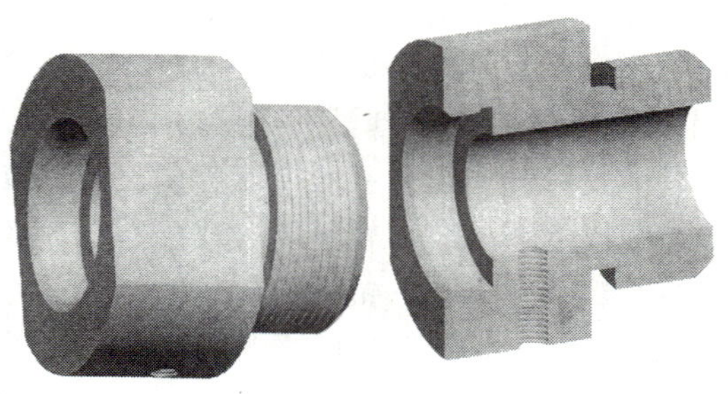

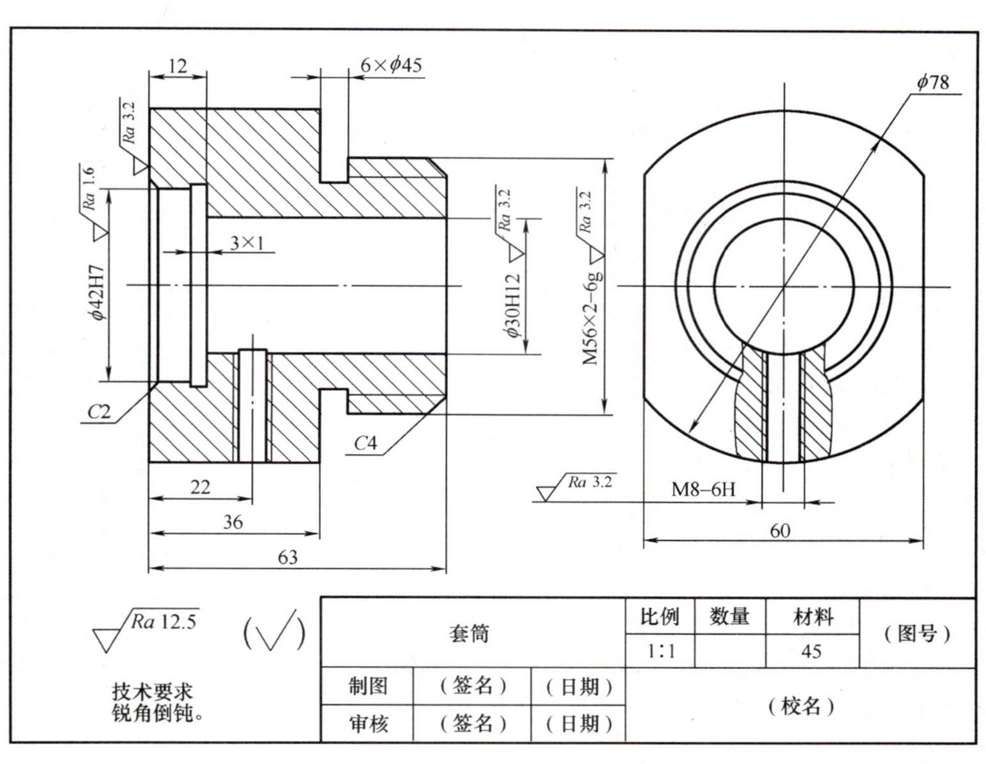

b)

图 7-6　轴套类立体图和零件图（续）

特征。较长的轴可采用折断画法，套类零件、空心轴、轴的局部内部结构可采用全剖、半剖或局部剖视的方法表达，轴端中心孔也可以用规定的符号和标准代号表示。对于键槽、退刀槽、砂轮越程槽等及其他需补充表达的结构，可配以剖视图、断面图、局部视图、局部放大图来进一步表达清楚。如图 7-6 所示，图 7-6a 为轴类零件图，图 7-6b 为套类零件图。

2. 轮盘类零件 轮盘类零件即轮类、盘类和盖类零件，包括齿轮、带轮、手轮、端盖等。轮盘类零件主要结构特征是：轴向尺寸一般小于径向尺寸。其主体结构形状通常由大小不同的同轴回转体组成，在圆周上或配有带轮的槽、或配有齿轮的齿，也有外形或局部外形为矩形的；在径向通常分布有螺孔、光孔、销孔、轮辐等结构；在轴孔中一般有键槽。这些结构按设计要求和工艺要求确定，并应符合标准规定。轮盘类零件毛坯一般为铸件或锻件。

轮盘类零件通常用两个视图表达，其主视图一般为轴向剖视图，表达轴向剖面的结构，其左视图反映径向结构，表达外形特征。对于轮齿形状、带槽形状、轮辐断面、键槽等及其他需补充表达的结构，可配以断面图、局部视图、局部放大图来进一步表达清楚，如图 7-7 所示。

3. 叉架类零件 叉架类零件即叉类、架类、拐类、连接杆类等零件，除轴套类、轮盘类、箱体类以外的大部分零件都可以视为叉架类零件，包括拨叉、支架、曲拐、连杆等。叉架类零件的形状差别较大，结构不规则，外形比较复杂。其结构可以分为三个部分，即工作部分、支承部分和连接部分。工作部分通常用于支承运动零件，连接部分将自身安装到其他零件上，两部分的连接结构形状有单平面、多平面和圆柱孔面、半圆柱孔面等，其相互之间的相对位置有平行、垂直和交叉等。支承部分将工作部分和连接部分相连。在工作部分和连接部分上通常配有螺孔、光孔、销孔等结构；在支承部分通常配有连接肋、加强肋板等。这些结构按设计要求和工艺要求确定，并应符合标准规定。叉架类零件毛坯多为铸件，也有锻件。

叉架类零件的加工工序较多，其主视图一般按工作位置和形状特征原则来确定，当工作位置是倾斜的或不固定时，可将其摆正、固定后画主视图。根据零件的复杂程度来配置其他基本视图，且通常采用局部剖视来表达零件的外形和内形，可配以斜视图、局部视图和移出断面图来进一步表达，如图 7-8 所示。

4. 箱体类零件 箱体类零件通常是机器或部件中的主要零件，主要对其他零件起包容、支承及定位的作用，如减速器箱体、箱盖，发动机气缸体、气缸盖等。箱体类零件的结构形状比较复杂，尤其是内部结构复杂。通常以底板底面为自身的固定安装面，因此在底板上设置有带有凸台或凹坑的安装孔；在侧板上一般设置有轴承孔，其端面设置有安装轴承端盖的螺栓孔；有些轴承孔的轴线在箱体与箱盖的分箱面上，加工此轴承孔时必须合箱加工；箱体与箱盖的连接也需设置螺栓孔，有时还设置有定位销孔；另外还有观察孔、加油孔、放油孔、肋板等。这些结构应按设计要求和工艺要求确定，并应符合标准规定。箱体类零件毛坯通常为铸件。

箱体类零件加工所用到的机床有刨床、磨床、钻床、镗床等。箱体类零件加工部位多，其主视图多按形状特征和工作位置确定。其他基本视图配置也较多，且多用各种剖视及其不同的剖切方法来表达内外结构，并配局部视图、局部剖视图进一步表达，如图 7-9 所示。

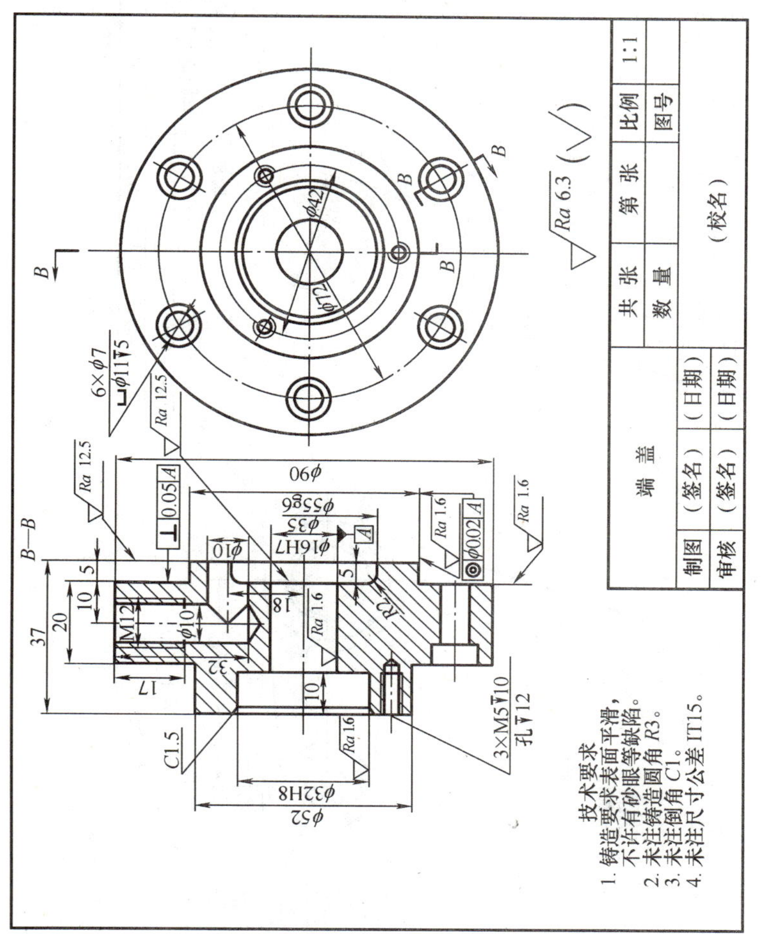

b)

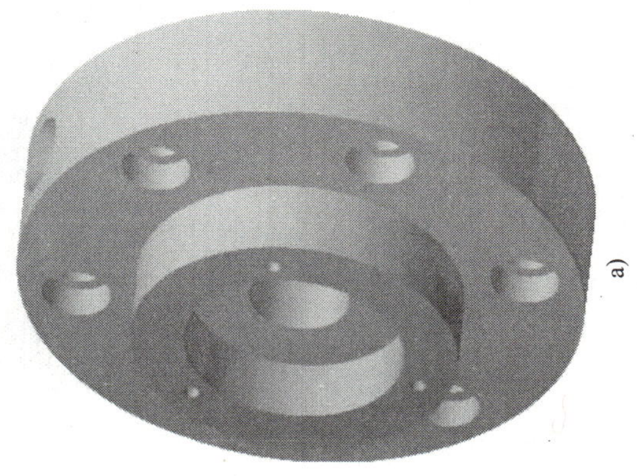
a)

图 7-7　端盖的立体图和零件图

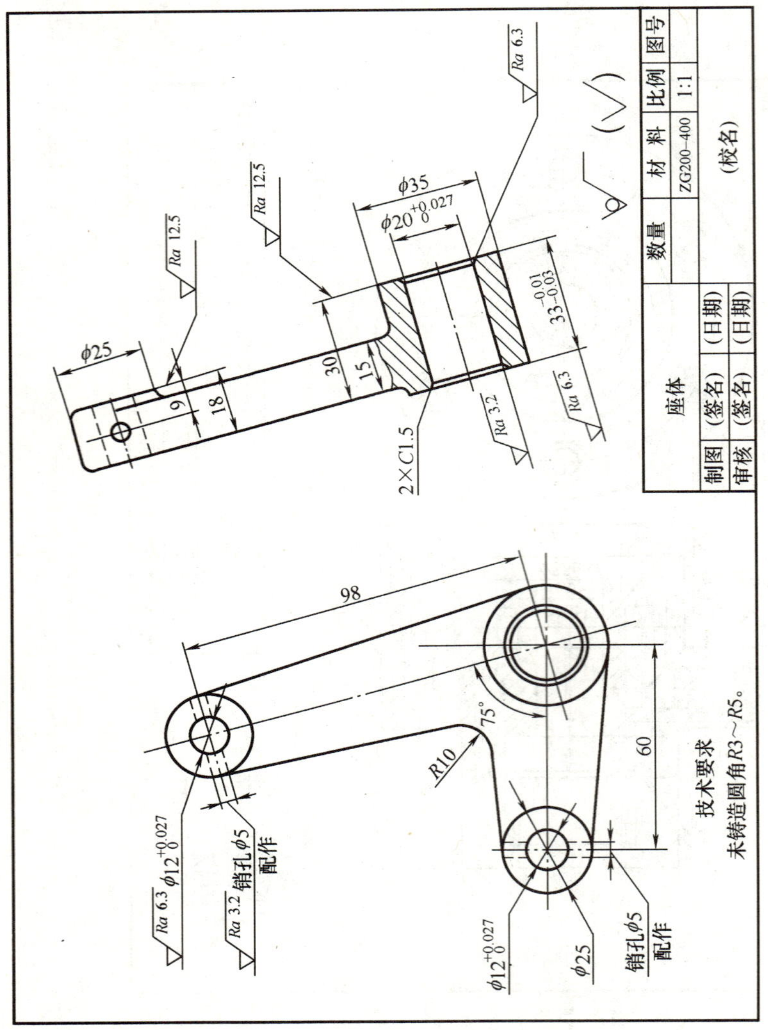

b)

a)

图 7-8　支架的立体图和零件图

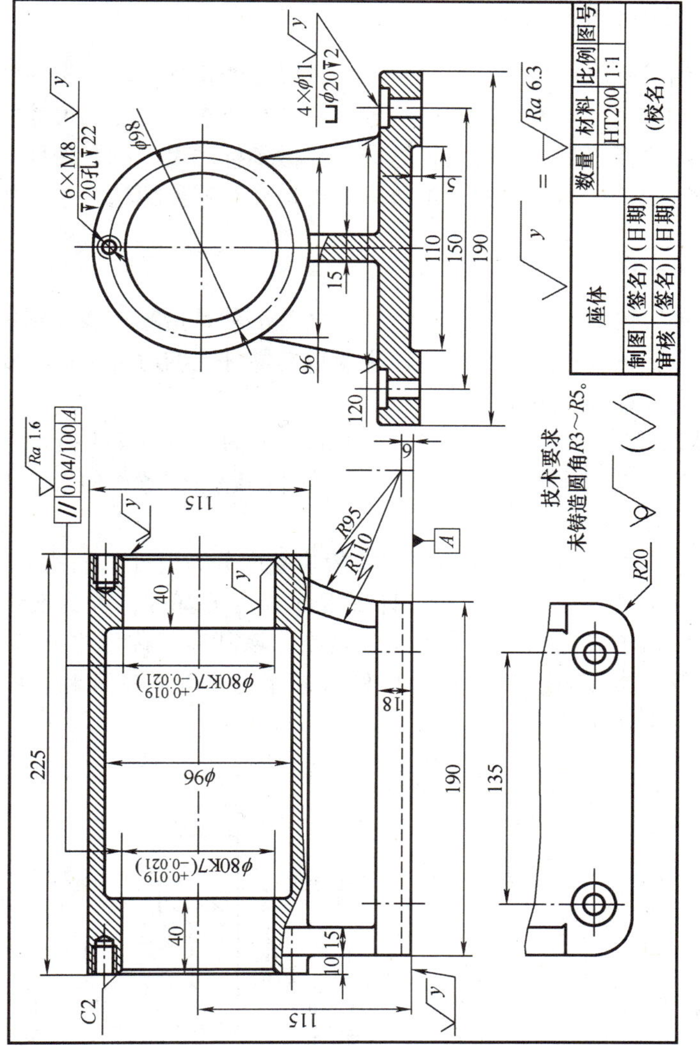

b)

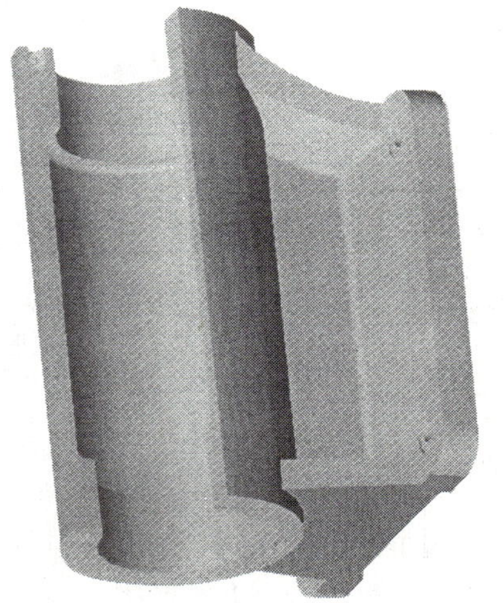

a)

图 7-9　座体的立体图和零件图

7.3　零件图中尺寸的合理标注

前述章节已经介绍了标注尺寸的基本规定和标注尺寸的正确性、完整性和清晰性。本节将重点介绍标注尺寸的合理性。所谓尺寸的合理性，就是要求所标注的尺寸既能满足设计要求，又能符合生产实际，便于加工制造及检验。但要做到标注尺寸的合理性要求，需要具有相关的专业知识和丰富的生产实践经验。本节只简要地介绍零件标注合理性的基本知识。

7.3.1　尺寸基准的选择

尺寸的基准是标注、测量尺寸的起点，所谓尺寸基准就是指零件装配到机器上或在加工测量时，用以确定其位置的一些面、线或点。它可以是零件上的对称平面、安装底平面、端面、零件的结合面、主要孔和轴的轴线等。

1. 选择尺寸基准的目的　①为了确定零件在机器中的位置或零件上几何元素的位置，以符合设计要求。②为了在制作零件时，确定测量尺寸的起点位置，便于加工和测量，以符合工艺要求。

2. 尺寸基准的分类　根据基准作用不同，一般将基准分为设计基准和工艺基准二类。

（1）设计基准　根据零件结构特点和设计要求而选定的基准，称为设计基准。零件有长、宽、高三个方向，每个方向都要有一个设计基准，该基准又称为主要基准，如图 7-10a 所示。对于轴套类和轮盘类零件，实际设计中经常采用的是轴向基准和径向基准，而不用长、宽、高基准，如图 7-10b 所示。

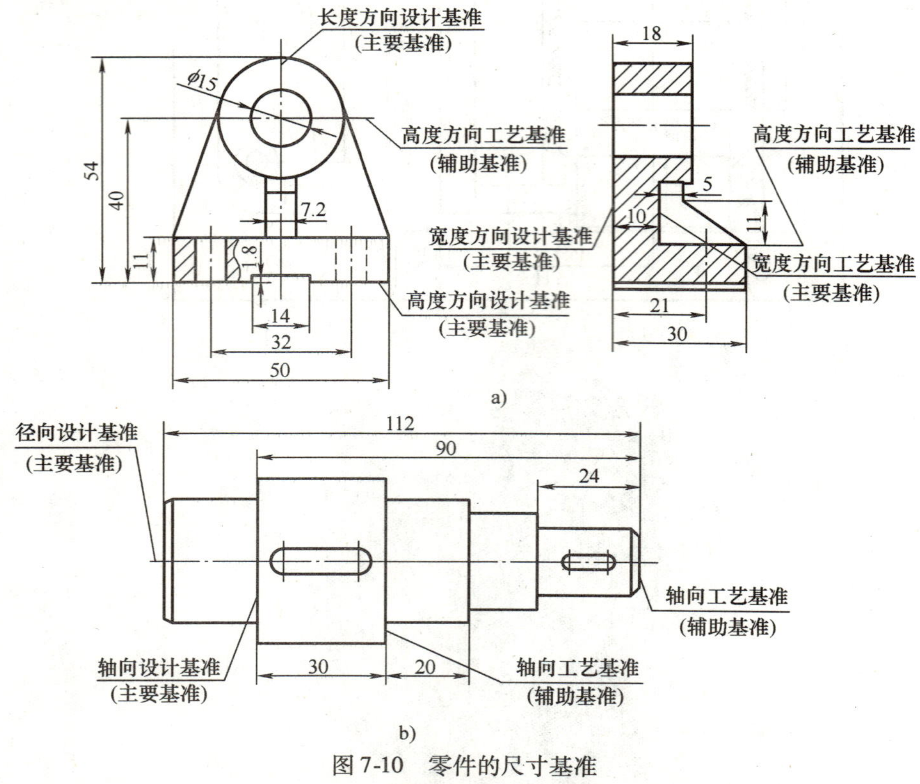

图 7-10　零件的尺寸基准

a）叉架类零件　b）轴类零件

（2）工艺基准 在零件加工过程中，为满足加工和测量要求而确定的基准，称为工艺基准。零件同一方向有多个尺寸基准时，主要基准只有一个，其余均为辅助基准，辅助基准必有一个尺寸与主要基准相联系，如图7-10a中的40mm、11mm、30mm，图7-10b中的30mm、90mm。

3. 选择基准的原则 尽可能使设计基准与工艺基准一致，以减少两个基准不重合而引起的尺寸误差。当设计基准与工艺基准不一致时，应以保证设计要求为主，将重要尺寸从设计基准注出，次要尺寸从工艺基准注出，以便加工和测量。

7.3.2 尺寸标注的注意事项

1. 重要尺寸应直接注出 重要尺寸是指零件上对机器的使用性能和装配质量有关的尺寸，这类尺寸应从设计基准直接注出。例如，图7-11中的高度尺寸32±0.01mm为重要尺寸，应直接从高度方向主要基准直接注出，以保证精度要求。

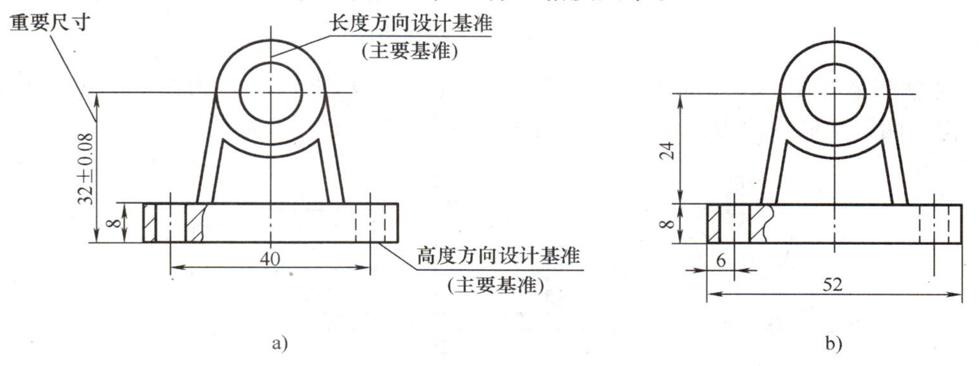

图7-11 重要尺寸应直接注出

a）合理 b）不合理

2. 避免出现封闭的尺寸链 封闭的尺寸链是指一个零件同一方向上的尺寸像车链一样，一环扣一环首尾相连，成为封闭形状的情况。如图7-12a所示，各分段尺寸与总体尺寸间形成封闭的尺寸链，在机器生产中这是不允许的，因为各段尺寸加工不可能绝对准确，总有一定尺寸误差，而各段尺寸误差的总和不可能正好等于总体尺寸的误差。为此，在标注尺寸时，应将次要的轴段尺寸空出不注（称为开口环），如图7-12b所示。这样，其他各段加工的误差都积累至这个不要求检验的尺寸上，而全长及主要轴段的尺寸则因此得到保证。如需标注开口环的尺寸，可将其注成参考尺寸。

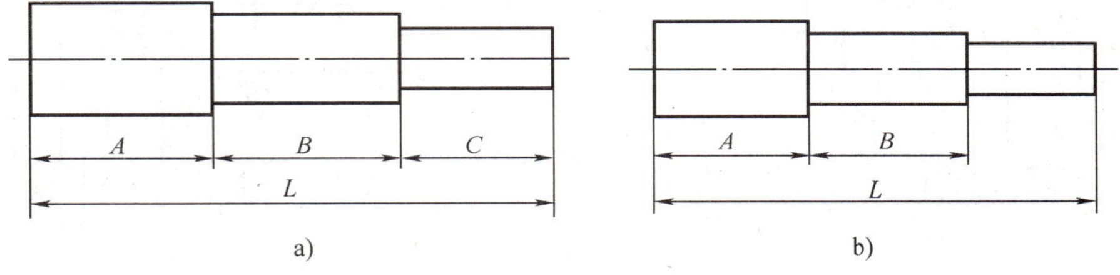

图7-12 封闭的尺寸链

a）错误 b）正确

3. 考虑加工看图方便　不同加工方法所用尺寸分开标注，便于看图加工。图 7-13 所示为把车削与铣削所需要的尺寸分开标注。

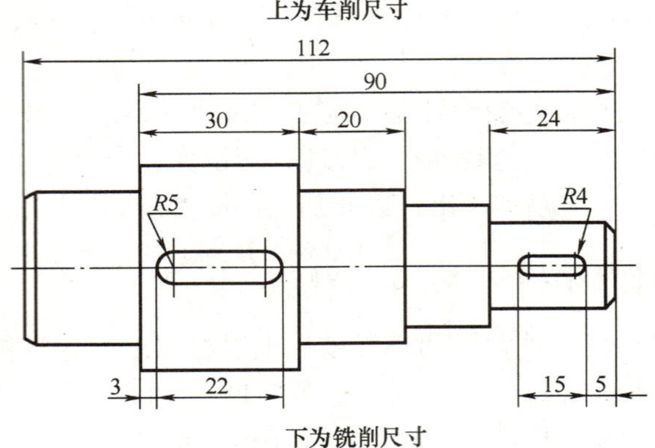

图 7-13　按加工方法标注尺寸

4. 考虑测量方便　尺寸标注有多种方案，但要注意所注尺寸是否便于测量，如图 7-14 所示结构，两种不同标注方案中，不便于测量的标注方案是不合理的。

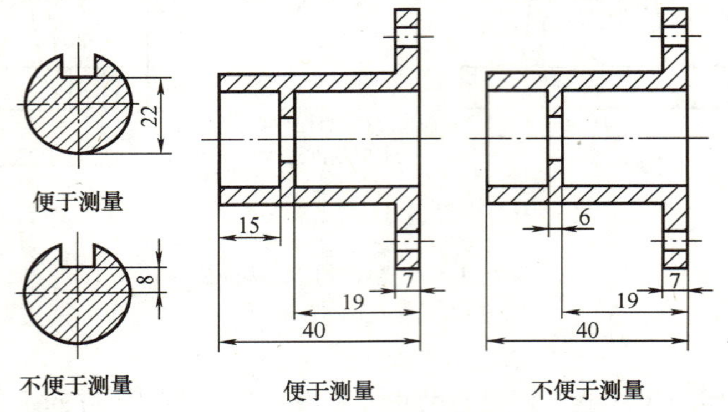

图 7-14　考虑尺寸测量方便

5. 毛坯面与加工面　由铸造或锻造制出的表面称为毛坯面，有些毛坯面在后面的工序中不再进行加工，在零件制成时仍然保留有毛坯面。如果在一个方向上有若干毛坯面，应先在毛坯面与毛坯面之间进行尺寸标注，而毛坯面与加工面只能有一处尺寸联系，如图 7-15 所示。

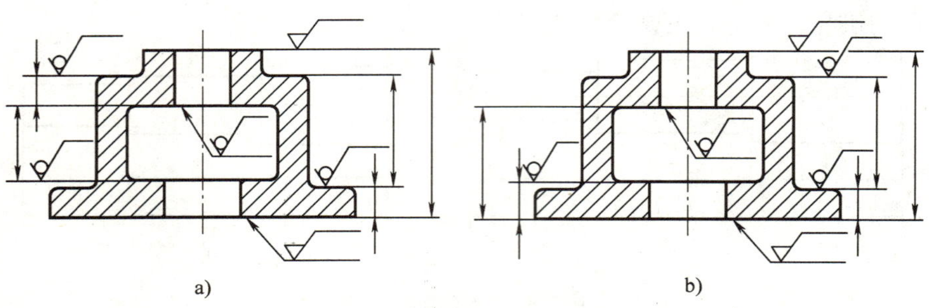

图 7-15　零件毛坯面的尺寸标注

a）合理　b）不合理

7.3.3　零件上常见结构要素的尺寸注法

零件上常见结构要素的尺寸注法见表 7-1。

表 7-1　常见结构要素的尺寸注法

零件结构类型		标 注 方 法	标 注 方 法
螺孔	通孔	3×M6–6H　3×M6–6H　3×M6–6H	表示三个公称直径为 6mm 的普通螺纹的螺纹孔，其中径与顶径公差的代号都为 6H
	不通孔	3×M6–6H　10　3×M6–6H↧10　3×M6–6H↧10	螺孔的深度为 10mm，深度可与直径连注，也可分开注出。“↧”为深度符号
	一般孔	3×M6–6H　10　12　3×M6–6H↧10 孔↧10　3×M6–6H↧10 孔↧10	需要注出钻孔深度时，应明确标注孔深尺寸
光孔	一般孔	4×ϕ5↧10　10　4×ϕ5↧10　4×ϕ5 ↧10	表示四个直径为 5mm 深度为 10mm 的光孔。孔深尺寸可与孔径连注，也可以分开注出
	精加工孔	$4\times\phi5^{+0.012}_{0}$↧10　10　12　$4\times\phi5^{+0.012}_{0}$ ↧10 孔↧12　$4\times\phi5^{+0.012}_{0}$ ↧10 孔↧12	四个光孔，直径为 5mm 深度为 12mm，钻孔后需精加工至 $\phi5^{+0.012}_{0}$，深度为 10mm
	锥销孔	锥销孔ϕ5 配作　锥销孔ϕ5 配作	装配圆锥销的锥销孔，其圆锥销的小头直径为 5mm。安装圆锥销的目的是为两个相邻零件进行定位，相邻两零件的同位锥销孔应一起加工，因而注出“配作”

（续）

零件结构类型		标注方法	标注方法
沉孔	锥形沉孔	90° ϕ13 6×ϕ7；6×ϕ7 ⌵ϕ13×45°；6×ϕ7 ⌵ϕ13×45°	六个直径为7mm的光孔，锥形沉孔的直径为13mm，锥角为90°。“⌵”为埋头孔符号。沉孔尺寸可以旁注，也可以直接注出。该孔为安装开槽沉头螺钉所用
	柱形沉孔	ϕ11 6.8 4×ϕ6.6；4×ϕ6.6 ⌴ϕ11↧6.8；4×ϕ6.6 ⌴ϕ11↧6.8	四个直径为6.6mm的光孔，柱形沉孔的直径为11mm，深度为6.8mm。“⌴”为沉孔和锪孔符号。该孔为安装内六角圆柱头螺钉所用
锪孔	锪平面	⌴ϕ16 4×ϕ7；4×ϕ7 ⌴ϕ16；4×ϕ7 ⌴ϕ16	四个直径为7mm的光孔，一般用于安装螺栓等，由于孔顶部的端面与螺母或垫圈等接触，要求平整，所以应锪平。锪孔直径为16mm，深度无需标注，只须锪出圆平面即可
倒角		C1；C1；30° 1.5	倒角为45°时，代号为*C*，可与倒角的轴向尺寸连注（如*C*1），倒角不为45°时，应分开标注
正方形		10×10；10 10	在没有表示出正方形实形的图形上，正方形的尺寸可以用“边长×边长”注出；在已经表示出正方形实形的图形上，直接注出正方形的边长

7.4 零件的技术要求

零件图的技术要求有两种表达方式，一种是在图形上标注，如尺寸公差、表面结构要求、几何公差等；另一种是用文字直接在图面上注写出来，如金属材料的热处理和表面处理等。本节重点介绍零件表面结构、尺寸公差、几何公差的有关内容。

7.4.1 尺寸公差

1. 互换性的概念 零、部件的互换性就是在成批或大量生产中，从加工好的同一种规格的零、部件中任取一件，不经任何的挑选和修配，就能够顺利地装配到机器上，并达到规定的功能要求。为使零件具有互换性，就必须保证零件各部分的定形、定位尺寸及表面特征等技术要求的一致性，但这并不意味着每个零件的尺寸等几何参数都制成绝对一致并达到设计要求的公称尺寸。事实上，由于制造加工的误差、测量的误差，要加工出绝对精确的零件是不可能的，也是没有必要的。误差就是零件加工出的实际测量尺寸与设计给定尺寸的偏差。实际产品制造时，只要将零件尺寸等几何参数的误差控制在一定的范围内，就能够满足互换性的要求。所以，加工时，允许零件实际尺寸误差的范围就是尺寸公差。

2. 极限的有关术语　现以图 7-16 为例，说明极限的有关术语及定义。

（1）公称尺寸　设计给定的尺寸。

（2）极限尺寸　允许尺寸变化的两个界限值。

（3）尺寸偏差（简称偏差）　尺寸偏差是某一尺寸（实际尺寸、极限尺寸等）减其公称尺寸所得的代数差，上极限尺寸与公称尺寸的偏差称为上极限偏差；下极限尺寸与公称尺寸的偏差称为下极限偏差。

（4）尺寸公差（简称公差）　尺寸公差为允许尺寸的变动量。公差数值等于上极限尺寸与下极限尺寸代数差的绝对值，也等于上极限偏差与下极限偏差代数差的绝对值。公差越小，零件的尺寸精度越高，实际尺寸允许的变动量也越小；反之，公差越大，尺寸精度越低。

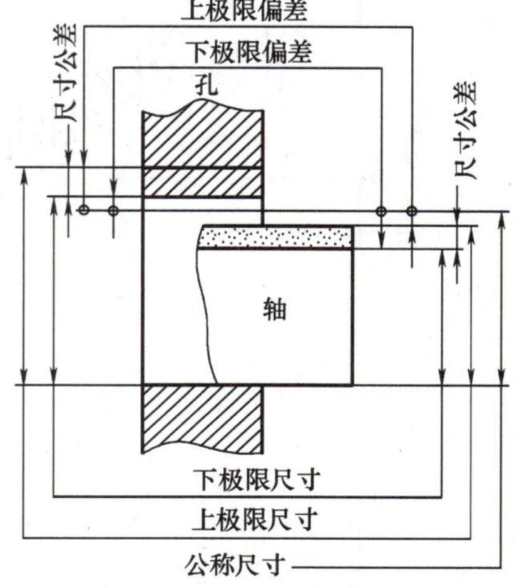

图 7-16　极限的有关术语及定义

（5）公差带图、零线、公差带

1）公差带图　用于表达公差与配合的示意图形，如图 7-17 所示。

2）零线　在公差带图中，确定偏差位置的一条基准直线，称为零线偏差，简称零线。

3）公差带　在公差带图中，由代表上、下极限偏差的两条平行直线所限定的区域为公差带。

（6）标准公差　标准公差是国家标准规定的用于确定公差带大小的尺寸的公差。公差等级是确定尺寸精确程度的等级，国际标准规定标准公差分为 20 个等级，即 IT01、IT0、IT1…IT18，IT01 公差等级及尺寸精度最高，IT18 公差等级及尺寸精度最低。

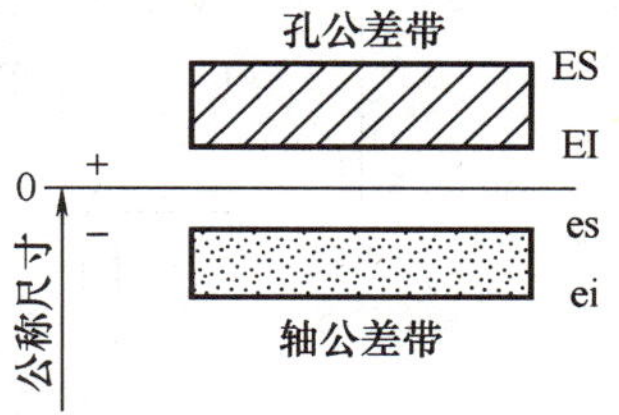

图 7-17　公差带图

（7）基本偏差　基本偏差是国家标准规定的用于确定公差带相对于零线位置的极限偏差。它可以是上极限偏差也可以是下极限偏差，一般指上、下极限偏差两条直线中靠近零线的那个偏差，如图 7-18 所示。国家标准规定的基本偏差系列如图 7-19 所示。

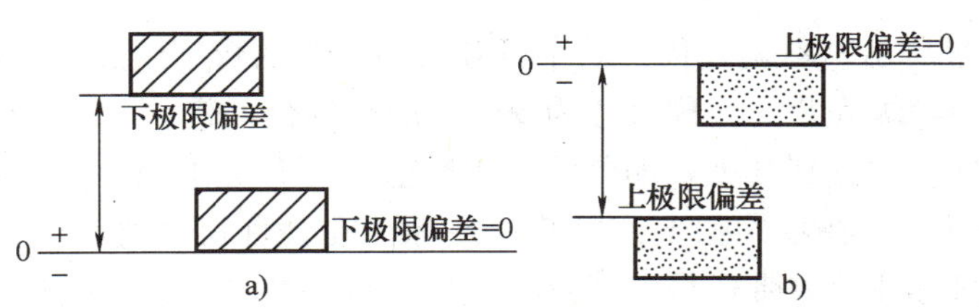

图 7-18　基本偏差示意图

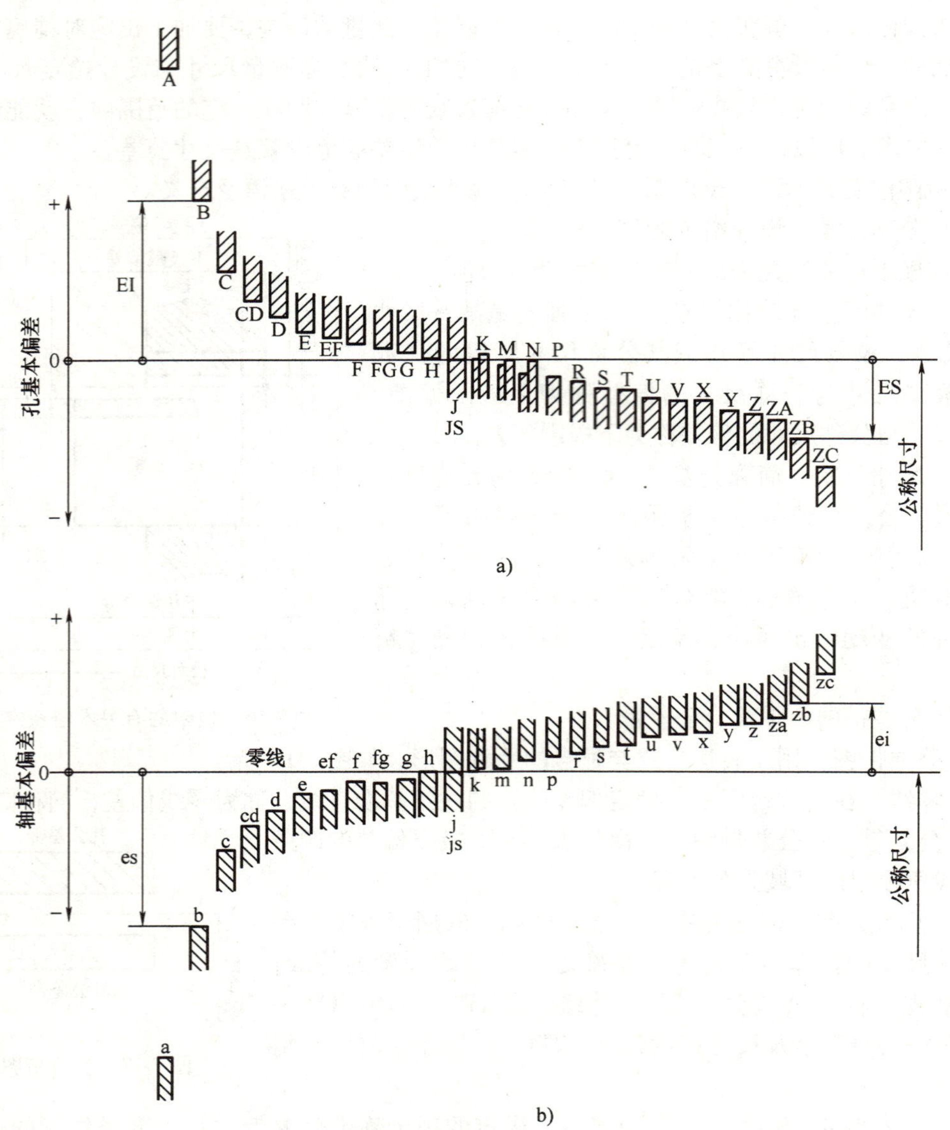

图 7-19　基本偏差系列

（8）公差带代号　由基本偏差代号的字母和公差等级的数字组成。例如：ϕ60H8，表示基本偏差为 H，公差等级为 8 的公称尺寸为 60mm 的孔的公差带。对于具体的孔和轴，可以由公差带代号从国标表中查到其极限偏差的具体数值（可参见附录 D）。

3. 尺寸公差的标注　在零件图上，尺寸公差标注在公称尺寸之后，尺寸公差的标注方法有三种形式：①只标注公差带代号；②只标注极限偏差数值；③既标注公差带代号，又标注极限偏差数值。三种标注方法如图 7-20 所示。

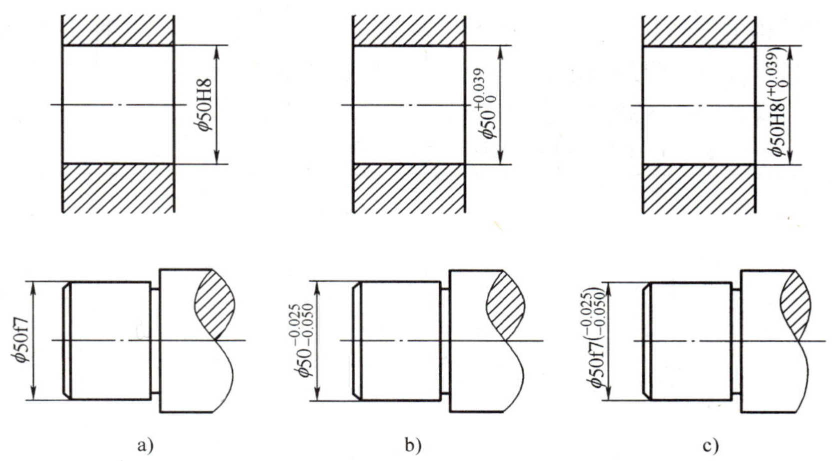

图 7-20　零件图中尺寸公差的标注

a）标注公差带代号　b）标注极限偏差数值　c）综合注法

7.4.2　表面结构

所谓表面结构是指零件表面的几何形貌。

本节内容的编写采用了国家标准（GB/T131—2006）《产品几何技术规范（GPS）技术产品文件中表面结构的表示法》（2007-02-01 实施）。但由于篇幅所限，本节只介绍其中的粗糙度轮廓及其参数的标注与识读方法。因此，教学中应参阅相关标准，对本书中所涉及的术语、定义、参数的含义等做更全面、深入的了解。

1. 表面结构的评定参数及数值　表面结构参数是评定表面结构要求时普遍采用的主要参数。评定参数有 *Ra*、*Rz*，轮廓算术平均偏差 *Ra* 是指在一个取样长度 *L* 内，轮廓偏距绝对值的算术平均值。轮廓最大高度 *Rz* 是指在一个取样长度 *L* 内，轮廓峰顶线与轮廓谷底线之间的距离。评定参数 *Ra*、*Rz* 的数值见表 7-2。

表 7-2　*Ra*、*Rz* 数值　　（单位：μm）

Ra	*Rz*	*Ra*	*Rz*	*Ra*	*Rz*	*Ra*	*Rz*	*Ra*	*Rz*
0.012		0.4	0.4	0.8	0.8	12.5	12.5		200
0.025	0.025	0.8	0.8	1.6	1.6	25	25		400
0.05	0.05	1.6	1.6	3.2	3.2	50	50		800
0.1	0.1	3.2	3.2	6.3	6.3	100	100		1600
0.2	0.2								

注：表 7-2 为第一系列值。

值得注意的是，原国家标准（GB/T 131—1993）中的参数代号现在为大小写斜体（如 *Ra*、*Rz*），下标如 R_a、R_z 不再使用。原来的表面结构参数 R_z（十点高度）已经不再被认可为标准代号。新的 *Rz* 为原 R_y 的定义，原 R_y 的符号不再使用。

2. 表面结构符号、代号

（1）表面结构的图形符号　在图样中，对表面结构的要求可用几种不同的图形符号表示。标注时，图形符号应附加对表面结构的补充要求。在特殊情况下，图形符号也可以在图样中单独使用，以表达特殊意义。各种图形符号及其含义见表 7-3。

表 7-3　表面结构的图形符号及其含义（GB/T 131—2006）

名称	符　号	含义及说明
基本图形符号		表示对表面结构有要求的符号，以及未指定工艺方法的表面。基本符号仅用于简化代号的标注，当通过一个注释解释时可单独使用，没有补充说明时不能单独使用
扩展图形符号		在基本图形符号上加一短横，表示指定表面是用去除材料的方法获得，如通过机械加工（车、铣、钻等）的表面
		在基本图形符号上加一个圆圈表示指定表面是用不去除材料的方法获得，如铸、锻等，也可用于表示保持上道工序形成的表面，不管这种状况是通过去除材料或不去除材料形成的
完整图形符号		在上述图形符号的长边上加一横线，用于对表面结构有补充要求的标注。左、中、右符号分别用于“允许任何工艺”、“去除材料”、“不去除材料”方法获得的表面的标注
工件轮廓各表面的图形符号	1 2 3 4 5 6	工件轮廓各表面的图形符号。当在图样某个视图上构成封闭轮廓的各表面有相同的表面结构要求时，应在完整符号上加一圆圈，标注在图样中工件的封闭轮廓线上。当标注会引起歧义时，各表面应分别标注。左图符号是指对图形中封闭轮廓的六个面的共同要求（不包括前后面）

各种图形符号的画法（含代号的注写）如图 7-21 所示。图形符号和附加标注的尺寸见表 7-4。

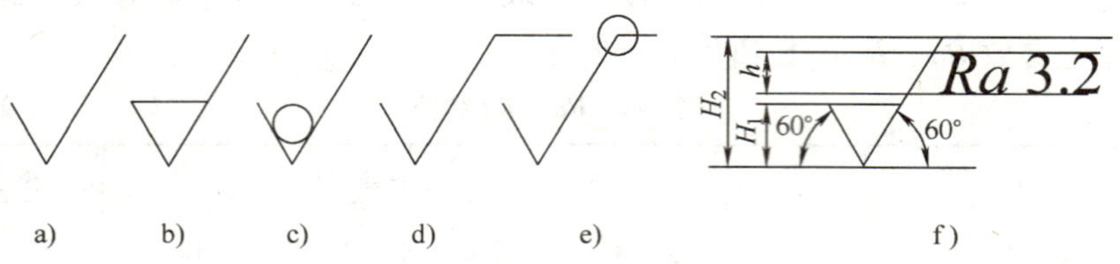

图 7-21　图形符号的画法及代号的注写方法

表 7-4　图形符号和附加标注的尺寸（GB/T 131—2006）

数字和字母高度 h（见 GB/T 14690—1993）	2.5	3.5	5	7	10	14	20
符号线宽 字母线宽	0.25	0.35	0.5	0.7	1	1.4	2
高度 H_1	3.5	5	7	10	14	20	28
高度 H_2（最小值）①	7.5	10.5	15	21	30	42	60

①　H_2 取决于标注内容。

（2）表面结构的图形代号　在表面结构的图形符号上，注有表面结构的参数和数值及有关规定，则称为表面结构代号（见图 7-22）。在完整符号中，除了标注表面结构参数和数值外，必要时还应标注补充要求，补充要求的内容及其指定标注位置见图 7-22 及其说明。

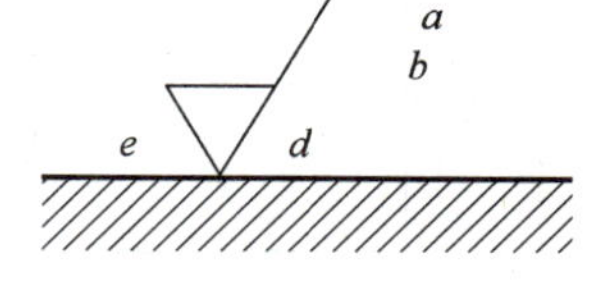

图 7-22　补充要求注写位置

位置 *a*——注写结构参数代号、极限值、取样长度（或传输带）等。在参数代号和极限值间应插入空格。

位置 *a* 和 *b*——注写两个或多个表面结构要求，如位置不够时，图形符号应在垂直方向扩大，以空出足够的空间。

位置 *c*——注写加工方法、表面处理、涂层或其他加工工艺要求等。

位置 *d*——注写所要求的表面纹理和纹理方向，如“＝”、“⊥”等。

位置 *e*——注写所要求的加工余量。

3. 表面结构参数及标注　在图样上标注表面结构要求时，除标注粗糙度参数（从粗糙度轮廓上计算所得的参数——*R* 轮廓参数）的代号和数值（如 *Ra*1.6 和 *Rz*6.3）外，还应标注取样长度、评定长度、极限值和传输带等等信息（为了简化标注，标准中规定了一系列的默认值，不必在代号中标注）。加工方法或相关信息的标注示例如图 7-23a、b 所示（图 b 是镀覆的标注示例，表示钢件，电镀镍和铬）。表面纹理及其方向用规定的符号，表面纹理的标注示例如图 7-24 标注在完整符号中。在同一图样中，有多个加工工序的表面可标注加工余量。例如，在表示完工零件形状的铸锻件图样中给出加工余量，一般同表面结构要求一起标注，加工余量的注法如图 7-25 所示（表示所有表面均有 3mm 的加工余量）。

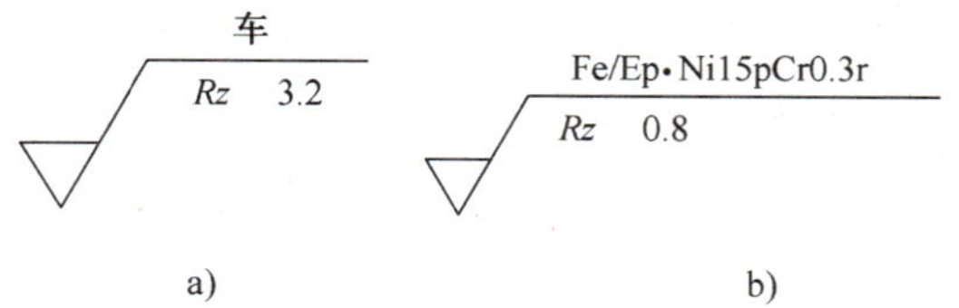

图 7-23　加工、镀覆和粗糙度要求的注法

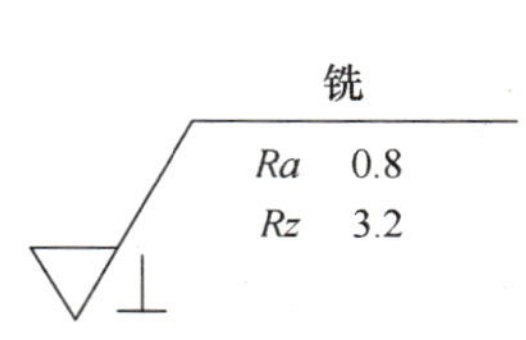

图 7-24　表面纹理方向的注法

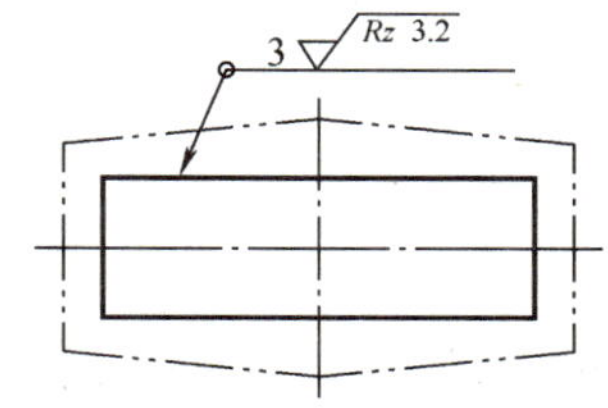

图 7-25　图样中给出加工余量的注法

4. 表面结构要求的标注　表面结构要求对每一个表面一般只标注一次，并尽可能注在相应的尺寸及其公差的同一视图上。除非另有说明，所标注的表面结构要求是对完工零件的要求。

（1）表面结构符号、代号的标注位置与方向　总的原则是根据 GB/T 131.4—2006 的规定，使表面结构要求的注写和读取方向与尺寸的注写和读取方向相一致（见图 7-26）。

1）表面结构要求可标注在轮廓线上，其符号应从材料外指向并接触表面。必要时，表面结构符号也可以标注在延长线上或用带箭头或黑点的指引线引出标注（见图 7-27、图 7-28、图 7-31、图 7-32）。

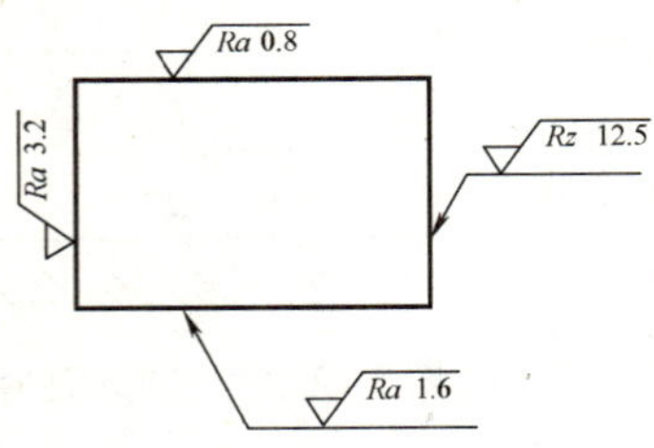

图 7-26 表面结构要求的注写方向

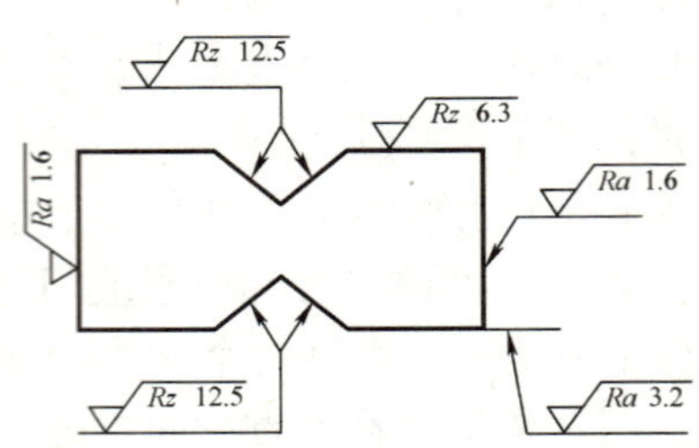

图 7-27 表面结构要求在轮廓线上的标注

2）在不致引起误解时，表面结构要求可以标注在给出的尺寸线上（见图 7-29）。

3）表面结构要求可标注在几何公差框格的上方，如图 7-30a、b 所示。

4）圆柱和棱柱表面的表面结构要求只标注一次（见图 7-31）。如果每个圆柱和棱柱表面有不同的表面结构要求，则应分别单独标注（见图 7-32）。

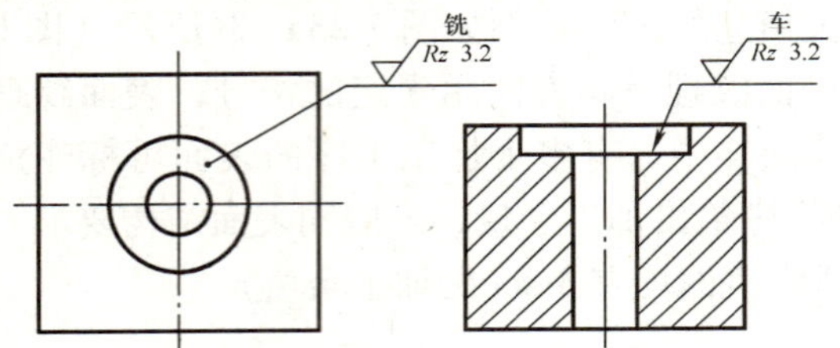

图 7-28 用指引线引出标注表面结构要求

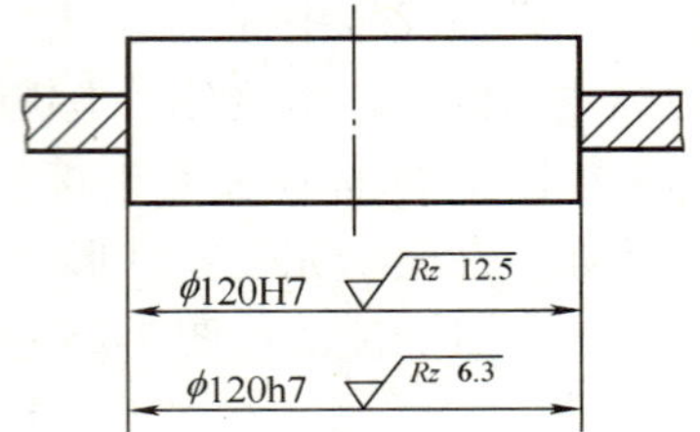

图 7-29 表面结构要求标注在尺寸线

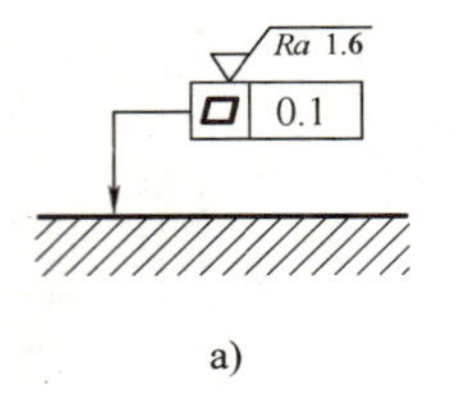

a)

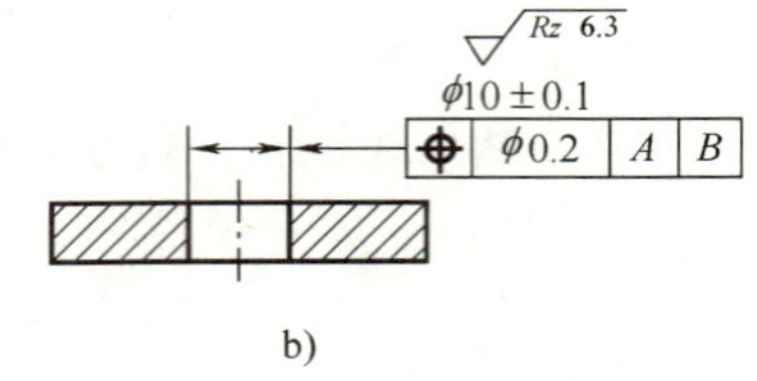

b)

图 7-30 表面结构要求标注在几何公差框格的上方

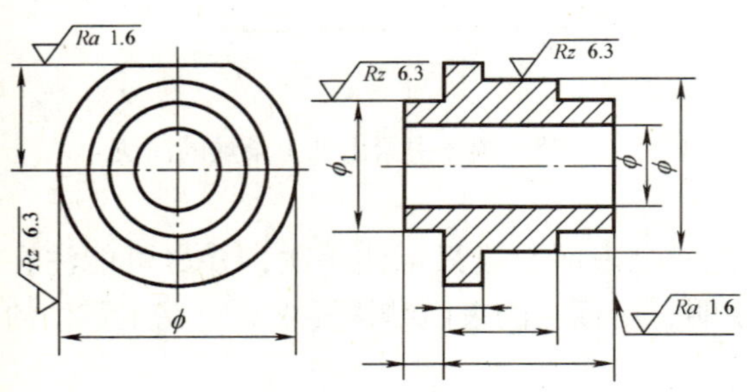

图 7-31 表面结构要求标注在圆柱特征的延长线上

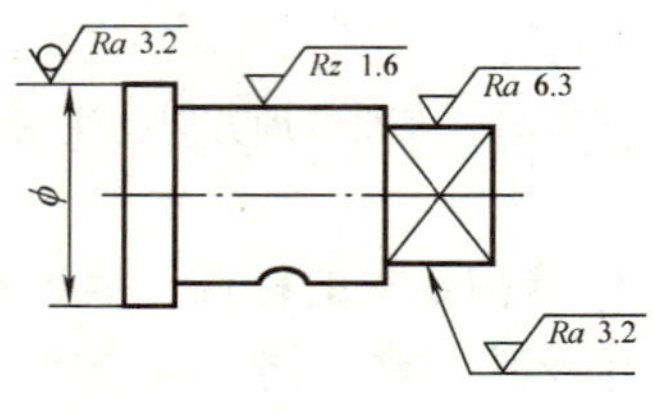

图 7-32 圆柱和棱柱表面结构要求的注法

（2）表面结构要求的简化注法

1）有相同表面结构要求的简化注法。

①如果工件的全部表面结构要求都相同，可将其结构要求统一标注在图样标题栏附近。

②如果在工件的多数表面有相同的表面结构要求时，可将其统一标注在图样的标题栏附近，而表面结构要求的符号后面应有：在圆括号内给出不同的表面结构要求（见图 7-33a），不同的表面结构要求应直接标注在图形中（见图 7-33）；在圆括号内给出无任何其他标注的基本符号（见图 7-33b）。

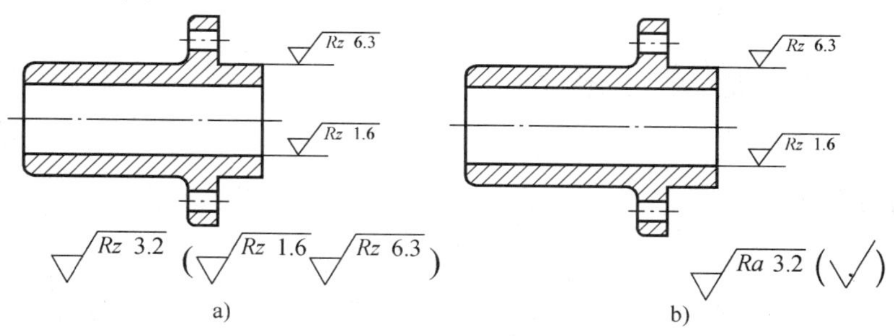

图 7-33　大多数表面有相同表面结构要求的简化注法

2）多个表面有共同要求的注法。当多个表面具有相同的表面结构要求或空间有限时可以采用简化注法。

①用带字母的完整符号的简化注法：可用带字母的完整符号以等式的形式，在图形或标题栏附近对有相同表面结构要求的表面进行标注（见图 7-34）。

②只用表面结构符号的简化注法：可用基本符号、扩展符号以等式的形式给出对多个表面共同的表面结构要求（见图 7-35）。图 7-35a 是未指定工艺方法的标注，图 7-35b 是要求去除材料的标注，图 7-35c 是不允许去除材料的标注。

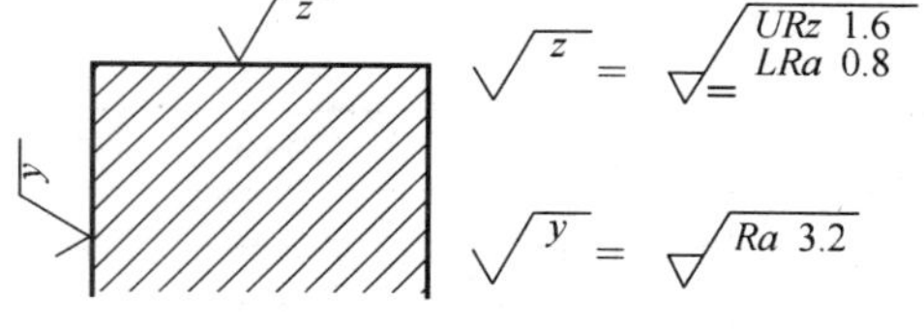

图 7-34　在图纸空间有限时的简化注法

3）多种工艺获得同一表面的注法。由两种或多种不同工艺方法获得的同一表面，当需要明确每一种工艺方法的表面结构要求时，可按图 7-36 进行标注。

4）零件上连续表面及重复要素（孔、槽、齿等）的表面（图 7-37）和用细实线连接的不连续的同一表面（图 7-38），其表面结构符号、代号只标注一次。

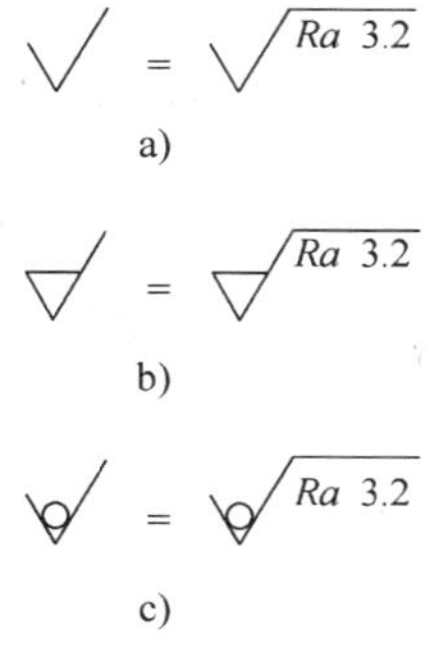

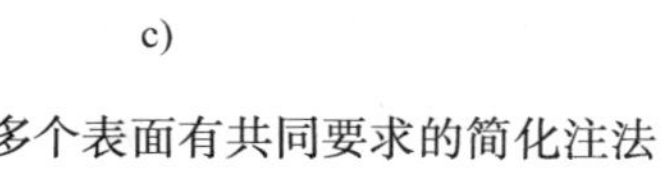
图 7-35　多个表面有共同要求的简化注法

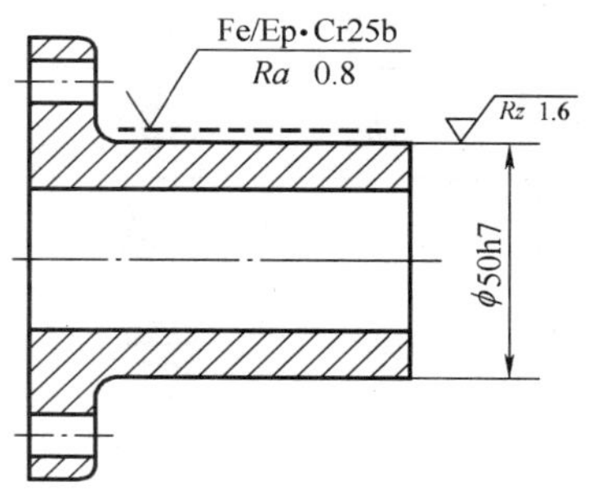

图 7-36　同时给出镀覆前后要求的注法

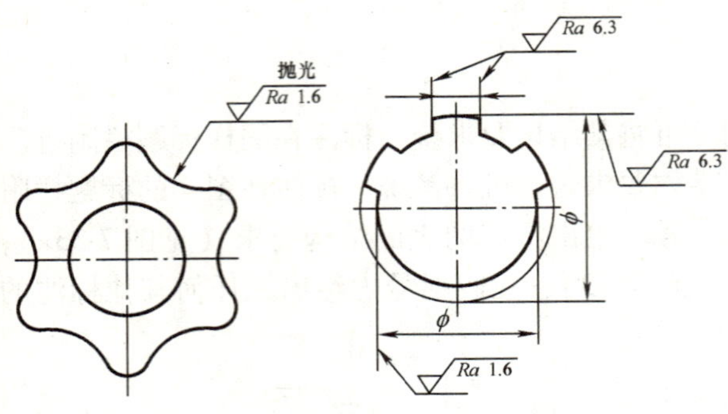

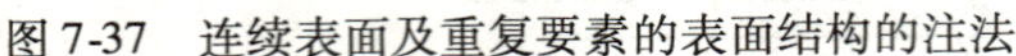
图 7-37　连续表面及重复要素的表面结构的注法

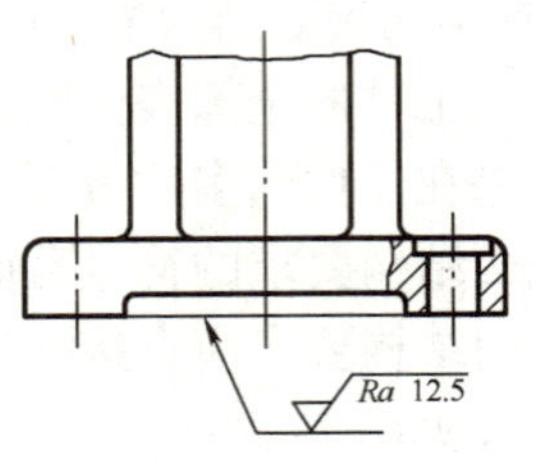

图 7-38　不连续的同一表面的注法

7.4.3　几何公差

1. 几何公差概述

（1）基本概念　在生产实际中，经过加工的零件不但会产生尺寸误差，而且会产生形状和位置误差。如果零件存在严重的形状和位置误差，将造成其装配困难，影响机器的质量。因此，对于精度要求较高的零件，除给出尺寸公差外，还应根据设计要求，合理地确定出形状和位置误差的最大允许值。为此，国家标准规定了一项保证零件加工质量的技术指标——形状公差和位置公差（简称几何公差）。

（2）几何公差的项目及符号　国家标准 GB/T 1182—2008 中规定了几何公差，其项目名称与符号见表 7-5。

表 7-5　几何公差项目名称与符号

类型	几何特征	符号	有无基准
形状公差	直线度	—	无
	平面度	⏥	无
	圆度	○	无
	圆柱度	⌭	无
	线轮廓度	⌒	无
	面轮廓度	⌓	无
位置公差	位置度	⌖	有或无
	同轴度	◎	有
	对称度	⌯	有
	线轮廓度	⌒	有
	面轮廓度	⌓	有

类型	几何特征	符号	有无基准
方向公差	平行度	∥	有
	垂直度	⊥	有
	倾斜度	∠	有
	线轮廓度	⌒	有
	面轮廓度	⌓	有
跳动公差	圆跳动	↗	有
	全跳动	⌰	有

2. 几何公差的标注

（1）公差框格

1）在图样中，几何公差应以框格的形式进行标注，其标注内容及框格等的绘制规定如图 7-39 所示（框格、符号的线条粗细与联用字体的笔画宽度相同）。

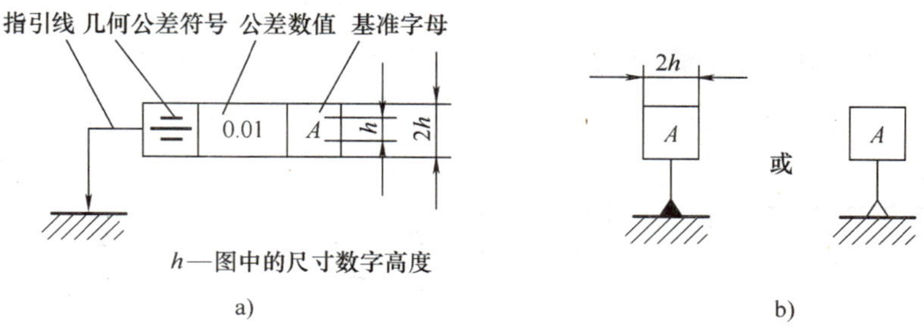

图 7-39　几何公差代号与基准符号

a）几何公差代号　b）基准符号（GB/T 1182—2008）

2）公差值用线性数值表示，如公差带是圆形或圆柱形的，则在公差值前加注“ϕ”（见图 7-40a、b、c）；如是球形，则加注“$S\phi$”（见图 7-40d）；根据需要，可用一个或多个字母表示基准要素（见图 7-40b、c、d）。

3）当一个以上要素作为被测要素时，如六个要素，应在框格上方标明，如“6 × ϕ”、“6 槽”（见图 7-40e）。

4）如对同一要素有一个以上的公差特征项目要求时，为方便起见，可将一个框格放在另一个框格的下面（见图 7-40f）。

5）如要求在公差带内进一步限定被测要素的形状，则应在公差值后面加注符号。

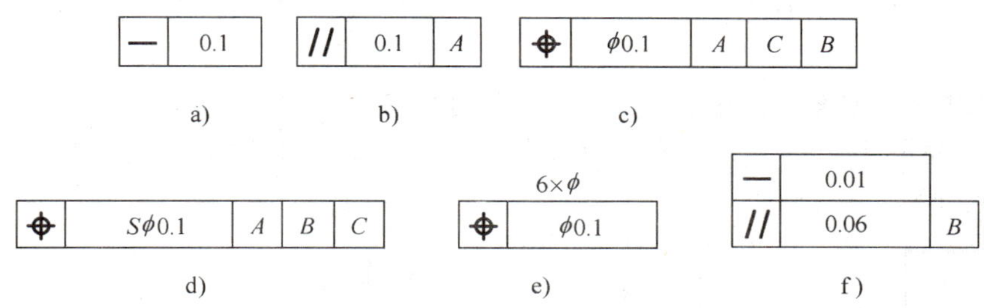

图 7-40　公差值和基准要素的注法

（2）被测要素　用带箭头的指引线将框格与被测要素相连，按以下方式标注。

1）当被测要素为轮廓线或表面时，将箭头置于要素的轮廓线或轮廓线的延长线上，但必须与尺寸线明显地分开（见图 7-41）。

2）当指向实际表面时，箭头可置于带点的参考线上，该点指向实际表面上（见图 7-42）。

3）当被测要素为轴线、中心平面或由带尺寸要素确定的点时，则带箭头的指引线应与尺寸线的延长线重合（见图 7-43）。

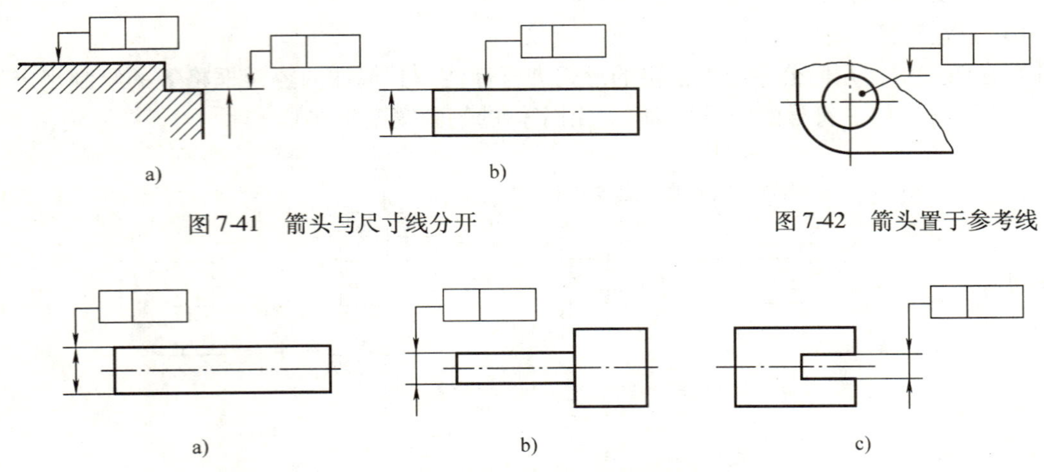

图 7-41　箭头与尺寸线分开

图 7-42　箭头置于参考线

图 7-43　箭头与尺寸线的延长线重合

（3）基准

1）当基准要素是轮廓线或表面时，基准符号的三角形应置放在要素的外轮廓线或它的延长线上，但应与尺寸线明显地错开（见图 7-44），基准符号还可置于用圆点指向实际表面的参考线上（见图 7-45）。

图 7-44　基准符号与尺寸线错开

图 7-45　基准符号置于参考线上

2）当基准要素是轴线或中心平面或由带尺寸的要素确定的点时，则基准符号中的线与尺寸线对齐（见图 7-46a）。如尺寸线处安排不下两个箭头，则另一箭头可用短横线代替（见图 7-46b、c）。

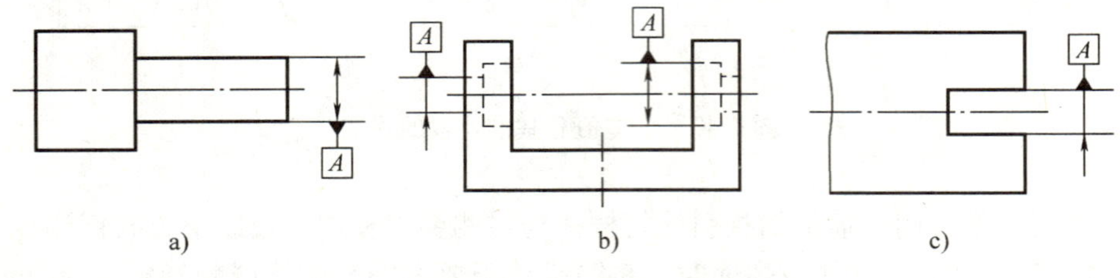

图 7-46　基准符号与尺寸线一致

3. 几何公差的识读　识读图 7-47 所注的各项几何公差，并解释其含义。

| ⌭ | 0.005 |表示圆柱度公差（形状公差）。即：ϕ16f7 圆柱面的圆柱度公差为 0.005mm，

其公差带是半径差为 0.005mm 的两同轴圆柱面之间的区域。表明该被测圆柱面必须位于半径差为公差值 0.005mm 的两同轴圆柱面之间。

[◎ | ϕ0.1 | A]表示同轴度公差（位置公差）。即：M8×1 的轴线对基准 *A* 的同轴度公差为 0.1mm，其公差带是与基准 *A* 同轴，直径为 0.1mm 的圆柱面内的区域。表明被测圆柱面的轴线必须位于直径为公差值 ϕ0.1mm，且与基准轴线 *A* 同轴的圆柱面内。

[↗ | 0.1 | A]表示端面圆跳动公差（位置公差）。即：$\phi 14\,_{-0.24}^{\ 0}$的端面对基准 *A* 的端面圆跳动公差为 0.1mm，其公差带是在与基准同轴的任一半径位置的测量圆柱面上距离为 0.1mm 的两圆之间的区域。表明被测面围绕基准线 *A*（基准轴线）旋转一周时，在任一测量圆柱面内轴向的跳动量均不得大于 0.1mm。

[⊥ | 0.025 | A]表示垂直度公差（位置公差）。即：$\phi 36\,_{-0.34}^{\ 0}$的左端面对基准 *A* 的垂直度公差为 0.025mm，其公差带是距离为公差值 0.025mm，且垂直于基准线的两平行平面之间的区域。表明该被测面必须位于距离为公差值 0.025mm，且垂直于基准线 *A*（基准轴线）的两平行平面之间。

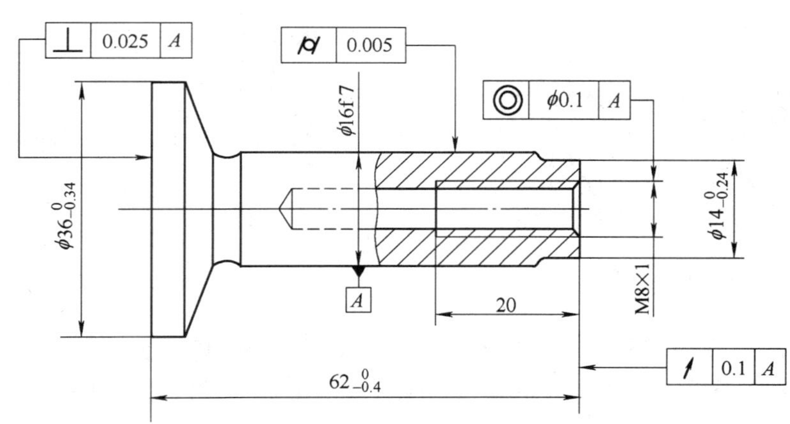

图 7-47　几何公差综合标注示例

7.4.4　其他要求

在机器制造和修理过程中，为了改善材料的可加工性，并使零件能获得良好的力学性能和使用性能，在生产过程中常采用热处理的方法。热处理可分为退火、正火、淬火、回火及表面热处理等。

当零件表面有各种热处理要求时，一般可按下述原则标注。

1）零件表面全部进行某种热处理时，可在技术要求中用文字统一加以说明。

2）零件表面需局部进行热处理时，可在技术要求中用文字统一加以说明，也可在零件图上标注。需要将零件局部进行热处理或局部镀（涂）覆时应用粗点画线画出其范围并标注相应的尺寸，也可将其要求注在表面结构符号长边的横线上。

7.5 螺纹的画法及标记

7.5.1 螺纹要素

螺纹的要素有：牙型、直径、螺距、线数和旋向等。

1. 牙型 在通过螺纹轴线的断面上，螺纹的轮廓形状称为牙型。常见的有三角形、梯形和锯齿形等，如图 7-48 所示。

2. 直径 直径有大径（d、D）、中径（d_2、D_2）和小径（d_1、D_1）之分，如图 7-49 所示。大径是指与外螺纹牙顶或内螺纹牙底相切的假想圆柱面或圆锥面的直径。小径是指与外螺纹牙底或内螺纹牙顶相切的假想圆柱面或圆锥面的直径。中径是指一个假想圆柱面或圆锥面的直径，该圆柱面或圆锥面的素线通过牙型上沟槽和凸起宽度相等的地方。公称直径是代表螺纹尺寸的直径，一般是指螺纹大径的公称尺寸。根据螺纹大径可查阅国家标准找到其中径和小径。

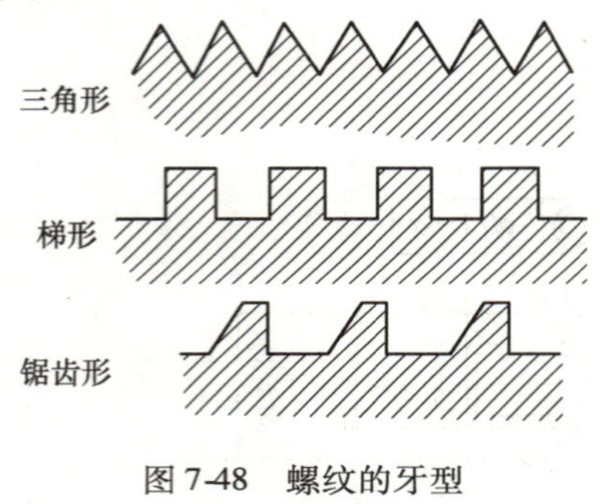

图 7-48 螺纹的牙型

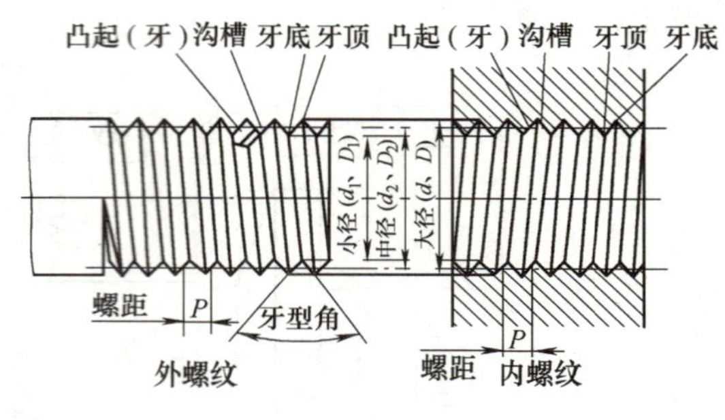

图 7-49 螺纹的直径

3. 线数（*n*） 螺纹有单线与多线之分。工件表面上沿一条螺旋线所形成的螺纹称单线螺纹；沿两条或两条以上在轴向等距分布的螺旋线所形成的螺纹称多线螺纹，如图 7-50 所示。

4. 螺距（*P*）和导程（*Ph*） 螺距是指相邻两牙在中径线上对应两点间的轴向距离；导程是指同一条螺旋线上的相邻两牙在中径线上对应两点间的轴向距离。应注意：螺距和导程是两个不同的概念，如图 7-50 所示。螺距、导程、线数的关系是：$Ph = nP$。

5. 旋向 螺纹有左旋和右旋两种，如图 7-51 所示。

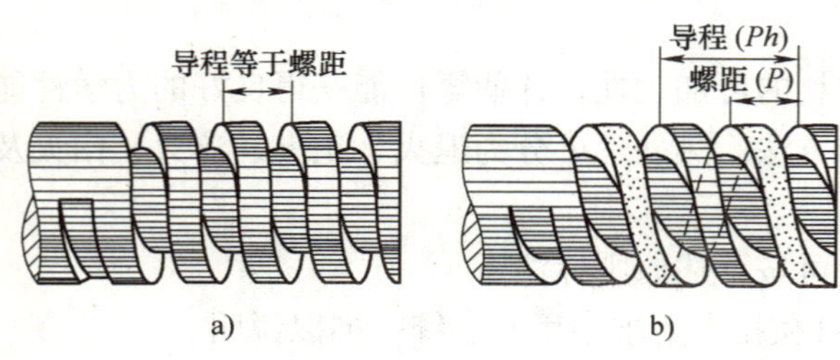

图 7-50 螺距与导程图
a）单线螺纹 b）双线螺纹

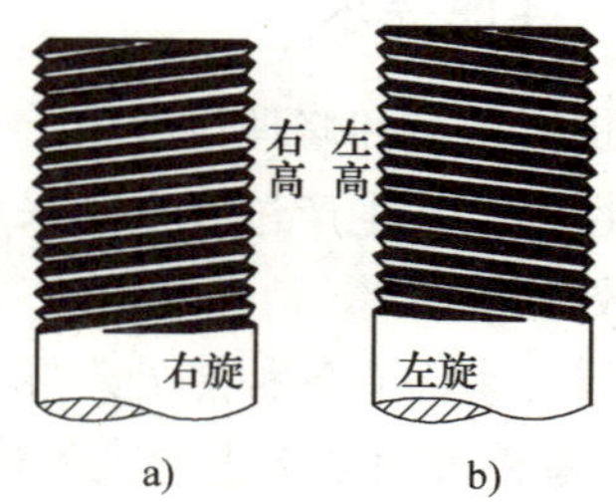

图 7-51 螺纹的旋向
a）右旋螺纹 b）左旋螺纹

7.5.2　螺纹画法

1. 外螺纹的画法　在与轴线平行的视图上，外螺纹的大径和螺纹终止线用粗实线表示，小径用细实线表示，表示小径的细实线画进倒角。螺尾部分一般不必画出，当需要表示螺尾时，该部分用与轴线成 30°的细实线画出。在与轴线垂直的视图上，表示小径的细实线圆画大约 3/4 圈，且螺纹的倒角省略不画，如图 7-52 所示。

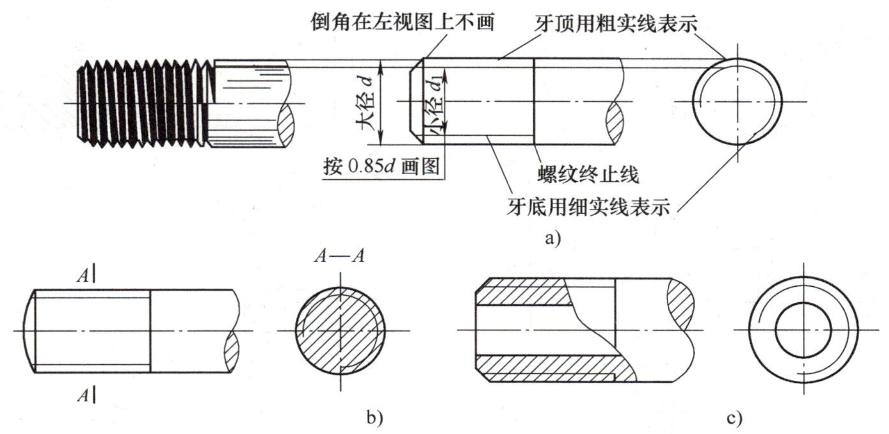

图 7-52　外螺纹的规定画法

2. 内螺纹的画法　内螺纹常采用剖视图。在与轴线平行的视图上，内螺纹小径和螺纹终止线用粗实线表示，大径用细实线表示，剖面线必须画到粗实线，如图 7-53a 所示。在与

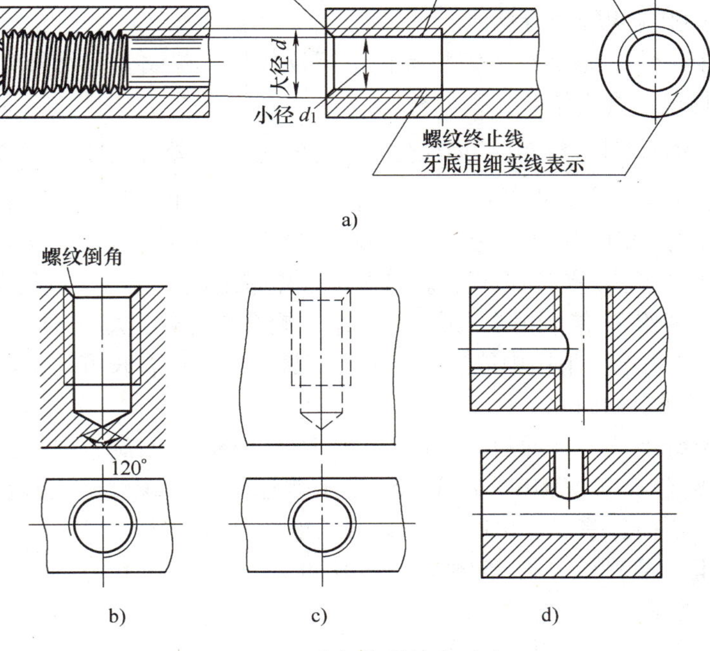

图 7-53　内螺纹的规定画法

a）内螺纹的画法　b）不通孔的内螺纹画法　c）内螺纹采用不剖的画法　d）内螺纹相贯画法

轴线垂直的视图上，小径用粗实线圆表示，大径的细实线圆画大约 3/4 圈，且孔口倒角省略不画。绘制不通孔的内螺纹，应将钻孔的深度和螺纹深度分别画出。孔底由钻头钻成的 120°的锥面要画出，如图 7-53b 所示。若螺纹采用不剖画法，大径、小径及螺纹终止线均用虚线表示，如图 7-53c 所示。内螺纹相贯画法，如图 7-53d 所示。

3. 圆锥螺纹的规定画法和非标准螺纹的画法　圆锥螺纹的规定画法如图 7-54 所示。非标准螺纹的画法如图 7-55 所示。

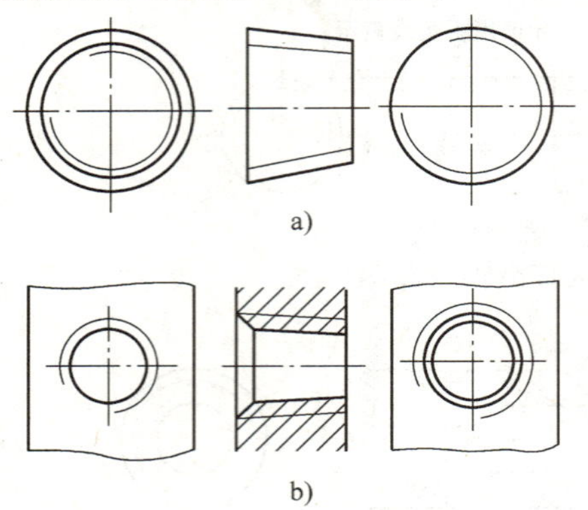

图 7-54　圆锥螺纹的规定画法

a）圆锥外螺纹　b）圆锥内螺纹

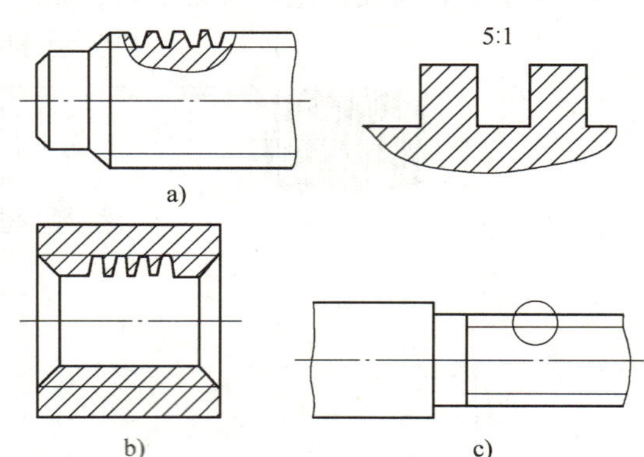

图 7-55　非标准螺纹的画法

a）外螺纹牙型表示法　b）内螺纹牙型表示法　c）局部放大图表达牙型

7.5.3　螺纹代号和标记

由于螺纹规定画法不能表示螺纹种类和螺纹要素，因此绘制螺纹图样时，必须按国家标准所规定的格式和相应代号进行标注。

1. 普通螺纹标记　普通螺纹的完整标记由螺纹代号、螺纹公差代号和螺纹旋合长度代号三部分组成，其规定格式如下。

螺纹特征代号 公称直径 × 螺距 − 中径公差带代号 顶径公差带代号 - 螺纹旋合长度 - 旋向

螺纹代号由表示螺纹特征的字母 M、螺纹的尺寸（大径和螺距）、螺纹的旋向构成。粗牙普通螺纹不标注螺距。LH 代表左旋螺纹，右旋螺纹不标注旋向（其他螺纹标记规定也相同）。

公差带代号由中径公差带和顶径公差带两组公差带组成。大写字母代表内螺纹，小写字母代表外螺纹。若两组公差带相同，则只写一组。旋合长度分为短（S）、中（N）、长（L）3 种旋合长度。一般情况下采用中等旋和长度。若属于中等旋合长度，则不标注旋合长度代号（梯形和锯齿形规定相同）。

例如：M16-5g6g-S 表示普通粗牙外螺纹，大径为 16mm，右旋，中径公差带为 5g，顶径公差带为 6g，短旋合长度。M16 × 1-6H-LH 表示普通细牙内螺纹，大径为 16mm，螺距为 1mm，左旋，中、顶径公差带为 6H，中等旋合长度。

2. 管螺纹标记　管螺纹分为 55°密封管螺纹和 55°非密封管螺纹。

（1）55°密封管螺纹标记格式

螺纹特征代号　尺寸代号　旋向代号

1）螺纹特征代号：用 Rc 表示圆锥内螺纹，用 Rp 表示圆柱内螺纹，用 R_1 表示与圆柱内螺纹相配合的圆锥外螺纹，用 R_2 表示与圆锥内螺纹相配合的圆锥外螺纹。

2）尺寸代号：用 1/2、3/4、1、1½…表示。

3）旋向代号：与普通螺纹的标记相同。

（2）55°非密封管螺纹标记格式

螺纹特征代号 尺寸代号 螺纹公差等级代号-旋向代号

1）螺纹特征代号：用 G 表示。

2）尺寸代号：用 1/2、3/4、1、1½…表示。

3）螺纹公差等级代号:对外螺纹分 A、B 两级标记:内螺纹公差带只有一种,所以不加标记。

4）旋向代号：与普通螺纹的标记相同。

例如：Rp3/4 表示圆柱内螺纹，尺寸代号为 3/4，右旋：G1/2B 表示圆柱外螺纹，尺寸代号为 1/2，螺纹公差等级为 B，右旋。

3. 梯形和锯齿形螺纹标记 梯形和锯齿形螺纹标记格式如下。

螺纹特征代号 公称直径 × 导程（P 螺距） 旋向-螺纹公差带代号-旋合长度代号

梯形螺纹特征代号用 Tr 表示，锯齿形螺纹特征代号用 B 表示。两种螺纹只标注中径公差带，旋合长度只有中等旋合长度（N）和长旋合长度（L）两组。

例如：Tr36 ×12（P6）-7H 表示公称直径 36 mm、导程 12 mm、螺距 6 mm、双线右旋、中径公差带为 7H、中等旋合长度的梯形螺纹。B70 ×10LH-7e 表示公称直径 70 mm、螺距 10 mm、单线左旋、中径公差带为 7e、中等旋合长度的锯齿形螺纹。

7.5.4 螺纹标注

螺纹标注方法类似直径尺寸标注，尺寸界线必须从大径线上引出，尺寸数值处填写螺纹标记代替直径数值，管螺纹的标记一律标注在尺寸引线上，尺寸引线必须指向大径。螺纹标注示例如图 7-56 ~ 图 7-59 所示。图 7-56 所示为普通螺纹标注；图 7-57 所示为管螺纹标注；图 7-58 所示为梯形螺纹标注；图 7-59 所示为锯齿形螺纹标注。

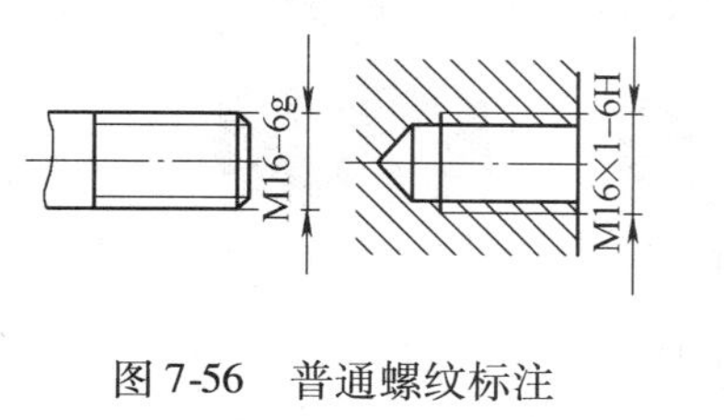

图 7-56 普通螺纹标注

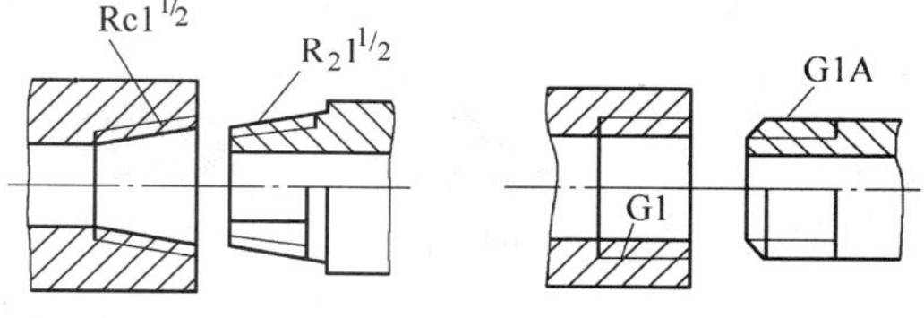

图 7-57 管螺纹标注

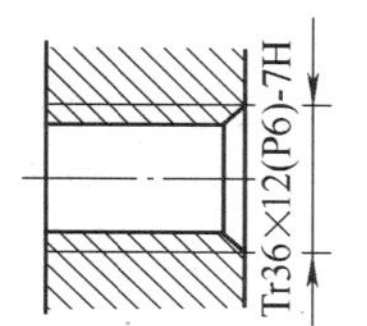

图 7-58 梯形螺纹标注

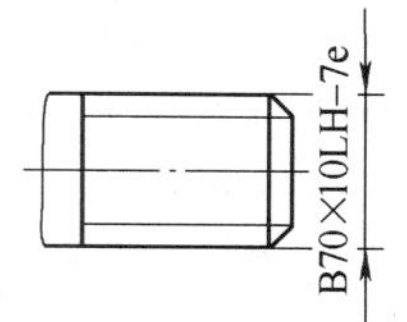

图 7-59 锯齿形螺纹标注

7.5.5 螺纹表面结构标注

螺纹的工作表面没有画出牙型时，其表面结构代号可按图 7-60 所示的形式标注。

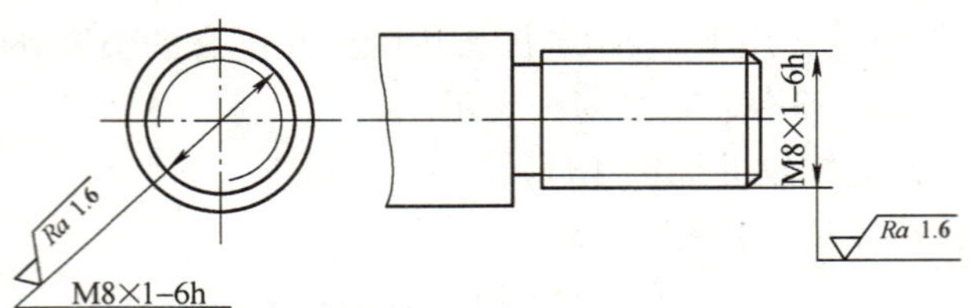

图 7-60　螺纹工作表面结构的注法

7.6　标准件型号及标记

机器上除一般零件外，还会用到螺栓、螺钉、螺母、键、销、齿轮、弹簧等标准件和常用件。由于这些零件用途广、用量大，为了便于批量生产和提高绘图效率，绘图时不必按其真实投影画出，而是根据相应的国家标准所规定的画法、代号和标记进行绘图和标注。

7.6.1　螺纹联接件的型号及标记

螺纹联接件种类很多，常用的螺纹紧固件有：螺栓、双头螺柱、螺钉以及螺母、垫圈等，如图 7-61 所示。螺纹紧固件都是标准件，国家标准对它们的机构形式和尺寸大小都做了规定，并制定了不同的标记方法。因此只要知道规定标记，就可以从有关标准中查出它们的结构形式、全部尺寸和技术要求。常用螺纹紧固件的标记见表 7-6。

图 7-61　螺纹紧固件

表 7-6　常用螺纹紧固件的标记

名　称	图　例	标注示例
六角头螺栓	M12 50	螺栓 GB/T 5782—2000 M12 ×50

（续）

名称	图例	标注示例
双头螺柱	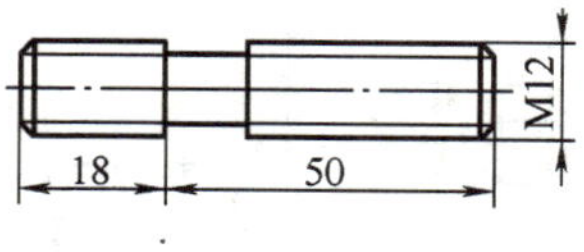 18 50 M12	螺柱 GB/T 899—1988 M12×50
开槽沉头螺钉	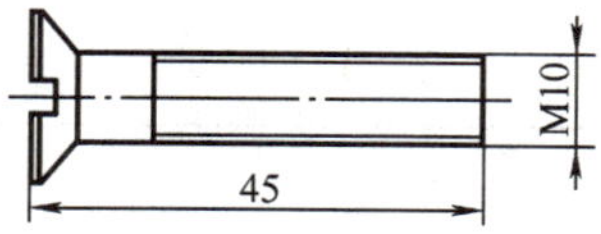 45 M10	螺钉 GB/T 68—2000 M10×45
六角螺母	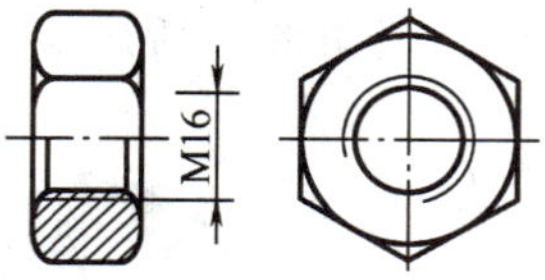 M16	螺母 GB/T 6170—2000 M16
垫圈	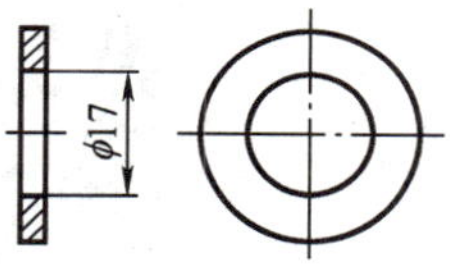 φ17	垫圈 GB/T 97.1—2002 16

7.6.2 键的型号及标记

1. 常用的键 常用的键有普通平键、半圆键、钩头型楔键、花键等。平键应用最广，有A型、B型和C型三种形式，如图7-62所示。表7-7列出了几种常用键的标准代号、形式和规定标记。

表7-7 常用键及其标记

名称	图例	标记示例
普通平键 	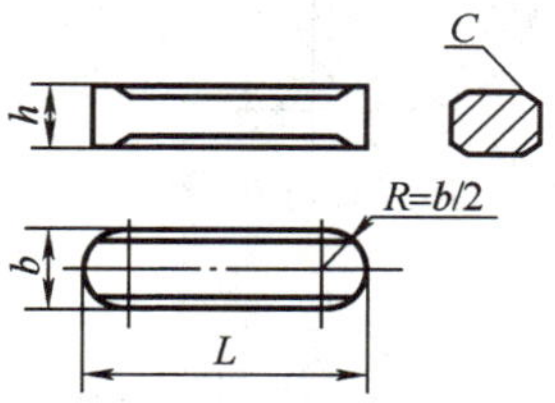 C h R=b/2 b L	$b=8\text{mm}$、$h=7\text{mm}$、$L=25\text{mm}$的普通平键(A型)： GB/T 1096—2003 键 8×7×25
半圆键 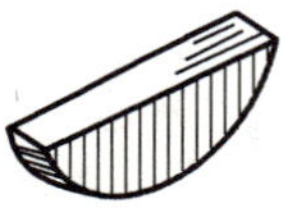	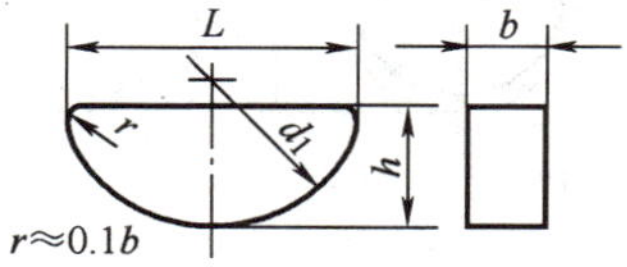 L b r d_1 h $r\approx0.1b$	$b=6\text{mm}$、$h=10\text{mm}$、$d_1=25\text{mm}$、$L=24.5\text{mm}$的半圆键： GB/T 1099.1—2003 键 6×10×25

（续）

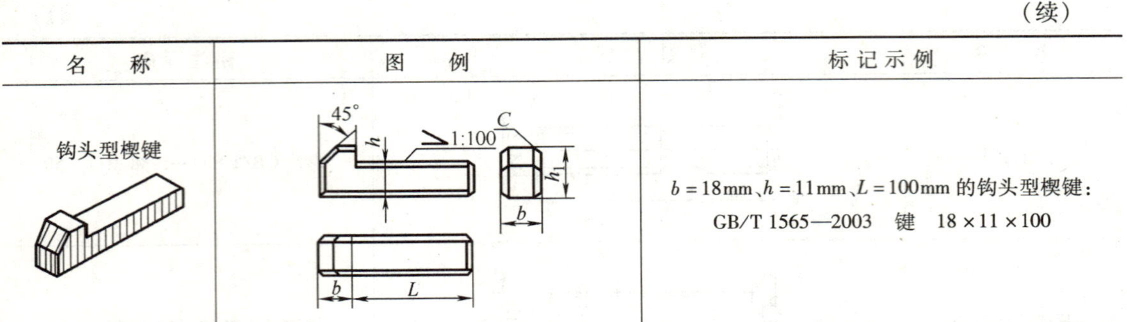

名　称	图　例	标记示例
钩头型楔键	45° h 1:100 C h_1 b b L	$b=18\text{mm}$、$h=11\text{mm}$、$L=100\text{mm}$ 的钩头型楔键： GB/T 1565—2003　键　18×11×100

2. 花键　在轴上加工的花键称为外花键，该轴称为花键轴；在孔内加工的花键称为内花键，该孔称为花键孔。花键的齿形有矩形、三角形、渐开线形等，常见的是矩形花键，如图 7-63 所示。

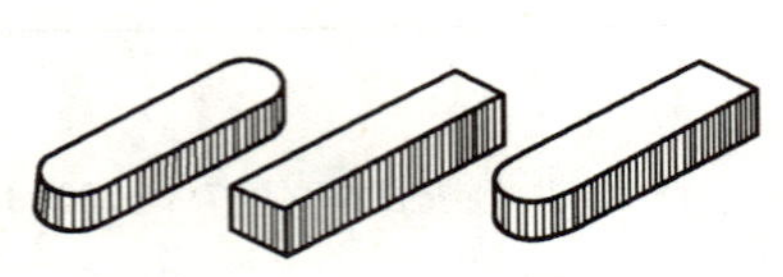

图 7-62　普通平键

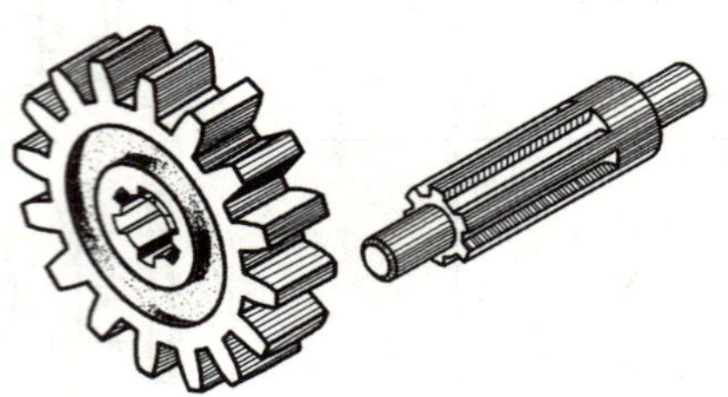

图 7-63　内花键和外花键

（1）花键的画法　外花键与内花键的画法如图 7-64 所示。上图为外花键的画法：大径用粗实线、小径用细实线绘制，并在断面图中画出一部分或全部分齿形。下图为内花键的画法：在剖视图中，大径和小径均用粗实线绘制，并在局部视图中画出一部分或全部分齿形。

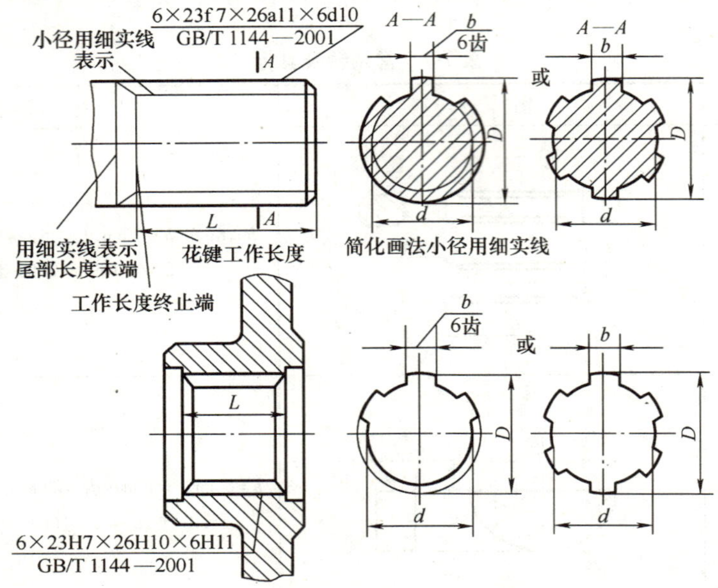

图 7-64　花键的画法

（2）矩形花键的标注　花键的标注可采用一般尺寸标注法和代号标注法两种。一般尺寸标注法应注出齿数 N、大径 D、小径 d、键宽 B、工作长度 L；用代号标注时，指引线用细实线从大径引出，如图7-64所示，标记形式为：

齿数×小径　小径公差带代号×大径　大径公差带代号×键宽　键宽公差带代号

其中内花键公差带代号用大写字母表示、外花键用小写字母表示。

例：花键 $N=6$，$d=23\text{H7/f7}$，$D=26\text{H10/a11}$，$B=6\text{H11/d10}$ 的标记如下。

内花键：6×23H7×26H10×6H11

外花键：6×23f7×26a11×6d10

（3）花键表面结构的注法　花键的画法如图7-65所示。

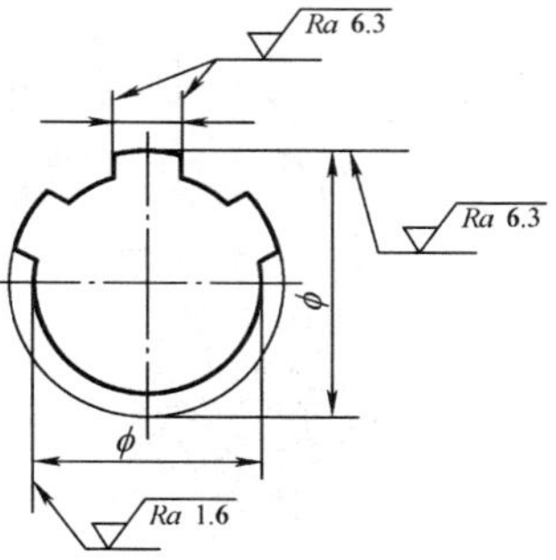

Ra 6.3
Ra 6.3
φ
φ
Ra 1.6

图7-65　花键表面粗糙度的注法

7.6.3　销的型号及标记

销是标准件，主要用于零件间的联接与定位。常用的销有：圆柱销、圆锥销、开口销等。销的有关标准参看表。表7-8为销的种类、型式与标记。

表7-8　销的种类、型式与标记

名　称	主要尺寸	标记示例
圆柱销 	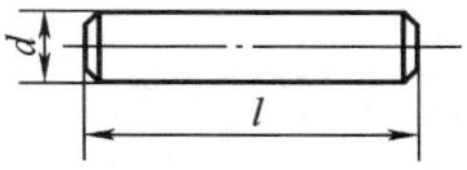 d　l	销 GB/T 119.1—2000 $d\times l$
圆锥销 	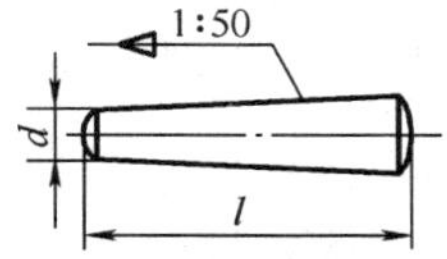 1:50　d　l	销 GB/T 117—2000 $d\times l$
开口销 	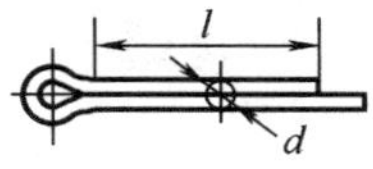 l　d	销 GB/T 91—2000 $d\times l$

7.6.4　滚动轴承的型号及标记

滚动轴承是标准部件，类型很多，但其结构大体相同，一般由外圈、内圈、滚动体和保持架等零件组成，如图7-66所示。滚动轴承广泛运用在各类机器中，用来支承轴。

滚动轴承用代号表示其结构、尺寸、公差等级、技术性能等特征的产品符号，其代号的含义应查阅国家标准。例轴承标记：轴承6209 GB/T 276—1994中，6为类型代号：深沟球轴承；2 为尺寸系列代号；09 为内径代号：$d=45$mm。

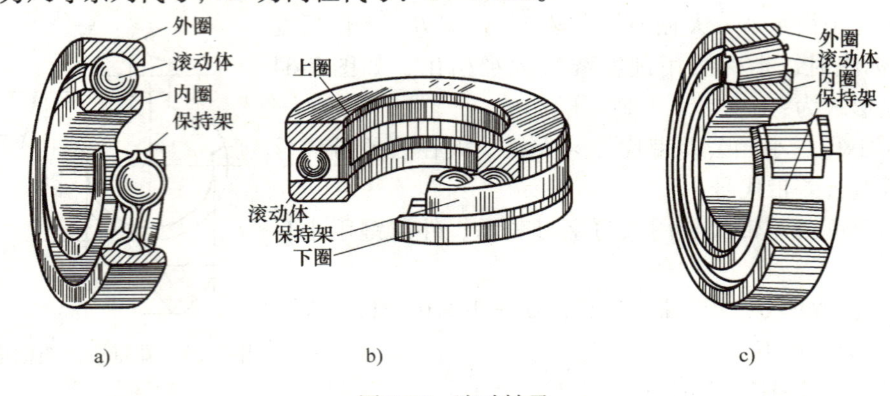

图 7-66 滚动轴承

a）深沟球轴承 b）推力球轴承 c）圆锥滚子轴承

7.7 齿轮零件图的绘制

1. 名称和分类 齿轮是广泛应用于各种机械传动的一种常用件，用来传递动力，改变转速和旋转方向。圆柱齿轮的轮齿有直齿、斜齿、人字齿等，如图 7-67 所示。圆柱齿轮轮齿的各部分名称如图 7-68 所示。

齿顶圆：通过轮齿顶端的圆。

齿根圆：通过轮齿根部的圆。

分度圆：圆柱齿轮的分度圆柱面与端平面的交线。

齿宽：沿齿轮轴线方向测量的轮齿宽度。

模数：模数以 m 表示，是设计、制造齿轮的一个重要参数。不同模数的齿轮要用不同模数的刀具来加工制造。为了便于设计和加工，国家标准规定了齿轮模数的标准数值。

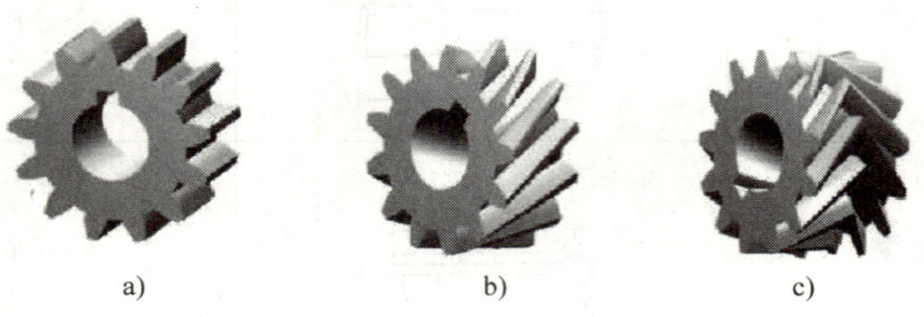

图 7-67 齿圆柱齿轮的分类

a）直齿 b）斜齿 c）人字齿

2. 圆柱齿轮的画法 非轮齿部分按投影画出，轮齿部分按规定画法画出，如图 7-68 所示。在端面视图中，齿顶圆用粗实线，齿根圆用细实线或省略不画，分度圆用点画线画出。另一视图一般是画成全剖视图，而轮齿规定按不剖处理，用粗实线表示齿顶和齿根线，点画线表示分度线；若不画成剖视图，则齿根线可省略不画。

当需要表示轮齿为斜齿、人字齿的齿线形状时，主视图一般不取全剖视图，而用局部剖视图，在外形视图上画出三条与齿线方向一致的细实线表示，如图 7-69 所示。图 7-69a 所示为斜齿圆柱齿轮；图 7-69b 所示为人字齿圆柱齿轮。

3. 齿轮表面结构的注法　表面结构符号标注在分度圆线上，标注如图 7-70 所示。

《机械制图》国家标准规定了各种齿轮的图样格式。图 7-71 是按照渐开线圆柱齿轮图样示例绘制的直齿圆柱齿轮零件图。

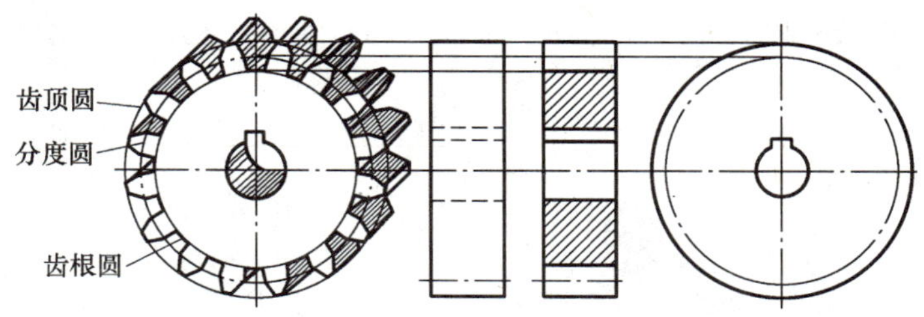

图 7-68　直齿圆柱齿轮的画法

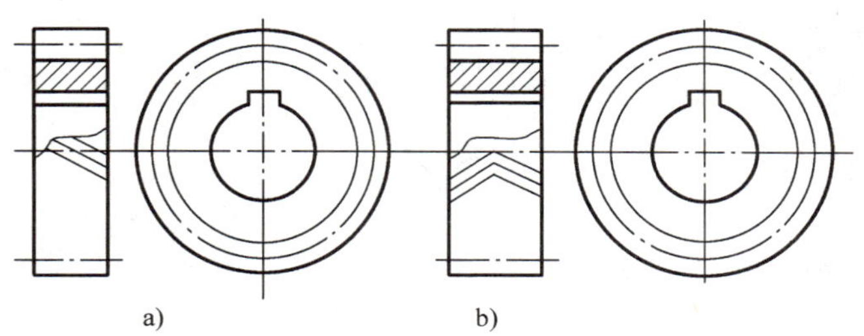

图 7-69　斜齿、人字齿圆柱齿轮的画法

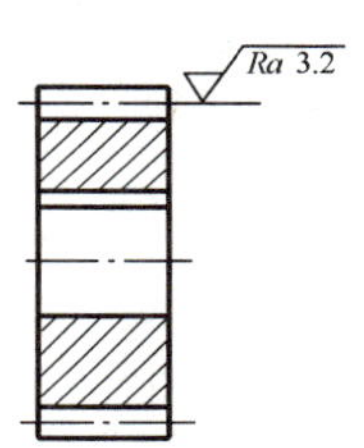

图 7-70　齿轮表面结构的注法

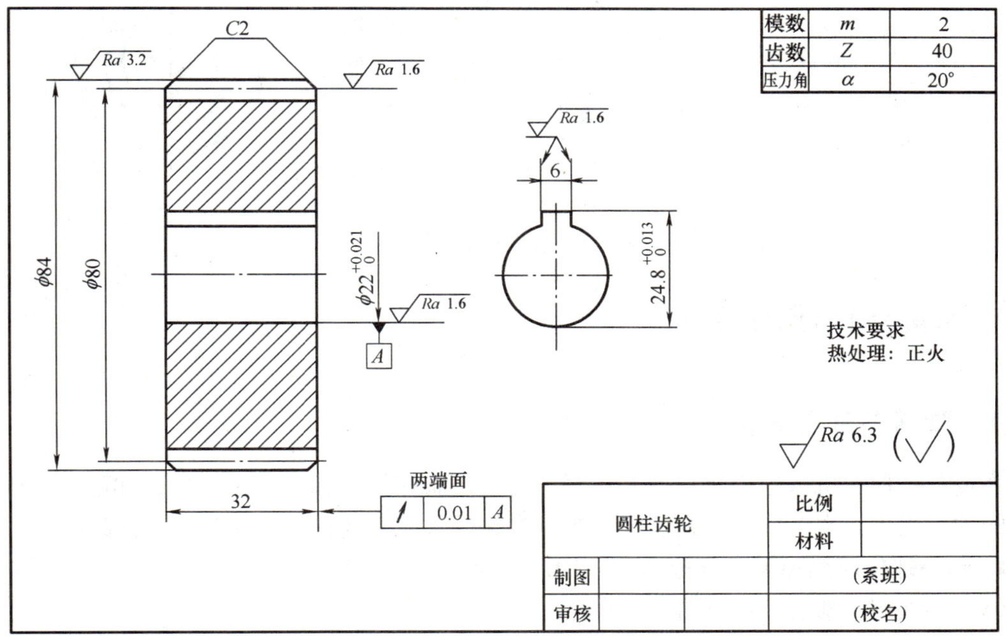

图 7-71　直齿圆柱齿轮的零件图

4. 锥齿轮画法 由于锥齿轮的轮齿分布在圆锥面上，如图 7-72 所示，所以，轮齿的厚度、高度都沿着齿宽的方向逐渐地变化，即其模数是变化的。为了计算和制造方便，规定锥齿轮的大端端面模数（m_e）为标准模数，根据大端端面模数来计算其他各部分尺寸。

直齿锥齿轮零件图的规定画法：主视图取剖视，轮齿仍按不剖处理。端面视图规定用粗实线画出大端和小端的顶圆，用点画线画出大端的分度圆。大、小端根圆及小端分度圆均不画出。除轮齿按上述规定画法外，齿轮其余各部分均按实际结构的投影绘制。锥齿轮的画图步骤如图 7-73 所示。

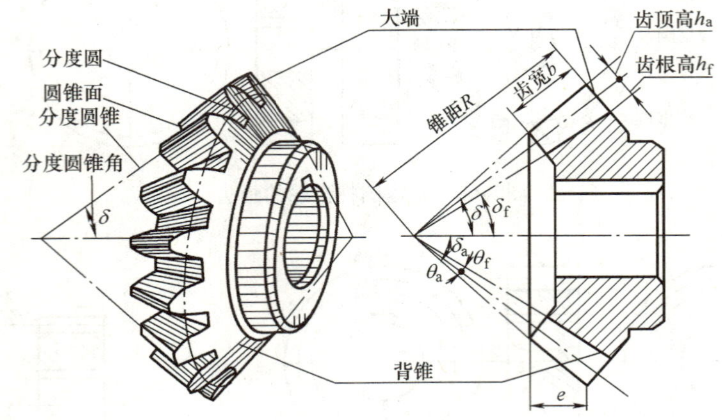

图 7-72 锥齿轮

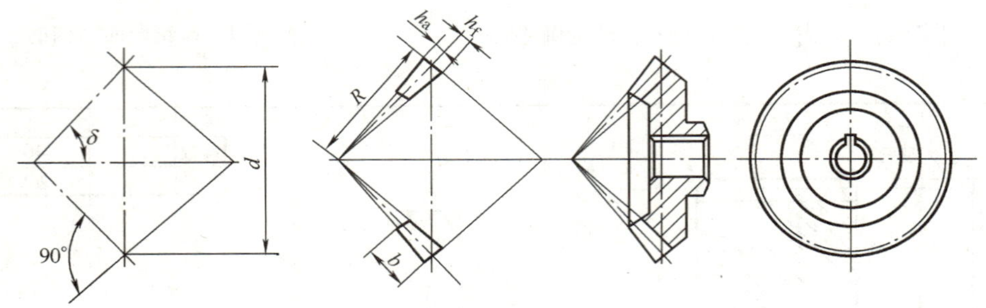

图 7-73 锥齿轮的画图步骤

7.8 弹簧零件图的绘制

7.8.1 弹簧各部分名称

弹簧是一种在机械中广泛地用来减振、夹紧、储存能量和测力的零件，如图 7-74 所示。弹簧的种类很多，本节仅介绍圆柱螺旋压缩弹簧的各部分名称、尺寸关系及其画法。

1. 圆柱螺旋压缩弹簧各部分名称（GB/T 4459.4—2003）

（1）线径 d 制造弹簧用的型材直径。

（2）弹簧直径 弹簧外径 D_2（最大直径）、弹簧内径 D_1（最小直径）、弹簧中径 D。

（3）节距 t 相邻两有效圈轴向的距离。

（4）弹簧圈数

1）弹簧支承圈数 n_2　弹簧两端并紧磨平的各圈起支承作用，称支承圈。

2）弹簧有效圈数 n　参与变形并具有相同节距的圈数。

3）弹簧总圈数 n_1　支承圈数与有效圈数之和。

（5）弹簧的自由高度 H_0　弹簧不受外力时的高度，$H_0 = nt + (n_2 - 0.5)d$。

7.8.2　圆柱螺旋压缩弹簧的规定画法

根据 GB/T 4459.4—2003 圆柱螺旋弹簧的规定画法如下，如图 7-75 所示。

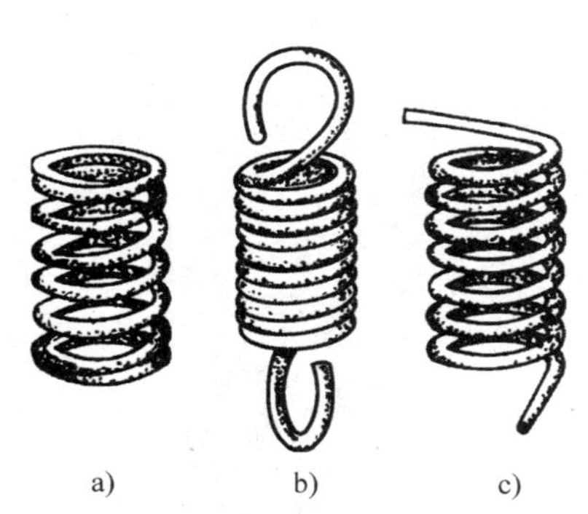

图 7-74　圆柱螺旋压缩弹簧

a）压缩弹簧　b）拉伸弹簧　c）扭转弹簧

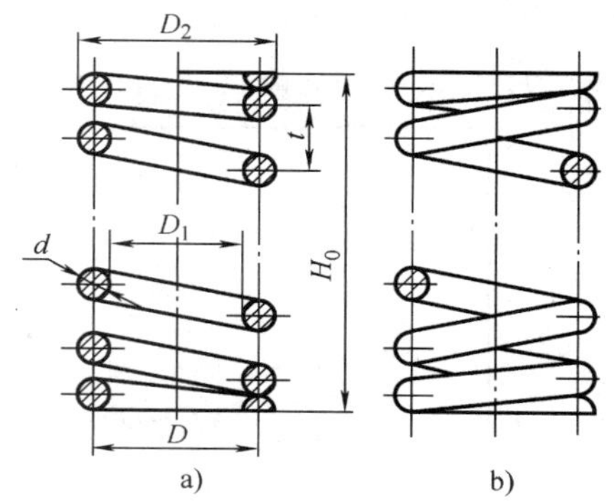

图 7-75　压缩弹簧的视图

a）剖视图　b）视图

7.8.3　圆柱螺旋压缩弹簧的作图步骤

圆柱螺旋压缩弹簧的画图步骤如图 7-76 所示。可画成视图、剖视图或示意图。

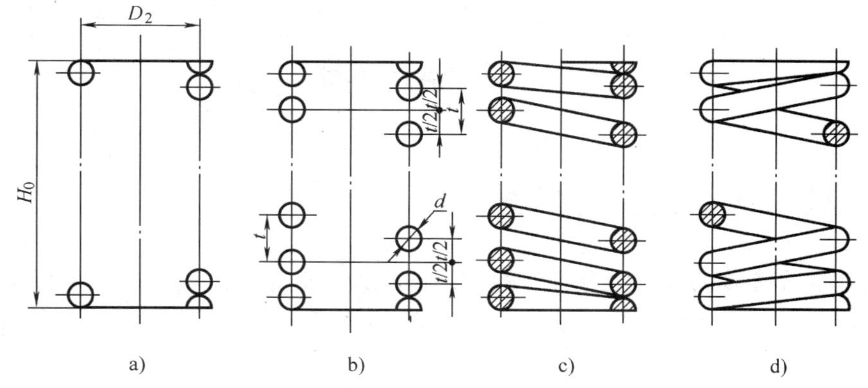

图 7-76　圆柱螺旋压缩弹簧的作图步骤

画图时，应注意以下几点。

1）圆柱在平行于轴线的投影面上的图形，其各圈的外形轮廓应画成直线。

2）螺旋弹簧均可画成右旋，对必须保证的旋向要求应在“技术要求”中注明。

3）如要求螺旋压缩弹簧两端并紧且磨平时，不论支承圈圈数多少和末端贴紧情况，均按图 7-75（有效圈是整数，支承圈为 2.5 圈）的形式绘制，必要时也可按支承圈实际结构绘制。

4）有效圈数在4圈以上的螺旋弹簧，允许每端只画2圈（不包括支承圈），中间各圈可省略不画，只画通过簧丝剖面中心的两条点画线。当中间部分省略后可适当地缩短图形的长度。

《机械制图》国家标准提供了各种弹簧的图样格式，规定了弹簧图样中有关标注的几项要求，其中有以下两点。

1）弹簧的参数应直接标注在图形上，当直接标注有困难时可在“技术要求”中说明。

2）一般用图解方式表示弹簧的特性。圆柱螺旋压缩（拉伸）弹簧的机械性能曲线均画成直线，标注在主视图上方。

图7-77所示为圆柱螺旋压缩弹簧的一种图样格式。

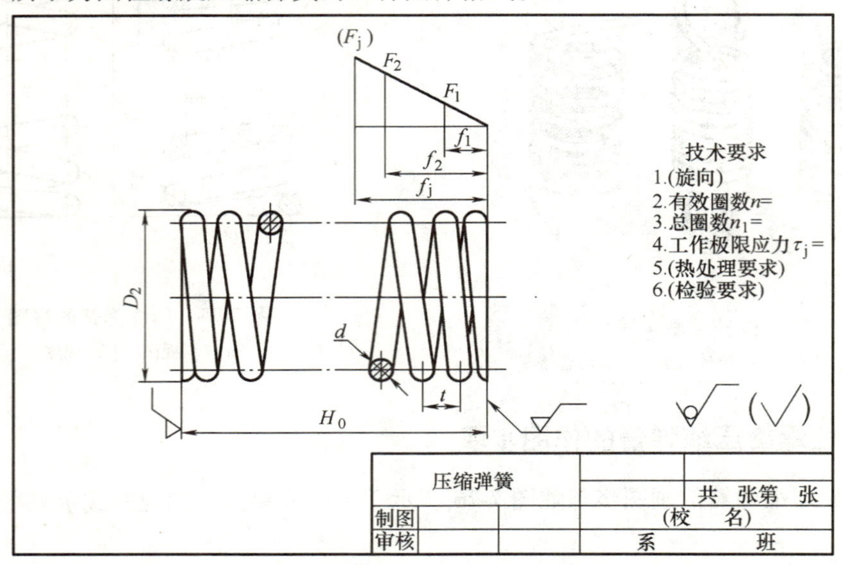

图7-77　弹簧的工作图

7.9　零件的工艺结构和过渡线

零件的基本几何形状是根据对零件的使用要求设计确定的，而要使零件能够被制作出来，其结构形状还必须满足加工、测量、装配等的一系列的要求，应使零件具有合理的工艺结构。

7.9.1　零件上的铸造工艺结构

1. 起模斜度　在铸造零件毛坯时，先要在砂箱中用木模型制作出空腔砂型，然后将金属熔化后浇注进砂型中的空腔，待冷却后形成零件的毛坯。在制造木模型时，为了便于在制作砂型时能够将木模型顺利地从砂型中取出，木模型的内外壁上沿起模方向通常作成一定的角度，因而在零件毛坯浇注成形后，就会形成有一定斜度的内外表面。这样形成的表面的斜度就是起模斜度，如图7-78a、b所示。起模斜度通常为1∶20，铸件的起模斜度在图中可不画出、不标注，必要时可在技术要求或图形中注出。

2. 铸造圆角　为了便于制作砂型时木模起模，也为了防止金属液冲坏转角处，造成砂眼、夹砂等缺陷，同时防止冷却时产生缩孔和裂纹，将铸件毛坯的转角处制成圆角。此种圆角称为铸造圆角，如图 7-78b、c 所示。画零件图时，毛坯面的转角处都应画成圆角，但若是加工面，毛坯的铸造圆角被加工掉了，应画成尖角或倒角，如图 7-78c 所示。铸造圆角一般不予标注，通常注写在技术要求中。

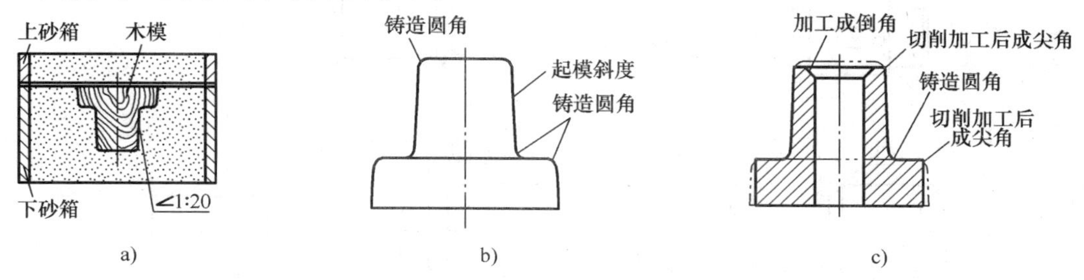

图 7-78　铸件的起模斜度与铸造圆角

3. 过渡线　由于铸件毛坯转角处制成了圆角，其面与面的交线变得不清晰、不明显，为了便于看图，原交线仍要画出，但交线两端空出不与轮廓线圆角相交，这种交线称为过渡线。过渡线用细实线画出，常见过渡线的画法如图 7-79 所示。

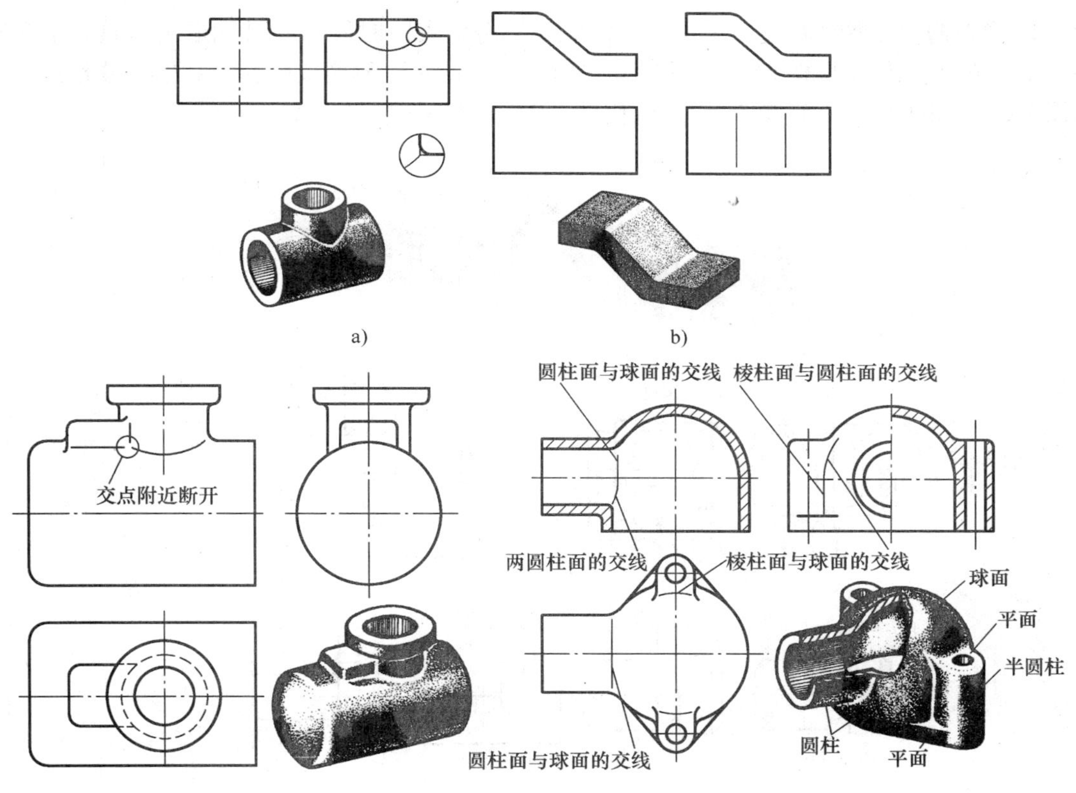

图 7-79　铸件的铸造圆角与过渡线

7.9.2 零件上的机械加工工艺结构

1. 倒角和圆角　为了安全、便于装配、保护零件表面不受损伤，常在轴或孔端部等处加工成圆角或倒角；为了避免应力集中产生裂纹，在轴肩处往往加工成圆角。45°倒角一般按“*C* 倒角宽度”标出，特殊情况下 30°或 60°倒角分别标注宽度和角度，如图 7-80 所示。

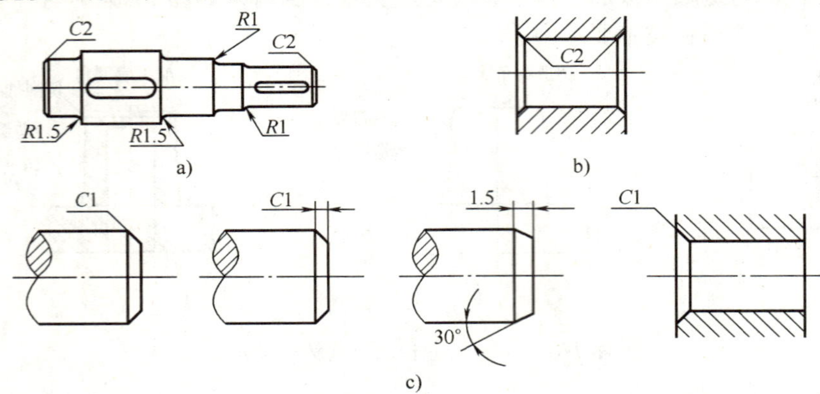

图 7-80　倒角与圆角

a）轴的倒角和圆角　b）孔的倒角　c）标注示例

2. 退刀槽和砂轮越程槽　为了在车削螺纹、磨削表面时能够容易地退出刀具，常在零件表面预先加工出退刀槽或砂轮越程槽，如图 7-81a 所示退刀槽或砂轮越程槽尺寸标注方法如图 7-81b ~ d 所示，一般按“槽宽 × 直径”或“槽宽 × 槽深”标注。

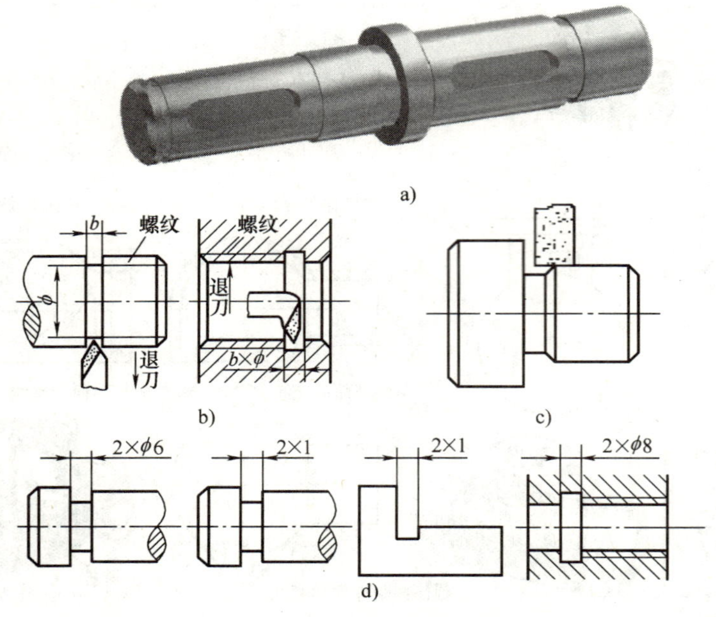

图 7-81　退刀槽与砂轮越程槽

a）立体图　b）退刀槽　c）越程槽　d）标注示例

3. 钻孔　钻削盲孔时，加工孔的钻头将会在孔的底部留下 120°的锥角，钻孔深度尺寸不包括锥角。钻削阶梯孔时，在大小孔过渡处钻头留有 120°锥角的锥台，其钻孔深度尺寸不包括该锥台，如图 7-82 所示。

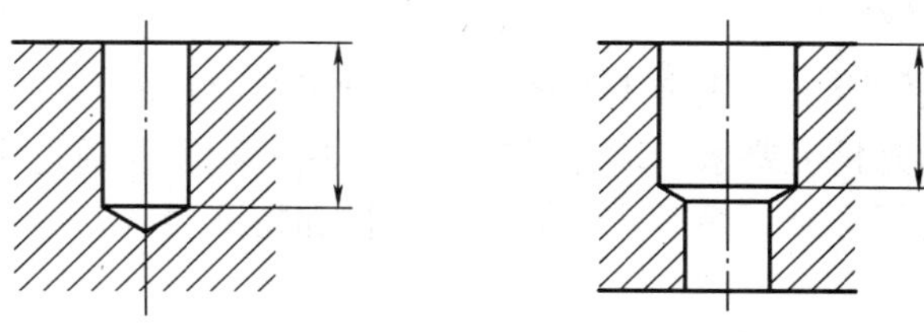

图 7-82　钻孔结构

4. 中心孔　加工较长的轴类零件时，为了便于定位或装夹，也为了控制或消除加工时零件的振动，保证零件表面的加工精度，常在轴的一端或两端加工出中心孔，如图 7-83a 所示。标准中心孔在图样中可不画出详细结构，只需用规定符号标注其代号，如图 7-83b 所示。

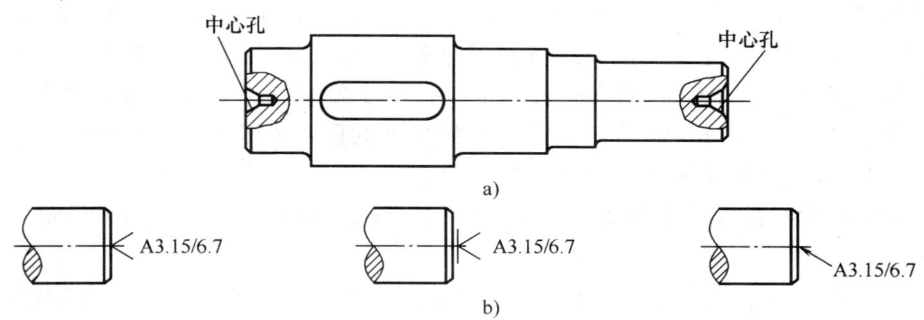

图 7-83　中心孔及其标注
a）中心孔　b）中心孔的标注

7.10　零件图的识读

7.10.1　阅读零件图的目的

一张零件图的内容是相当丰富的，不同工作岗位的人看图的目的也不同，通常识读零件图的主要目的是：

1）对零件有一个概括的了解，如名称、材料等。

2）根据给出的视图，想象出零件的形状，明确零件的作用及各部分的功能。

3）通过识读零件图的尺寸，对零件各部分的大小有一个概念，进一步分析出各方向尺寸的主要基准。

4）明确制造零件的主要技术要求，如表面结构、尺寸公差、几何公差、热处理及表面处理等，以便确定正确的加工方法。

7.10.2 识读零件图的方法和步骤

识读零件图的方法没有一个固定不变的程序。对于较简单的零件图，泛泛地阅读就能想象出物体的形状及明确其精度要求。对于较复杂的零件，则需要通过深入分析，由整体到局部，再由局部到整体反复推敲，最后才能搞清其结构和精度要求。一般而言应按下述步骤去识读一张零件图。

1. 看标题栏 看一张图，首先从标题栏入手，标题栏内列出了零件的名称、材料、比例等信息，从标题栏可以得到一些有关零件的概括信息。

2. 明确视图关系 所谓视图关系，即视图表达方法和各视图之间的投影联系。

3. 分析视图，想象零件结构形状 从学习阅读机械图来说，分析视图、想象零件的结构形状是最关键的一步。看图时，仍采用前述组合体的看图方法，对零件进行形体分析、线面分析。由组成零件的基本形体入手，由大到小，从整体到局部，逐步想象出物体的结构形状。想象出基本形体之后，再深入到细部，这一点一定要引起高度重视。初学者往往被某些不易看懂的细节所困扰，这是抓不住整体造成的后果。

4. 看尺寸，分析尺寸基准 分析零件图上尺寸的目的，是识别和判断哪些尺寸是主要尺寸，各方向的主要尺寸基准是什么，明确零件各组成部分的定形、定位尺寸。

5. 看技术要求 技术要求主要有表面结构、尺寸公差、几何公差及文字说明的加工、制造、检验等要求。这些是制订加工工艺、组织生产的重要依据，要深入分析理解。

【例 7-1】 识读如图 7-84 所示支架的零件图。

（1）读标题栏 该零件名称是支架，用来支承轴，材料为灰铸铁（HT150），比例为 1:2。

（2）分析视图 图中共有五个图形：三个基本视图、一个按向视图形式配置的局部视图 *C* 和一个移出断面图。主视图是外形图；俯视图 *B*—*B* 是全剖视图，是用水平面剖切的；左视图 *A*—*A* 也是全剖视图，是用两个平行的侧平面剖切的；局部视图 *C* 是移位配置的；断面画在剖切线的延长线上，表示肋板的剖面形状。

从主视图可以看出上部圆筒、凸台、中部支承板、肋板和下部底板的主要结构形状和它们之间的相对位置；从俯视图可以看出底板、安装板（槽）的形状及支承板、肋板间的相对位置；局部视图反映出带有螺孔的凸台形状。综上所述，再配合全剖的左视图，则支架由圆筒、支承板、肋板、底板及油孔凸台组成的情况就很清楚了，整个支架的形状如图 7-85 所示。

（3）分析尺寸 从图中可以看出，其长度方向尺寸以对称面为主要基准，标注出安装槽的定位尺寸 70mm，还有尺寸 9mm、24mm、82mm、12mm、110mm、140mm 等；宽度方向尺寸以圆筒后端面为主要基准，标注出支承板定位尺寸 4mm；高度方向尺寸以底板的底面为主要基准，标注出支架的中心高(170 ± 0.1)mm，这是影响工作性能的定位尺寸，圆筒孔径 ϕ72H8 是配合尺寸。它们都是支架的主要尺寸。各组成部分的定形尺寸、定位尺寸希望读者自行分析。

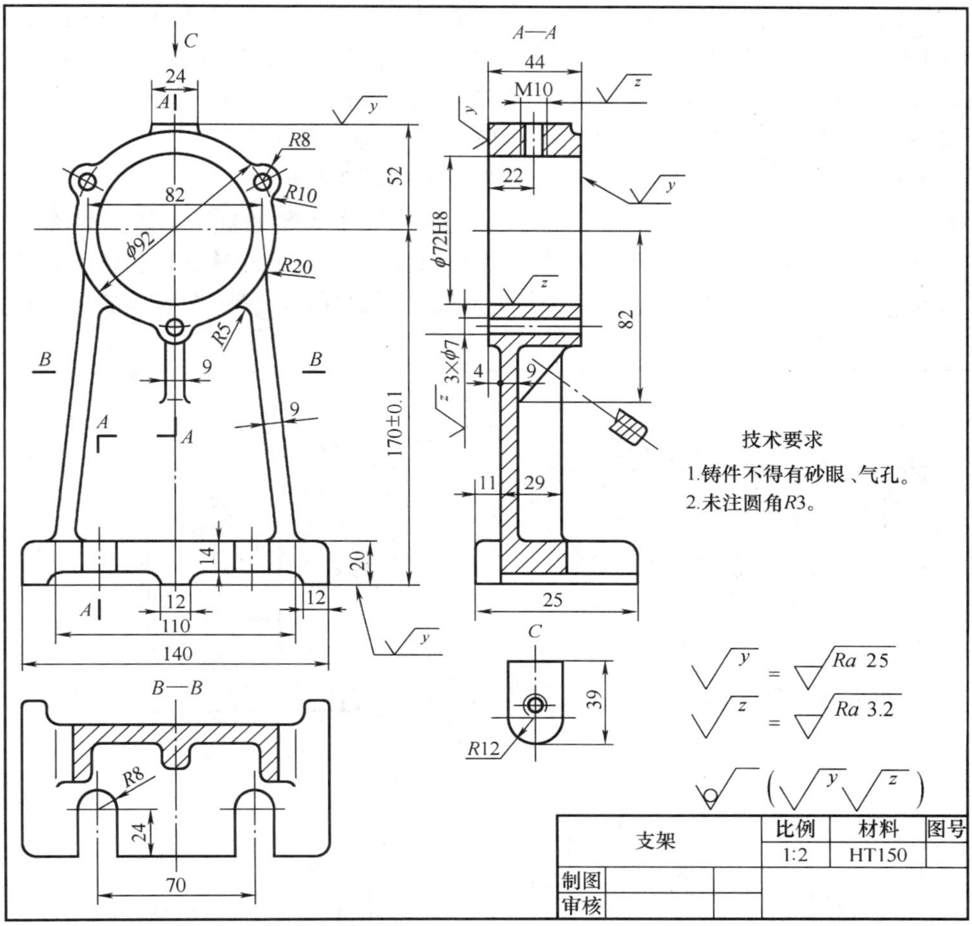

技术要求

1.铸件不得有砂眼、气孔。

2.未注圆角$R3$。

支架	比例	材料	图号
	1:2	HT150	
制图			
审核			

图 7-84　支架零件图

（4）分析技术要求　圆筒孔径 $\phi72$mm 中心高注出了公差带代号，轴孔表面属于配合面，要求较高，Ra 值为 3.2μm。这些指标在加工时应予以保证。

【例 7-2】 识读图 7-86 所示壳体零件图。

（1）看标题栏　零件的名称是壳体，属箱体类零件。材料是铸造铝合金，绘图比例为 1∶2，该零件为铸件。

（2）分析视图　共有五个图形，即主、俯、左三个基本视图，一个局部视图和一个断面图。主视图 *A—A* 是全剖视图，由单一的正平面剖切，表达内部形状。俯视图 *B—B* 是由两个水平面剖切的全剖视图，表达内部和底板的形状。局部剖的左视图和局部视图 *C*，主要表达外形及顶面形状。重合断面表示肋板的宽度。由此可知，该壳体是由主体圆筒，上、下底板，左凸块、前圆筒及肋板等部分组成的。

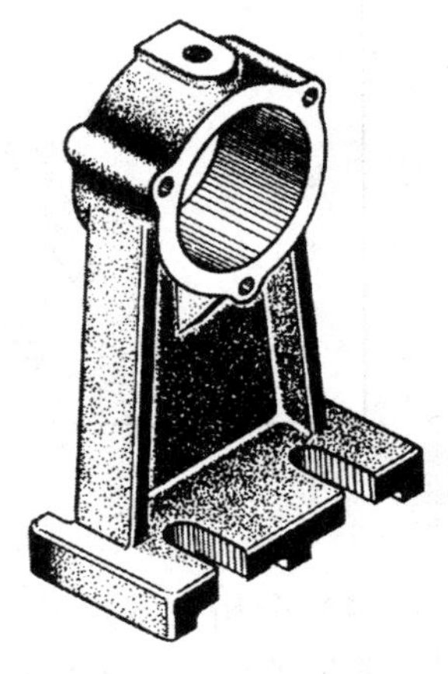

图 7-85　支架的轴测图

再看细部结构：顶部有 $\phi30$H7 通孔、$\phi12$ 盲孔和 M6 螺孔；底部的 $\phi48$H7 孔与 $\phi30$H7 孔相通，底板上还有四个锪平的安装孔

ϕ7mm。结合主、俯、左三个视图看，左侧为带有凹槽的凸块，在凹槽的左端面有 ϕ12mm、ϕ8mm 的阶梯孔，与顶部 ϕ12mm 孔相通；在该阶梯孔的上、下方各有一个螺孔 M6。在前方圆筒上，有 ϕ20mm、ϕ12mm 的阶梯孔，与顶部的 ϕ12mm 圆孔相贯。从采用局部剖的左视图和局部视图 *C* 可看出，顶部有六个安装孔 ϕ7mm（下端锪平）。

综合上述分析，即可想象出壳体的整体形状，如图 7-87 所示。

（3）分析尺寸　通过分析可以看出，长度方向的尺寸基准是通过主体圆筒轴线的侧平面，宽度方向的尺寸基准是通过该轴线的正平面，高度方向的尺寸基准是底板的底面。从三个基准出发进一步分析各部分的定位尺寸和定形尺寸，就可以看懂这个壳体的形状和大小。

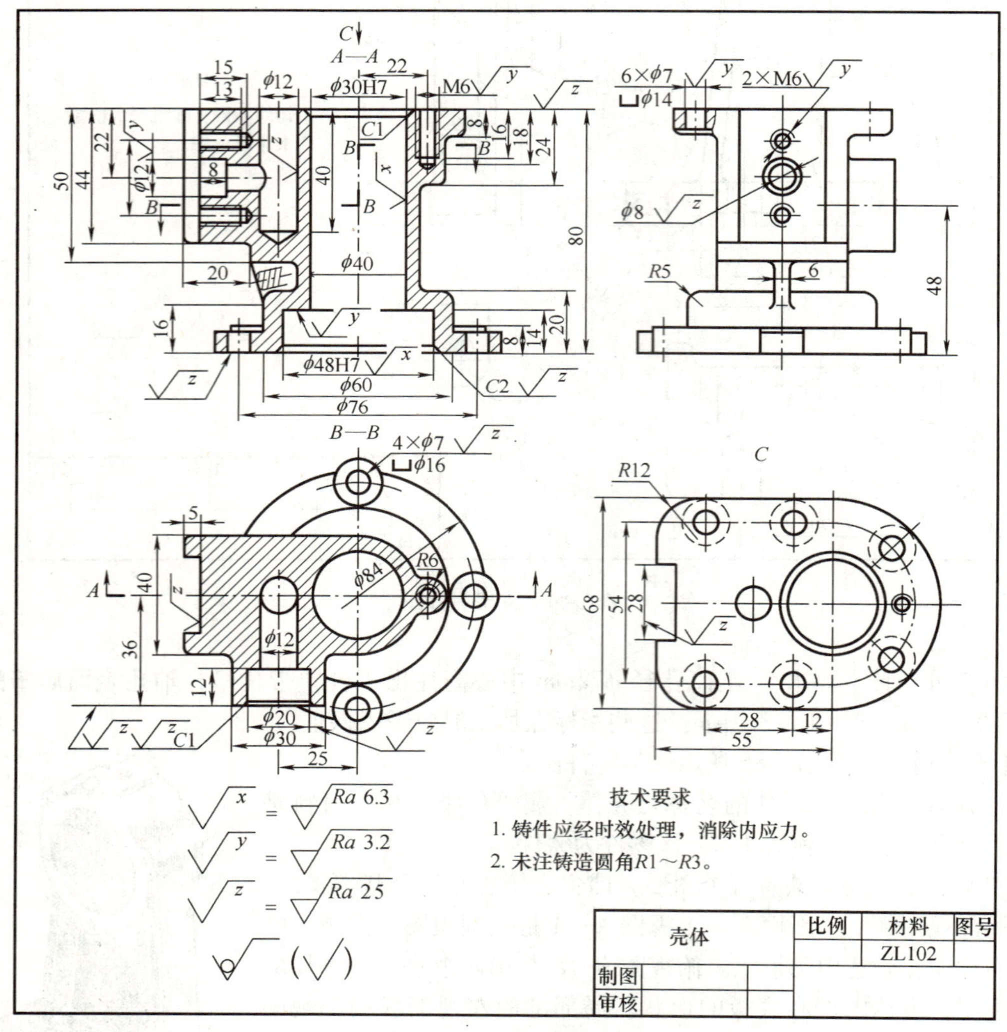

图 7-86　壳体零件图

（4）分析技术要求　图中只有两处给出了公差带代号，即主体圆筒中的两个孔，其极限偏差值可由公差带代号 H7 查出。这两个孔表面的 *Ra* 值为 6.3μm，其余加工面的 *Ra* 值大部分为 25μm，可见壳体表面结构的要求不高。从文字说明中可知，壳体应经过时效处理，消除内应力，以避免加工后发生变形。

总之，箱体类零件的结构比较复杂，其图形、尺寸数量都很多，因此，无论看图、画图、标注尺寸，都应正确地运用形体分析法有条不紊地进行分析。确定、分析技术要求需要专业知识和实践知识，应在学习和生产中逐步积累。

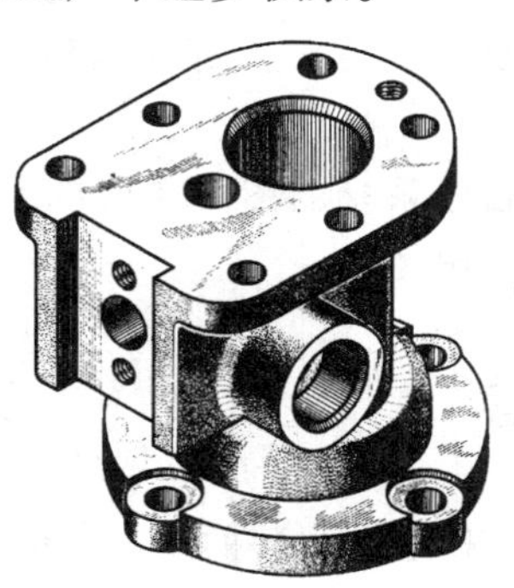

图 7-87　壳体的轴测图

练一练： 识读图 7-2、图 7-7、图 7-8、图 7-9 所示零件图。

第8章 装配图绘制与识读

【能力目标】 具有装配图的绘制能力；具有螺纹联接和齿轮啮合图的绘制能力；具有装配图的识读能力。

【任务1】 根据图8-32所示齿轮系轴测图，在图纸上绘制其装配图。

【任务2】 识读图8-38所示装配图。

8.1 装配图的作用和内容

任何一台机器都是由若干部件和零件组装而成的，而部件也是由若干零件按一定的装配关系和技术要求装配而成的。图8-1是滑动轴承的轴测图，由12个零件组成；图8-2所示为滑动轴承的装配图。这种用来表达装配体（包含机器或部件）的图样，称为装配图。

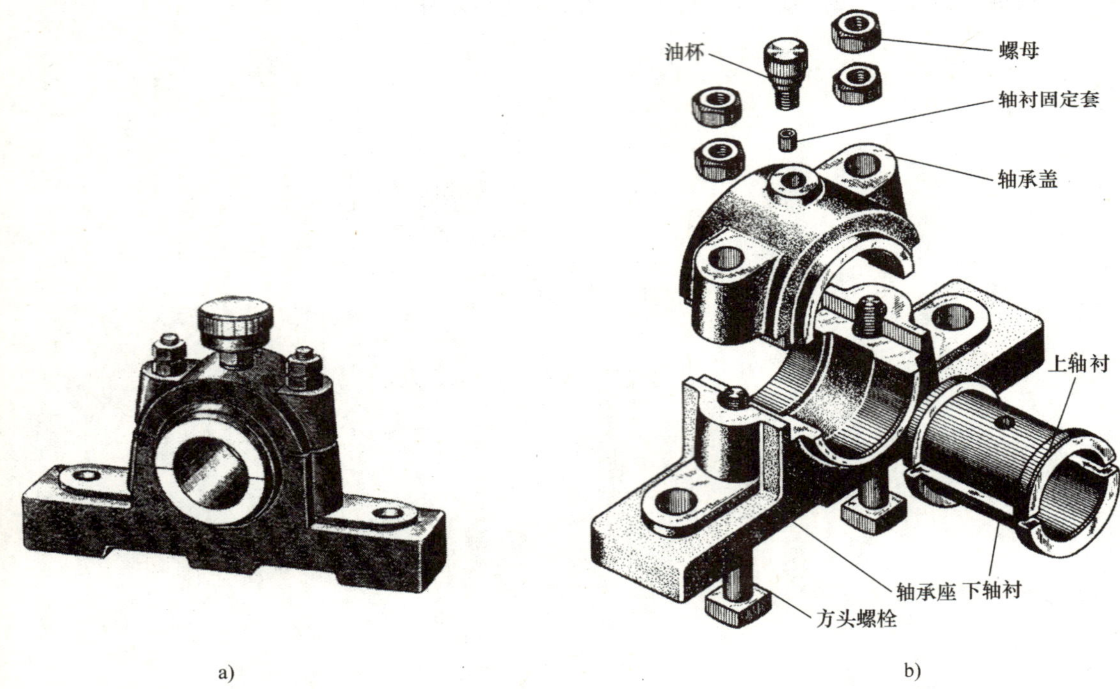

图8-1 滑动轴承的轴测图和轴测分解图
a）轴测图 b）轴测分解图

8.1.1 装配图的作用

装配图主要表达机器或部件的工作原理、性能要求、各零件间的连接及装配关系和主要

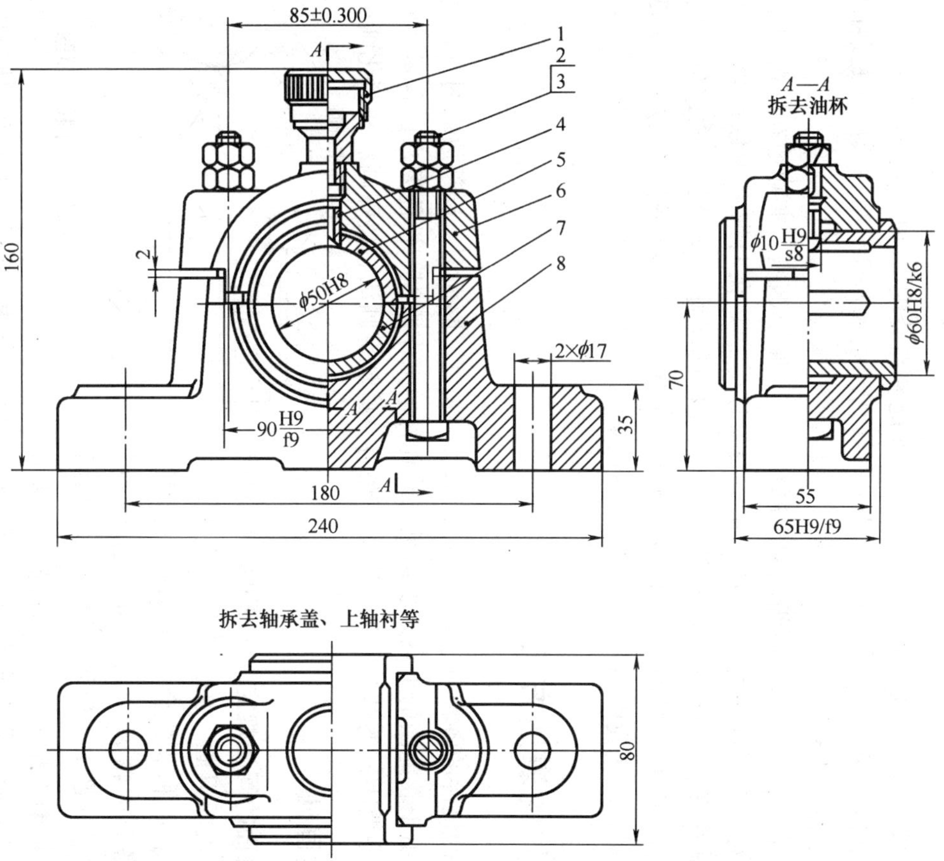

技术要求

1.轴衬与轴承座、轴承盖用着色法检查接触情况。下轴衬与轴承座接触面不得小于50%；上轴衬与轴承盖接触面不得小于40%。

2.装配时，轴承盖与轴承座间加垫片调整，保证轴与轴衬间隙0.05～0.06,接触面积在25mm²内不少于15点。

3.轴承装配达到上述要求后，加工油孔和油槽。

4.轴衬最大单位压力$P \leqslant 29.4$MPa。

8	轴承座	1	HT150		
7	下轴衬	1	ZCuAl10Fe3		
6	轴承盖	1	HT150		
5	上轴衬	1	ZCuAl10Fe3		
4	轴衬固定套	1	Q235A		
3	螺栓M12×130	2		GB/T8—1988	
2	螺母M12	4		GB/T6170—2000	
1	油杯12	1		GB/T7940.3—1995	
序号	名称	数量	材料	备注	
滑动轴承		比例	1:1	共4张	01
		重量		第1张	
制图					
设计					
审核					

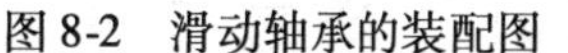

图 8-2　滑动轴承的装配图

零件的结构形状以及在装配、检验、安装时所需的尺寸数据和技术要求。在产品制造中，装配图是制定装配工艺规程，进行装配、检验的主要技术文件。在机器使用及维修时，装配图还是安装、调试、操作、检修机器或部件的重要依据。

8.1.2　装配图的内容

由滑动轴承的装配图可以看出，一张完整的装配图应具有以下几方面的内容。

1. 一组视图　用一组视图（一般或特殊表达法）完整、清晰、准确地表达装配体（机器或部件）的工作原理和结构特点、各零件的相互位置及装配关系、重要零件的主要结构形状。如图 8-2 所示装配图中采用了三个基本视图，由于结构基本对称，所以三个视图均采用了半剖视图，比较清楚地表达了轴承盖、轴承座和上下轴衬的装配关系。

2. 必要的尺寸　在装配图上必须标出表示装配体的性能、规格以及在装配、检验、安装、运输时所需的尺寸。如图 8-2 所示，轴孔直径 ϕ50H8 为规格尺寸，180mm、2 × ϕ17mm 为安装尺寸，ϕ60H8/k6、90H9/f9 等为装配尺寸，240mm、160mm、80mm 为总体尺寸。

3. 技术要求　用文字或代号说明装配体的性能和在装配、检验、安装、调试及使用与维护等方面所需达到的技术条件和要求。如图 8-2 所示技术要求，第一项要求是装配结束后要进行接触面着色法检查。

4. 零件（或部件）序号、明细表和标题栏　为了便于迅速、准确地在装配图中查找每一个零件，应对每个不同的零件（或组件）编写序号，并在明细表中依次填写对应零件（或组件）的相关信息。标题栏的内容包括：装配体的名称、图号、绘图比例、重量及设计、制图、校核、审核人员的签名和日期、设计单位等。绘图及审核人员签名后就要对图样的技术质量负责，因此我们画图时必须细致、认真。

8.2　装配体的表达方法

前面介绍的机件的各种表达方法，如视图、剖视图、断面图、局部放大图等，同样适用于装配图。但由于装配图的重点是表达机器或部件的工作原理、性能要求、各零件间的连接及装配关系和主要零件的结构形状，因此，还有一些规定画法、特殊画法和简化画法。

8.2.1　规定画法

1. 相邻表面的画法规定　相邻两零件的接触表面和配合表面只画一条公用的轮廓线；两零件的不接触表面和非配合表面画两条轮廓线（画出两表面各自的轮廓线），若间隙过小，可采用夸大画法。如图 8-3 所示，键的左右侧面和前后侧面与轴的键槽侧面为配合面，所以只画一条线；键的底面与轴的键槽底面为接触面，只画一条线；键的上面与孔键槽的底面为不接触面，所以应画两条线。

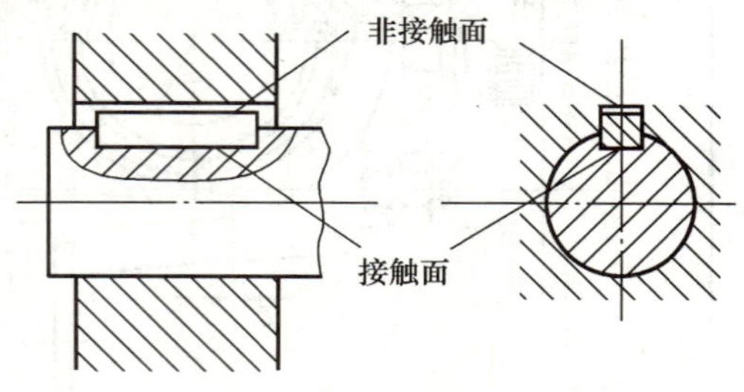

图 8-3　接触面与非接触面图

2. 剖面符号的画法规定　在剖视图或断面图中，两个及以上的金属零件相互邻接时，剖面线的倾斜方向应相反，或方向相同但间隔不同，以区分不同零件，如图 8-4 所示；同一零件在各视图上的剖面线方向和间隔必须一致。

3. 实心零件的画法规定　对于螺钉、螺母、垫圈、键、销等标准件以及轴、手柄、球和连杆等实心零件，若按纵向剖切且剖切平面通过其对称平面或轴线时，这些零件均按不剖绘制，即不画剖面线。如需要特别表明零件的凹槽、键槽、销孔等局部结构时，可采用局部剖视表示，如图 8-5b 所示轴（件 7）的画法。当剖切平面垂直于其轴线剖切时，则需画出剖面线。

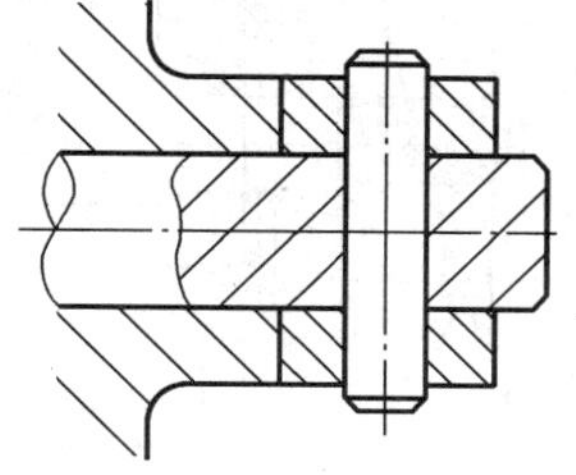

图 8-4　几个相邻零件剖面线的画法

8.2.2　特殊表达方法

1. 拆卸画法　在装配图中当某些零件遮住了其后面需要表达的零件时，或在某一视图上不需要画出某些零件时，可假想将这些零件拆去，只画出所需表达部分的视图，如图 8-5b 铣刀头装配图中的左视图；也可选择沿零件结合面进行剖切的画法，如图 8-2 所示的滑动轴承装配图中俯视图的画法，右半部分沿轴承盖与轴承座的结合面剖开，拆去上面部分，以表示轴瓦和轴承座的装配情况。用拆卸画法画图时，应在视图上方标注“拆去件 × ×”等字样，如图 8-2、图 8-5 所示。

2. 假想画法

1）在机器（或部件）中，有些零件作往复运动、转动或摆动。为了表示运动零件的极限位置或运动范围，常把它画在一个极限位置上，再用细双点画线画出其余位置的假想投影（只画出其轮廓），以表示零件的另一极限位置，并注上尺寸，如图 8-6 所示的主视图。

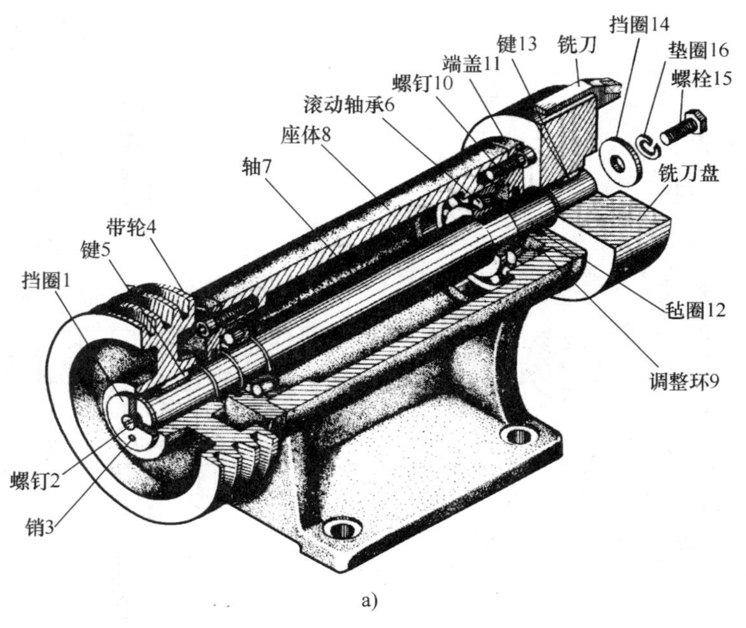

a)

图 8-5　铣刀头立体图及其装配图

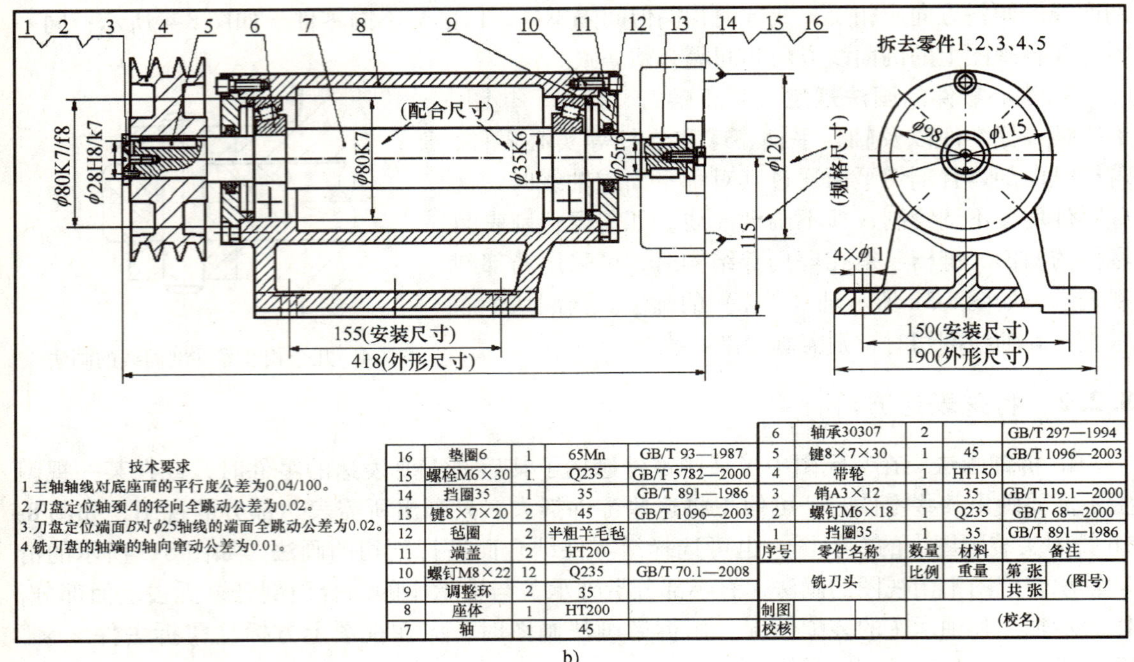

b)

图 8-5　铣刀头立体图及其装配图（续）

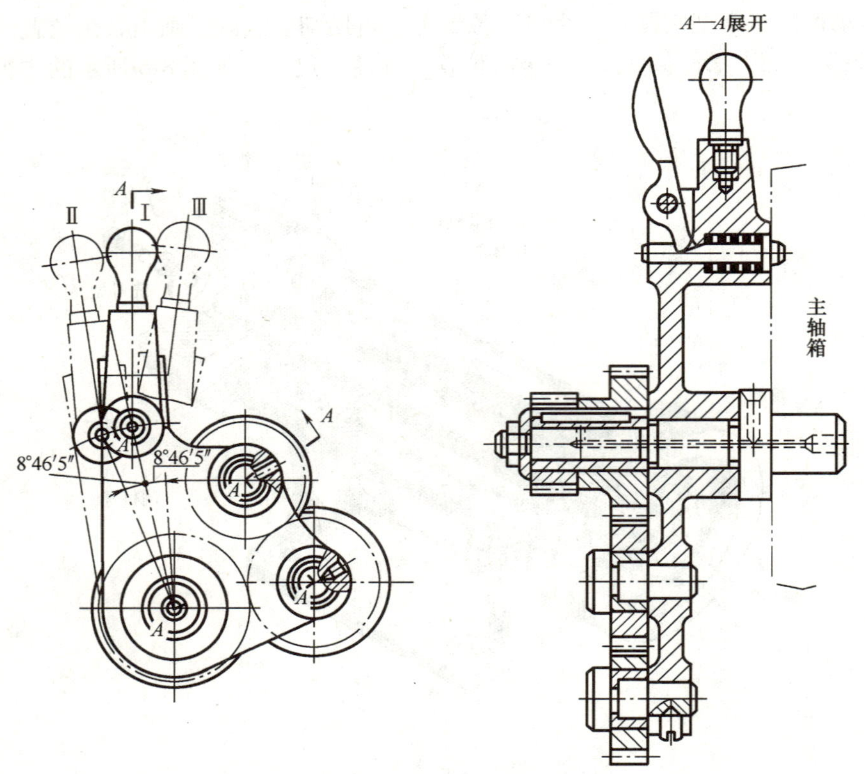

图 8-6　三星轮系展开画法

2）为了表示装配体与其他零（部）件的安装或装配关系，常把该装配体相邻而又不属于该装配体的有关零（部）件的轮廓线用细双点画线画出，如图 8-5b 所示的铣刀和图 8-6 所示的主轴箱。

3. 展开画法　为了表达传动系统的传动关系及各轴的装配关系，假想将各轴按传动顺序沿它们的轴线剖开，并展开在同一平面上。这种展开画法在表达机床的主轴箱、进给箱、汽车的变速箱等装置时经常运用，展开图必须进行标注，如图 8-6 所示的左视图。

4. 夸大画法　在装配图中非配合面的微小间隙、薄片零件、细丝弹簧等，若按其实际尺寸很难画出或难以明显表示时，均可不按比例而采用夸大画法。如图 8-3 所示，键与齿轮上键槽之间的间隙，就采用了夸大画法。

8.2.3　简化画法

1. 相同零件组　对于装配图中若干相同的零件组（如螺栓联接），可详细地画出一组或几组，其余只需用细点画线表示装配位置，如图 8-7a 所示。

2. 零件工艺结构　在装配图中零件的某些工艺结构，如倒角、圆角、退刀槽等允许不画；螺栓头部和螺母也允许按简化画法画出；滚动轴承可采用特征画法或规定画法，在同一图样中，一般只允许采用同一种画法，如图 8-7a 所示。

3. 大面积剖面　在装配图中，装配关系已清楚表达时，较大面积的剖面可沿周边画出等长剖面线表示，如图 8-7b 所示。如仅需绘制剖视图中的一部分图形，其边界又不画波浪线时，则应该将剖面线绘制整齐，如图 8-7c 所示。

4. 薄零件剖面符号　在剖视图或断面图中，如果零件的厚度在 2mm 以下，允许用涂黑代替剖面符号，如图 8-7a、d 中的垫片。当相邻两零件均涂黑时，中间要留出不小于 0.7mm 的间隙，如图 8-7e 所示。

5. 带和链　在装配图中可用粗实线表示带传动中的带，如图 8-7f 所示；用细点画线表示链传动中的链，如图 8-7g 所示。

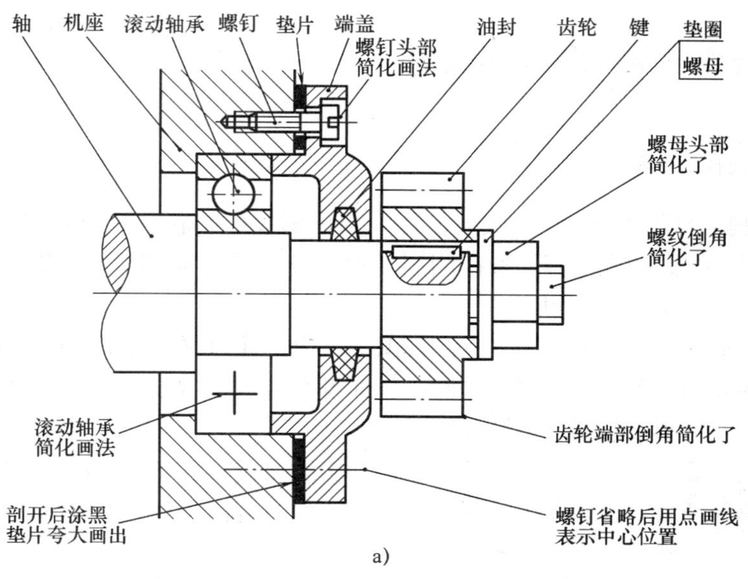

图 8-7　简化画法

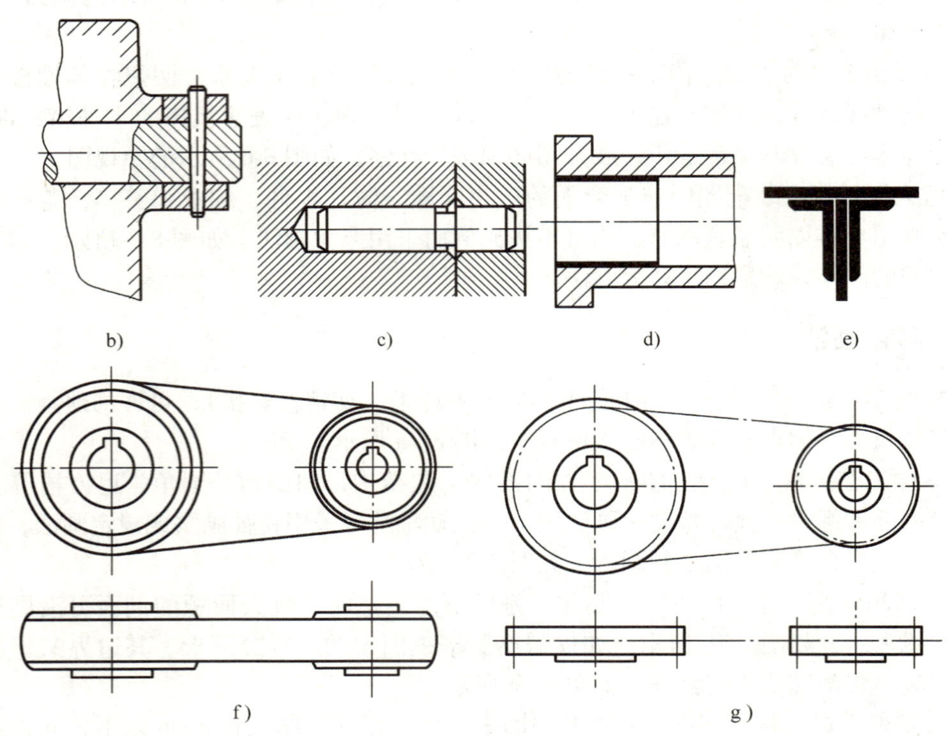

图 8-7　简化画法（续）

8.3　常用结构在装配图上的画法

8.3.1　螺纹联接的画法

螺纹联接是指外螺纹和内螺纹成对使用，形成螺纹副，起联接或者传动作用。只有大径、牙型、螺距、线数和旋向等要素都相同的内、外螺纹才能旋合在一起形成螺纹副（螺纹副中内、外螺纹的小径也是相同的）。

螺纹联接通常采用剖视图表达。在剖视图中，内、外螺纹旋合部分应按外螺纹的规定画法绘制，其余部分仍按各自的规定画法画出，即没有旋合的内螺纹仍按内螺纹的规定画法，其余按外螺纹的规定画法绘制，如图 8-8 所示。

画图时必须注意，表示内、外螺纹大径的细实线和粗实线以及表示内、外螺纹小径的粗实线和细实线应分别对齐，表示内、外螺纹具有相同的大径和小径。在剖切平面通过螺纹轴线的剖视图中，实心螺杆按不剖绘制。

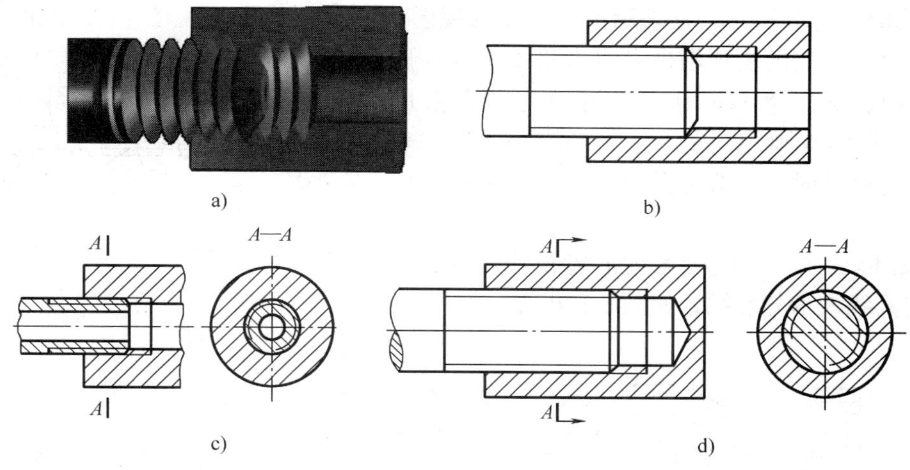

图 8-8　螺纹联接的规定画法

8.3.2　齿轮啮合图的画法

齿轮是传动零件，它能将一根轴的动力及旋转运动传递给另一根轴，用以改变转速和旋转方向，所以通常齿轮是成对使用的。如图 8-9 所示，一对标准齿轮互相啮合时，两齿轮的分度圆应相切。

1. 圆柱齿轮啮合的画法　非啮合区投影按单个齿轮的画法绘制，啮合区的投影按下面规定画法绘制。

1）在通过轴线的剖视图中，分度圆用细点画线画出，两齿轮的分度圆线重合为一条。将一个齿轮（主动齿轮）的齿顶线画成粗实线，另一个齿轮（从动齿轮）的齿顶线画成虚线，也可省略不画（一般不省略）；两齿轮的齿根线必须用粗实线画出，并且齿顶线和齿根线之间应有间隙，如图 8-10 所示。两齿轮的中心线距离为中心距，是两齿轮分度圆半径之和。

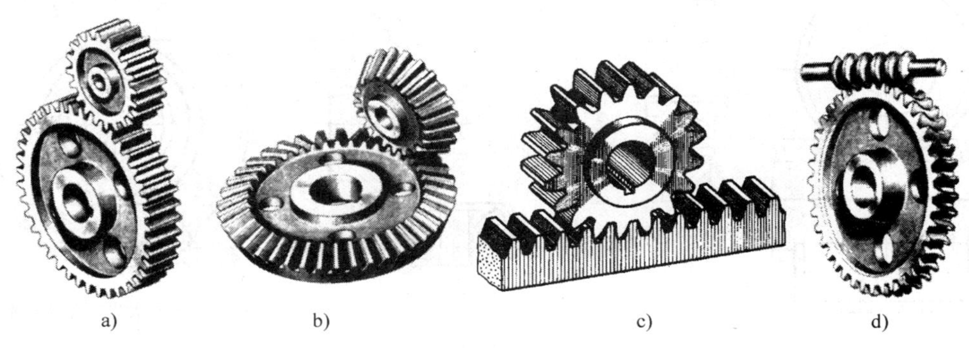

图 8-9　常见的齿轮传动

a）直齿轮传动　b）锥齿轮传动　c）齿轮齿条传动　d）蜗杆传动

2）如图 8-11b 所示，在表示齿轮端面的视图中（投影为圆的视图中），齿顶圆用粗实线绘制，啮合区内的齿顶圆也可以省略不画（一般省略不画），如图 8-11c 所示；相切的两个节圆（分度圆）用细点画线绘制；齿根圆省略不画。表示圆柱齿轮啮合时，一般选择如图 8-11a、c 所示的视图。

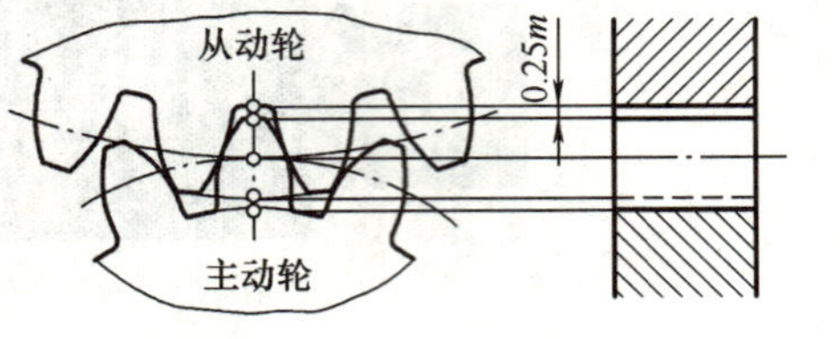

图 8-10　轮齿啮合区在剖视图上的画法

3）外形视图上，啮合区内的齿顶线不画，只用一条粗实线表示分度线，如图 8-11d 所示。

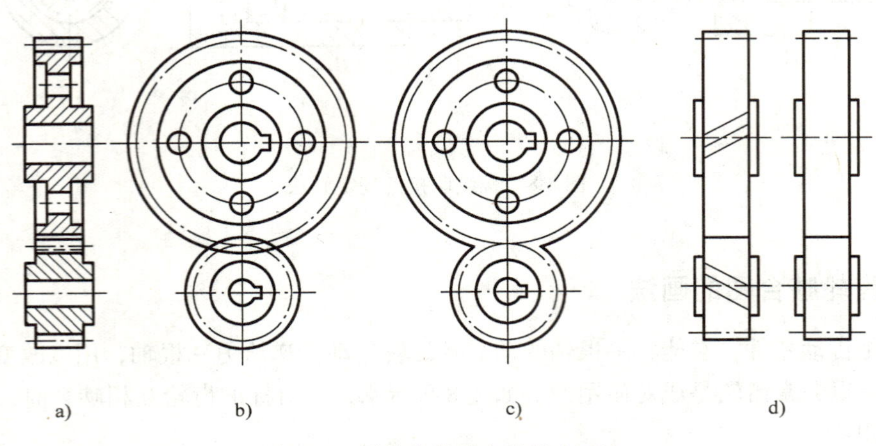

图 8-11　圆柱齿轮啮合的规定画法

2. 齿轮齿条的啮合画法　图 8-12 所示为齿轮、齿条的啮合画法，齿条可以看成是直径无穷大的齿轮，这时的齿顶圆、分度圆、齿根圆和齿廓都是直线。

3. 锥齿轮的啮合画法　锥齿轮啮合的画法与圆柱齿轮相同，应注意在反映大齿轮为圆的视图上，大齿轮大端分度圆和小齿轮大端分度圆相切，如图 8-13 所示。

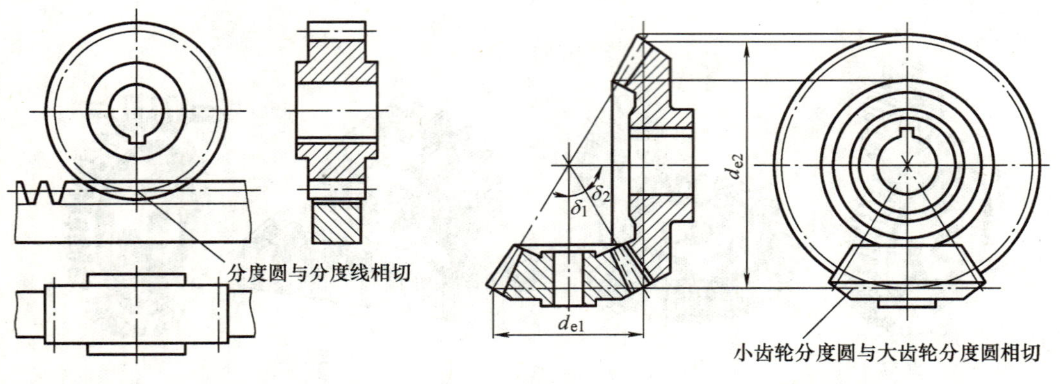

图 8-12　齿轮、齿条啮合的规定画法　　图 8-13　锥齿轮的啮合画法

4. 蜗杆、蜗轮的啮合画法　蜗杆、蜗轮的啮合画法如图 8-14 所示。

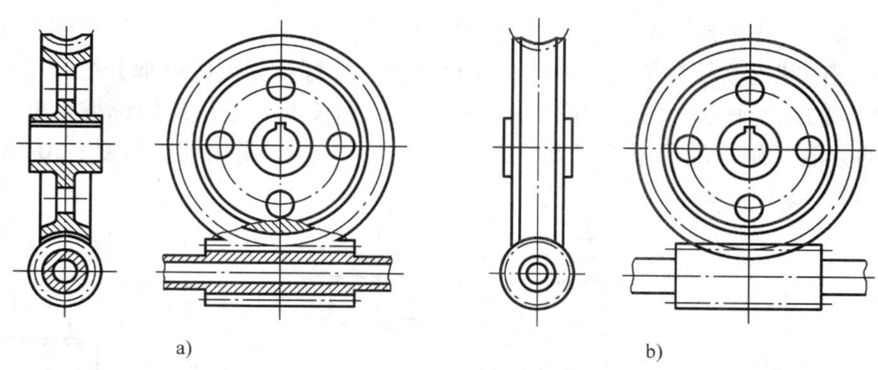

图8-14 蜗杆、蜗轮的啮合画法
a）剖视画法 b）外形画法

8.3.3 弹簧在装配图上的画法

1. 规定画法 装配图中弹簧被看做是实心物体，当中间采用省略画法后，弹簧后面被遮挡的结构按不可见处理，可见轮廓线只画到弹簧钢丝的断面轮廓或中心线上，如图8-15a所示。

2. 简化画法 簧丝直径小于2mm的断面可用涂黑表示，如图8-15b所示；当簧丝直径在图上小于或等于2mm时，可采用示意画法，如图8-15c所示。

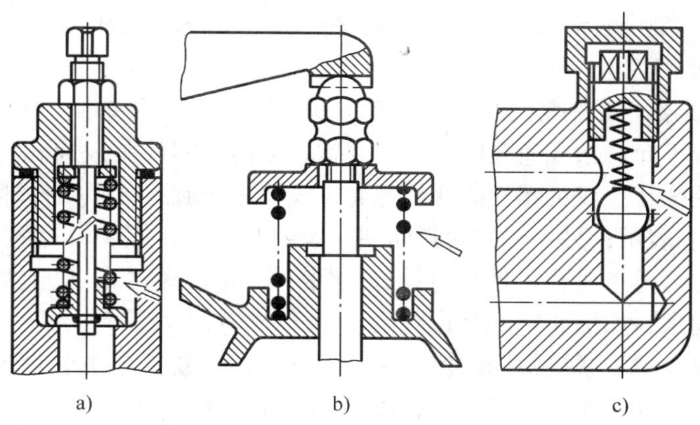

图8-15 弹簧在装配图上的画法

8.4 标准件在装配图上的画法

8.4.1 螺纹联接件在装配图上的画法

螺纹联接件的联接形式通常有螺栓联接、双头螺柱联接和螺钉联接三类。

1. 螺栓联接 螺栓联接适用于被联接件不太厚并且允许钻成通孔的情况。螺栓联接的联接件有螺栓、螺母和垫圈，如图8-16a所示。

螺栓联接时，先将螺栓的杆身穿过两个被联接件中间的通孔，再装上垫圈，最后用螺母拧紧。装配图中螺栓联接常用比例画法和简化画法，即螺纹紧固件各部分的尺寸都按螺纹大径 d（或 D）的比例画法画图，如图 8-16b 所示。公称长度 L 是从螺栓标准长度系列中选取与 L' 相近的数值（螺栓的参考长度 $L'=\delta_1+\delta_2+h+m+a$）。简化画法如图 8-16c 所示。

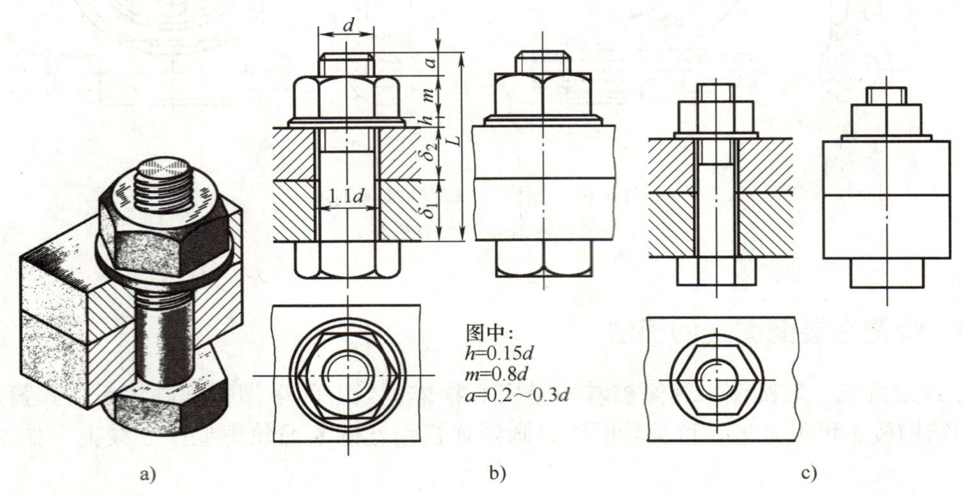

图 8-16　螺栓联接的画法

a）螺栓联接轴测图　b）螺栓联接比例画法　c）螺栓联接简化画法

2. 双头螺柱联接　双头螺柱的联接件有双头螺柱、螺母和垫圈。双头螺柱联接用于被连接件之一较厚或不允许钻成通孔的情况。通常将较薄的零件制成通孔（孔径≈1.1d），较厚零件制成不通的螺孔。双头螺柱的两端都有螺纹，用来旋入被联接件螺孔的一端，称为旋入端，其长度用 b_m 表示；另一端称为紧固端。装配时，先将螺纹较短的一端（旋入端）旋入较厚零件的螺孔，再将通孔零件穿过螺纹的另一端（紧固端），套上垫圈，用螺母拧紧，将两个零件联接起来，如图 8-17a 所示。

装配图中，双头螺柱联接常用比例画法和简化画法，旋入端的长度 b_m 与零件的材料有关，查国家标准可计算尺寸。螺柱公称长度 L 是根据双头螺柱的参考长度 L' 查双头螺柱标准得到的（双头螺柱参考长度 L' 的计算方法同螺栓参考长度 L' 的计算方法）。

双头螺柱联接装配图的画法如图 8-17b、c 所示。画双头螺柱联接图时要特别注意以下几点。

1）双头螺柱旋入端的螺纹终止线要与两零件的结合面平齐，表示旋入端全部拧入，完全拧紧。

2）结合面以上部位的画法与螺栓联接相同。

3）双头螺柱联接时常会用弹簧垫圈，以防松动，画弹簧垫圈时，应画两条与水平线成 120°的两条平行线（或一条加粗线），如图 8-17c 所示。

装配图中，螺栓联接和双头螺柱联接提倡采用简化画法，螺母和螺栓头部因倒角而产生的交线省略不画，如图 8-16c 及图 8-17d 所示。

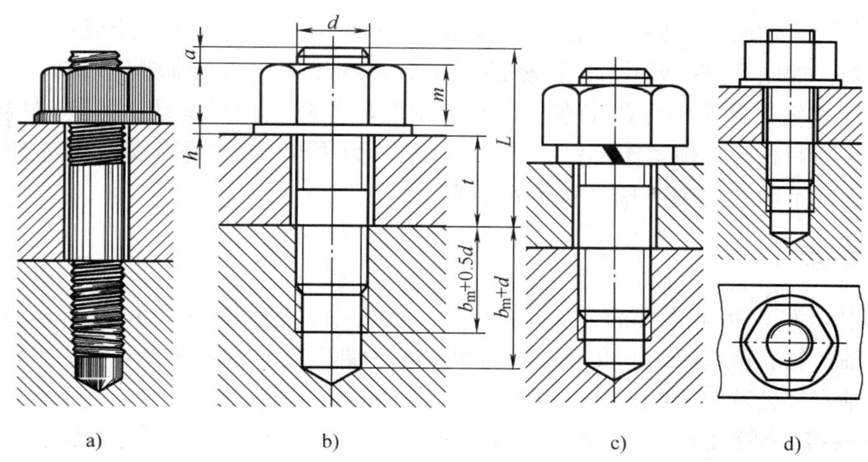

a)　b)　c)　d)

图 8-17　双头螺柱联接的画法

a）双头螺柱联接示意图　b）双头螺柱联接比例画法（平垫圈）

c）比例画法（弹簧垫圈）　d）简化画法

3. 螺钉联接　螺钉联接按其用途可分为联接螺钉联接和紧定螺钉联接。

（1）联接螺钉　联接螺钉的被联接件一般为已加工出螺孔的较厚零件和已加工出通孔（通孔直径稍大于螺钉杆的直径）的较薄零件。联接时直接将螺钉穿过通孔拧入螺孔中，常用在受力不大和不需要经常拆卸的场合，如图 8-18a 所示。

联接螺钉在装配图上的画法是拧入螺孔端与螺柱联接相似，穿过通孔端与螺栓联接相似，如图 8-18b 所示。画螺钉联接图时要注意以下几点。

1）螺纹终止线应高于两零件的结合面，表示螺钉有拧紧余地，以保证连接紧固。

2）内六角圆柱头螺钉头部与被联接零件柱孔有间隙、薄零件通孔与螺钉杆部有间隙，分别要画两条轮廓线。

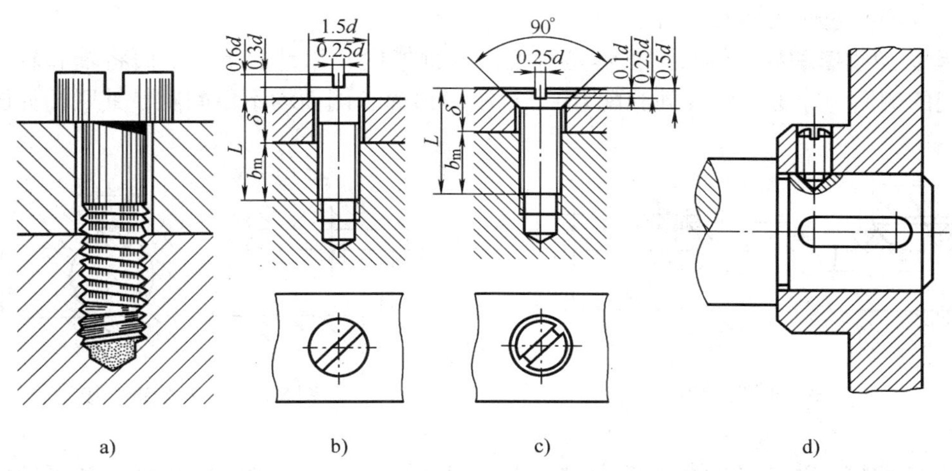

a)　b)　c)　d)

图 8-18　螺钉联接的画法

a）螺钉联接示意图　b）开槽盘头螺钉联接　c）开槽沉头螺钉联接　d）紧定螺钉联接

3）螺钉头部的端面视图中，螺钉头部开槽的投影一般画成与水平线成45°，孔口倒角可以省略不画，如图8-18c所示。当开槽的宽度小于2mm时，可用涂黑表示。

（2）紧定螺钉　紧定螺钉常用来防止两个相配零件产生相对运动，按其前端的形状可分为锥端、平端和长圆柱端紧定螺钉。图8-18d所示为用开槽锥端紧定螺钉限定轮和轴的相对位置，使它们不能产生轴向相对移动的图例。

8.4.2　键联接

在机器中，为了使齿轮、带轮等零件和轴一起转动，通常在轮孔和轴上分别加工出键槽，用键将轴、轮联接起来进行传动，这种联接称为键联接，如图8-19a所示。用于传动的零件轮孔和轴直径公称尺寸相同，此处孔和轴为接触面。

1. 平键联接　平键的两侧面是工作面，键的侧面、底面与键槽的侧面及轴的键槽底面接触，只画一条粗实线；而键的顶面与轮毂上键槽的底面有间隙，要画两条线；剖切平面通过轴线和键的对称平面作纵向剖切时，键按不剖绘制，如图8-19b所示。

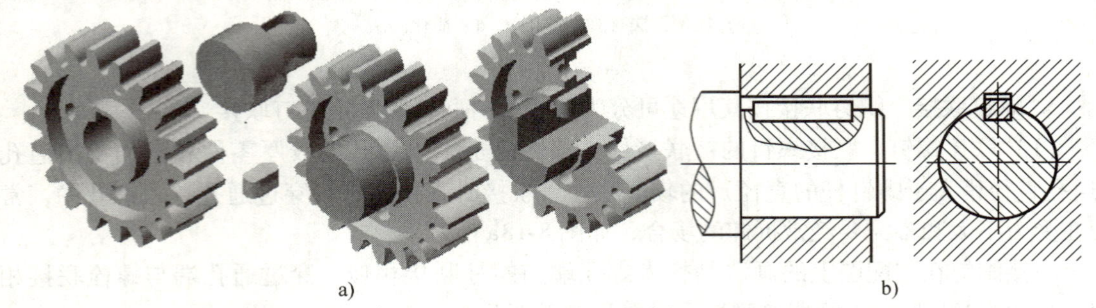

图8-19　普通平键联接

a）键联接立体图　b）键联接画法

2. 半圆键联接　半圆键联接常用于载荷不大的传动轴上，其工作原理和画法与普通平键相似，其联接图如图8-20所示。

3. 钩头型楔键联接　钩头型楔键是将键嵌入键槽内，靠键的上、下面将轴和轮联接在一起，键的侧面为非工作面（间隙配合），绘图时顶面、侧面均不留间隙，其联接如图8-21所示。

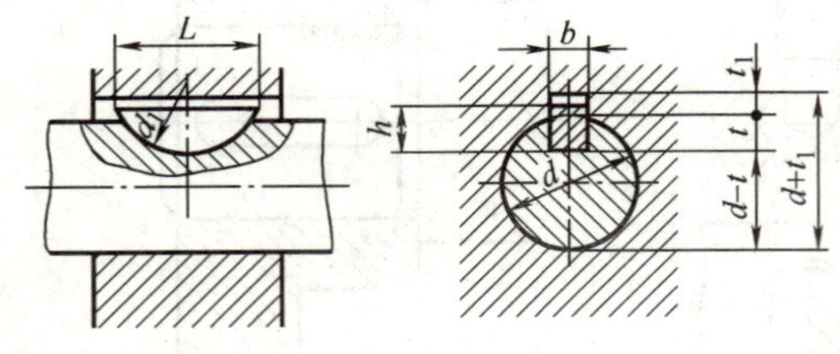

图8-20　半圆键联接

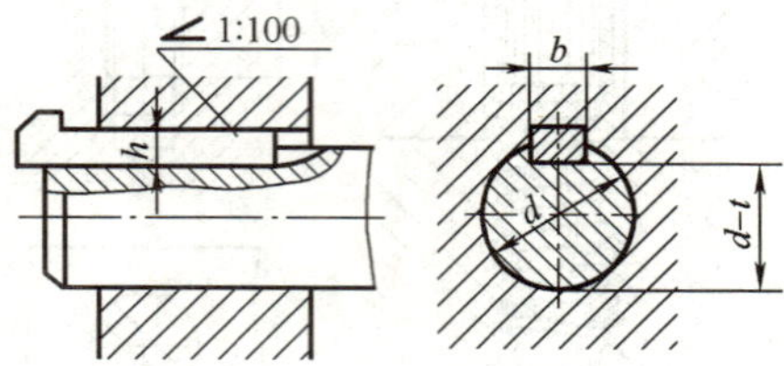

图8-21　钩头楔键联接

4. 花键联接　当传递的载荷较大时，需采用花键联接，花键的联接画法和螺纹联接画法相似，联接部分按外花键画出，其余部分按各自的规定绘制。矩形花键的联接画法如图8-22所示。

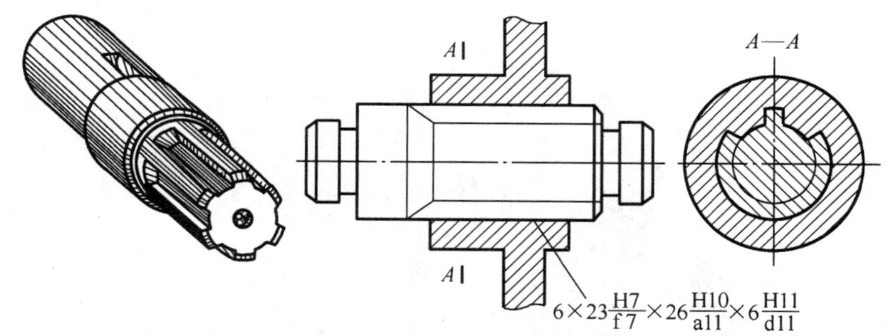

图 8-22　花键联接画法

8.4.3　销联接

圆柱销和圆锥销的装配要求较高，两零件上的销孔一般是在零件装配时一起配钻的，以保证相互位置的准确性；开口销用在螺纹联接的锁紧装置中，以防止螺母松动。销联接的画法如图 8-23 所示。用圆柱销及圆锥销联接或定位的两个零件，在零件图上除了注明销孔的尺寸外，还要注明其加工情况。如图 8-24 所示，以圆柱销孔为例，展示出了销孔的加工过程和销孔尺寸的标注方法（“与件 × 同钻绞”，通常注写为“配作”）。

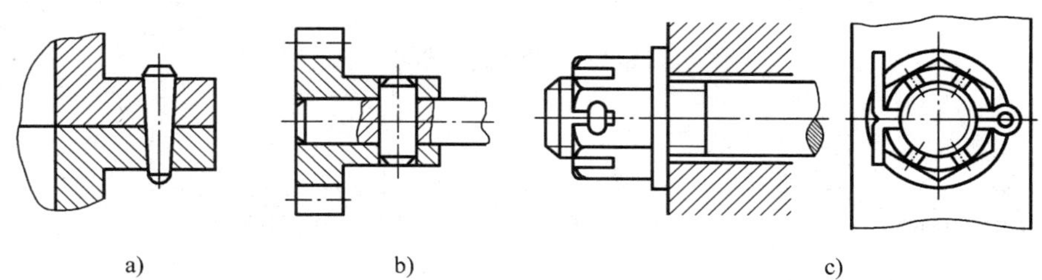

图 8-23　销联接的画法

a）圆锥销联接的画法　b）圆柱销联接的画法　c）开口销联接的画法

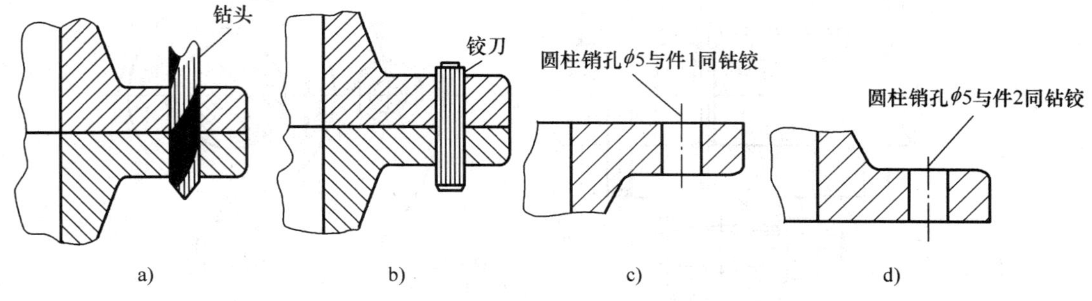

图 8-24　销孔的加工及尺寸注法

a）钻孔　b）铰孔　c）件 2 的尺寸注法　d）件 1 的尺寸注法

联接件在装配图上应用示例：联轴器立体图如图 8-25 所示，装配图如图 8-26 所示。

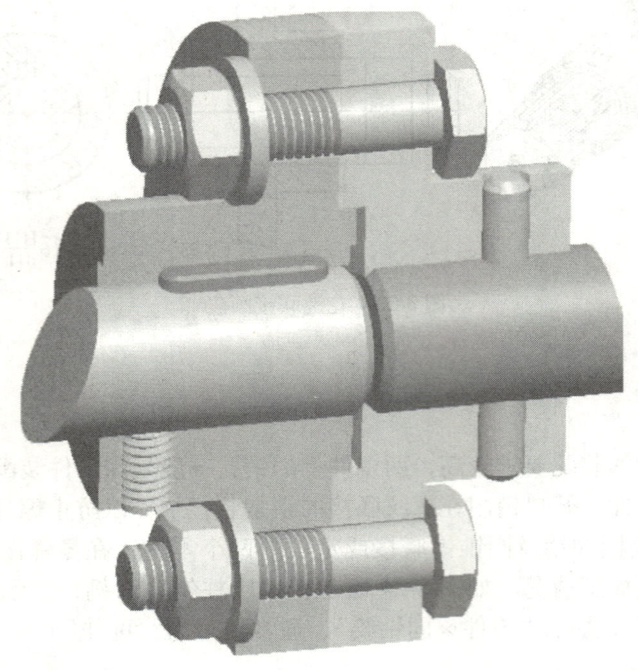

图 8-25　联轴器立体图

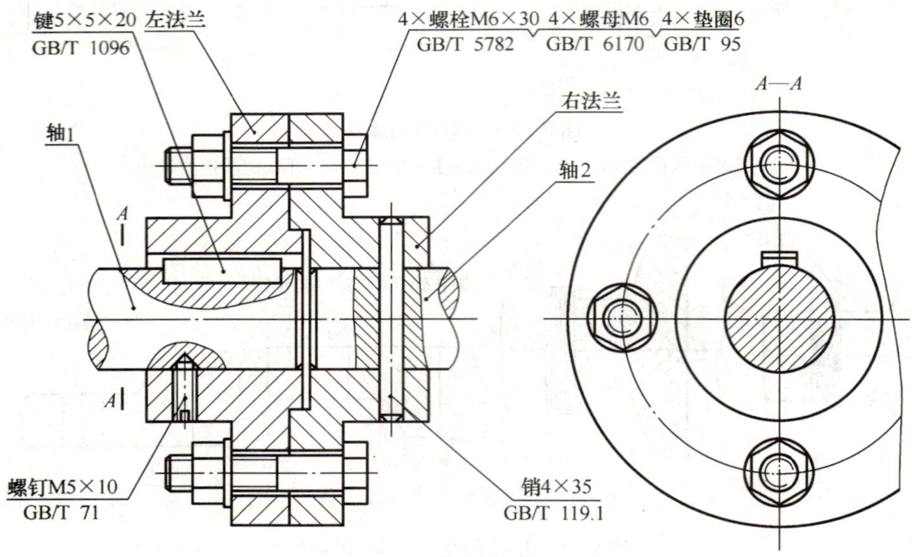

图 8-26　联轴器装配图

8.4.4　滚动轴承的画法

滚动轴承是标准部件，只要根据其型号从国标中查出外径 D、内径 d 和宽度 B 等几个主要尺寸，在装配图上按比例采用简化画法和规定画法即可，而同一图样中一般只采用其中的一种画法。

1. 简化画法　分通用画法和特征画法两种。

（1）通用画法　在剖视图中，当不需要确切地表示滚动轴承的外形轮廓、载荷特性和结构特征时，可用通用画法绘制。通用画法是用矩形线框及位于线框中央的符号表示，矩形线框和符号均用粗实线绘制，符号不应与矩形线框接触，如图 8-27 所示。

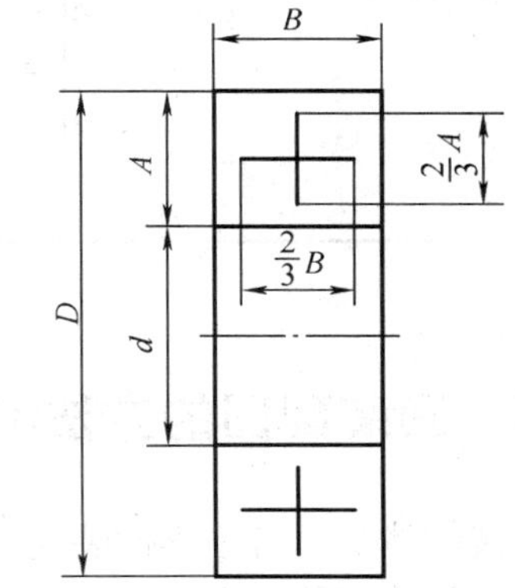

图 8-27　滚动轴承的通用画法

（2）特征画法　在剖视图中，如需形象地表示滚动轴承的结构特征时，可采用特征画法。特征画法是在矩形线框内画出其结构要素符号的方法，结构要素符号由长粗线和短粗线组成，长粗线表示滚动体的滚动轴线，短粗线表示滚动体的列数和位置，长、短粗线相交成 90°并通过滚动体的中心，见表 8-1。

2. 规定画法　在滚动轴承的产品图样、产品样本和产品标准中可采用规定画法绘制。采用规定画法绘制滚动轴承的剖视图时，轴承的滚动体不画剖面线，内、外圈应画上方向和间隔相同的剖面线，保持架和倒角可省略不画。规定画法一般绘制在轴的一侧，另一侧按通用画法绘制，见表 8-1。

表 8-1　常用滚动轴承的表示法

名称和标准号	查表主要依据	画法		
		规定画法	特征画法	装配画法
深沟球轴承 GB/T 276—1994	D d B	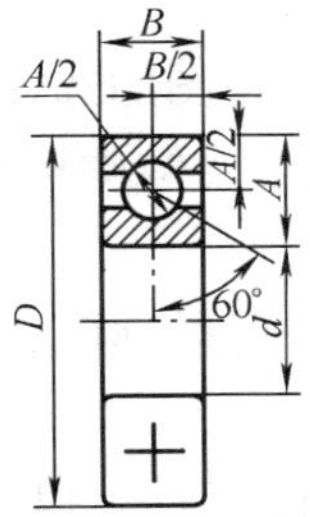	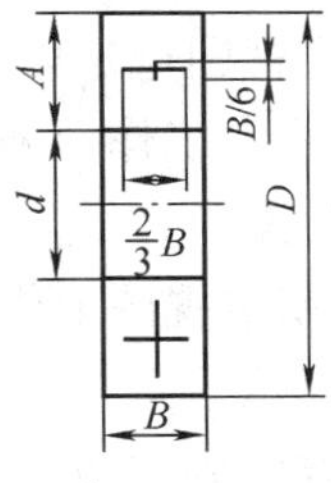	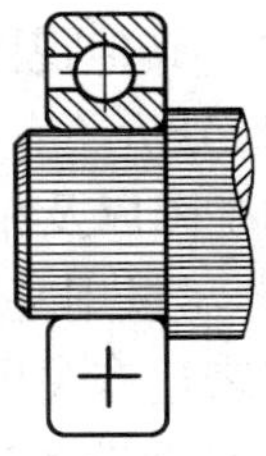
圆锥滚子轴承 GB/T 297—1994	D d B T C	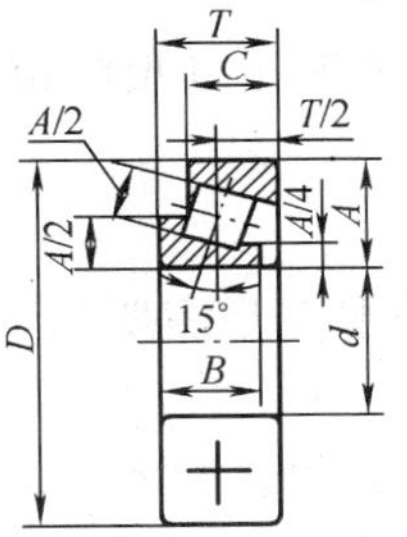	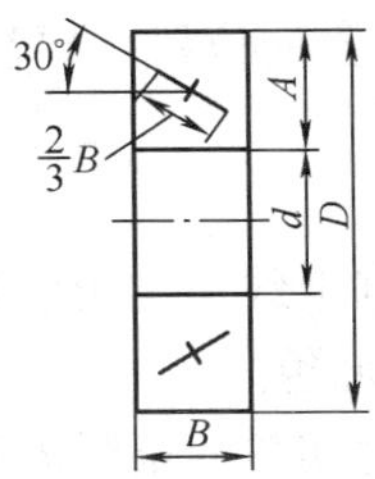	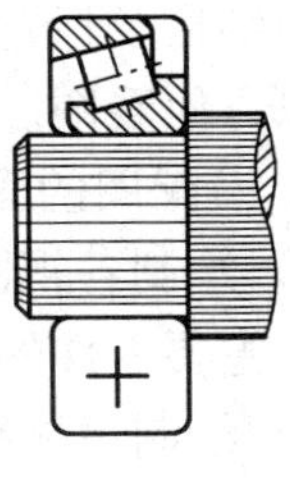

（续）

名称和标准号	查表主要依据	画法		
		规定画法	特征画法	装配画法
推力球轴承 GB/T 301—1995	*D* *d* *T*	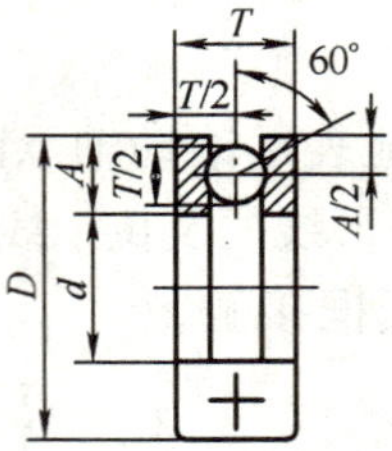	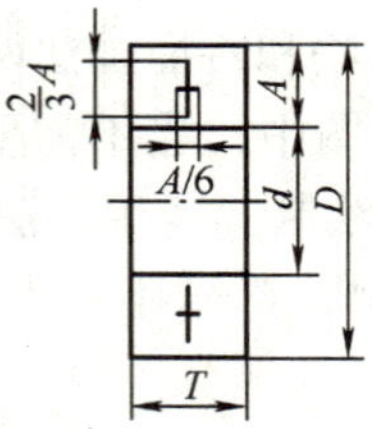	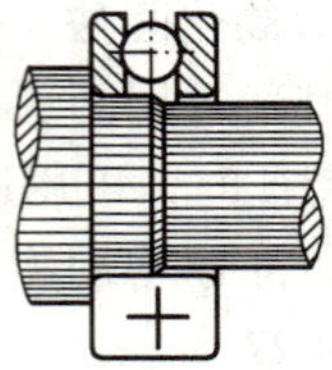

8.5　画装配图的方法和步骤

装配体是由若干零件装配而成的。根据零件图及其相关资料，可以了解各零件的结构形状，分析装配体的用途、工作原理、传动路线及零件间的连接、装配关系，然后按各零件图拼画成装配图。装配图要表达出装配体的工作原理、装配关系和主要零件的结构形状。画装配图的方法如下。

1. 选择表达方案　确定装配体的表达方案时，可以多设计几套方案，每套方案一般都有优缺点，通过分析再选择比较理想的表达方案。确定方案包括以下内容。

（1）主视图的选择　选择装配图的主视图时，一般应将装配体按工作位置或习惯位置放置，并选择最能反映装配体主要装配关系、传动路线和外形特征的那个视图作为主视图。

（2）其他视图的选择　主视图选定以后，对其他视图的选择应考虑以下几点。

1）分析还有哪些装配关系、工作原理及零件的主要结构形状没有表达清楚，从而选择适当的视图以及相应的表达方法。

2）尽量用基本视图和在基本视图上作剖视（包括拆卸画法、沿零件结合面剖切的画法等）来表达有关内容。

2. 绘图准备工作　表达方案确定以后，准备绘图工具，根据装配体的大小、复杂程度及视图数量确定图纸幅面和绘图比例。布图时，应同时考虑尺寸标注、技术要求、零件序号、明细栏及标题栏等所需要的位置，要注意合理地布置视图位置，使图形清晰、布局匀称，以方便看图。

3. 装配图的画图步骤

1）绘制各视图的主要基准线。主要基准线一般是指主要的轴线（装配干线）、对称中心线、主要零件的基面或端面等。

2）绘制主体结构和与之相关的重要零件。不同的装配体，其主体结构不尽相同，但在绘图时都应首先绘制出主体结构的轮廓。与主体结构相接的重要零件要相继画出。

3）依次画出其他次要零件和细部结构，要保证各零件之间的正确装配关系、连接关系。

对于机械上的联接方式，用螺纹联接是很普遍的，每种螺纹联接及其所在的装配体中的部位一定要表达清楚。对不同种类的螺纹联接以及键联接、销联接、齿轮啮合等都应作局部剖视，以便清楚表达装配体上的各种联接形式。这些表达将有助于看装配图和对装配体的拆卸、维修。

画剖视图时，要尽量围绕主要轴线逐个零件按由里向外绘制。这种画法可避免将遮住的不可见零件的轮廓线画上去。

4）检查核对底稿无误后，加深图线，画剖面线。

5）标注尺寸，注写技术要求，对零件进行编号、填写明细栏和标题栏，完成全图。

滑动轴承装配图的绘制过程如图 8-28 所示，也可选择图 8-2 所示装配图的表达方案。

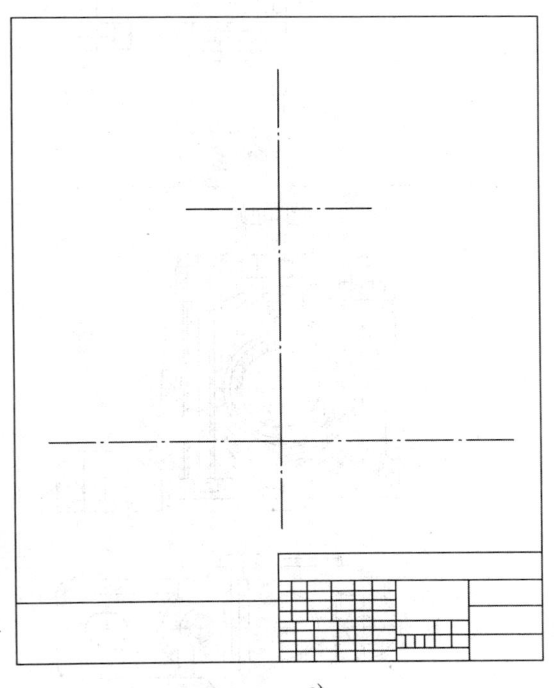

a)

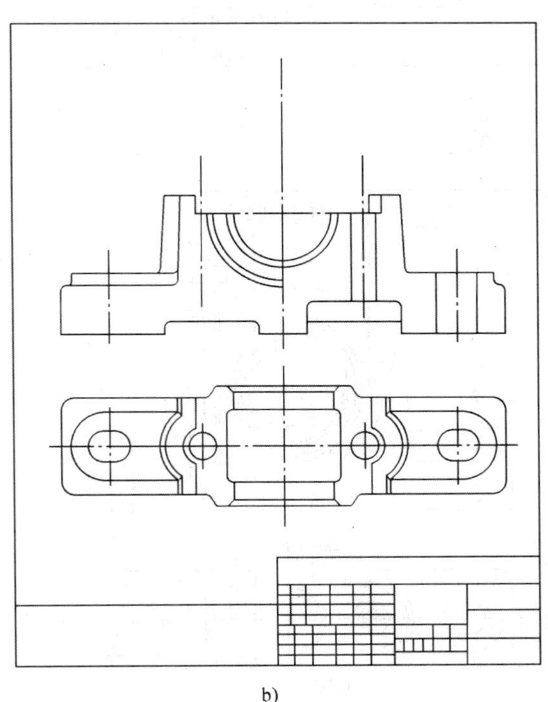

b)

图 8-28 滑动轴承装配图绘制过程

a）布图 b）画轴承座

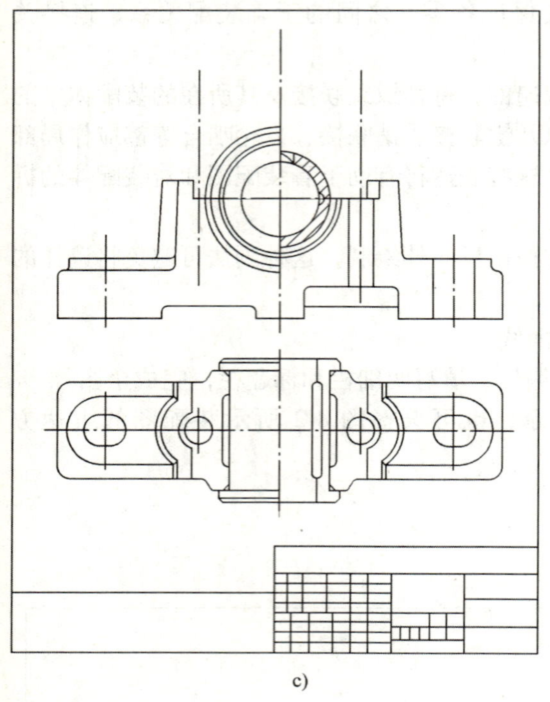

c)

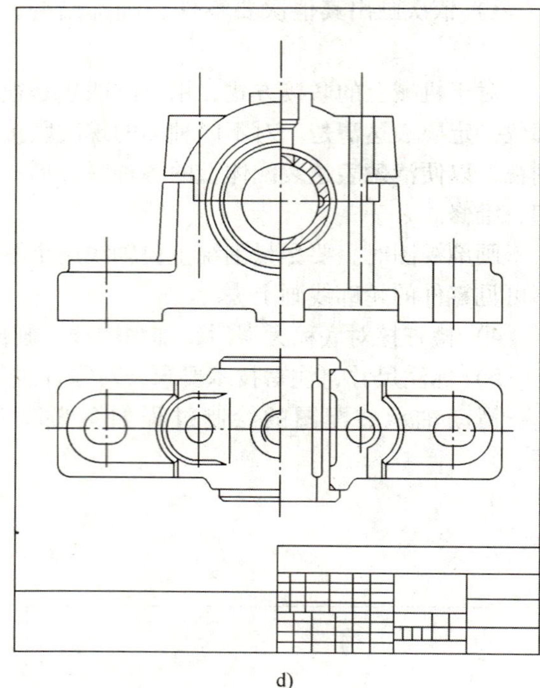

d)

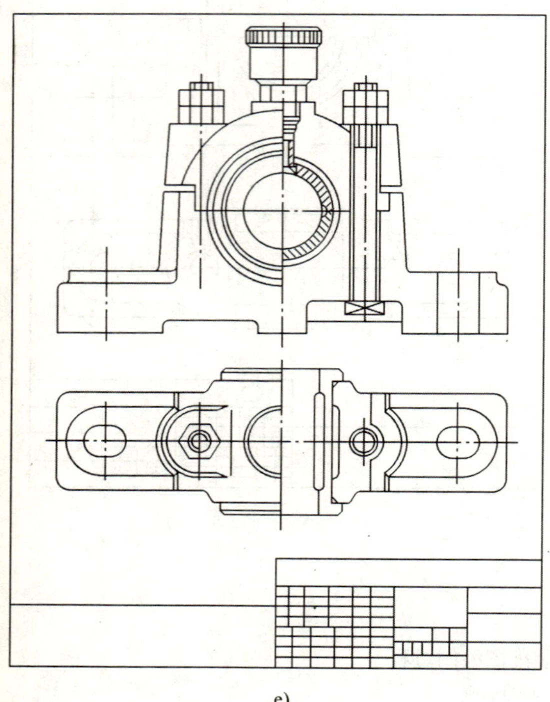

e)

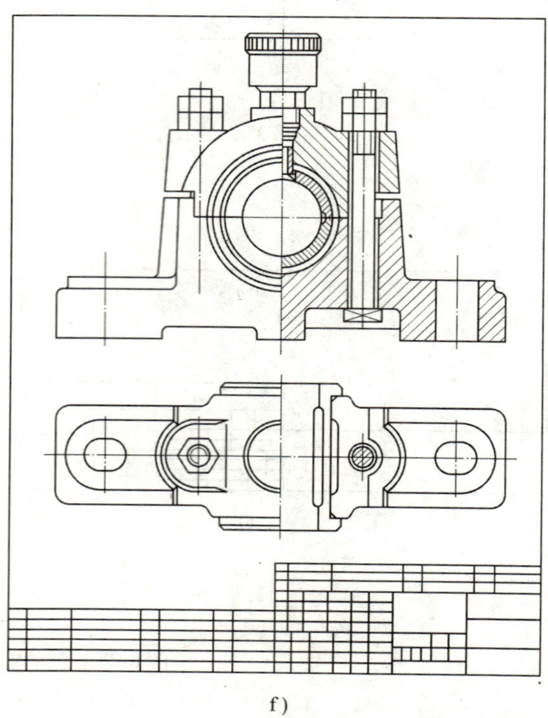

f)

图 8-28　滑动轴承装配图绘制过程（续一）

c）画轴瓦　d）画轴承盖　e）画轴瓦固定套、螺栓联接件、油杯　f）画剖面线、加深

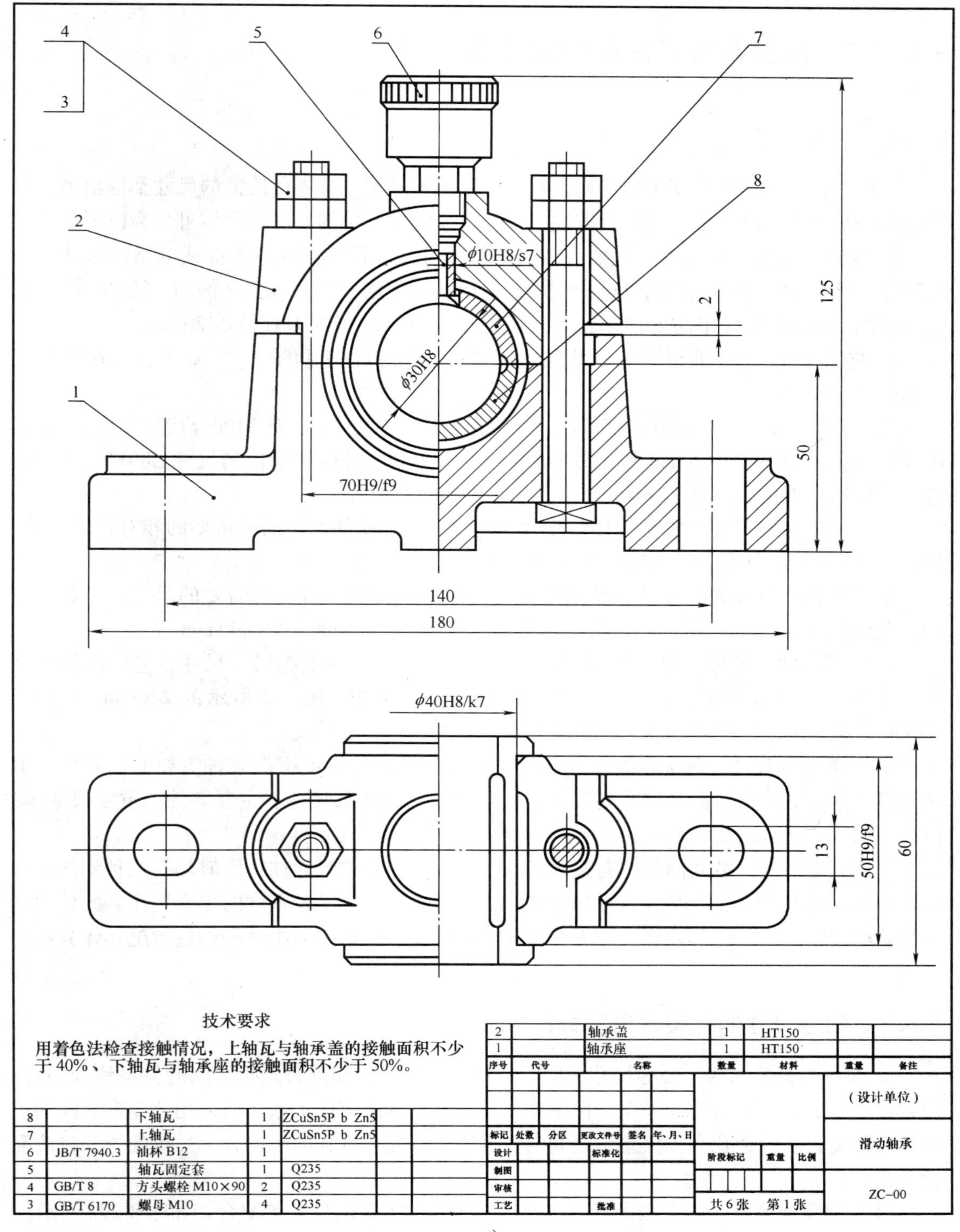

技术要求

用着色法检查接触情况，上轴瓦与轴承盖的接触面积不少于 40%、下轴瓦与轴承座的接触面积不少于 50%。

序号	代号	名称	数量	材料	重量	备注
8		下轴瓦	1	ZCuSn5P b Zn5		
7		上轴瓦	1	ZCuSn5P b Zn5		
6	JB/T 7940.3	油杯 B12	1			
5		轴瓦固定套	1	Q235		
4	GB/T 8	方头螺栓 M10×90	2	Q235		
3	GB/T 6170	螺母 M10	4	Q235		
2		轴承盖	1	HT150		
1		轴承座	1	HT150		

g)

图 8-28　滑动轴承装配图绘制过程（续二）

g）标注、完成滑动轴承装配图

8.6　装配图的尺寸标注和技术要求

8.6.1　尺寸标注

装配图的作用与零件图不同，所以在装配图中不必把制造零件所需的尺寸都标出来，只要求标注出与装配体性能、装配、安装、检验、运输等有关的尺寸，具体可分为以下几类。

1. 性能（或规格）尺寸　性能（或规格）尺寸是表示装配体的性能或规格的尺寸。这类尺寸是该装配体设计画图前就已确定的，是设计或使用机器的依据。例如：图 8-2 所示滑动轴承的孔径 ϕ50H8，图 8-5 所示铣刀头的中心高 115mm 及铣刀直径 ϕ120mm。

2. 装配尺寸　装配尺寸是表示装配体各零件之间装配关系的尺寸，通常包含配合尺寸和相对位置尺寸。

（1）配合尺寸　它是表示两个零件之间配合性质的尺寸，一般用配合代号注出。例如，图 8-2 所示的 90H9/f9、65H9/f9，图 8-5 所示的轴承内、外圈上所注的尺寸 ϕ80K7、ϕ35K6 等。详细标注方法后面再作介绍。

（2）相对位置尺寸　它是零件装配时相关联的零件或部件之间较重要的相对位置尺寸。例如，图 8-50 所示两齿轮中心距 28.76 ±0.02mm。

3. 安装尺寸　安装尺寸是将装配体安装到地基或其他设备上所需要的尺寸。例如：图 8-2 所示的 180mm、2 × ϕ17mm，图 8-5 所示的 155mm、150mm、4 × ϕ11mm 等。

4. 外形尺寸　外形尺寸是装配体在长、宽、高三个方向上的最大尺寸，它们提供了装配体在包装、运输和安装过程中所占的空间大小。例如，图 8-2 所示的 240mm、80mm、160mm，图 8-5 所示的 418mm、190mm 等。

5. 其他重要尺寸　其他重要尺寸是指在设计中经过计算或根据某种需要而确定的，但又不属于上述几类尺寸的一些重要尺寸，如运动零件的极限尺寸、主要零件的重要尺寸等。例如，图 8-2 所示的尺寸 2mm。

上述五类尺寸，彼此间往往有某种关联，装配图中有的尺寸往往同时具有几种不同的含义。例如，图 8-2 所示主视图上的 240mm，既是总体尺寸，又是零件的主要尺寸。此外，在一张装配图中也不一定都要标全这五类尺寸，在标注时应根据装配体的构造情况具体分析而定。

8.6.2　配合尺寸的有关术语和标注

1. 配合的有关术语　公称尺寸相同的、相互结合的孔和轴公差带之间的关系称为配合。配合是指一般孔、轴的装配关系，而不是指单个孔、轴的装配关系，所以用公差带之间的关系来反映配合。根据孔和轴公差带之间的关系不同，配合分为间隙配合、过盈配合和过渡配合 3 类。

（1）间隙配合　孔的下极限尺寸大于或等于轴的上极限尺寸的配合，如图 8-29a 所示。

（2）过盈配合　孔的上极限尺寸小于或等于轴的下极限尺寸的配合，如图 8-29b 所示。

（3）过渡配合　可能具有间隙或过盈的配合。如图 8-29c 所示，在此配合中孔的公差带与轴的公差带相互交叠。

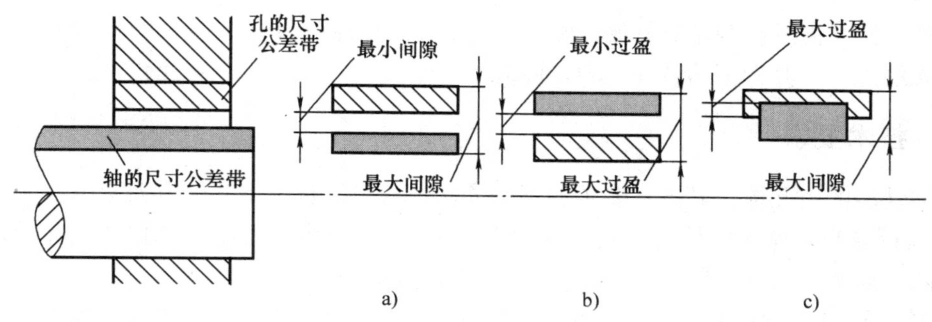

图 8-29　各种配合的公差带位置

a）间隙配合　b）过盈配合　c）过渡配合

2. 配合制度　为了便于选择配合，减少零件加工时的刀具和量具的种类，国家标准对配合规定了 2 种配合基准制。基孔制配合是基本偏差为一定的孔的公差带，与不同基本偏差的轴的公差带形成各种配合的一种制度。基轴制配合是基本偏差为一定的轴的公差带，与不同基本偏差的孔的公差带形成各种配合的一种制度。

3. 在装配图中的标注方法

（1）光孔与轴配合　格式为：公称尺寸、孔的公差带代号/轴的公差带代号。如图 8-30a、b 所示。零件与标准件或外购件配合时只标注相配零件的公差代号，如图 8-30c 所示。

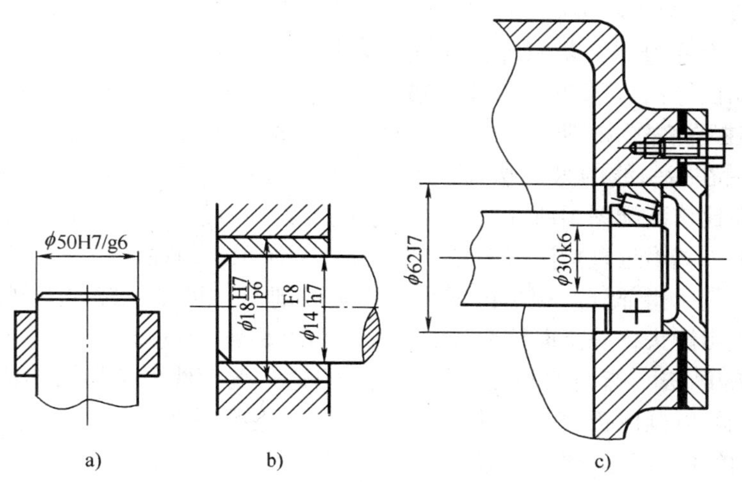

图 8-30　光孔与轴配合时的标注

a）、b）配合尺寸在装配图中的标注示例　c）零件与标准件配合时的标注

（2）螺纹副的标注　由内外螺纹相互旋合而形成的联接称为螺纹副，只有牙型、大径、螺距、线数和旋向等要素都相同的内、外螺纹才能旋合在一起（小径也是相同的）。普通螺纹旋合螺纹副的标记是在普通螺纹标记中的公差带换成内螺纹公差带/外螺纹公差带，如大径为 10mm，右旋的粗牙普通内外螺纹，内螺纹中径大径公差带为 6H，外螺纹中径大径公差带为 6g，螺纹副标记为 M10-6H/6g。

管螺纹装配在一起时，内、外螺纹的标记用斜线分开，左边表示内螺纹，右边表示外螺纹。例如，圆柱内螺纹与圆锥外螺纹配合（右旋），其标记为 $R_p3/4/R_13/4$。例如，50°非密封的管螺纹配合，其标记为：G1½/G1½B。

8.6.3　技术要求

不同性能的装配体，其技术要求各不相同。一般可以从以下几个方面考虑。

1. 装配要求　指装配体在装配过程中需注意的事项及装配后应达到的要求，如精确度、装配间隙、润滑和密封等要求，如图 8-2、图 8-5 所示。

2. 检验要求　指对装配体基本性能的检验、试验规范及操作时的要求，如图 8-5 所示。

3. 使用要求　指对装配体的规格、参数及维护、保养、使用时的注意事项及要求。

装配图中的技术要求，通常用文字书写在明细栏的上方或图样左下方的空白处。如图 8-2 所示，技术要求注写在明细栏的上方；图 8-5 中的技术要求注写在图样左下方的空白处。

8.7　装配图上的零部件序号和明细栏

为了便于读图、进行图样管理和做好生产准备工作，装配图上所有的零、部件必须编写序号，并在标题栏上方编制相应的明细栏。

8.7.1　编写序号的方法

1. 一般规定　装配图中所有的零、部件都必须编写序号，并填写到明细栏中。相同的零件、部件用一个序号，一般只标注一次，其数量填在明细栏内。标准化部件（如油杯、滚动轴承、电动机等），可看做一个整体被当做一件，只编写一个序号。

2. 序号的注写形式　在所指零、部件的可见轮廓内画一圆点，再从圆点开始画指引线（细实线），然后在指引线的另一端画一水平线或圆（细实线），并在水平线或圆内注写序号，序号的字高比该装配图中所注写尺寸数字高度大一号或两号，如图 8-31a、b 所示。也可在指引线的另一端附近直接注写序号，如图 8-31c 所示，但在同一张装配图中，编写序号的形式应一致。若所指部分（很薄的零件或涂黑的剖面）可见轮廓内不便画圆点时，可在指引线的末端画出箭头，并指向该部分的轮廓，如图 8-31d 所示。

3. 指引线的画法　指引线相互不能相交，当通过剖面线的区域时不能与剖面线平行。必要时，指引线可以画成折线，但只可曲折一次。一组紧固件以及装配关系清楚的零件组，可采用公共指引线编号，如图 8-32 所示。

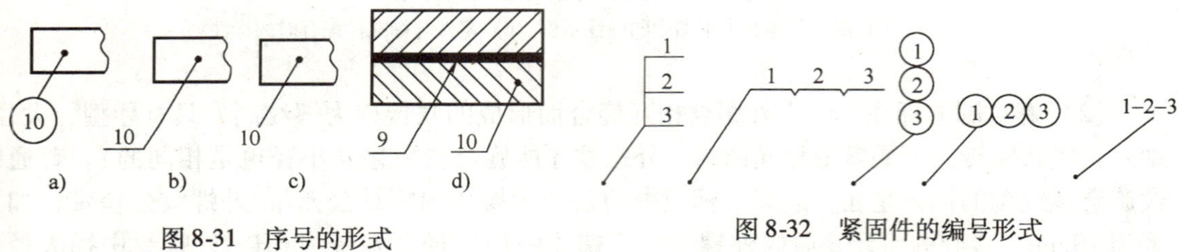

图 8-31　序号的形式　　图 8-32　紧固件的编号形式

4. 序号的排列　装配图中序号应按水平或垂直方向排列整齐，并按顺时针或逆时针的顺序排列，如图 8-2、图 8-5 所示。具体编写序号时可采用这样的顺序：在需要编号的零、部件的可见轮廓内画一圆点，然后画出指引线和横线（或圆），检查无重复、无遗漏时，再统一填写序号（数字），这样可避免出错。

8.7.2　明细栏

明细栏是装配体全部零件的详细目录，表中填有零件的序号、代号、名称、数量、材料、备注等，可按实际需要增加或减少，学生制图作业明细栏可采用图 8-33 所示的格式。明细栏“名称”一栏中，除填写零、部件名称外，对于标准件还应填写其规格，有些零件还要填写一些特殊项目，如齿轮应填写“$m=$”、“$z=$”。标准件的国标号应填写在“备注”中。

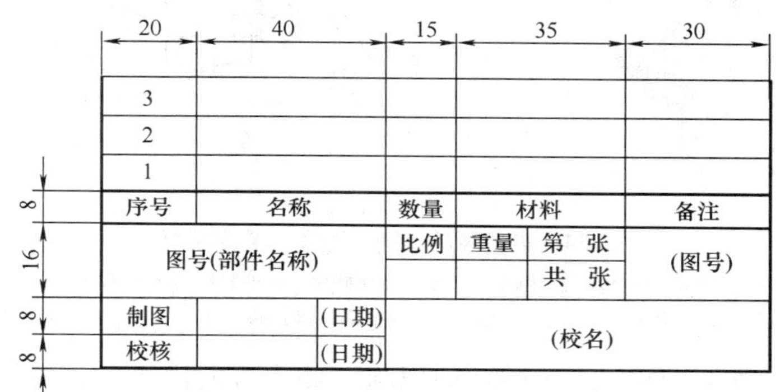

图 8-33　明细栏格式

明细栏一般配置在装配图中标题栏的上方，明细栏内零件序号自下而上按顺序填写，以便在增加零件时可继续向上画格，如图 8-2 所示。当位置不够时明细栏的一部分可以移放在标题栏的左边继续填写，如图 8-5 所示。需要注意的是，明细栏和标题栏的分界线是粗实线，明细栏的外框竖线是粗实线，明细栏的横线和内部竖线均为细实线（包括最上面一条横线）。

明细栏中所填零件序号应与装配图中所编零件的序号一致，因此，应先在装配图上编零件序号，再按序号填写明细栏。

8.8　装配图绘制示例

【例 8-1】　参考图 8-34 所示齿轮泵，画其装配图。

1. 分析齿轮泵的装配关系和工作原理　齿轮泵是机器润滑、供油系统中的一个常用部件，其体积较小，要求传动平稳，保证供油，不能渗漏。齿轮泵主要由泵体，左、右端盖，运动零件（传动齿轮轴、齿轮轴等），密封零件以及标准件等构成。图 8-34a 是其轴测装配图，装配示意图如图 8-34b 所示。

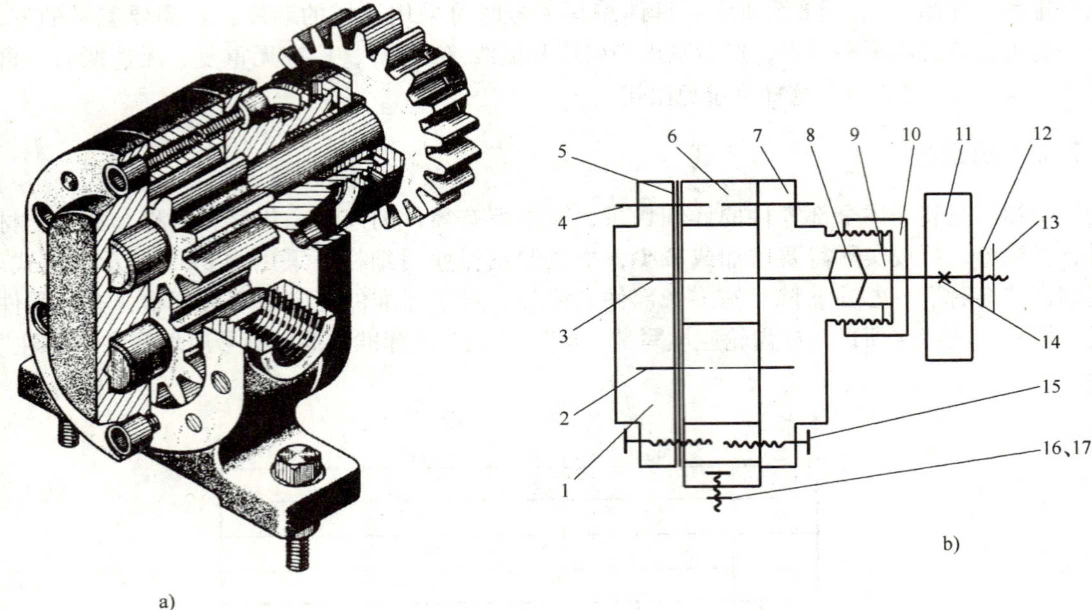

图 8-34　齿轮泵的轴测装配图和装配示意图

1—左端盖　2—齿轮轴　3—传动齿轮轴　4—销　5—垫片　6—泵体　7—右端盖　8—填料　9—轴套　10—压紧螺母　11—传动齿轮　12—垫圈　13—螺母　14—键　15—螺钉　16—螺栓　17—螺母

齿轮泵工作原理：泵体内有一对啮合的齿轮，由上方的传动齿轮轴 3 通过键 14 从传动齿轮 11 获得动力，带动齿轮轴 2 转动。齿轮泵的工作原理如图 8-35 所示，当一对齿轮在泵体内做啮合传动时，主动齿轮逆时针方向旋转，带动从动齿轮顺时针方向旋转，齿轮啮合区内右侧的轮齿逐渐脱开啮合，空腔体积增大而压力降低，油箱内的油在大气压力作用下，通过进油口被吸入泵内；而啮合区内左侧的轮齿逐渐进入啮合，空腔体积减小而压力增大，齿槽中的油不断沿箭头方向被带到左边的出油口压出，进入管线中工作。

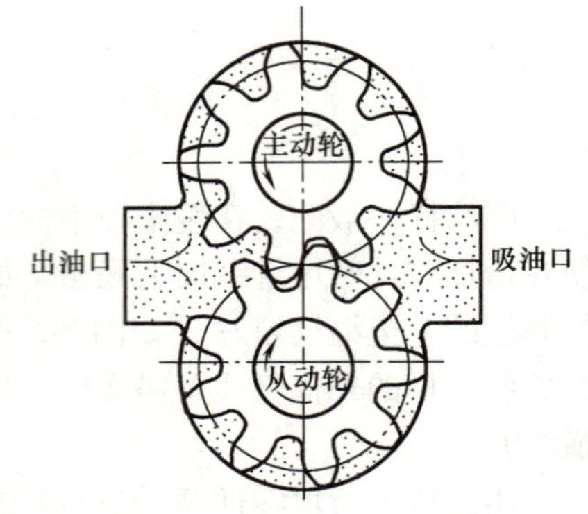

图 8-35　齿轮泵的工作原理图

2. 确定表达方案，画齿轮泵装配图　确定其表达方案为：以能表达齿轮泵的形状、结构特点和安装情况的一面作为主视图并采用全剖视，可反映齿轮副的传动关系，并将齿轮泵的主要零件端盖与泵体间的定位、连接方式以及端盖与泵体间的防漏、传动齿轮轴上的密封结构等表达出来；由于结构对称，左视图采用沿结合面剖切的半剖视图，这样能清楚地表达出齿轮齿轮泵的外部形状和一对齿轮的啮合情况和安装螺钉的分布位置。此外，在左视图中采用沿进油口轴线取局部剖视来表达进油孔的结构。

齿轮泵的主要零件是泵体、轴、泵盖和齿轮，绘制其装配图形的步骤如下。

1）绘制各视图的主要基准线，如图 8-36a 所示。

2）绘制主体结构和与之相关的重要零件。首先画出泵体和轴的轮廓，然后画出齿轮、泵盖等，如图 8-36b、c 所示。

3）绘制其他次要零件和细部结构，如图 8-36d 所示。

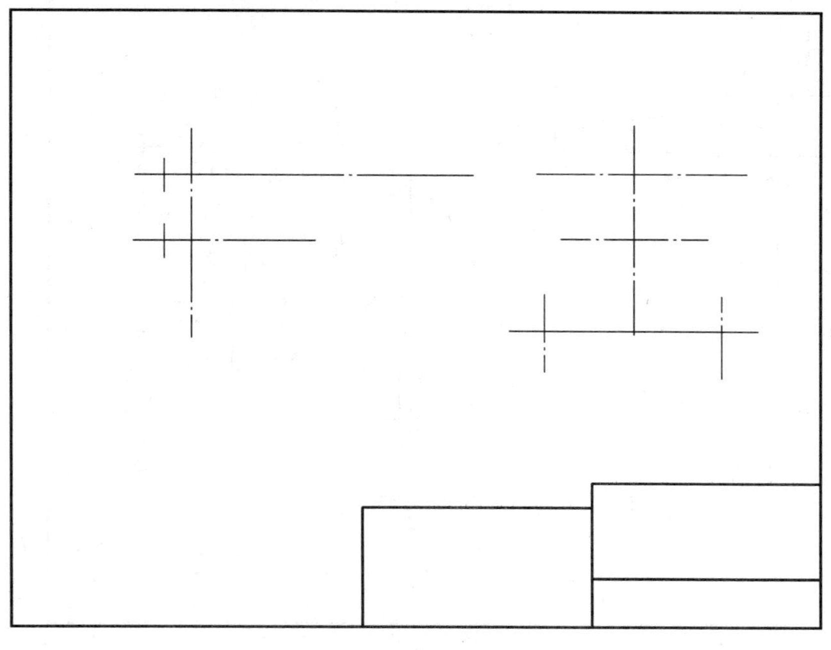

a)

b)

图 8-36　齿轮泵画图步骤

a）画基准线　b）画泵体、轴、齿轮轴

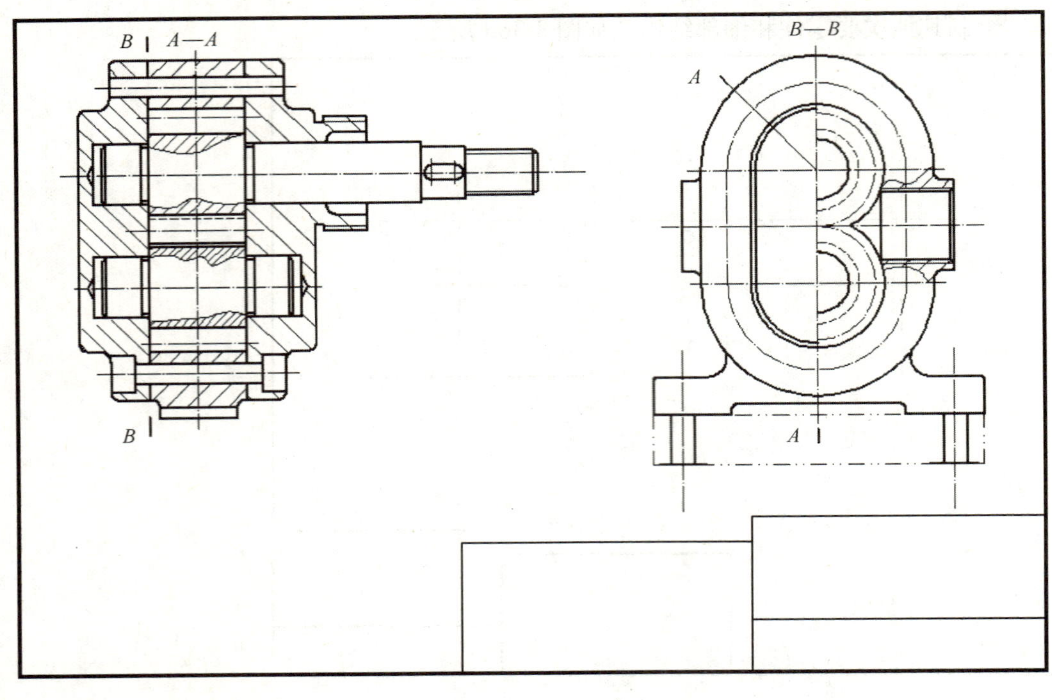

c)

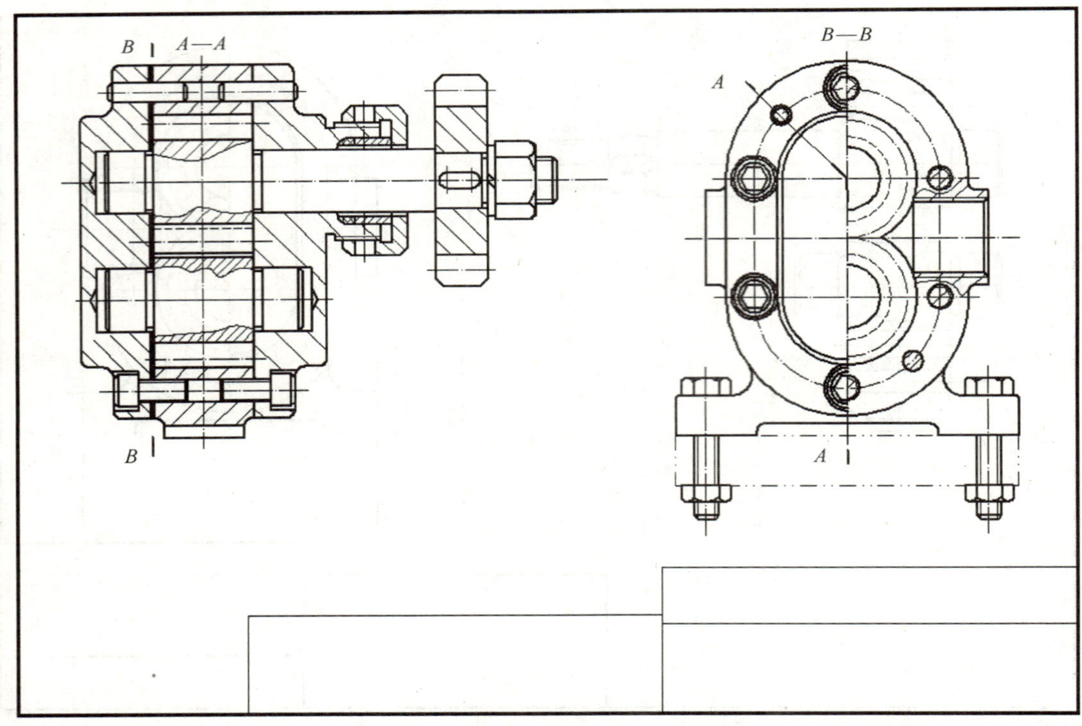

d)

图 8-36 齿轮泵画图步骤（续）

c）画齿轮、左右泵盖 d）画压紧螺母、传动齿轮等

4）检查底稿，描深图线。

5）标注尺寸，编写序号，画标题栏、明细表，注写技术要求。

最终完成的齿轮泵装配图如图 8-37 所示。

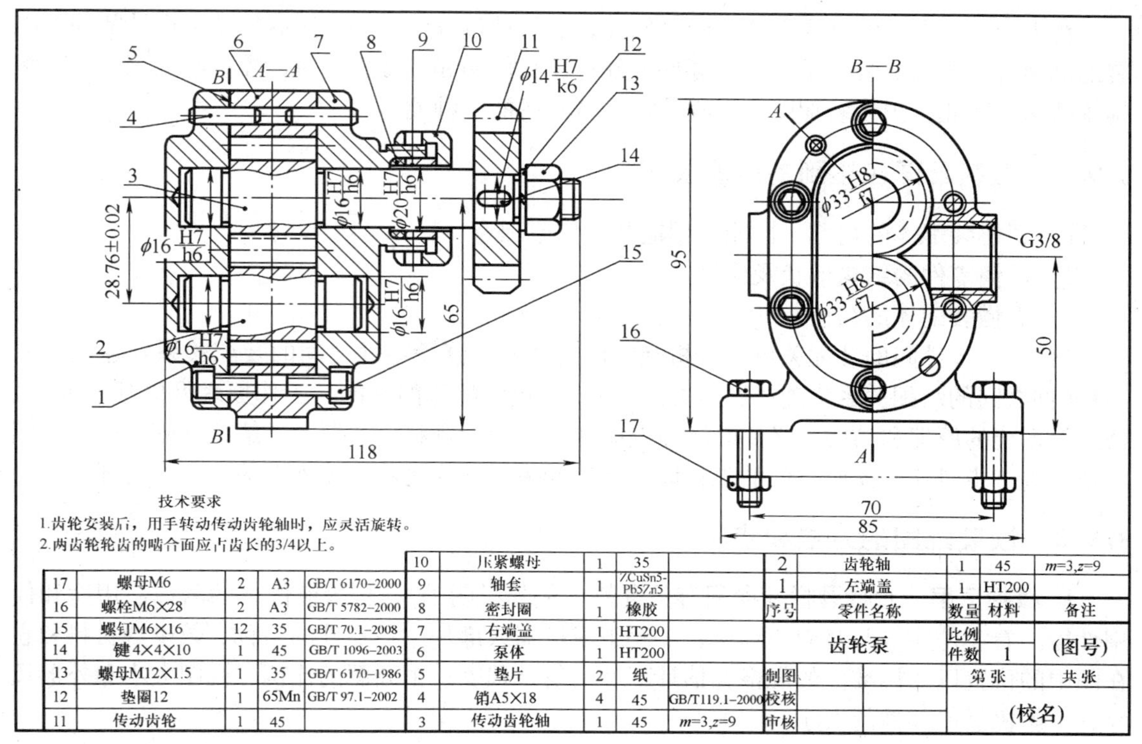

图 8-37　齿轮泵装配图

3. 尺寸标注分析　齿轮泵有主动齿轮轴系和从动齿轮轴系两条装配线。为了保证轴在孔中既能转动，又可减小或避免轴的径向跳动，齿轮轴 2 和传动齿轮轴 3 与左、右端盖的配合尺寸确定为 ϕ16H7/h6，属基孔制间隙配合。由于传动齿轮 11 要通过键 14 传递转矩并带动传动齿轮轴 3 转动，确定配合为 ϕ14H7/k6，属基孔制过渡配合。这种轴、孔两零件间较紧密的配合，有利于通过键传递动力将两零件连成一体。由于齿轮轴 2 和传动齿轮轴 3 在泵体、端盖的轴孔内是转动的，两齿轮轴齿顶圆与泵体内腔的配合尺寸确定为 ϕ33H8/f7，属基孔制间隙配合。尺寸（28.76±0.02）mm 是设计要求并经过计算而定的，它反映出对齿轮副啮合中心距的要求，这个尺寸准确与否将会直接影响齿轮的啮合传动情况。轴套 9 起压紧密封圈 8 的作用，它不能转动，但应与右端盖孔之间有一定的间隙，故确定轴套与右端盖孔的配合尺寸为 ϕ20H7/h6。两个螺栓之间的尺寸 70mm 表示齿轮泵与机器连接时的安装尺寸，尺寸 65mm 是传动齿轮轴线离泵体安装面的高度尺寸，这两个尺寸是安装所要求的尺寸。另外，还需标注规格尺寸 G3/8（吸、压油口的尺寸），装配尺寸 50mm，总体尺寸总长 118mm、总宽 85mm、总高 95mm 等。

4. 技术要求分析　根据齿轮泵的工作性质和结构特点确定如下。

1）齿轮安装后，用手转动传动齿轮轴时，应灵活旋转。

2）两齿轮轮齿的啮合面应占齿长的 3/4 以上。

8.9 装配图的识读

在生产工作中，经常要看装配图。例如，在设计过程中，要按照装配图来设计零件；在装配机器时，要按照装配图来安装零件或部件；在使用和维修机器时，需参阅装配图来了解具体结构。因此，识读装配图是工程技术人员必备的一种能力。

8.9.1 读装配图应达到的基本要求

1）了解装配体的名称、性能、用途及工作原理。

2）看懂零件的结构形状及作用。

3）看懂装配体的结构。

4）弄清零件间的装配关系，分析装配体的性能。读懂零件之间的装配关系及连接关系（各零件之间的装配关系、连接固定方式等），分析装配体的性能、工作原理及防松、润滑、密封等系统的原理和结构，必要时还需查阅相关的专业资料。在概括了解的基础上，应对照各视图进一步研究机器或部件的工作原理和装配关系，这是看懂装配图的一个重要环节。

8.9.2 读装配图的方法和步骤

1. 概括了解　看标题栏并参阅有关资料（例如说明书），了解装配体的名称、用途和使用性能。看零件序号并对应明细栏，了解组成机器或部件中各零件的名称、数量、材料和它在图中的位置以及标准件的规格，估计部件的复杂程度；由画图的比例、视图大小和外形尺寸，了解机器或部件的大小。

2. 分析视图　弄清各个视图的名称、所采用的表达方法和所表达的主要内容及视图间的投影关系、剖切位置。

3. 分析组成装配体的各零件结构形状　分析时以主视图为中心，先看简单件，后看复杂件，即分析清楚标准件、常用件及其他简单零件的结构后，再将其从图中“剥离”出去，然后集中精力分析剩下的复杂零件。针对某个零件时，应先在各视图中分离出该零件的范围和对应关系，利用剖面线的倾斜方向和间距、零件的编号、装配图的规定画法和特殊表达方法（如实心轴不剖的规定等），并借助三角板、分规等仪器帮助查找投影关系，从而想象出其形状及结构。

4. 分析装配体结构　读懂零件的相对位置，将各个零件配合在一起，想象出装配体的结构。

5. 分析装配关系、技术要求和工作原理　先从反映装配关系的视图入手，分析各条装配干线，弄清零件间的配合要求、定位和连接方式等；再从反映工作原理的视图入手，分析装配体中零件的运动情况，从而了解工作原理。

8.9.3 读装配图的示例

【例 8-2】　识读图 8-5b 所示铣刀头装配图。

（1）概括了解　由标题栏和明细栏可知，该部件为专用铣床上的铣刀头，是用来铣削零件端面用的。在 16 种零件当中，标准件就有 10 种，因此其结构并不复杂。

（2）分析视图　主视图是全剖视图，并在轴的两端作了局部剖，在右端用假想画法示出了铣刀盘和铣刀的轮廓，它们都清楚地表达了各零件的结构及其装配关系；V 带轮 4 套在轴 7 上，两者之间用键 5 联接；轴用两个滚动轴承 6 支承，轴承装在座体 8 的轴孔内；轴承外圈用端盖 11 压紧；左，右端盖各用六个内六角圆柱头螺钉 10 紧固在座体的左、右端面上，防止轴 7 工作时产生轴向窜动；端盖内的毡圈 12 可防止切屑、灰沙等杂物进入座体内部；调整环 9 用来调整轴向间隙，使轴承外圈得到适当的压紧力。

左视图采用了拆卸画法，并作了局部剖，表示端盖上螺孔的配置、座体左右支板的形状、中间肋板和底板的结构形状等。

（3）分析零件结构形状　读装配图应特别注意从装配体中分离出每一个零件，并分析其主要结构的形状和作用。分离出的 8 号座体零件图形如图 8-38 所示，想象的座体 8 号、端盖 11 号、轴 7 号零件的立体图如图 8-39 所示。

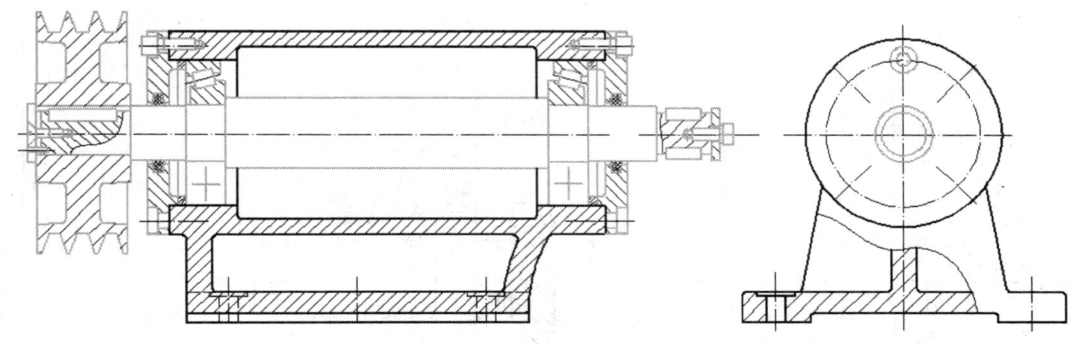

图 8-38　分离出的 8 号座体零件图形

（4）分析装配体的结构　铣刀头立体形状如图 8-5a 所示。

（5）分析工作原理和传动路线　了解了零件的作用和相互关系，铣刀头的工作原理和传动路线就清楚了。电动机通过它本身的 V 带轮（图上未画）把动力传给 V 带轮 4，又把动力传给平键 5 以带动轴 7 旋转，最后通过双键 13 带动刀盘旋转进行铣削加工。

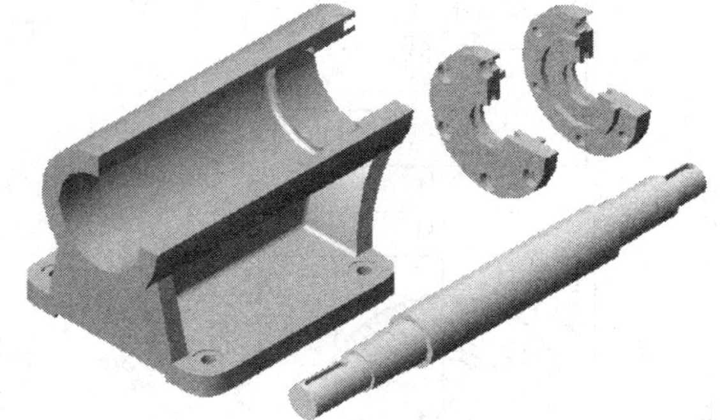

图 8-39　座体 8 号、端盖 11 号、轴 7 号零件立体图

（6）分析尺寸和技术要求　装配图中所注的尺寸，必须注明规格尺寸、装配尺寸、安装尺寸、外形尺寸。规格尺寸有 115mm、ϕ120mm；安装尺寸有 155mm、150mm、4 × ϕ11mm；外形尺寸有 418mm、190mm 等。

装配图中的配合尺寸较多，共有以下五种。

①ϕ80K7：表示轴承外圈与座体孔是基轴制的过渡配合（图中只注出了孔的公差带代号，因为轴承外圈已不能再加工，其“轴”的公差带是不变的）。

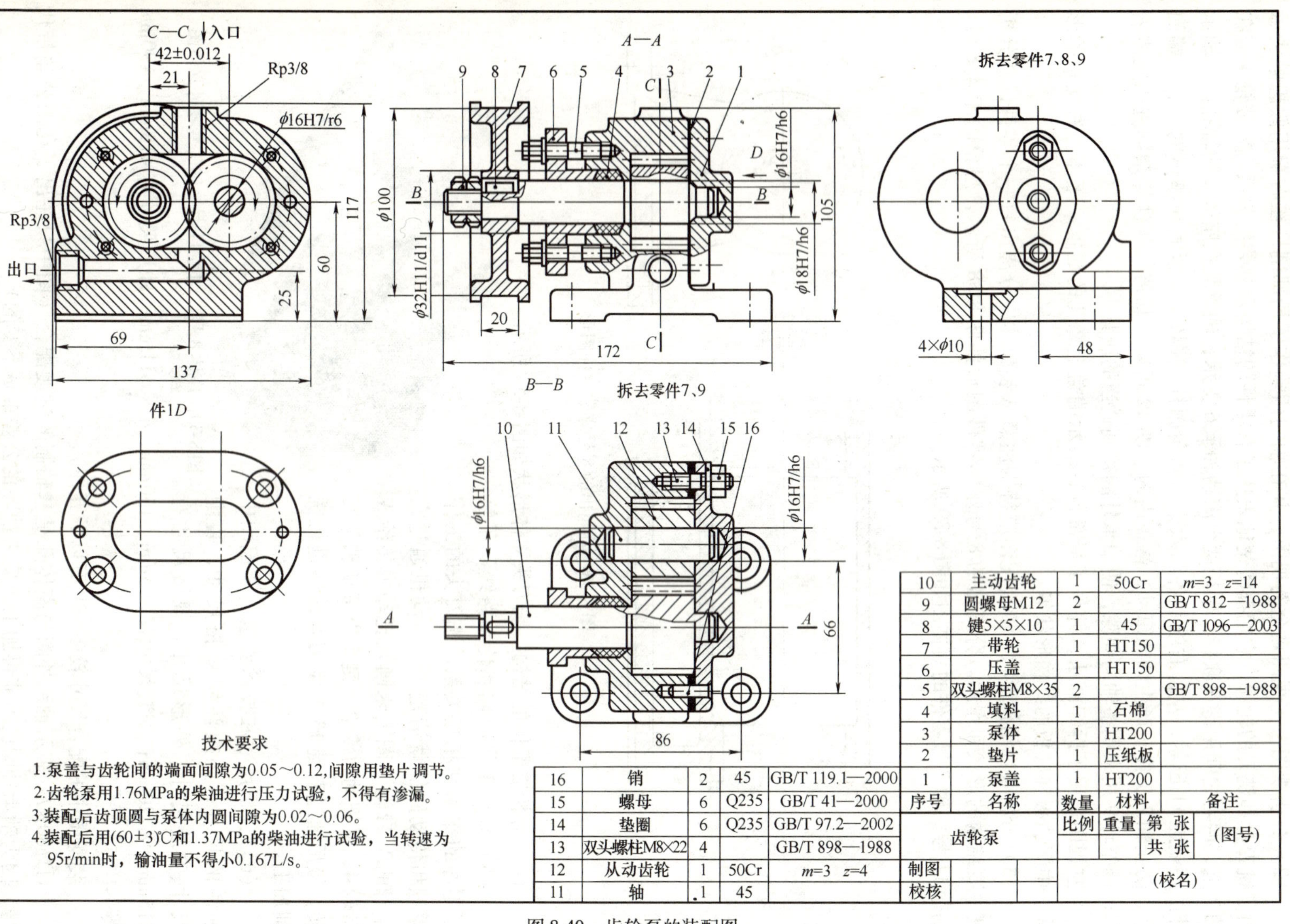

图8-40 齿轮泵的装配图

②ϕ35k6：表示轴承内圈与轴是基孔制的过渡配合（图中只注出了轴的公差带代号，也是因为轴承内圈孔的公差带是不变的）。

③ϕ80K7/f7：表示端盖与座体孔之间的配合。

④ϕ8H8/k7：表示 V 带轮轴孔与轴之间是基孔制的过渡配合。

⑤ϕ25k6：表示右端的轴与铣刀盘孔为基孔制的过渡配合。

此外，在文字说明的装配和检验要求中，又提出了几项位置公差和轴向窜动误差要求。

综上所述，对铣刀头已有了全面的认识。

【例 8-3】　识读图 8-40 所示齿轮泵的装配图。

1. 概括了解　由标题栏与明细表可知：装配体为齿轮泵，它是机器供油系统中的一个主要部件。由 16 种零件组成，是中等复杂程度的部件。由尺寸可知泵体体积不大，共用了 5 个视图表达。

2. 分析视图　从图 8-40 中可以看出，装配图是由主视图、俯视图、右视图、左视图及泵盖的右视图等五个图组成。主视图按泵的工作位置选取，采用了局部剖视图，主要表达泵的主要装配关系、结构形状。右视图采用了 *C—C* 全剖视图，主要说明泵的工作原理，进出油口的结构。与主视图配合表达泵体的结构形状。俯视图是通过两个齿轮轴线剖切的全剖视图，主要表达主动齿轮轴与从动齿轮、泵盖与泵体的装配关系，并表达了泵体底板的形状。左视图采用拆卸画法，主要表达件 6 压盖的外形和泵体的外形。*D* 向视图主要表达泵盖的外形及联接螺孔、销孔的位置。

3. 分析零件　首先将标准件从装配图中“分离”出去；然后分析简单的零件，如泵盖 1、压盖 6 和带轮 7。看懂后也将它们“剔除”；最后分析复杂的泵体 3。

（1）分析泵盖（件 1）　找出泵盖的对应投影关系，泵盖分离过程图如图 8-41 所示，泵盖分离出的视图如图 8-42a 所示，泵盖的结构形状如图 8-42b 所示。

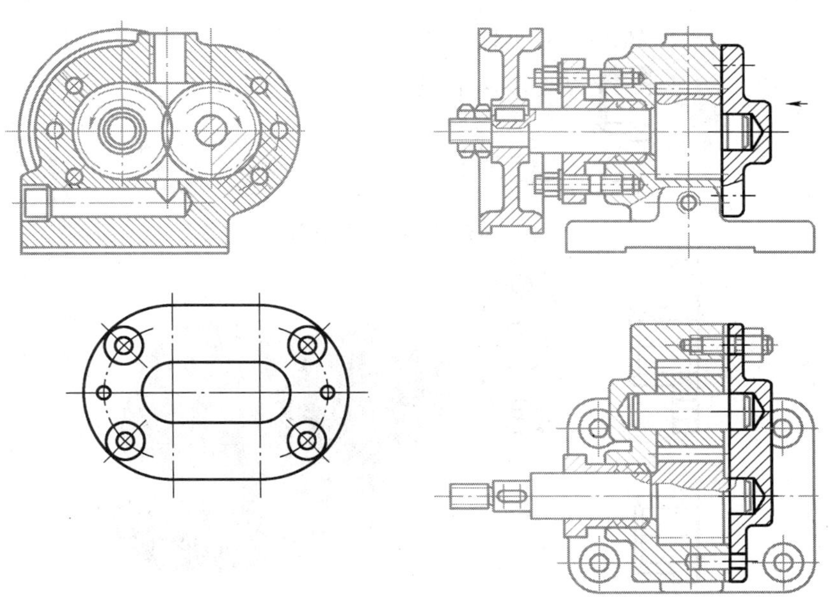

图 8-41　泵盖分离过程图

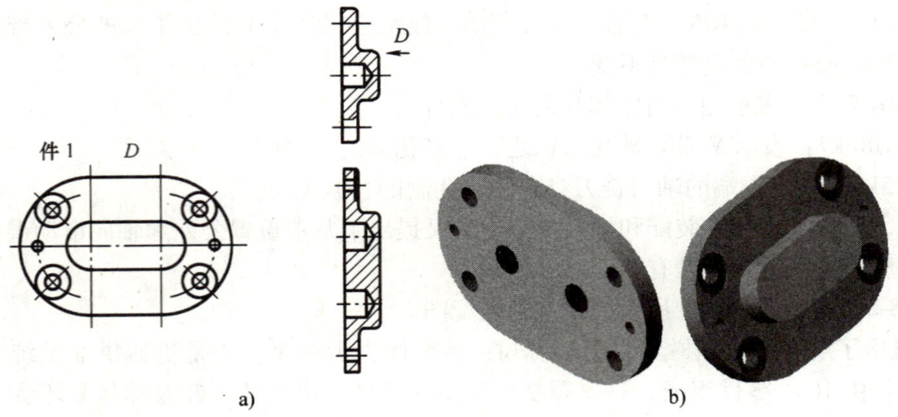

图 8-42　泵盖分离图和三维立体图

（2）分析压盖（件 6）　找出压盖的对应投影关系，压盖分离过程图如图 8-43 所示，压盖分离出的视图如图 8-44a 所示，压盖的结构形状如图 8-44b 所示。

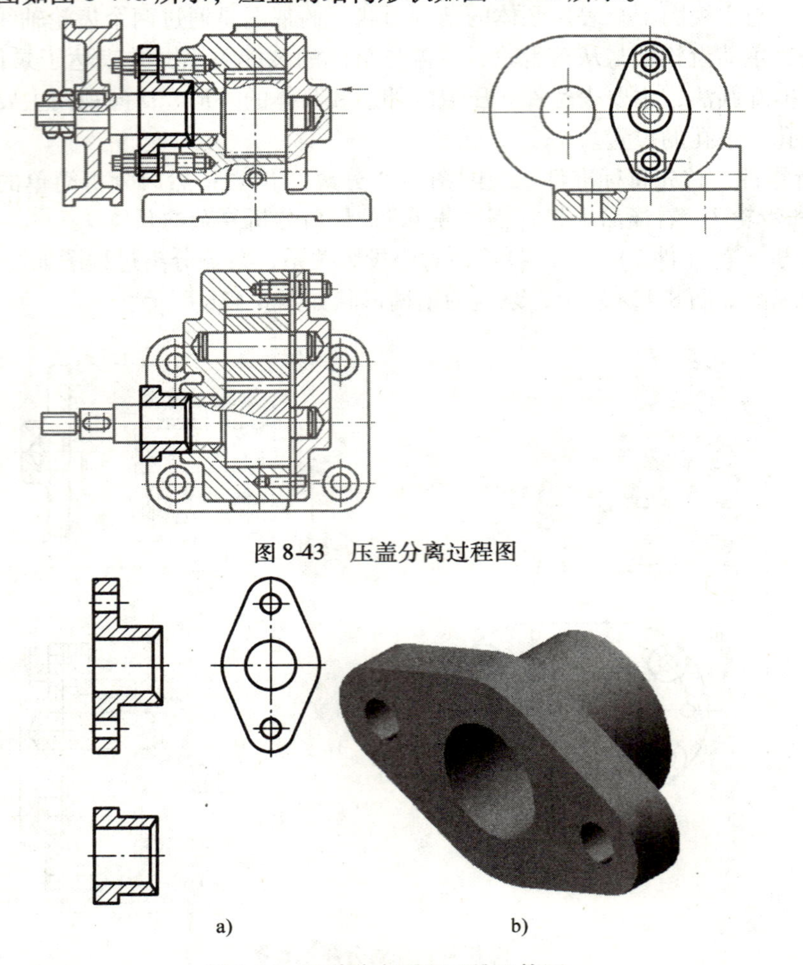

图 8-43　压盖分离过程图

图 8-44　压盖分离图和三维立体图

（3）分析泵体（件 3）　在主、俯、右、左视图中找出泵体的对应投影关系，泵体分离过程图如图 8-45 所示，泵体分离出的视图如图 8-46a 所示，泵体的结构形状如图 8-46b 所示。

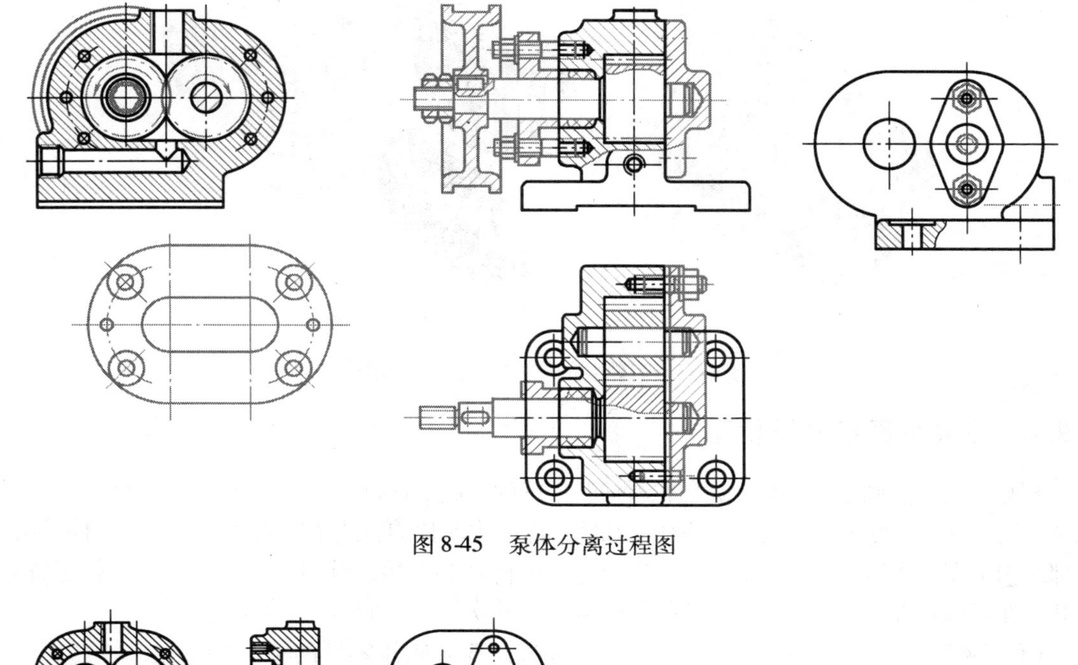

图 8-45　泵体分离过程图

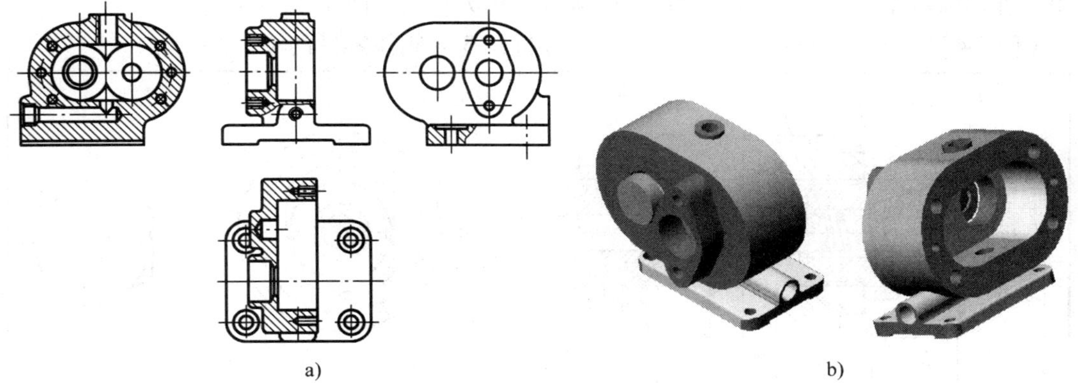

a)　　b)

图 8-46　泵体分离图和三维立体图

4. 综合归纳　想象各零件形状，按相对位置组装齿轮泵结构图，三维装配图和三维分解图如图 8-47 所示。

5. 分析装配关系和工作原理　通过主、俯视图中 ϕ16H7/h6、ϕ22H7/h6 配合的标注，可以看出件 10 主动齿轮、件 11 齿轮轴与泵体和泵盖孔是间隙配合。件 11 齿轮轴与件 12 从动齿轮孔采用 ϕ16H7/r6 的过盈配合。两个零件靠过盈配合连接在一起。

通过分析，不难看出齿轮泵的工作原理。当动力通过带轮（件 7）、键（件 8）传给主动齿轮（件 10），主动齿轮带动从动齿轮（件 12）一起旋转。两个齿轮旋转方向如右视图所示。液体从上孔进入泵体（件 3）中，充满各个齿间，并被齿轮沿着泵体的内壁送到另一侧，当齿轮啮合时，液体被挤压而从出口处以一定的压力排出。

另外，装配图中还表达了密封装置，如垫片（件 2）、填料（件 4）等，以及螺母（件 9）的防松装置。

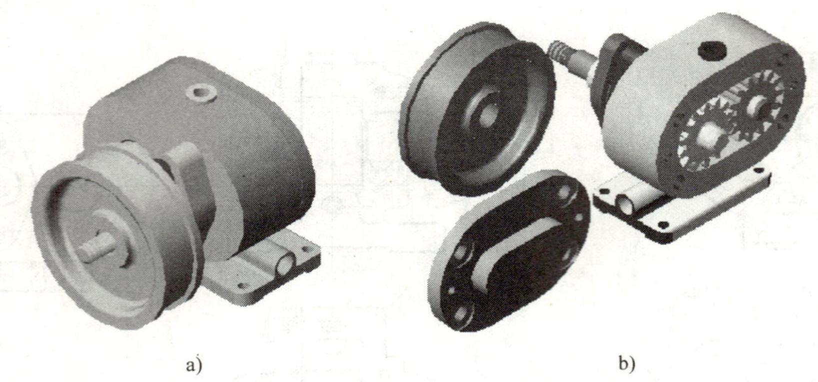

图 8-47　齿轮泵的三维装配图和分解图

8.9.4　由装配图拆画零件图

根据装配图拆画零件工作图，应在看懂装配图的基础上进行。绘图前要确定零件的形状，装配图主要表达零件间的装配关系，往往对某些零件结构形状的表达难以兼顾，对个别零件的某些局部结构未完全表达；对零件上某些标准的工艺结构（如倒角、倒圆、退刀槽等）进行了省略。因此，在拆画零件图时，应根据零件的作用和要求予以完善，补画出这些结构。

【例 8-4】　识读图 8-48 所示阀装配图，并拆画 3 号阀体零件的零件图。

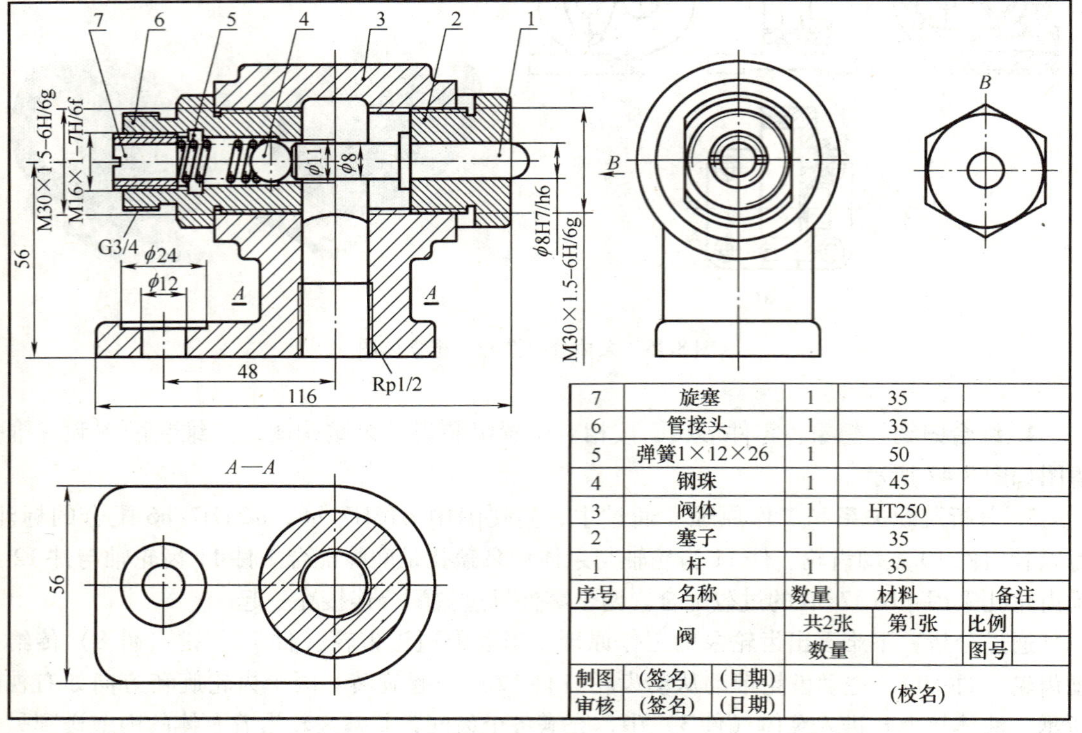

序号	名称	数量	材料	备注
7	旋塞	1	35	
6	管接头	1	35	
5	弹簧1×12×26	1	50	
4	钢珠	1	45	
3	阀体	1	HT250	
2	塞子	1	35	
1	杆	1	35	

阀	共2张	第1张	比例	
	数量		图号	
制图 (签名) (日期)	(校名)			
审核 (签名) (日期)				

图 8-48　阀装配图

1. 概括了解　由标题栏可知，该装配体名称为阀，是安装在液体管路中用以控制管路的“通”与“不通”。由明细栏和外形尺寸可知它由 7 种零件组成，结构不太复杂。

2. 分析视图　阀装配图采用了主视图（全剖视图）、俯视图（全剖视图）、左视图三个基本视图和一个 *B* 向局部视图的表达方法。有一条装配轴线，阀通过阀体上的 G1/2 螺纹孔、ϕ12 的螺栓孔和管接头上的 G3/4 螺孔装入液体管路中。

3. 分析工作原理和装配关系　图 8-48 所示阀的工作原理从主视图看最清楚。当杆 1 受外力作用向左移动时，钢球 4 压缩弹簧 5，阀门被打开；当去掉外力时，钢球 4 在弹簧 5 作用下将阀门关闭。旋塞 7 可以调整弹簧作用力的大小。

阀的装配关系也从主视图看最清楚。左侧将钢球 4、弹簧 5 依次装入管接头 6 中，然后将旋塞 7 拧入管接头，调整好弹簧压力，再将管接头拧入阀体左侧的 M30 × 1. 5 螺孔中。右侧将杆 1 装入塞子 2 的孔中，再将塞子 2 拧入阀体右侧的 M30 × 1. 5 螺孔中。杆 1 和管接头 6 在径向有 1. 5mm 的间隙，管路接通时，液体由此间隙流过。

4. 分析组成装配体的各零件结构形状　阀体是阀装配图中的一个主要零件，分析其结构形状：首先将阀体 3 从主、俯、左三个视图中分离出来，然后想象其形状。阀体内形腔的形状。因左、俯视图没有表达出来，所以不易想象。但通过主视图中 Rp1/2 螺孔上方的相贯线形状得知，阀体内腔为圆柱形，轴线水平放置，且圆柱孔的长度等于 Rp1/2 螺孔的直径，如图 8-49 所示。

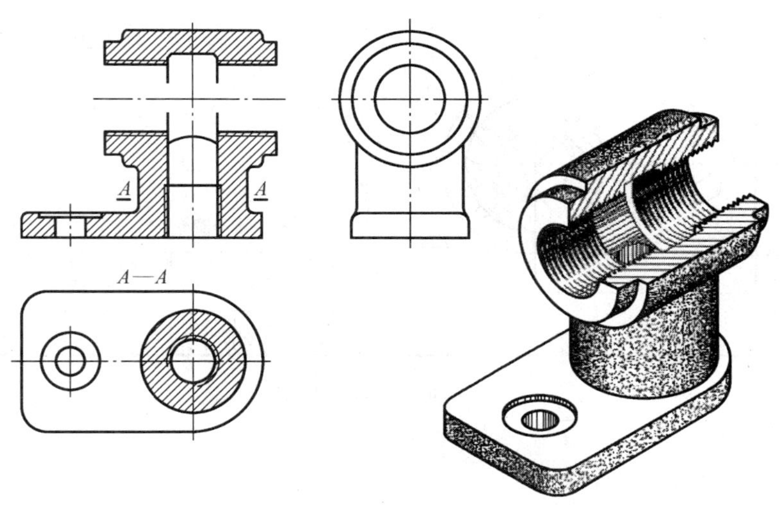

图 8-49　分离阀体

5. 画阀体零件图　步骤如下：

1）确定视图表达方案。读懂零件的形状后，要根据零件的结构形状及在装配图中的工作位置或零件的加工位置，重新选择视图，确定表达方案。此时可以参考装配图的表达方案，但要注意不受原装配图的限制。如图 8-50 所示阀体的表达方法，主、俯视图和装配图相同，左视图采用了半剖视图。

2）绘制图形。

3）标注尺寸。由于装配图给出的尺寸较少，而在零件图上应标注出加工零件所需要的全部尺寸，所以很多尺寸必须在拆画零件图时确定下来。在图 8-50 阀体零件图中，M30×1.5-6H、Rp1/2、48mm、56mm、ϕ12mm、ϕ24mm 这些尺寸是从装配图上抄注的，它们有的是配合尺寸，有的是定位尺寸、连接尺寸。ϕ36 是通过查阅标准（内螺纹退刀槽）而定的，其余尺寸是装配图上未注出的，通过测量后圆整确定的。

4）确定技术要求。根据阀装配图上的要求确定零件的技术要求。阀体表面粗糙度值确定如下：配合表面的表面粗糙度值要小，故给出的 Ra 为 6.3μm；其他表面的表面粗糙度值是按常规给出的。

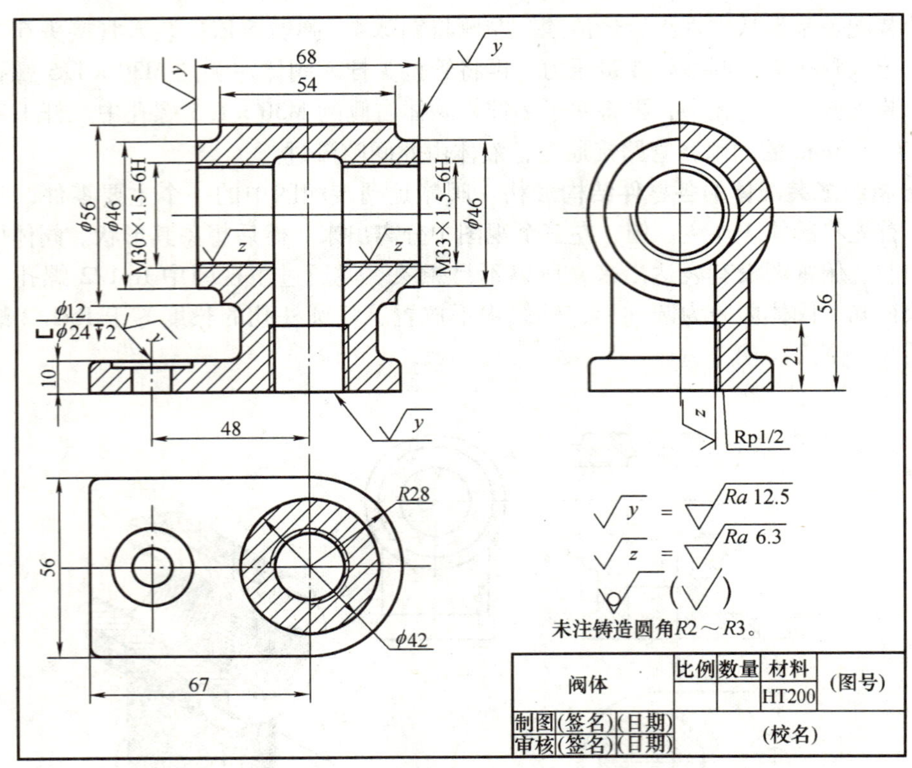

图 8-50　阀体零件图

拆画零件图应注意以下问题。

1）零件的视图表达方案应根据零件的结构形状，按照零件图的视图选择原则确定，而不能盲目照抄装配图。一般情况下，叉架类及箱体类零件主视图所选的方位与装配图一致，这样便于装配时对照；而轴套类零件，一般按主要加工位置（轴线水平放置）选取主视图。

2）零件在装配图中没有表达清楚的形状，拆图时也应根据零件的功用加以补充、完善。在装配图中允许不画的零件的工艺结构，如倒角、圆角、退刀槽等，在零件图中应全部画出，并标准化。

3）零件图的尺寸，除已在装配图中注出者外，其余尺寸都在图上按比例直接量取，并圆整。与标准件连接或配合的尺寸，如螺纹、倒角、退刀槽等要查标准注出。有配合要求的表面以及重要的相对位置尺寸，要注出尺寸的公差带代号或偏差数值。

4）标注零件各表面结构、几何公差等技术要求时应根据零件各部分的功能、作用和工作要求，合理选择精度要求，同时还应使标注数据符合有关标准。零件图上技术要求的确定涉及许多专业知识，可以参照有关资料和同类产品零件用类比法确定。对于表面结构初学者可依照以下三条初步确定标注范围。

①配合表面：*Ra* 值取3.2～0.8μm，尺寸公差等级高的表面 *Ra* 取较小值。

②接触面：*Ra* 值取6.3～3.2μm，如零件的定位底面 *Ra* 可取3.2μm，一般端面可取6.3μm等。

③需加工的自由表面（不与其他零件接触的表面）：*Ra* 值可取25～12.5μm，如螺栓孔等。

第9章 零件及装配体测绘

【能力目标】 培养工程技术人才必备的零件及装配体的制图测绘技能。

【任务】 测绘图9-1所示球阀的零件图和装配图。

9.1 零件测绘

根据实际零件绘制草图，测量并标注尺寸，给出必要的技术要求的绘图过程，称为零件测绘。测绘零件的工作常在现场进行。由于条件限制，一般是先画零件草图，即以目测比例，徒手绘制零件图，然后根据草图和有关资料用仪器或计算机绘制出零件工作图。零件测绘对推广先进技术、交流革新成果、改造和维修现有设备都有重要作用，它是工程技术应用型人才必备的制图技能之一。

9.1.1 零件测绘方法和步骤

1. 分析 分析零件，了解零件的名称、类型、材料以及在机器中的作用，分析零件的结构、形状和加工方法。

2. 拟定表达方案 根据零件的结构特点，按其加工位置或工作位置，确定主视图的投射方向，再按零件结构形状的复杂程度选择其他视图的表达方案。

3. 绘制零件草图 现以如图9-1所示球阀中的阀盖2为例说明绘制零件草图的步骤。

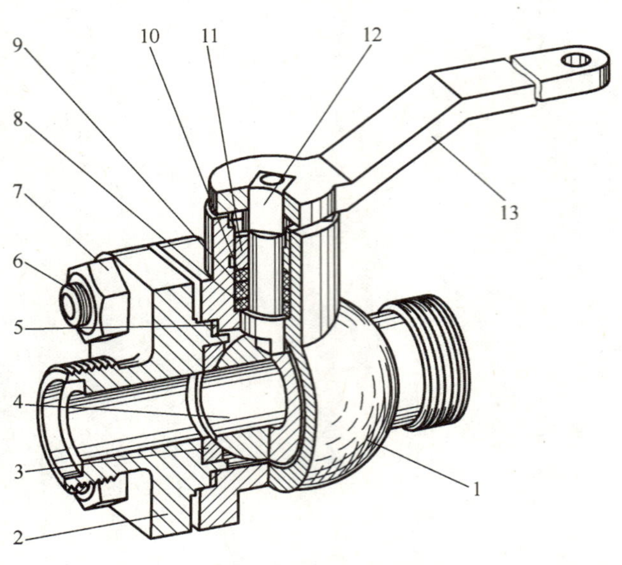

图9-1 球阀的轴测装配图

1—阀体 2—阀盖 3—密封圈 4—阀芯 5—调整垫 6—螺杆 7—螺母 8—填料垫 9—中填料 10—上填料 11—填料压紧套 12—阀杆 13—扳手

阀盖属于盘盖类零件，用两个视图即可表达清楚。画图步骤如图 9-2 所示。

1）布局定位　在图纸上画出主、左视图的对称中心线和作图基准线，如图 9-2a 所示。布置视图时，要考虑到各视图之间留出标注尺寸的位置。

2）以目测比例画出零件的内、外结构形状，如图 9-2b 所示。

3）经仔细核对后，按规定线型将图线描深。

4）选定尺寸基准，按正确、完整、合理的要求画出所有尺寸界线、尺寸线和箭头，如图 9-2c 所示。

5）测量零件上的各个尺寸，在尺寸线上逐个填上相应的尺寸数值，如图 9-2c 所示。

6）注写技术要求和标题栏，如图 9-2d 所示。

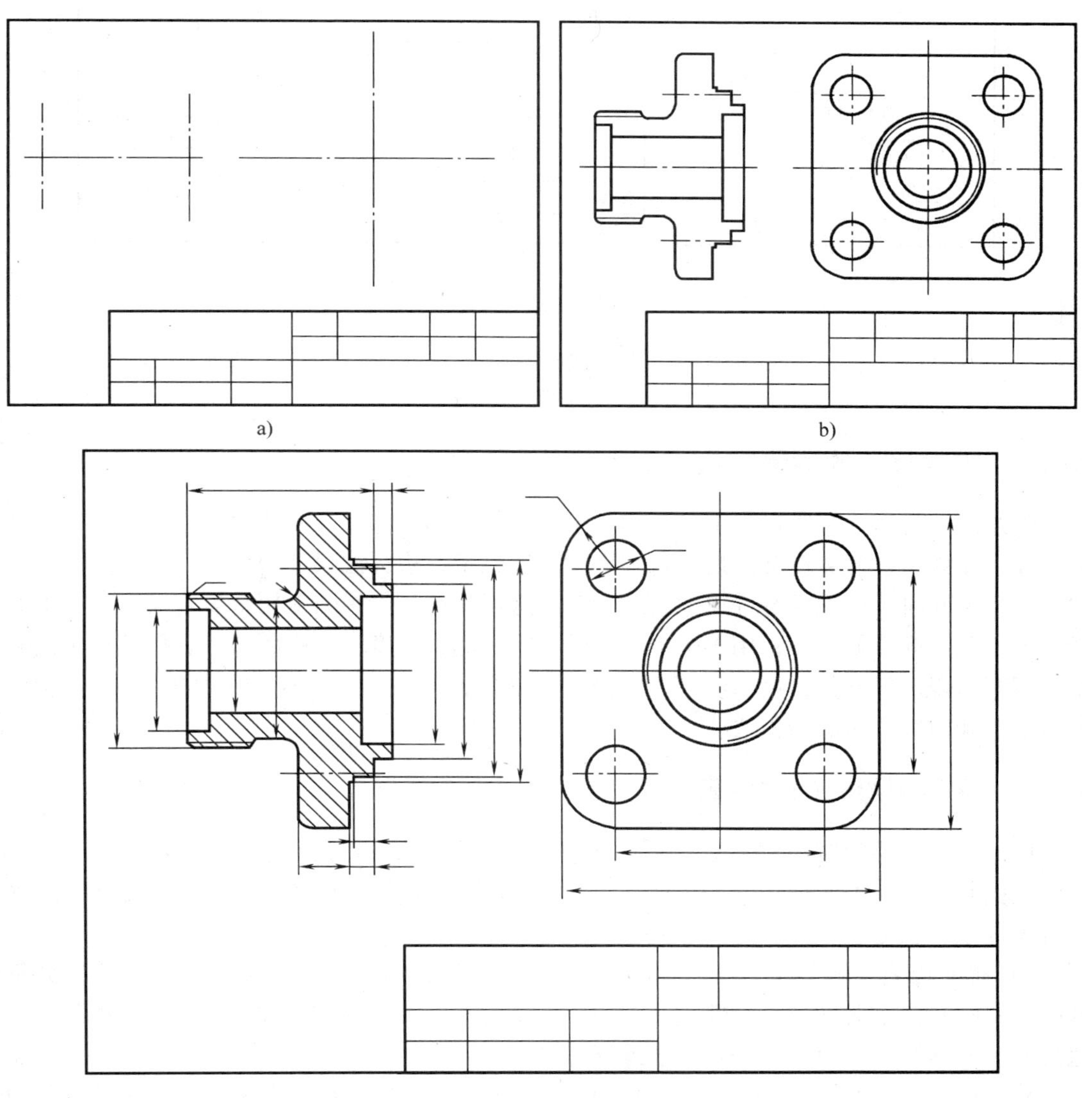

图 9-2　零件的测绘方法和步骤

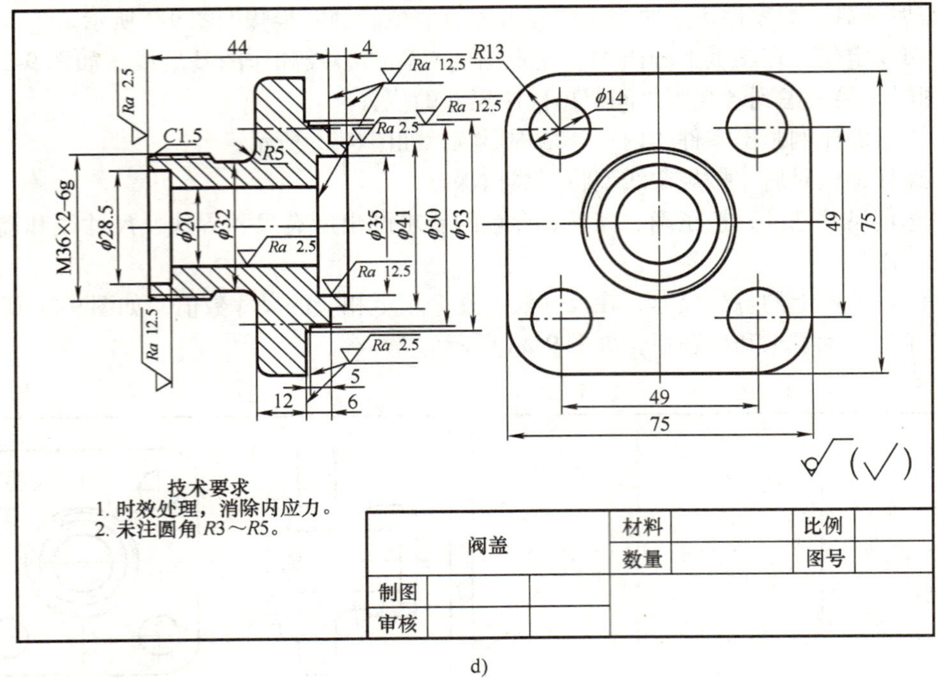

d)

图 9-2　零件的测绘方法和步骤（续）

9.1.2　零件尺寸的测量方法

测绘尺寸是零件测绘过程中必要的步骤，零件上的全部尺寸的测量应集中进行，这样可以提高工作效率，避免遗漏。切勿边画尺寸线边测量，边标注尺寸。

测量尺寸时，要根据零件尺寸的精确程度选用相应的量具。常用金属直尺、内外卡钳测量不加工和无配合的尺寸；用游标卡尺、千分尺等测量精度要求高的尺寸；用螺纹规测量螺距；用圆角规测量圆角；用曲线尺、铅丝和印泥等测量曲面、曲线。图 9-3、图 9-4 所示为测量壁厚和曲线、曲面的方法。

9.1.3　零件测绘时的注意事项

1）零件的制造缺陷如砂眼、气孔、刀痕等以及长期使用所产生的磨损，均不应画出。零件上因制造、装配所要求的工艺结构，如铸造圆角、倒圆、倒角、退刀槽等结构，必须查阅有关标准后画出。

2）有配合关系的尺寸一般只需要测出公称尺寸，配合性质和公差数值应在结构分析的基础上查阅有关手册确定。对螺纹、键槽、齿轮的轮齿等标准结构件的尺寸，应将测得的数值与有关标准核对，使尺寸符合标准系列。

3）零件的表面结构、极限与配合、技术要求等，可根据零件的作用参考同类产品的图样或有关资料确定。根据设计要求，参照有关资料确定零件的材料。

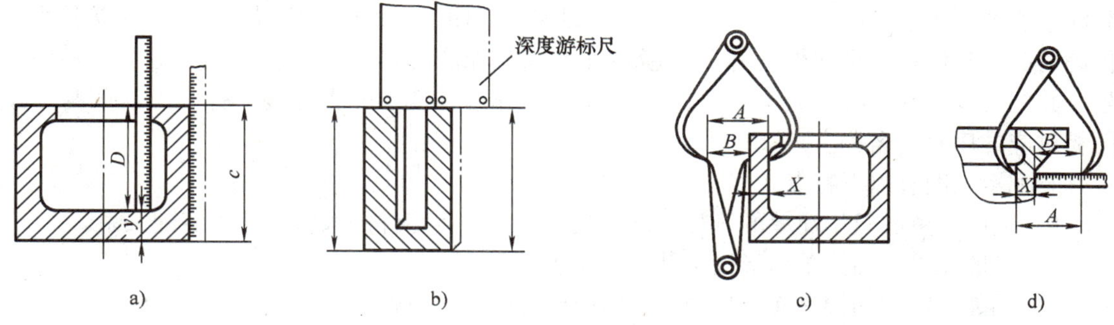

图 9-3 测量壁厚

a）用金属直尺测量壁厚 b）用深度游标尺测量壁厚 c）用内外卡钳测量壁厚 d）用外卡钳和金属直尺测量薄厚

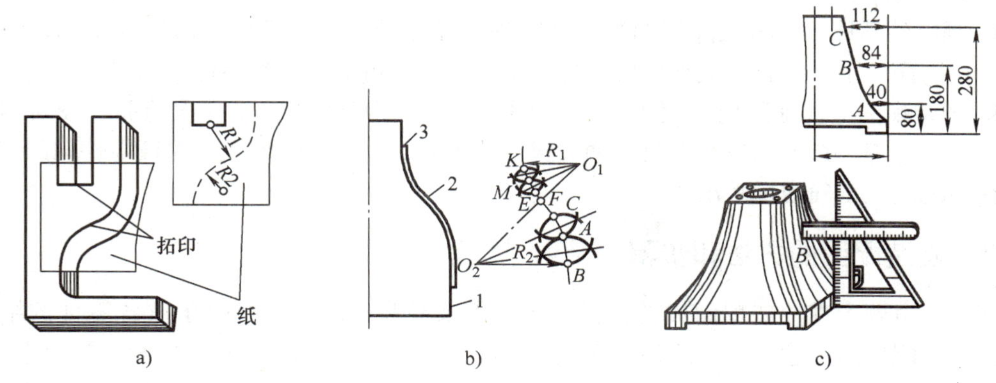

图 9-4 测量曲线及曲面

a）用拓印方法测量曲面 b）用铅丝测量曲线 c）用坐标法测量曲面

9.2 装配体测绘

装配体测绘是根据现有的装配体，先画出零件草图，再画出装配图和零件工作图的过程。在生产实践中，维修机器设备或技术改造时，在没有现成技术资料的情况下就需要对机器或部件进行测绘，以得到相关资料。

9.2.1 测绘方法与步骤

1. 测绘前的准备 测绘装配体之前，应根据其复杂程度编订进程计划，编组分工并准备拆卸用工具，如扳手、锤子、铜棒、木棒，测量用钢卷尺、卡尺等量具及细铅丝、标签，绘图用品等。

2. 了解装配体 根据产品说明书、同类产品图样等资料，或通过实地调查，初步了解装配体的用途、性能、工作原理、结构特点及零件间的装配关系。

3. 拆卸零件，绘制装配示意图 为便于装配体被拆卸后仍能装配复原，在拆卸过程中应尽量做好原始记录，最简便常用的方法是绘制装配示意图，也可运用照相或录像等手段。

装配示意图只要求用简单的线条、大致的轮廓将各零件之间的相对位置、装配、连接关系及传动情况表达清楚，是部件拆卸后重新装配和画装配图的依据。在示意图上应编制零件序号，并注写零件的名称及数量。在拆下的每个（组）零件上扎上标签，标签上注明与示意图相对应的序号及名称。

装配示意图有以下特点。

1）装配示意图只用简单的符号和线条表达部件中各零件的大致形状和装配关系。

2）一般零件可用简单图形画出其大致轮廓。

3）相邻两零件的接触面或配合面之间应留有间隙，以便区别。

4）零件可看作透明体，且没有前后之分，均为可见。

5）全部零件应进行编号，并注出名称。

在拆卸零件时，要顺序进行，对不可拆连接和过盈配合的零件尽量不拆，以免影响装配体的性能和精度。拆卸时使用工具要得当，拆下的零件应妥善放置，以免碰伤或丢失。

4. 画零件草图　组成装配体的每一个零件，除标准件外，都应画出零件草图，草图的画法已在前面作了介绍，画装配体的零件草图时，应尽可能注意到零件间的尺寸协调。

5. 画装配图　根据装配示意图、零件草图画装配图的过程，是一次检验、校对零件形状、尺寸的过程，草图的形状和尺寸如有错误或不妥之处应及时修改，保证零件间的装配关系能在装配图上正确地反映出来。

9.2.2　画装配图的方法和步骤

部件是由若干零件装配而成的，根据零件图及其相关资料，可以了解各零件的结构形状，分析装配体的用途、工作原理、连接和装配关系，然后按各零件图拼画成装配图。

现以图 9-1 所示的球阀为例，介绍画装配图的方法和步骤。球阀中的主要零件阀芯、阀杆、阀盖、阀体如图 9-5、图 9-6、图 9-7、图 9- 8 所示。球阀上的其他重要零件图有密封圈（图 9-9）、填料压紧套（图 9-10）、扳手（图 9-11）等，其他的零件图不再列出。

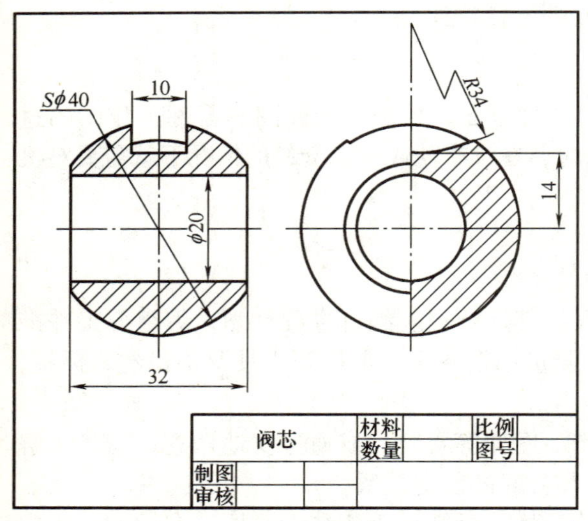

图 9-5　阀芯零件图

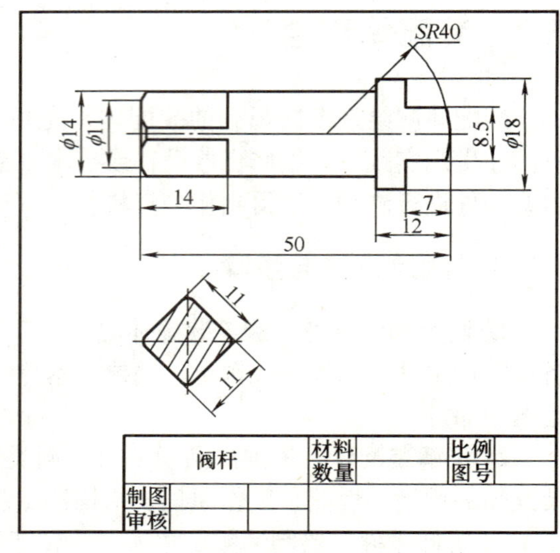

图 9-6　阀杆

44
4
R13
φ14
R5
M36×2−6g
φ28.5
φ20
φ32
φ35
φ41
φ50
φ53
49
75
5
6
12
49
75
阀盖
材料
比例
数量
图号
制图
审核

图 9-7　阀盖

Ra 6.3
φ36
φ26
M24×1.5−7H
Ra 25
φ24.3
φ22H11
R4
φ18H11
C1.5
φ50H11
φ43
8
φ35
φ32
φ20
φ28.5
M36×2−6g
5 0 −0.01
Ra 12.5
SR27.5
R2
21
7
15
41
75
12
R5
90°±1°
2
4
3
29
13
56 +0.66 0
R13
75
49
φ55
4×M12−7H
49
75
技术要求
1. 铸件应实效处理，消除内应力。
2. 未注铸造圆角R1～R3。
阀体
材料
ZG 230−450
比例
数量
图号
制图
审核

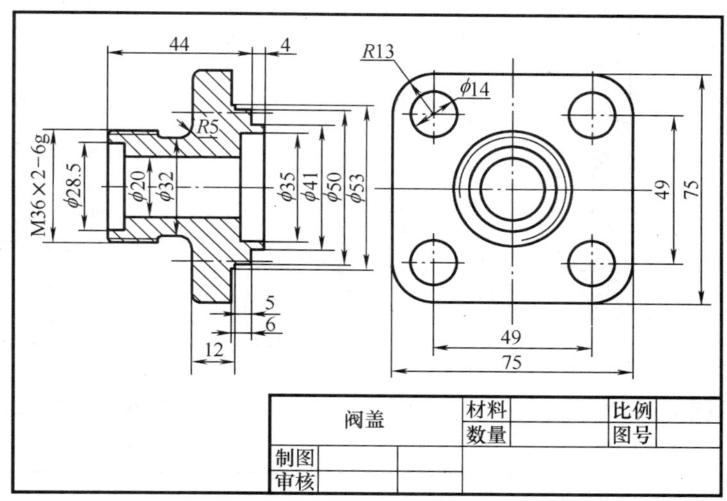

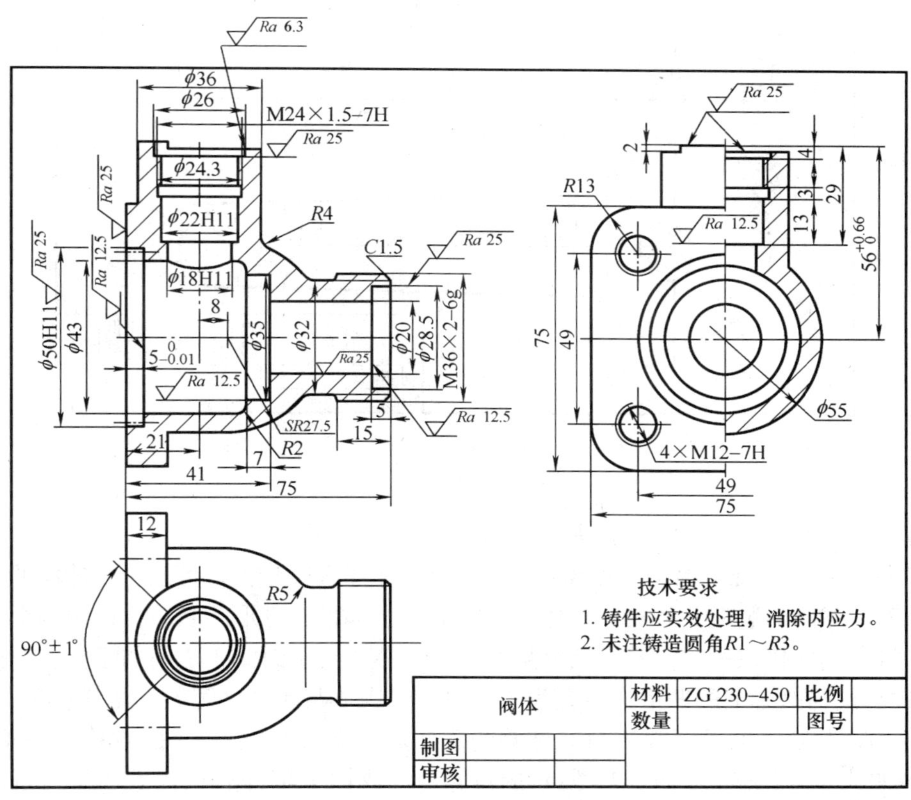

图 9-8　阀体

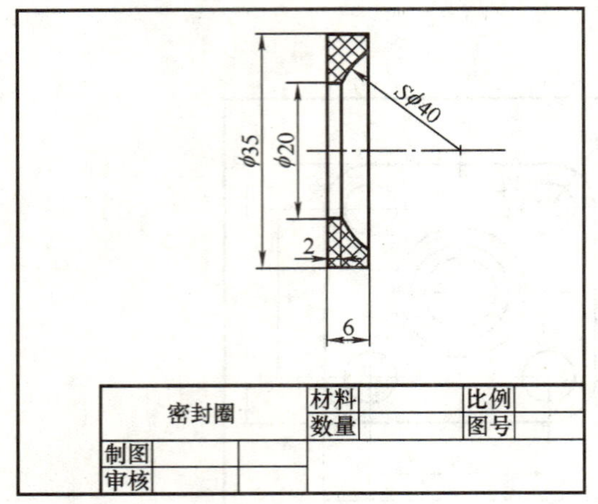

图 9-9　密封圈

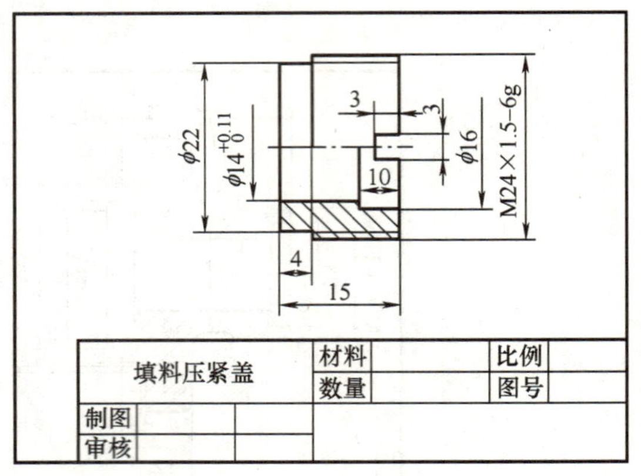

图 9-10　填料压紧套

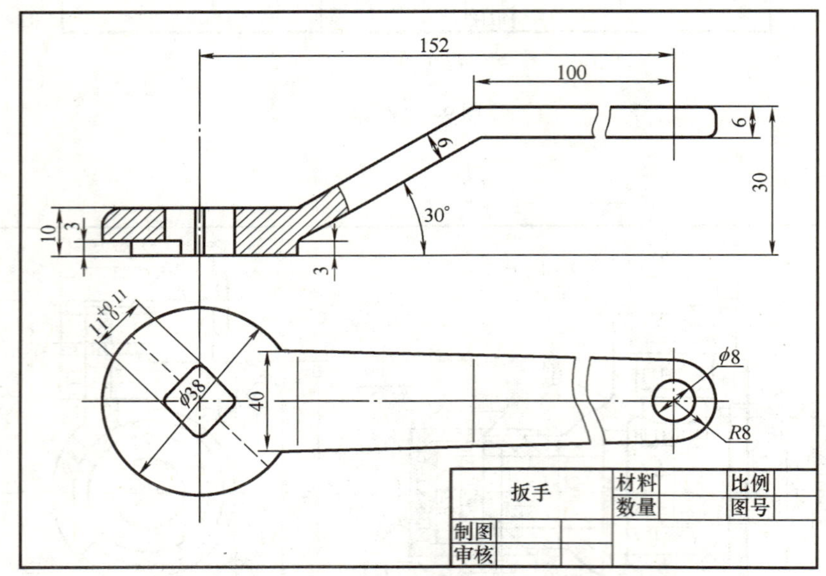

图 9-11　扳手

画装配图应按下列方法和步骤进行：

1. 了解部件的装配关系和工作原理　对图 9-1 仔细进行分析，可以了解球阀的装配关系和工作原理。球阀的装配关系是：阀体 1 与阀盖 2 上都带有方形凸缘结构，用四个螺柱 6 和螺母 7 可将它们联接在一起，并用调整垫 5 调节阀芯 4 与密封圈 3 之间的松紧。阀体上部阀杆 12 上的凸块与阀芯上的凹槽榫接，为了密封，在阀体与阀杆之间装有填料垫 8、中填料 9 和上填料 10，并旋入填料压紧套 11。球阀的工作原理是：将扳手 13 的方孔套进阀杆 12 上部的四棱柱，当扳手处于如图 9-13 所示的位置时，阀门全部开启，管道畅通；当扳手按顺时针方向旋转 90°时（图 9-13 俯视图双点画线所示位置），则阀门全部关闭，管道断流。从俯视图上的 *B—B* 局部剖视图可看到阀体 1 顶部限位凸块的形状（90°扇形），该凸块用来限制扳手 13 旋转的极限位置。

2. 确定表达方案　装配图表达方案的确定，包括选择主视图、其他视图和表达方法。

（1）选择主视图　一般将装配体的工作位置作为主视图的位置，以最能反映装配体装配关系、位置关系、传动路线、工作原理主要结构形状的方向作为主视图投射方向。由于球阀的工作位置变化较多，故将其放置为水平位置作为主视图的投射方向，以反映球阀各零件从左到右和从上向下的位置关系、装配关系和结构形状，并结合其他视图表达球阀的工作原理和传动路线。

（2）选择其他视图和表达方法　主视图不可能把装配体的所有结构形状全部表达清楚，应选择其他视图补充表达尚未表达清楚的内容，并选择合适的表达方法。如图 9-13 所示，用前后对称的剖切平面剖开球阀，得到全剖的主视图，清楚地表达了各零件间的位置关系、装配关系和工作原理，但球阀的外形形状和其他的一些装配关系并未表达清楚。故选择左视图补充表达外形形状，并以半剖视进一步表达装配关系；选择俯视图并作 *B*—*B* 局部剖视，反映扳手与限位凸块的装配关系和工作位置。

3. 画装配图的方法和步骤

1）确定了装配体的视图和表达方案后，根据视图表达方案和装配体的大小，选定图幅和比例，画出标题栏，明细栏框格。

2）合理布图，画出各视图的主要轴线（装配干线）、对称中心线和作图基准线。

3）画主要装配干线上的零件，采取由内向外（或由外向内）的顺序逐个画每一零件。

4）画图时，从主视图开始，并将几个视图结合起来一起画，以保证投影准确和防止漏线。

5）底稿画完后，检查描深图线、画剖面线、标注尺寸。

6）编写零、部件序号，填写标题栏、明细栏、技术要求。

7）完成全图后，再仔细校核，准确无误后，签名并填写时间。

图 9-12 所示为球阀装配图底稿的画图方法和步骤。

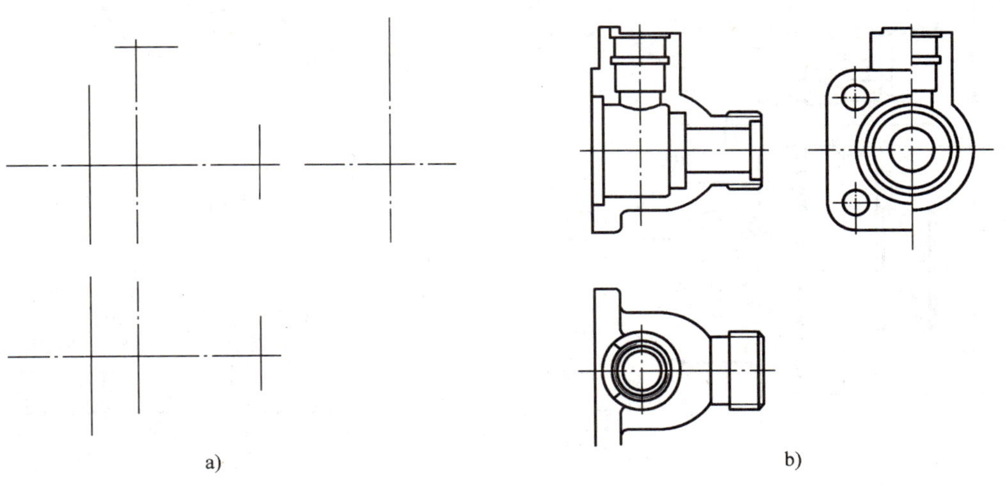

图 9-12　画装配图底稿的方法和步骤

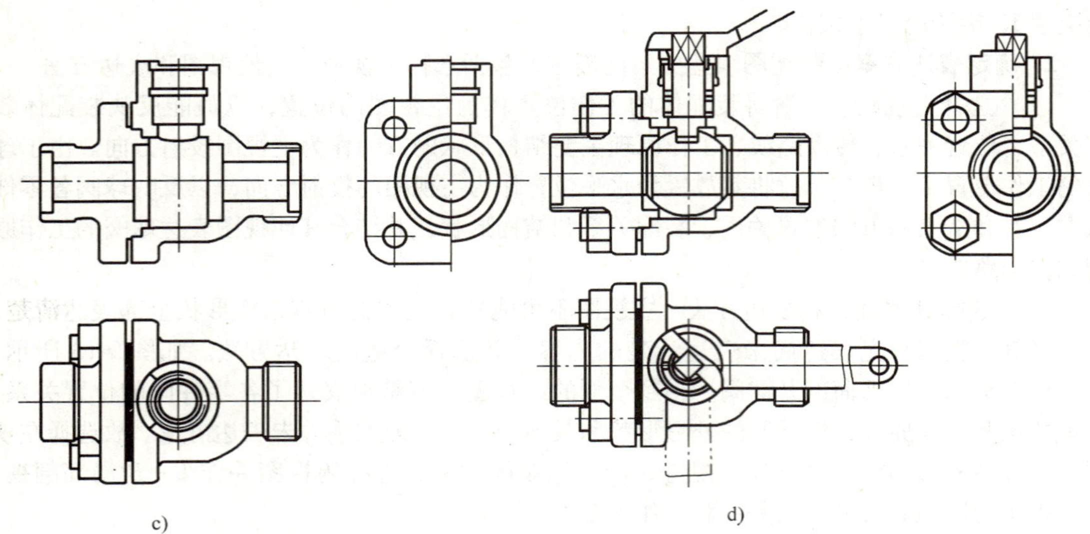

图 9-12　画装配图底稿的方法和步骤（续）

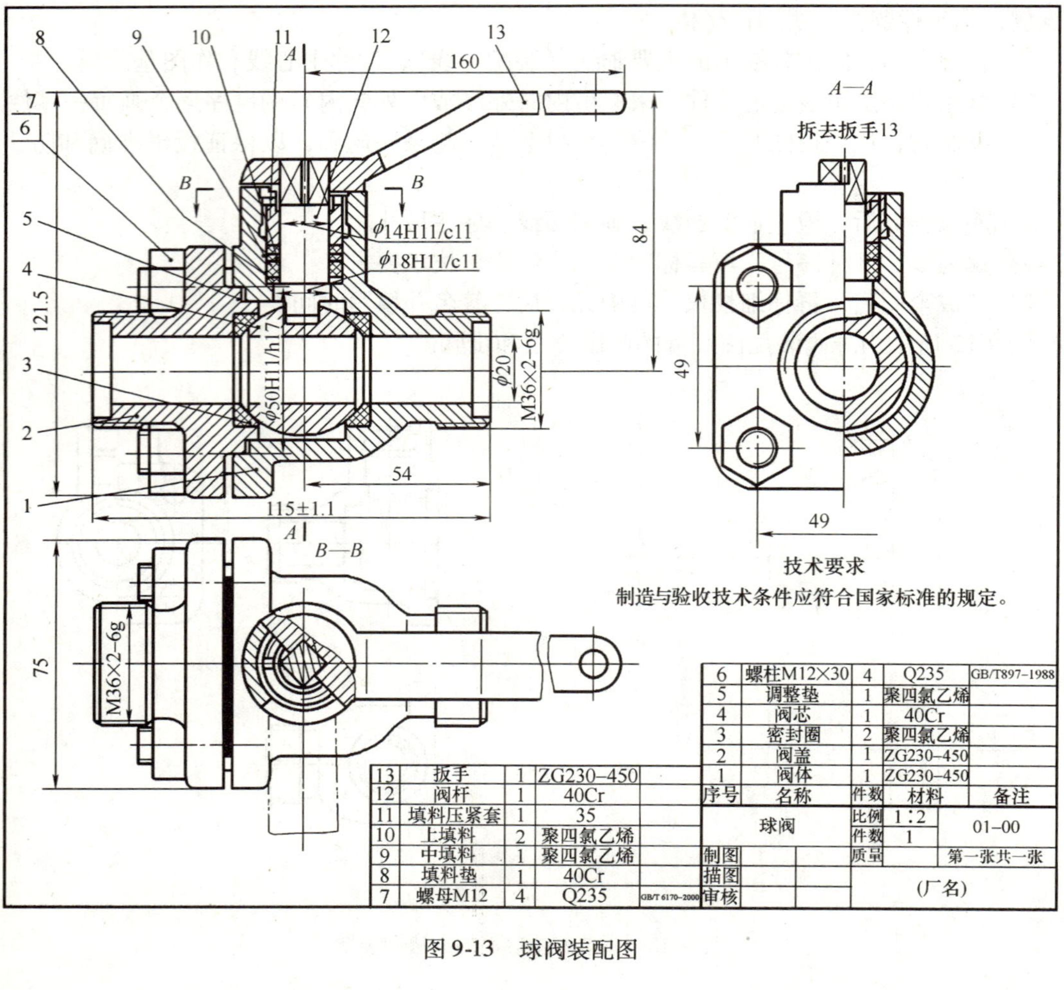

A—A

拆去扳手13

B—B

技术要求

制造与验收技术条件应符合国家标准的规定。

序号	名称	件数	材料	备注
1	阀体	1	ZG230-450	
2	阀盖	1	ZG230-450	
3	密封圈	2	聚四氯乙烯	
4	阀芯	1	40Cr	
5	调整垫	1	聚四氯乙烯	
6	螺柱M12×30	4	Q235	GB/T897-1988
7	螺母M12	4	Q235	GB/T 6170-2000
8	填料垫	1	40Cr	
9	中填料	1	聚四氯乙烯	
10	上填料	2	聚四氯乙烯	
11	填料压紧套	1	35	
12	阀杆	1	40Cr	
13	扳手	1	ZG230-450	

球阀	比例	1:2	01-00
	件数	1	
制图	质量		第一张共一张
描图			（厂名）
审核			

图 9-13　球阀装配图

1）画出三个视图的主要轴线、对称中心线和作图基准线，如图 9-12a 所示。

2）画轴线上的主要零件（阀体）的轮廓线，三个视图联系起来画，如图 9-12b 所示。

3）根据阀盖和阀体的相对位置，沿水平轴线画出阀盖的三视图，如图 9-12c 所示。

4）沿水平轴线画出各个零件，再沿铅直轴线画出各个零件，然后画出其他零件，如图 9-12d 所示。

5）画出扳手极限位置；检查、描深图线、画剖面线、标注尺寸；编写零、部件序号，填写标题栏、明细栏、技术要求，完成后的球阀装配图如图 9-13 所示。

第 10 章　其他工程图绘制与识读

【能力目标】 培养识图简单建筑图、展开图、焊接图、钢结构图的能力。

10.1　建筑图绘制与识读

在建筑工程中，无论是建造厂房、住宅、学校、桥梁、道路等，都要依据图样进行施工。建筑制图主要研究在平面上用图形表示空间几何形状的基本理论和方法。

10.1.1　建筑施工图的基本知识

房屋建筑施工图将拟建房屋的内外形状和大小以及各部分的结构、构造、装饰、设备等的做法，用正投影方法并按制图规定详细准确地表示在图样上，用以指导建筑工程施工。

由于建筑施工图一般采用缩小的比例绘制，对房屋建筑的材料、构造及配件等难以如实绘出其投影，通常用规定的图例代替，表 10-1 是常用材料、构造和配件的图例。

表 10-1　常用材料、构造及配件图例

名称	图例	说明	名称	图例	说明
普通砖		1. 包括砌体、砌块 2. 断面较窄，不易画出图例线时，可涂红	金属		包括各种金属；图形小时可涂黑
空心砖		包括各种多孔砖	检查孔		左图为可见检查孔，右图为不可见
混凝土		图例仅适用于能承重的混凝土及钢筋混凝土，包括各种添加剂的混凝土；在剖面图上画出钢筋时，不画图例线；断面窄，不易画出图例线时，涂黑	坑槽		
钢筋混凝土			墙预留洞	宽×高或 ϕ	

10.1.2　建筑平面图

1. 图示方法及作用　假想用一水平的剖切平面沿略高于窗台的位置剖切房屋，移去上面部分，对以下的部分作水平剖面图，即为建筑平面图，简称平面图。通常，房屋有几层就应该画出几张平面图，并注出其相应的名称，依次称为首层平面图、二层平面图、……、顶层平面图。对平面布置完全相同的楼层可共用一张平面图，称为 $x \sim y$ 层平面图或标准层平面图。

平面图的比例常采用 1∶50、1∶100、1∶200 等。平面图中的图线要粗细分明，凡是被剖切到的墙、柱等断面的轮廓线均用粗实线，门、窗等其余可见轮廓线用中粗线，其他线型同机械制图。粗实线、中粗线、细实线的宽度比为 4∶2∶1。

2. 建筑平面图的读图要点　图 10-1 为某民用建筑的首层平面图。

1）从图名可知该图样是哪一层的平面图，绘图比例是多大。

2）从平面图的外墙轮廓可知每层的平面轮廓形状，把每层的平面外轮廓形状联系起来可想象出该房屋外立面的概况。

3）从墙的分隔、房间名称以及门窗的配置，可知各层的房间配置、用途、数量以及相互间的联系情况等。

4）从图中的门窗图例、代号、编号可知门窗的位置和门的开启方向。根据代号、编号进一步查阅门窗详图和门窗表，可知门窗的尺寸规格等。门、窗代号分别用 M、C 表示，代号后面的阿拉伯数字是代表门窗的类型编号。

5）从楼梯图例可知楼梯的设置和上下交通走向。

6）从设备设施图例可知卫生间、宿舍等的主要设备设施的布置情况。

7）从轴线编号可知承重墙、柱的数目和分布情况。

8）平面图上一般纵横各标注 3 道尺寸。第一道（最里面一道）尺寸表示门窗洞口宽度尺寸和门窗间的墙体尺寸以及细部的构造尺寸；第二道（中间一道）尺寸表示轴线间的尺寸，用以表明房间的开间和进深尺寸；第三道（最外一道）尺寸表明房屋外轮廓的总尺寸，即从一端外墙边到另一端外墙边的总尺寸。

9）从图中的有关符号可知房屋朝向、地面标高、剖切位置、索引详图等情况。

10.1.3　建筑立面图

1. 图示方法及作用　建筑立面图（简称立面图）是在与建筑物平行的正立投影面上得到的建筑物投影图，主要用来表达建筑物的外形外貌、门窗洞、雨篷、阳台等在同方向上的定形尺寸，以及外墙的装饰、用料、施工要求等。

立面图所采用的比例一般与平面图相同，由于比例较小，细部构造通常采用图例表示，细部构造的详细结构用详图表示。立面图上室外地坪和外轮廓线用粗实线绘制，外轮廓之内的凹凸墙面的轮廓线以及门窗、阳台等建筑设施的轮廓线用中粗线绘制；细部构件的轮廓用细实线绘制（图 10-2）。立面图一般只标注高度方向的尺寸，通常用标高表示。

2. 建筑立面图的读图要点　立面图必须和平面图结合起来读，以图 10-2 所示的立面图为例说明立面图的内容及读图方法。

1）从图名可以知道是前述房屋的南、北向立面图，比例和平面图相同，为 1∶100。

2）从两个立面图的定位轴线可以了解立面图和平面图的对应关系。南立面图左面是西，右面是东；北立面图的左面是东，右面是西。

3）对照平面图可以看出窗户的形状和位置还可以了解门、踏步楼梯等细部的形状和位置。

4）从立面图上可以了解外墙饰面材料、配色尺寸等。

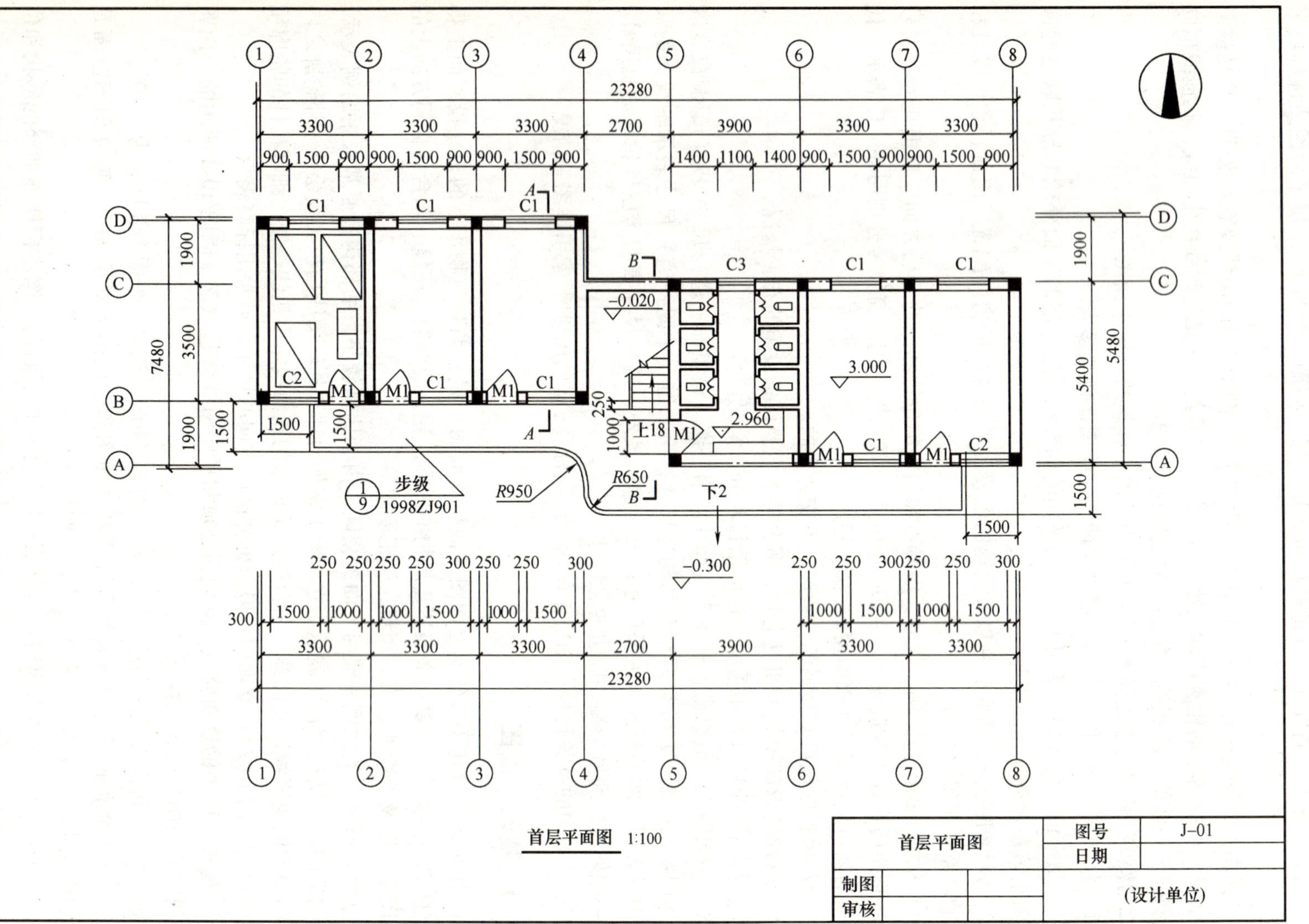

图10-1 首层平面图

白色墙面砖
浅棕色墙面砖
深咖啡条形砖
7.500
7.200
6.000
3.000
±0.000
-0.300
1100
200
南向立面图 1:100
浅棕色墙面砖
白色墙面砖
北向立面图 1:100
立面图
图号
J-04
日期
(设计单位)
制图
审核

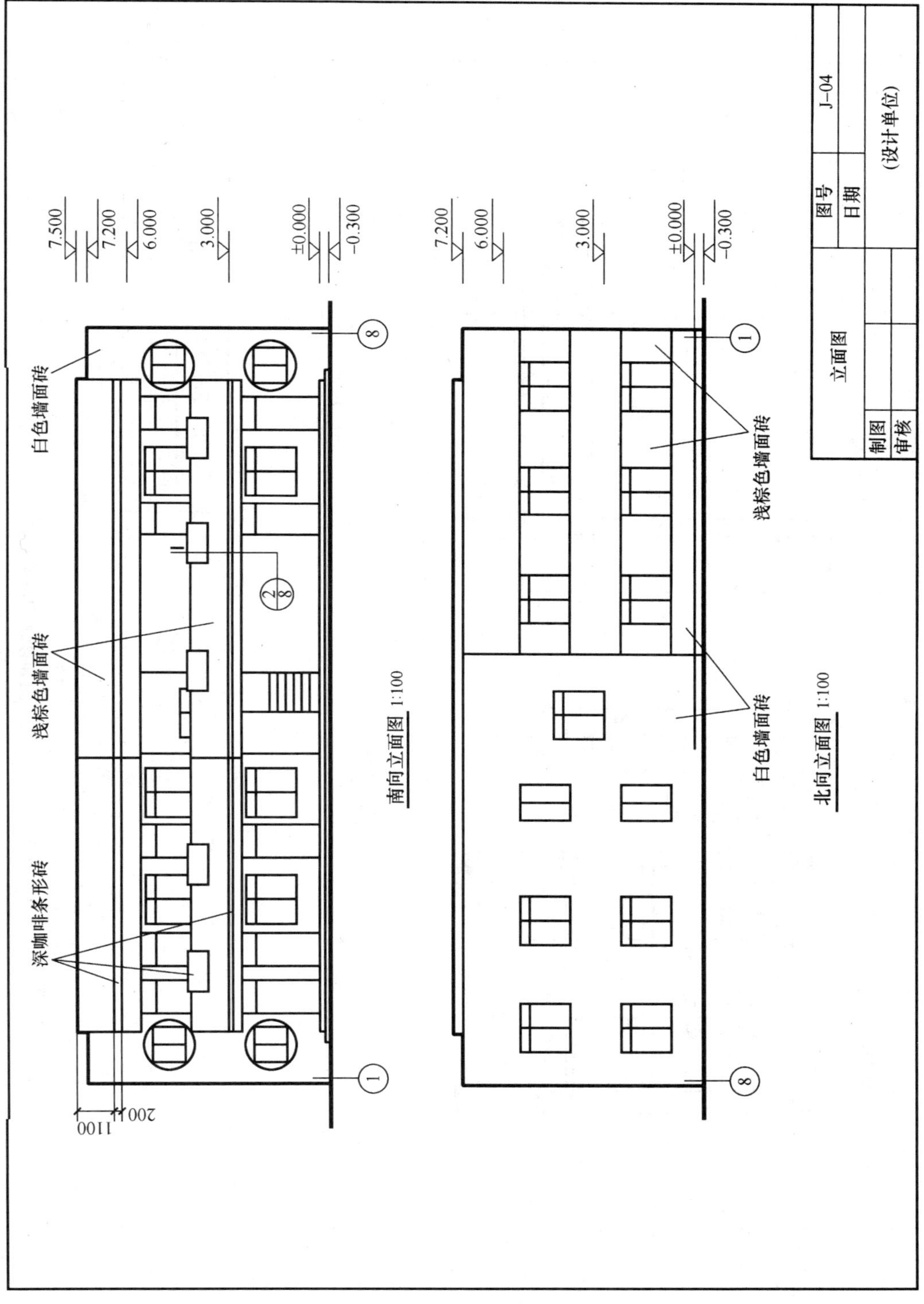

图10-2　立面图

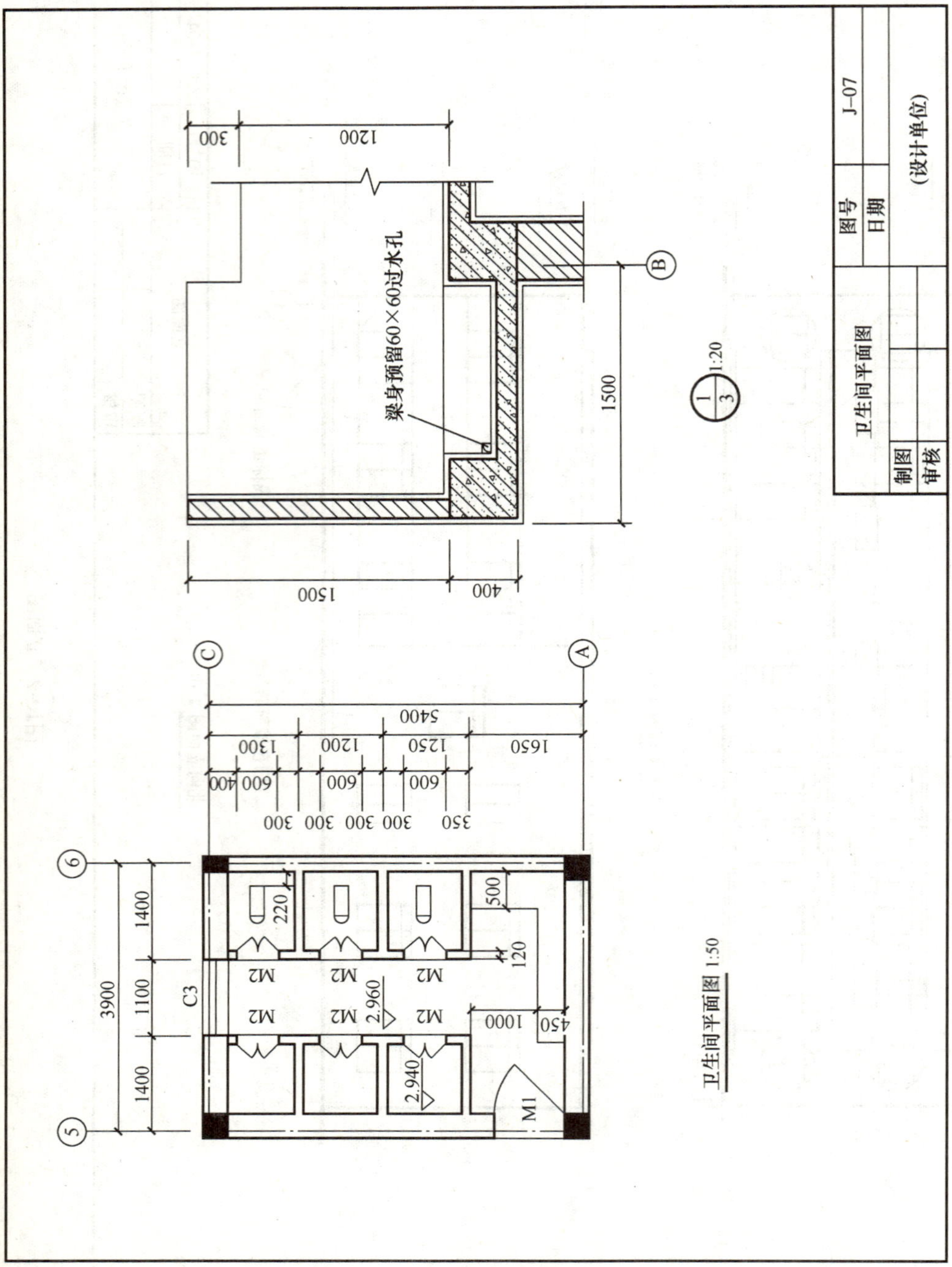

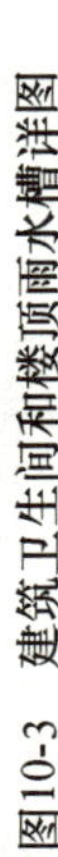

图10-3　建筑卫生间和楼顶雨水槽详图

5）了解主要部位的标高，如台阶、屋顶、各楼层地面、女儿墙等处的标高。门窗洞口的高度要参考剖面图。

6）把每层的平面图和立面图结合起来可想象出楼房的形状。

10.1.4 建筑详图

1. 图示方法及作用 前面完成的建筑平面图、立面图，虽然可以表明房屋的外形、平面布置、内部构造和主要尺寸，但由于比例较小，许多细部构造无法表达清楚，为了满足施工要求，对房屋的细部构造用较大的比例将其形状、大小、层次、尺寸、材料和做法等详细地画出来，这些图称为建筑详图，简称详图，亦称大样图或节点图。它是建筑平面图、立面图、剖面图的补充图样，对局部施工具有指导作用，如图 10-3 所示。

绘制详图的比例通常选用 1:5、1:25、1:20、1:10、1:2、1:1 等。可以理解为详图是平面图、立面图的局部放大图或放大的局部剖面图。详图要求构造表达清楚，尺寸标注齐全，文字说明准确，轴线、标高与相应的平面图、立面图、剖面图一致，所有在平面图、立面图、剖面图的具体做法和尺寸均应以详图为准。

2. 图示内容 房屋的详图通常有檐口、墙身、栏板（栏杆）等节点构造详图，楼梯详图以及厨房、卫生间、阳台、门窗、装饰物、花格、花槽、扶手、雨篷、台阶等详图。不同的详图其图示内容有较大的差别，一般都是表达房屋细部构造所用的各种材料及基本规格、各部分的连接方法和相对位置的关系、各部位和各细部的详细尺寸以及有关施工要求和做法说明等。

10.2 展开图

10.2.1 展开图的基本知识

在工业生产中，常常有一些零部件或设备由金属板材加工而成。在制造时，首先在金属薄板上，按零件图的尺寸绘出各个组成形体的表面展开图，然后下料加工。图 10-4 是一个除尘器，它的外壳是用金属薄板制成圆柱、圆台、弯管和变形接头后，再用铆接、焊接或咬缝连接将它们装配起来。

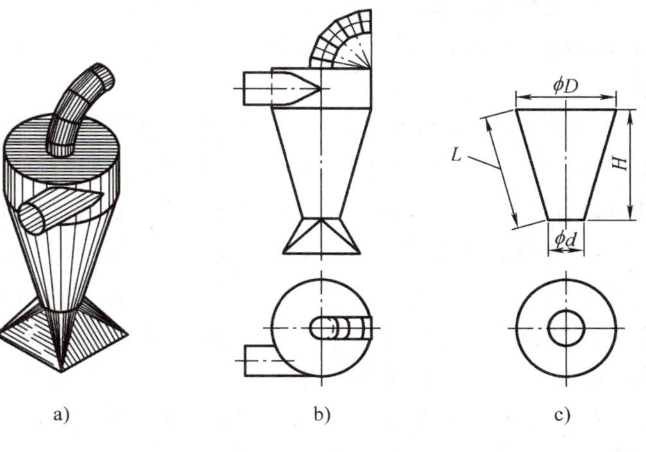

图 10-4 除尘器

a）除尘器立体图 b）视图 c）圆锥管视图

立体表面的展开就是把围成立体表面的侧面一次连续的平摊在一个平面上。立体表面展开后所得平面图形称为展开图。图 10-5 画出了圆锥管表面展开过程及其展开图。有些立体表面可以摊平在一个平面上，这种表面称为可展开面。平面立体的表面以及直纹曲面中相邻二素线是平行或相交的共面的曲面，如柱面和锥面，都是可展开面。有些立体表面只能近似地摊平在一个平面上，则称为不可展面。以曲线为母线的双向曲面，如球面和环面，以及母线仍为直线，但相邻两素线既不平行又不相交的曲面，如双曲抛物面，都是不可展面。

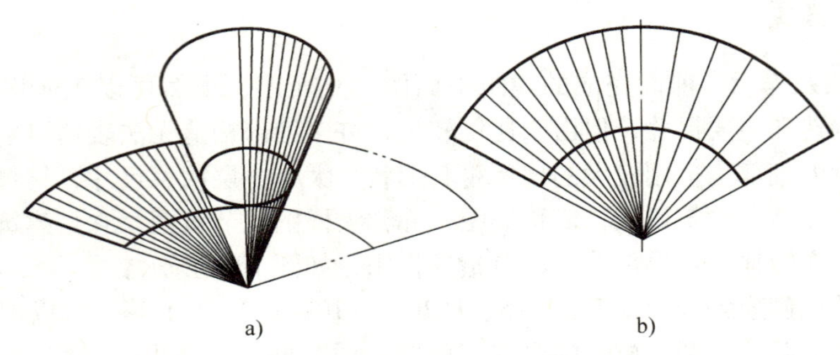

图 10-5　圆锥管表面的展开图
a）展开过程　b）展开图

画展开图实质上是一个如何求立体表面实形的问题。在实际生产中，绘制展开图的方法有两种：图解法和计算法。图解法是根据投影原理作出投影图，然后再用作图方法求出作展开图所需的线段实长和平面图形的实形后，绘出展开图。图解法作展开图较直观、简单，适用于中、小构件。计算法是用解析式来计算出作展开图的实长尺寸来绘制展开图，省略了作投影图和求实长等繁琐的作图过程，且有精确度高的优点，一般大构件用计算法比较适宜。计算法能用计算机来进行计算和绘制展开图，并能控制切割和自动下料，大大提高了板工展开生产率和精确度，是今后发展的方向。

10.2.2　平面立体表面的展开

求平面立体的表面展开图实质，就是要求出属于立体表面的所有多边形的实形，并将它们依次连续地画在一个平面上。

1. 棱柱管表面的展开　棱柱管的侧面都是四边形，而且棱线相互平行。因此，只要求出各侧棱和底边的实长，就可以绘出棱柱表面的展开图。图 10-6b 所示为四棱柱管的展开图。

图 10-6a 所示为斜口直棱柱管的两面投影。由于四棱柱底面 *ABCD* 平行于水平面，其水平投影反映实形。侧棱 *EA*、*FB*、*GC* 和 *HD* 均为铅垂线，正面投影反映实长。根据这个关系就可以作出四个侧面的实形。展开图的作图过程如图 10-6b 所示。

2. 棱台的展开　图 10-7a 所示为四棱台的两面投影。棱线延长后交于一点 *S*，形成一个倒置的四棱锥，可见此渐缩管是四棱台。四棱锥的四条棱线实长相等，可用直角三角形法求实长，然后按已知边长作三角形的方法，顺次作出各三角形棱面的实形，拼得四棱锥的展开图。截去延长的下段棱锥的各棱面，就是四棱台的展开图。展开图的作图过程如下。

（1）求棱线的实长　如图 10-7b 所示，作水平线 $OS_1 = es$。过 O 点做铅垂线 OE_1 等于四棱锥的高 H_1，S_1E_1 即为延长的棱线 SE 的实长。在 OE_1 上，量四棱台的高 H，作水平线与 S_1E_1 交于 A_1，则 S_1A_1 即为棱长实长。

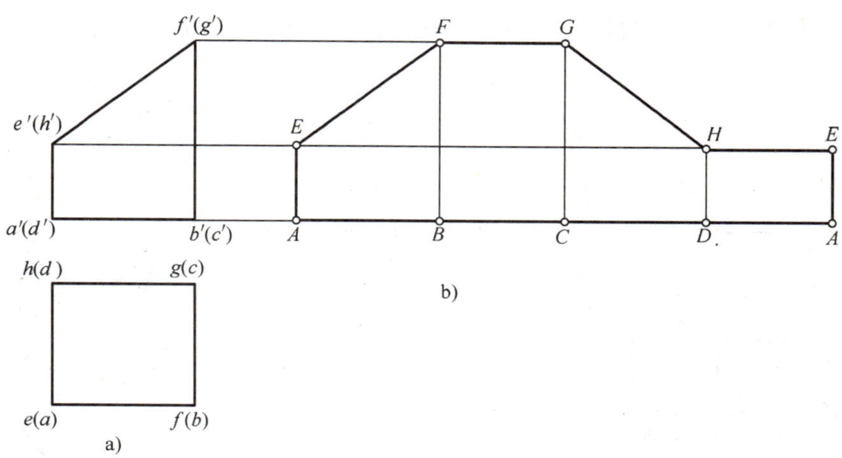

图 10-6　四棱柱管的展开图

a）四棱柱管投影图　b）展开图

（2）作展开图　如图 10-7c 所示，作 $SE=S_1E_1$。以 S 为圆心，SE 为半径作一圆弧，因矩形 *efgh* 反映实形，其各边反映实长。在圆弧上截取弦长 $EF=ef$、$GH=gh$、$HE=he$，得 E、F、G、H、E 交点，将它们与 S 点相连，即为完整的四棱锥的展开图。

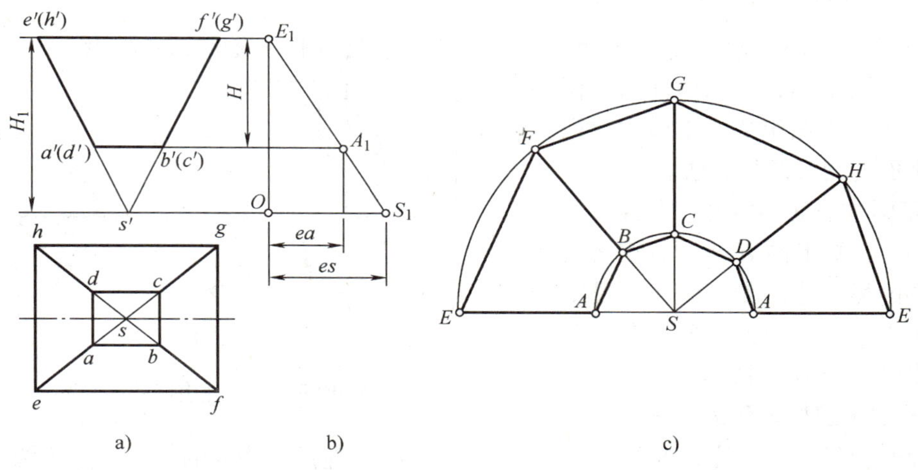

图 10-7　矩形减缩管的展开图

a）投影图　b）求实长　c）展开图

（3）在各棱线上截去延长的棱线的实长　以 S_1A_1 为半径作一圆弧，与 SE、SF、SG、SH、SE 相交得 A、B、C、…各点，顺次连接。截出的部分即为这个矩形渐缩管的展开图。

3. 漏斗表面的展开　图 10-8a 所示为一个漏斗的投影图。漏斗的四条棱线延长后不交于一点，因此该漏斗不是四棱台。该漏斗的前后侧面是两个相等四边形的侧垂面，左右两侧面是等腰梯形的正垂面。各侧棱都是一般位置的直线，且 $AE=DH$、$BF=CG$。作四边形的实形时，将其用对角线划分为两个平面三角形来作图。作等腰梯形的实形时，也可用其上下两底边和高的实长作图。考虑接口缝要短，展开时将接口布置在 AE 棱线上。展开图如图 10-8c 所示。

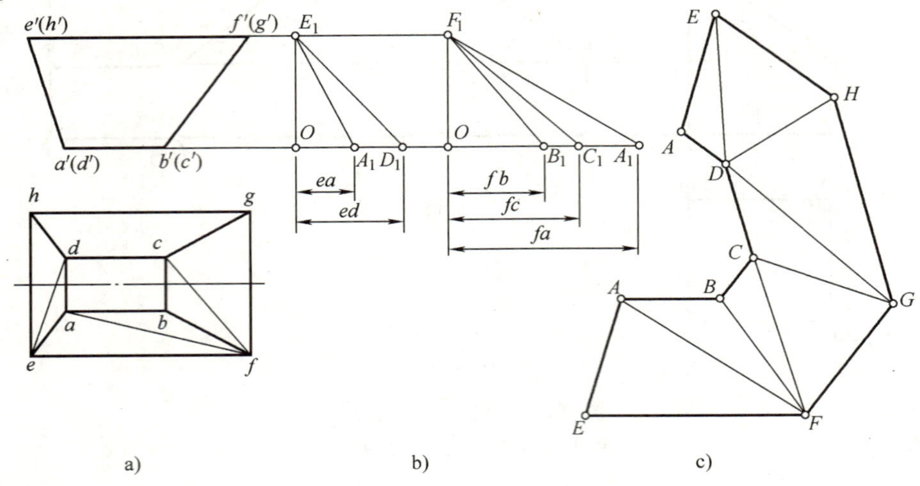

图 10-8　漏斗的展开图

a）投影图　b）侧棱及对角线的实长　c）展开图

10.2.3　可展曲面的展开

柱面、锥面及切线曲面属单曲面，其上相邻两素线为平行或相交的两直线，相邻两素线可构成一小片平面，整个曲面由无限多个这样的小片平面组成。本节主要研究柱面和锥面的展开图的画法。

1. 正圆柱表面的展开　其展开图是一个矩形，该矩形高 H 与圆柱面的高相等，矩形的另一边的长度等于圆柱面的圆周长 πD（D 为圆柱直径）。其展开图的作图步骤如图 10-9 所示。

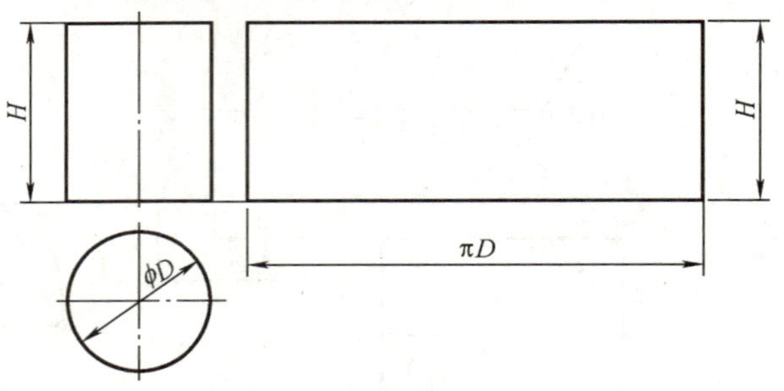

图 10-9　正圆柱表面的展开图

2. 截切正圆柱表面的展开　正圆柱表面的展开图是一个以柱高 H 为高，以 πD（D 为圆柱直径）为底的矩形。当正圆柱被一正垂面 P 斜截，其上下底不平行，上底为被平面 P 斜截的椭圆，下底为圆。若以两素线当做一平面图形，则该平面图形可看成直角梯形，它的上下底为两素线，其正面投影反映实长，其腰垂直于上下底，长度为两素线间的底圆的弧长。其展开图的作图如图 10-10 所示。

3. 五节等径圆柱弯管表面的展开　多节圆柱弯管常用于通风管道和热力管道中。图 10-11a 所示的弯管是由五节圆柱管组成，用来连接两正交圆柱管道。弯头由五节斜口圆管组成，中间的三节是两面倾斜的全节，端部的两节是一面倾斜的半节。这种弯管每节的直径都相同，可以将 B、D 两节管绕其轴线旋转 180°与 A、C、E 三节连接成一正圆柱，如图 10-11b 所示。然后按上述截头正圆柱表面展开方法作出连起来的各节的展开图，如图 10-11c 所示。

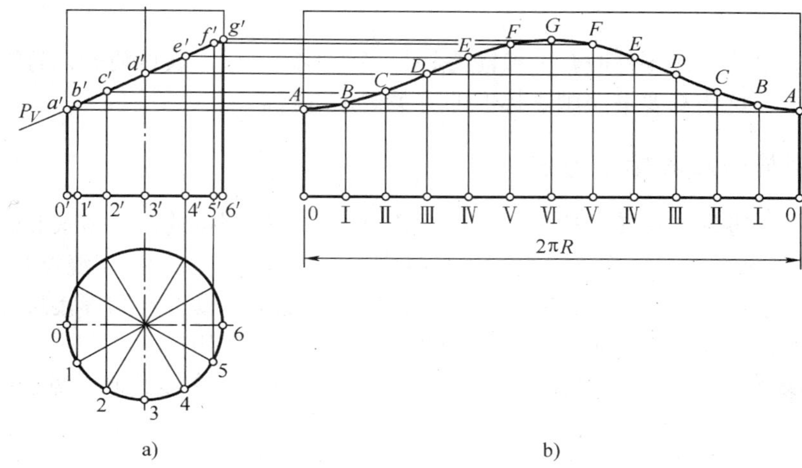

图 10-10　截头正圆柱表面展开图

a）圆柱面投影图　b）圆柱面展开图

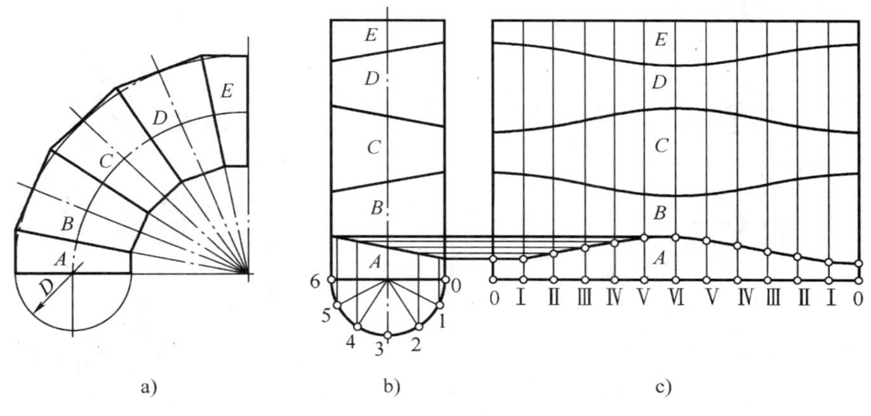

图 10-11　五节等径圆柱弯管的展开

a）投影图　b）五节圆管被拉直　c）展开图

10.3　焊接图识读

10.3.1　焊接的基本知识

焊接是金属加工的一种常用方法，将需要连接的金属零件在连接处局部加热到溶化或半溶化后使它们熔合在一起，或在其间加入其他熔化状态的金属，使它们在冷却后熔合成一体。焊接是一种不可拆的连接。焊接件中常用的接头形式有对接、搭接、角接和 T 形接等，如图 10-12 所示。而常用的焊缝形式有对接焊缝和角

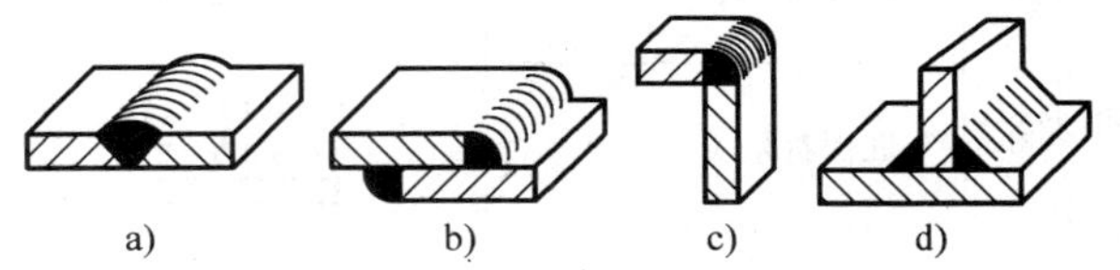

图 10-12　常见焊缝

a）对接接头　b）搭模接头　c）角模接头　d）T 形接头

焊缝。

在工程图上表达焊接零件时，一般需要将焊接的形式、尺寸表达清楚，有时还要说明焊接的方法和要求，这些都要按照国家标准的有关规定进行。

10. 3. 2 焊缝符号及其标注方法

在工程图上，零件的焊接处应该注上焊缝符号，以说明焊接的接头型式和焊缝要求。国家标准 GB/T 324—2008《焊缝符号表示法》规定了在工程图样上标注焊缝符号的有关规则。焊缝符号一般由基本符号指引线组成。必要时，还可以加上辅助符号和焊接尺寸符号。焊缝图形符号的线宽和字体的笔画宽度相同（约等于字体高度的 1/10）。

1. 焊缝的基本符号 表示焊缝横断面形状的符号，采用粗实线绘制，见表 10-2。

表 10-2 常用焊缝的名称和符号

焊缝名称	焊缝形式	符 号	焊缝名称	焊缝形式	符 号
I 形			U 形		
V 形			单边 U 形		
钝边 V 形			封底焊		
单边 V 形			点焊		
钝边单边 V 形			角焊		

2. 焊缝的辅助符号 焊缝的辅助符号是表示焊缝表面形状特征的符号；有时为了补充说明焊缝的某些特征，也采用一些补充符号，具体见表 10-3。

表 10-3 焊接图标注的辅助符号和补充符号

	焊缝名称	图 例	符 号	说 明
辅助符号	平面符号			焊缝表面平齐
	凹面符号			焊缝表面凹陷
	凸面符号			焊缝表面凸起

（续）

	焊缝名称	图　　例	符　　号	说　　明
补充符号	带垫板符号			焊缝底部有垫板
	三面焊缝符号			三面带有焊缝
	周围焊缝符号			环绕工件周围焊接
	现场符号			在现场或工地上进行焊接

3. 焊缝的指引线及其在图样上的位置　完整的焊接表示方法除了基本符号、辅助符号、补充符号以外，还包括指引线、一些尺寸符号及数据。指引线一般由带有箭头的指引线（简称箭头线）和两条基准线（一条为实线，另一条为虚线）两部分组成，如图 10-13 所示。箭头线和实线基准线均用细实现绘制。基准线的虚线可以画在基准线的实线下侧或上侧。基准线一般应与图样的底边相平行，但在特殊条件下也可与底边相垂直。为了能在图样上确切地表示焊缝的位置，将基本符号相对基准线的位置作如下规定。

基准线(实线)
箭头线
基准线(虚线)

图 10-13　指引线

若指引线的箭头指在接头焊缝一侧，则基本符号标在基准线实线一侧，如图 10-14a 所示。如果指引线的箭头指在接头焊缝的另一侧（即焊缝的背面），则将基本符号标在基准线的虚线一侧，如图 10-14b 所示。标注对称焊缝及双面焊缝时，可不加虚线，如图 10-14c、d 所示。

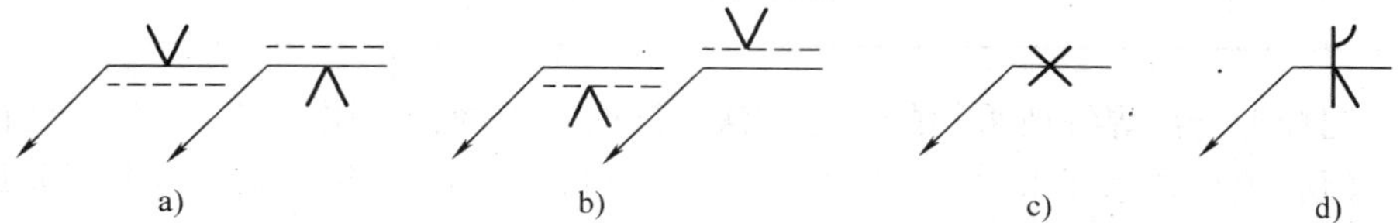

图 10-14　基本符号相对基准线的位置

4. 常见接头和焊缝的标注示例　在焊接过程中，常见焊缝标注示例见表 10-4。

表 10-4　焊缝的标注示例

接头型式	焊缝形式	标注示例	说　　明
对接接头	α　h　b	α　b　n×l　III	III表示用于工电弧焊，V 形焊缝，坡口角度为 a，对接间隙为 b，有 n 条焊缝。焊缝长为 l

（续）

接头型式	焊缝形式	标注示例	说　明
角接接头	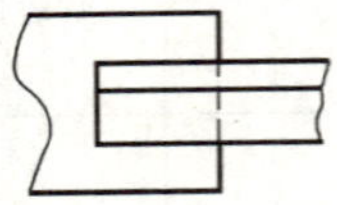	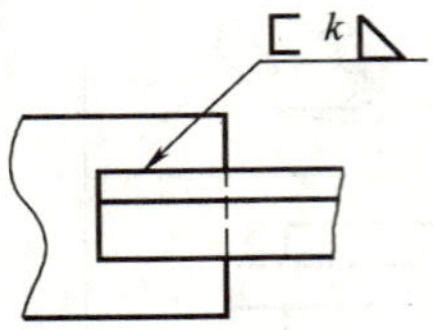 k	⊏表示三面焊接 ◺表示单面角焊缝
	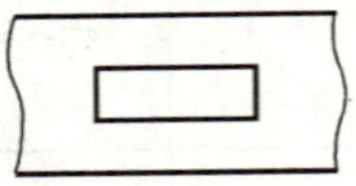	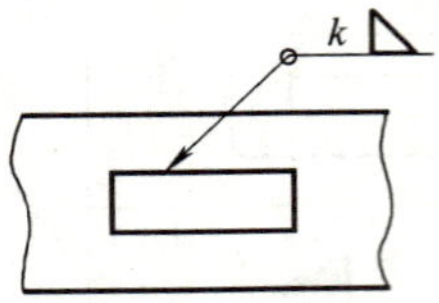 k	
T形接头	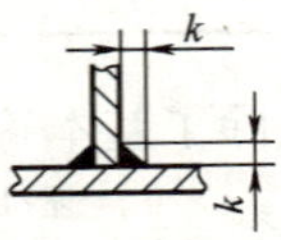 k k	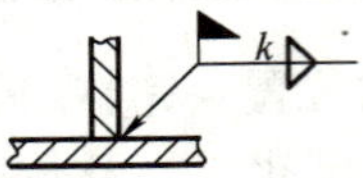 k	▶表示在现场装配时进行焊接 ▷表示双面角焊缝，焊角高度 K
	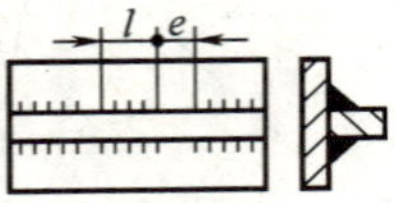 l e	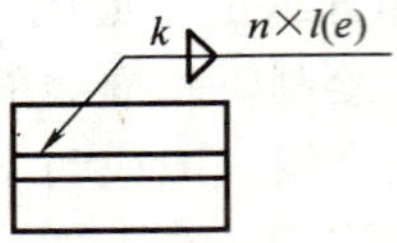 k n×l(e)	n×l(e) 表示有 n 条对称断续角焊缝。l 表示焊缝的长度，e 表示断续焊接的间距
	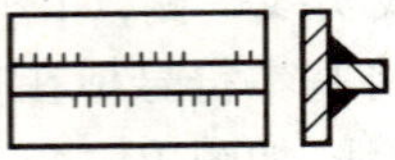	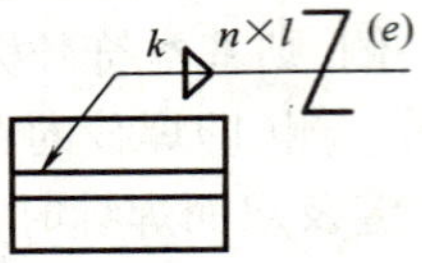 k n×l Z (e)	Z 表示交错断续角焊缝

当同一图样上全部焊缝所采用的焊接方法相同时，焊缝符号尾部表示焊缝方法的代号可省略不注，但必须在技术要求注明："全部焊缝均采用××焊"等字样；当大部分焊接方法相同时，也可在技术要求或其他技术文件中注明："除图样中注明的焊接方法外，其余焊缝均采用××焊"等字样。

10.3.3 焊接图画法

焊接件图样应能清晰的表示出各焊件的相互位置，焊接要求以及焊缝尺寸等。如不附有焊件详图时，还应表示出各焊件的形状、规格大小及数量。

1. 焊接图的内容

1）表达焊接件结构形状的一组视图。

2）焊接件的规格尺寸，各焊件的装配位置尺寸以及焊后加工尺寸。

3）各焊件连接处的接头形式、焊缝符号及焊缝尺寸。

4）构件装配、焊接以及焊后处理、加工的技术要求。

80
R40
10
80
B
C
60
15
20
6
100
Ra 12.5
C
1:1
8
6
6
8
45°
45°
2
Ra 6.3
φ60
100
6
φ32
Ra 25
6
20
(65)
19
26
90
130
6
Ra 25
A
2×φ22
A
B
1:1
6
6
6
45°
45°
6
6
技术要求
1. 焊缝均采用手工电弧焊。
2. 切割边缘表面粗糙度Ra值为100。
3. 所有焊缝不得有不透、熔蚀等缺陷。
3　圆筒　Q235A　1
2　支承板　Q235A　1
1　底板　Q235A　1
序号　代号　名称　材料　数量　备注
部件名称　支架　第　张　99.12.28
设计　制图　数量　共　张　比例　净重
审核　描图
设计　校对

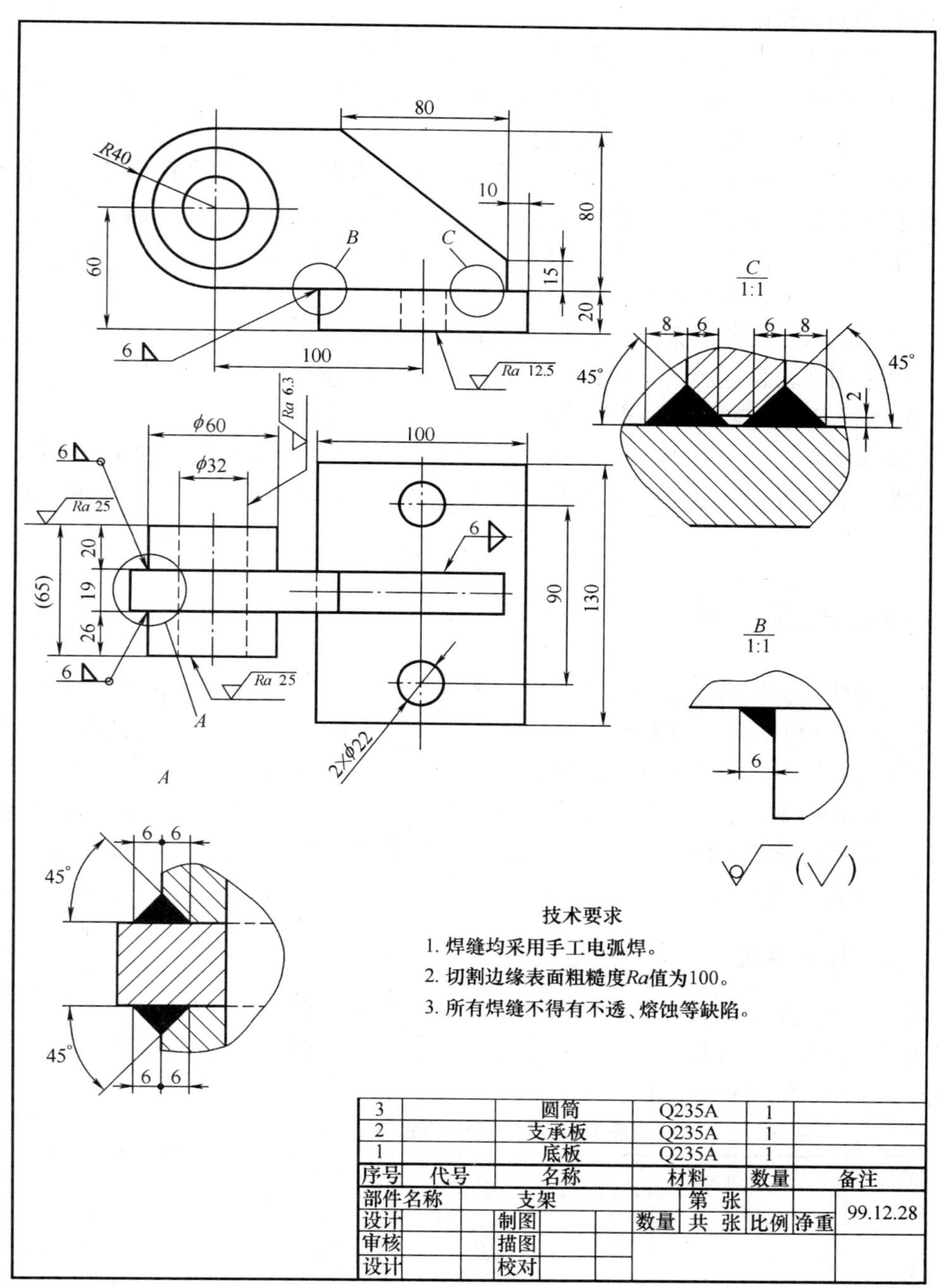

图 10-15　焊接件图例

5）说明焊件型号、规格、材料、重量的明细栏及焊件相应的编号。

6）标题栏。

2. 焊接图的表达形式和特点

（1）整件形式　在焊接图上，不仅表达了各焊件的装配、焊接要求，而且还表达了每一处焊接的形式和大小；除了较复杂的焊件和特殊要求的焊件外，不再另绘焊件图。这种图样形式表达集中，出图快，适用于修配或小批量生产。

（2）分体形式　除了在焊接图上表达焊件之外，还附有每一焊件的详图。焊件图重点表达装配连接关系，是用来指导焊件的装配、施焊及焊后处理的依据。而各种焊件的形状、规格、大小分别表示在各焊接图上。这种图样形式完整、清晰，看图简单，方便交流；适用于大批量生产或分工较细的情况。

（3）列表形式　当结构复杂、各焊件之间的焊缝型式和焊缝尺寸不便于在图上清晰地表达时，可采用列表表达形式，将相同规格的各种焊件的同一种焊缝型式及尺寸集中表示。

图 10-15 所示为支架的焊接图。从图中可以看出，它是以整体形式表示的。支架由底板、支承板和圆筒三部分组成。焊缝均为角焊缝，有单面焊，也有双面焊，焊角高均为 6mm。技术要求说明，焊缝均采用手工电弧焊接而成。其余与一般工程图样的表达基本相同。

10.4　钢结构图识读

金属结构件、金属容器设备广泛应用在建筑结构、机械设备和化工机械设备中，它们的图样在绘制原理和方法上与机械图样是一致的，但由于表达对象与制造方法有较大的差别，因而图样也有其特点。与机械零、部件相比，金属工件和容器设备各组成部分的尺寸相差较大，它们通常是由钢板、型钢通过焊接、螺栓联接等连接方式组合而成的。为了理解图样的含义，除了具备识读机械图样的基础外，还应了解型钢及焊接等有关代号和画法，掌握图样绘制特点及有关标准。

10.4.1　型钢的标记

金属结构件主要由钢板和各种型钢组成，条钢和各种型钢的标记见表 10-5，必要时可在标记后注出切割长度，并用半字线隔开。图上的标记应与型钢或条钢的位置一致。板钢的标记为板厚，其后为矩形的总体尺寸。

表 10-5　常用条钢及型钢的标记

<table>
<tr><th>名称</th><th colspan="2">标记</th><th>尺寸含义</th><th>名称</th><th>标记</th><th>说明</th></tr>
<tr><td>圆钢钢管</td><td>∅</td><td>d
$d \times t$</td><td>d
t　d</td><td>角钢
（等边）</td><td>∟</td><td rowspan="2">若无其他相应的标准时，应详细的标明型钢的规格尺寸，并在规格尺寸前加注符号标记
例：80×60×7-500</td></tr>
<tr><td>方钢（实心）
方钢（空心）</td><td>□</td><td>b
$b \times t$</td><td>b
t　b</td><td>角钢
（不等边）</td><td>∟</td></tr>
</table>

（续）

名称	标记		尺寸含义	名称	标记	说明
扁钢（实心） 扁钢（空心）		$b \times h$ $b \times h \times t$	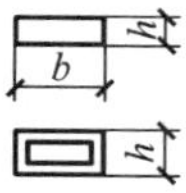	工字钢		若无其他相应的标准时，应详细的标明型钢的规格尺寸，并在规格尺寸前加注符号标记 例：80×60×7-500
六角钢（实心） 六角钢（空心）		s $s \times t$	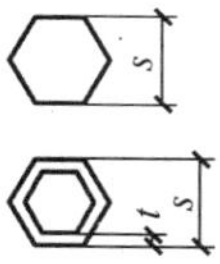	槽钢		

10.4.2　孔、螺栓及铆钉的表示法

1. 孔、螺栓及铆钉轴线垂直于投影面时　在垂直于孔轴线的投影面上绘制孔的视图时，应采用表 10-6 中的规定符号。孔的符号用粗实线绘制，中心没有圆点。在垂直于螺栓、铆钉轴线的投影面上绘制螺栓、铆钉的视图时，应采用表 10-7 中的规定符号，符号中心有圆点。

表 10-6　孔在垂直于孔轴线的投影面上的规定符号

孔	孔的符号			
	无沉孔	近侧有沉孔	远侧有沉孔	两侧有沉孔
在车间钻孔				
在工地钻孔				

表 10-7　螺栓及铆钉联接在垂直于孔轴线的投影面上的规定符号

螺栓或铆钉	螺栓或铆钉装配在孔内的符号			铆钉装在两侧有沉孔的符号
	无沉孔	近侧有沉孔	远侧有沉孔	
在车间装配				
在工地装配				
在工地钻孔及装配				

2. 孔、螺栓及铆钉的轴线平行于投影面时　在平行于孔轴线的投影面上绘制孔的视图时，应采用表 10-8 中的规定符号。孔的轴线用细实线绘制，其余均为粗实线。在平行于螺栓、铆钉轴线的投影面上绘制螺栓、铆钉的视图时，应采用表 10-9 中的规定符号。螺栓和铆钉的轴线用细实线绘制，其余均为粗实线。

表 10-8　孔在平行于孔轴线的投影面上的规定符号

孔	孔的符号		
	无沉孔	仅一侧有沉孔	两侧有沉孔
在车间钻孔			
在工地钻孔			

表 10-9　螺栓、铆钉在平行于孔轴线的投影面上的规定符号

螺栓或铆钉	螺栓或铆钉装配在孔内的符号		两侧有沉孔的铆钉连接符号	带有指定螺母位置的螺栓符号
	无沉孔	仅一侧有沉孔		
在车间装配				
在工地装配				
在工地钻孔或装配				

10.4.3　金属结构件的表示法

金属结构件可用简图配合节点图表示，画简图时，用粗实线表示杆件的中心线，节点中至杆件端面的距离直接注写在杆件上，如图 10-16 和图 10-17 所示。

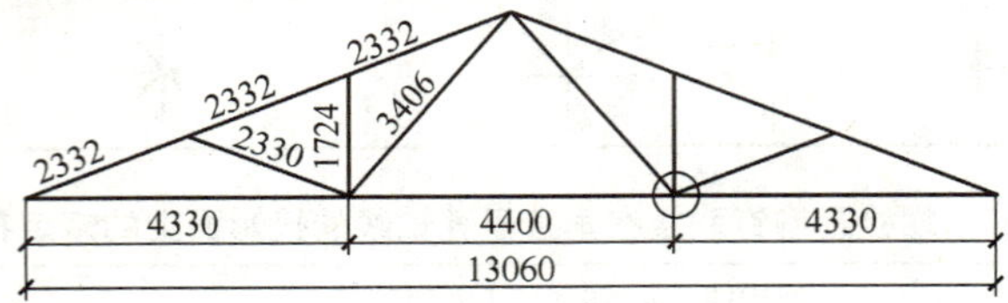

图 10-16　屋架结构简图

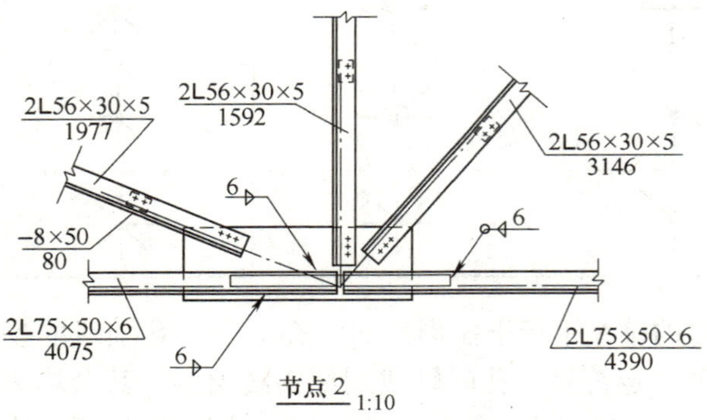

图 10-17　节点图的画法

附　　录

附录 A　螺　　纹

表 A-1　普通螺纹的公称尺寸（摘自 GB/T 193—2003、GB/T 196—2003）

（单位：mm）

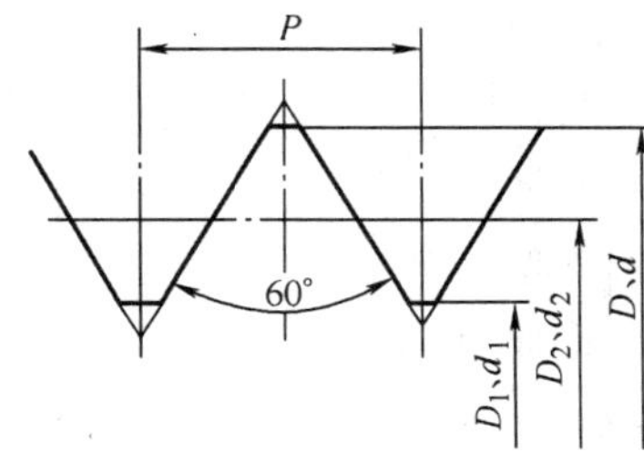

公称直径 D、d		螺距 P		粗牙小径 D_1、d_1
第一系列	第二系列	粗牙	细牙	
3		0.5	0.35	2.459
	3.5	0.6		2.850
4		0.7	0.5	3.242
	4.5	0.75		3.688
5		0.8		4.134
6		1	0.75	4.917
8		1.25	1、0.75	6.647
10		1.5	1.25、1、0.75	8.376
12		1.75	1.5、1.25、1	10.106
	14	2	1.5、1.25①、1	11.835
16		2	1.5、1	13.835
	18	2.5	2、1.5、1	15.294
20		2.5		17.294
	22	2.5	2、1.5、1	19.294
24		3	2、1.5、1	20.752
	27	3	3、2、1.5、1	23.752
30		3.5	3、2、1.5、1	26.211
	33	3.5	3、2、1.5	29.211
36		4	3、2、1.5	31.670
	39	4		34.670
42		4.5	4、3、2、1.5	37.129
	45	4.5		40.129
48		5		42.588
	52			46.587
56		5.5	4、3、2、1.5	50.046

注：1. 优先选用第一系列。

2. 第三系列未列入。

① 仅用于发动机的火花塞。

表 A-2　梯形螺纹的公称尺寸（摘自 GB/T 5796.2—2005、GB/T 5796.3—2005）

（单位：mm）

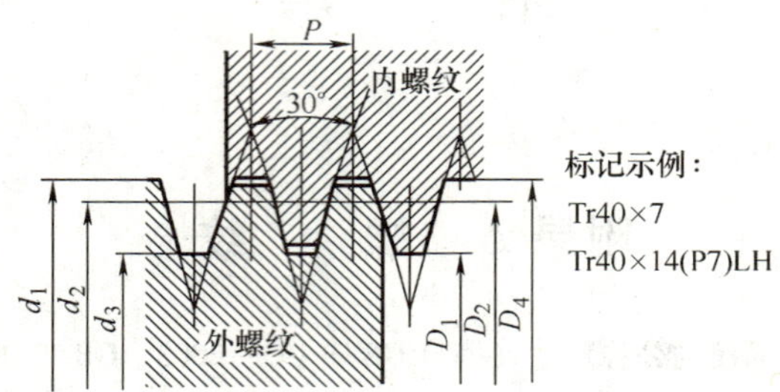

公称直径 d		螺距	中径	大径	小径	
第一系列	第二系列	P	$d_2=D_2$	D_4	d_3	D_1
8		1.5	7.25	8.30	6.20	6.50
	9	1.5	8.25	9.30	7.20	7.50
		2	8.00	9.50	6.50	7.00
10		1.5	9.25	10.30	8.20	8.50
		2	9.00	10.50	7.50	8.00
	11	2	10.00	11.50	8.50	9.00
		3	9.50	11.50	7.50	8.00
12		2	11.00	12.50	9.50	10.00
		3	10.50	12.50	8.50	9.00
	14	2	13.00	14.50	11.50	12.00
		3	12.50	14.50	10.50	11.00
16		2	15.00	16.50	13.50	14.00
		4	14.00	16.50	11.50	12.00
	18	2	17.00	18.50	15.50	16.00
		4	16.00	18.50	13.50	14.00
20		2	19.00	20.50	17.50	18.00
		4	18.00	20.50	15.50	16.00
	22	3	20.50	22.50	18.50	19.00
		5	19.50	22.50	16.50	17.00
		8	18.00	23.00	13.00	14.00
24		3	22.50	24.50	20.50	21.00
		5	21.50	24.50	18.50	19.00
		8	20.00	25.00	15.00	16.00

公称直径 d		螺距	中径	大径	小径	
第一系列	第二系列	P	$d_2=D_2$	D_4	d_3	D_1
	26	3	24.50	26.50	22.50	23.00
		5	23.50	26.50	20.50	21.00
		8	22.00	27.00	17.00	18.00
28		3	26.50	28.50	22.50	25.00
		5	25.50	28.50	22.50	23.00
		8	24.00	29.00	19.00	20.00
	30	3	28.50	30.50	26.50	27.00
		6	27.00	31.00	23.00	24.00
		10	25.00	31.00	19.00	20.00
32		3	30.50	32.50	28.50	29.00
		6	29.00	33.00	25.00	26.00
		10	27.00	33.00	21.00	22.00
	34	3	32.50	34.50	30.50	31.00
		6	31.00	35.00	27.00	28.00
		10	29.00	35.00	23.00	24.00
36		3	34.50	36.50	32.50	33.00
		6	33.00	37.00	29.00	30.00
		10	31.00	37.00	25.00	26.00
	38	3	36.50	38.50	34.50	35.00
		7	34.50	39.00	30.00	31.00
		10	33.00	39.00	27.00	28.00
40		3	38.50	40.50	36.50	37.00
		7	36.50	41.00	32.00	33.00
		10	35.00	41.00	29.00	30.00

注：D 为内螺纹，d 为外螺纹。

表 A-3　55°非密封管螺纹的基本尺寸（摘自 GB/T 7307—2001）

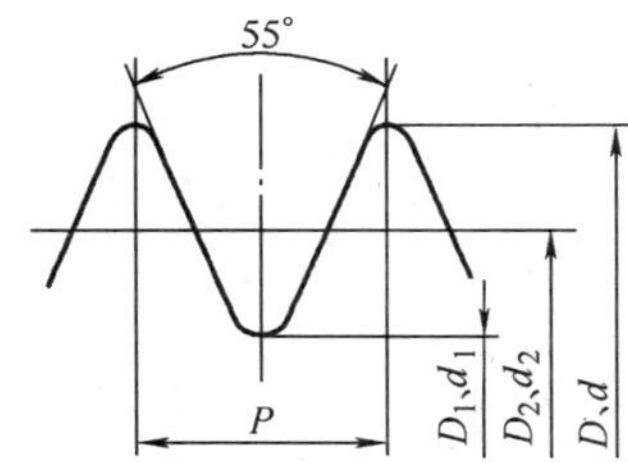

尺寸代号	每 25.4mm 中的螺纹牙数 n	螺距 P/mm	螺纹直径/mm	
			大径 D,d	小径 D_1,d_1
1/8	28	0.907	9.728	8.566
1/4	19	1.337	13.157	11.445
3/8	19	1.337	16.662	14.950
1/2	14	1.814	20.955	18.631
5/8	14	1.814	22.911	20.587
3/4	14	1.814	26.441	24.117
7/8	14	1.814	30.201	27.877
1	11	2.309	33.249	30.291
$1^1/_8$	11	2.309	37.897	34.939
$1^1/_4$	11	2.309	41.910	38.952
$1^1/_2$	11	2.309	47.803	44.845
$1^3/_4$	11	2.309	53.746	50.788
2	11	2.309	59.614	56.656
$2^1/_4$	11	2.309	65.710	62.752
$2^1/_2$	11	2.309	75.184	72.266
$2^3/_4$	11	2.309	81.534	78.576
3	11	2.309	87.884	84.926

表 A-4　55°密封管螺纹的基本尺寸（摘自 GB/T 7306.1—2000、GB/T 7306.2—2000）

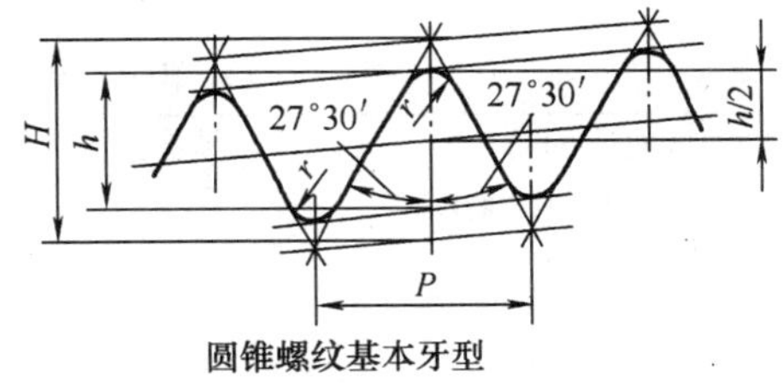

圆锥螺纹基本牙型

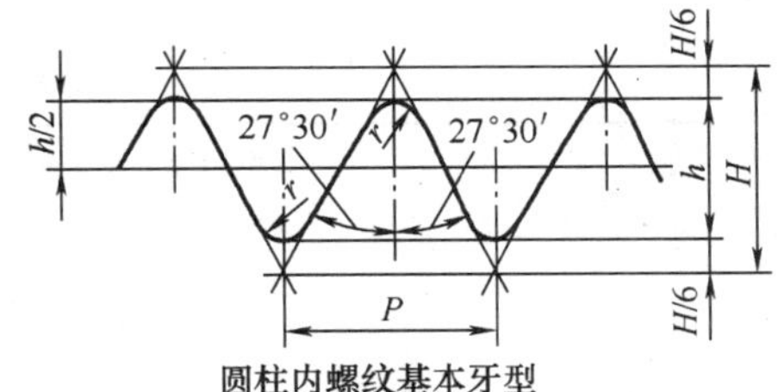

圆柱内螺纹基本牙型

$P=\frac{25.4}{n}$

$H=0.960237P$

$h=0.640327P$

$r=0.137278P$

标记示例：

Rc1½（圆锥内螺纹）

R_2 1½LH（圆锥外螺纹，左旋）

$P=\frac{25.4}{n}$

$H=0.960491P$

$h=0.640327P$

$r=0.137329P$

$\frac{H}{6}=0.160082P$

（续）

尺寸代号	每25.4mm内的牙数 n	螺距 P/mm	牙高 h/mm	圆弧半径 $r\approx$/mm	基面上的基本半径 大径（基准直径）$d=D$/mm	中径 $d_2=D_2$/mm	小径 $d_1=D_1$/mm	基准距离/mm	外螺纹有效螺纹长度不小于/mm
1/16	28	0.907	0.581	0.125	7.723	7.142	6.561	4.0	6.5
1/8	28	0.907	0.581	0.125	9.728	9.147	8.566	4.0	6.5
1/4	19	1.337	0.856	0.184	13.157	12.301	11.445	6.0	9.7
3/8	19	1.337	0.856	0.184	16.662	15.806	14.950	6.4	10.1
1/2	14	1.814	1.162	0.249	20.955	19.793	18.631	8.2	13.2
3/4	14	1.814	1.162	0.249	26.441	25.279	24.117	9.5	14.5
1	11	2.309	1.479	0.317	33.249	31.770	30.291	10.4	16.8
1¼	11	2.309	1.479	0.317	41.910	40.431	38.952	12.7	19.1
1½	11	2.309	1.479	0.317	47.803	46.324	44.845	12.7	19.1
2	11	2.309	1.479	0.317	59.614	58.135	56.656	15.9	23.4
2½	11	2.309	1.479	0.317	75.184	73.705	72.226	17.5	26.7
3	11	2.309	1.479	0.317	87.884	86.405	84.926	20.6	29.8
4	11	2.309	1.479	0.317	113.030	111.551	110.072	25.4	35.8
5	11	2.309	1.479	0.317	138.430	136.951	135.472	28.6	40.1
6	11	2.309	1.479	0.317	163.830	162.351	160.872	28.6	40.1

附录B　常用螺纹紧固件

表B-1　六角头螺栓　　（单位：mm）

六角头螺栓—A和B级（摘自GB/T 5782—2000）

六角头螺栓—细牙—A和B级（摘自GB/T 5785—2000）

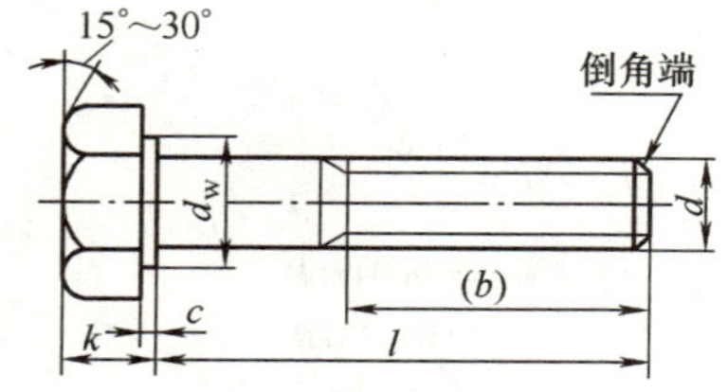

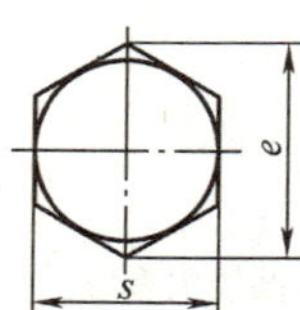

标记示例：

螺栓　GB/T 5782　M12×100

（螺纹规格 d = M12、公称长度 l = 100、性能等级为8.8级、表面氧化、产品等级为A级的六角头螺栓）

（续）

六角头螺栓—全螺纹—A 和 B 级（摘自 GB/T 5783—2000）

六角头螺栓—细牙—全螺纹—A 和 B 级（摘自 GB/T 5786—2000）

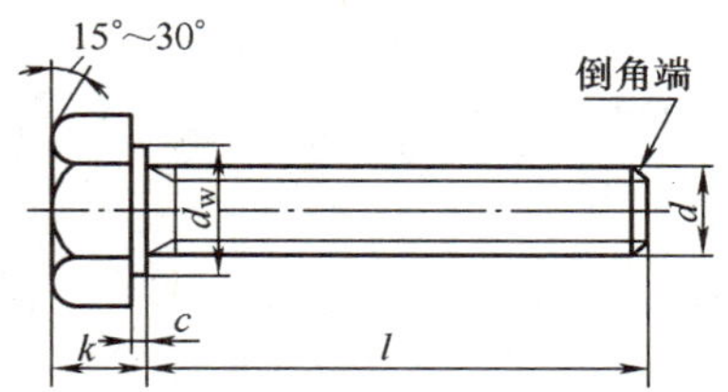

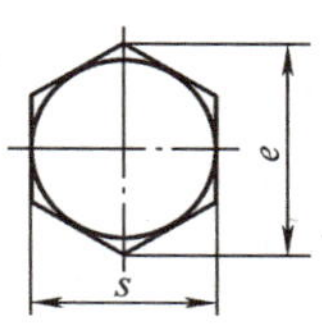

标记示例：

螺栓　GB/T 5786　M30×2×80

（螺纹规格 d=M30×2、公称长度 l=80、性能等级为 8.8 级、表面氧化、全螺纹、B 级的细牙六角头螺栓）

螺纹规格	d	M4	M5	M6	M8	M10	M12	M16	M20	M24	M30	M36	M42	M48
	$d \times P$	—	—	—	M8×1	M10×1	M12×1.5	M16×1.5	M20×2	M24×2	M30×2	M36×3	M42×3	M48×3
$b_{参考}$	$l \leqslant 125$	14	16	18	22	26	30	38	46	54	66	78	—	—
	$125 < l \leqslant 200$	—	—	—	28	32	36	44	52	60	72	84	96	108
	$l > 200$	—	—	—	—	—	—	57	65	73	85	97	109	121
c_{max}		0.4	0.5		0.6			0.8					1	
$k_{公称}$		2.8	3.5	4	5.3	6.4	7.5	10	12.5	15	18.7	22.5	26	30
s_{max}=公称		7	8	10	13	16	18	24	30	36	46	55	65	75
e_{min}	A	7.66	8.79	11.05	14.38	17.77	20.03	26.75	33.53	39.98	—	—	—	—
	B	—	8.63	10.89	14.2	17.59	19.85	26.17	32.95	39.55	50.85	60.79	72.02	82.6
d_{wmin}	A	5.9	6.9	8.9	11.6	14.6	16.6	22.5	28.2	33.6	—	—	—	—
	B	—	6.7	8.7	11.4	14.4	16.4	22	27.7	33.2	42.7	51.1	60.6	69.4
$l_{范围}$	GB/T 5782	25~40	25~50	30~60	35~80	40~100	45~120	55~160	65~200	80~240	90~300	110~360	130~400	140~400
	GB/T 5785											110~300		
	GB/T 5783	8~40	10~50	12~60	16~80	20~100	25~100	35~100	40~100				80~500	100~500
	GB/T 5786	—	—	—			25~120	35~160	40~200				90~400	100~500
$l_{系列}$	GB/T 5782 GB/T 5785	20~65（5 进位）、70~160（10 进位）、180~400（20 进位）												
	GB/T 5783 GB/T 5786	6、8、10、12、16、18、20~65（5 进位）、70~160（10 进位）、180~500（20 进位）												

注：1. P——螺距。末端按 GB/T 2—2000 规定。

2. 螺纹公差：6g；机械性能等级：8.8。

3. 产品等级：A 级用于 $d \leqslant 24$ 和 $l \leqslant 10d$ 或 $\leqslant 150$mm（按较小值）；

B 级用于 $d > 24$ 和 $l > 10d$ 或 > 150mm（按较小值）。

表 B-2　双头螺柱（摘自 GB/T 897 ~ 900—1988）　　（单位:mm）

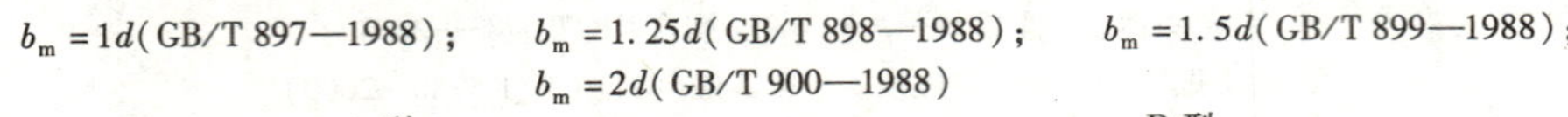

$b_m = 1d$（GB/T 897—1988）；　$b_m = 1.25d$（GB/T 898—1988）；　$b_m = 1.5d$（GB/T 899—1988）；
$b_m = 2d$（GB/T 900—1988）

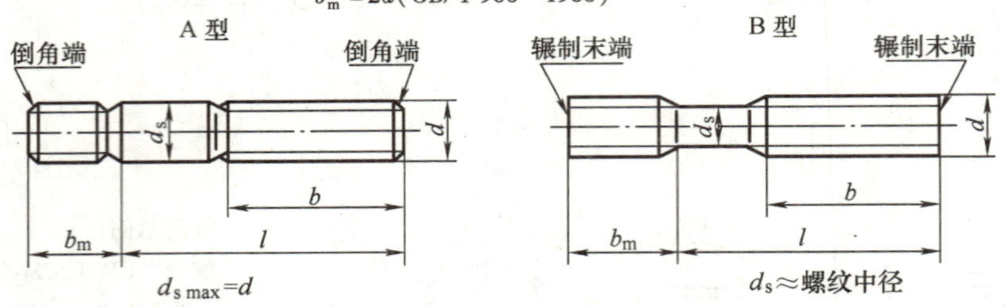

标记示例:

螺柱　GB/T 900　M10 × 50

（两端均为粗牙普通螺纹、$d = 10$、$l = 50$、性能等级为 4.8 级、不经表面处理、B 型、$b_m = 2d$ 的双头螺柱）

螺柱　GB/T 900　A M10-M10 × 1 × 50

（旋入机体一端为粗牙普通螺纹、旋螺母端为螺距 $P = 1$ 的细牙普通螺纹、$d = 10$、$l = 50$、性能等级为 4.8 级、不经表面处理、A 型、$b_m = 2d$ 的双头螺柱）

螺纹规格 d	b_m（旋入机体端长度）				l/b（螺柱长度/旋螺母端长度）
	GB/T 897	GB/T 898	GB/T 899	GB/T 900	
M4	—	—	6	8	$\frac{16\sim22}{8}$　$\frac{25\sim40}{14}$
M5	5	6	8	10	$\frac{16\sim22}{10}$　$\frac{25\sim50}{16}$
M6	6	8	10	12	$\frac{20\sim22}{10}$　$\frac{25\sim30}{14}$　$\frac{32\sim75}{18}$
M8	8	10	12	16	$\frac{20\sim22}{12}$　$\frac{25\sim30}{16}$　$\frac{32\sim90}{22}$
M10	10	12	15	20	$\frac{25\sim28}{14}$　$\frac{30\sim38}{16}$　$\frac{40\sim120}{26}$　$\frac{130}{32}$
M12	12	15	18	24	$\frac{25\sim30}{14}$　$\frac{32\sim40}{16}$　$\frac{45\sim120}{26}$　$\frac{130\sim180}{32}$
M16	16	20	24	32	$\frac{30\sim38}{16}$　$\frac{40\sim55}{20}$　$\frac{60\sim120}{30}$　$\frac{130\sim200}{36}$
M20	20	25	30	40	$\frac{35\sim40}{20}$　$\frac{45\sim65}{30}$　$\frac{70\sim120}{38}$　$\frac{130\sim200}{44}$
（M24）	24	30	36	48	$\frac{45\sim50}{25}$　$\frac{55\sim75}{35}$　$\frac{80\sim120}{46}$　$\frac{130\sim200}{52}$
（M30）	30	38	45	60	$\frac{60\sim65}{40}$　$\frac{70\sim90}{50}$　$\frac{95\sim120}{66}$　$\frac{130\sim200}{72}$　$\frac{210\sim250}{85}$
M36	36	45	54	72	$\frac{65\sim75}{45}$　$\frac{80\sim110}{60}$　$\frac{120}{78}$　$\frac{130\sim200}{84}$　$\frac{210\sim300}{97}$
M42	42	52	63	84	$\frac{70\sim80}{50}$　$\frac{85\sim110}{70}$　$\frac{120}{90}$　$\frac{130\sim200}{96}$　$\frac{210\sim300}{109}$
M48	48	60	72	96	$\frac{80\sim90}{60}$　$\frac{95\sim110}{80}$　$\frac{120}{102}$　$\frac{130\sim200}{108}$　$\frac{210\sim300}{121}$
$l_{系列}$	12、(14)、16、(18)、20、(22)、25、(28)、30、(32)、35、(38)、40、45、50、55、60、(65)、70、75、80、(85)、90、(95)、100 ~ 260（10 进位）、280、300				

注：1. 尽可能不采用括号内的规格。末端按 GB/T 2—2000 规定。

2. $b_m = 1d$，一般用于钢对钢；$b_m = (1.25 \sim 1.5)d$，一般用于钢对铸铁；$b_m = 2d$，一般用于钢对铝合金。

表 B-3　1 型六角螺母　　(单位:mm)

1 型六角螺母—A 和 B 级(摘自 GB/T 6170—2000)
1 型六角头螺母—细牙—A 和 B 级(摘自 GB/T 6171—2000)
1 型六角螺母—C 级(摘自 GB/T 41—2000)

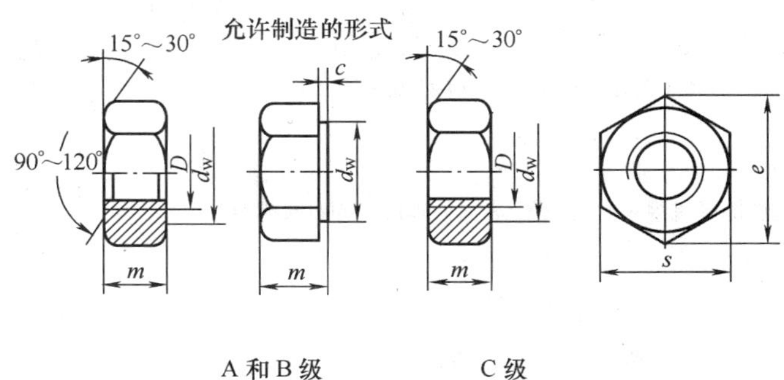

A 和 B 级　　　　C 级

标记示例:

螺母　GB/T 41　M12

(螺纹规格　D = M12、性能等级为 5 级、不经表面处理、C 级的 1 型六角螺母)

螺母　GB/T 6171　M24 × 2

(螺纹规格　D = M24、螺距 P = 2、性能等级为 10 级、不经表面处理、B 级的 1 型细牙六角螺母)

螺纹规格														
螺纹规格	D	M4	M5	M6	M8	M10	M12	M16	M20	M24	M30	M36	M42	M48
	$D \times P$	—	—	—	M8 × 1	M10 ×1	M12 ×1.5	M16 ×1.5	M20 ×2	M24 ×2	M30 ×2	M36 ×3	M42 ×3	M48 ×3
c		0.4	0.5		0.6			0.8				1		
s_{max}		7	8	10	13	16	18	24	30	36	46	55	65	75
e_{min}	A、B 级	7.66	8.79	11.05	14.38	17.77	20.03	26.75	32.95	39.95	50.85	60.79	72.02	82.6
	C 级	—	8.63	10.89	14.2	17.59	19.85	26.17						
m_{max}	A、B 级	3.2	4.7	5.2	6.8	8.4	10.8	14.8	18	21.5	25.6	31	34	38
	C 级	—	5.6	6.1	7.9	9.5	12.2	15.9	18.7	22.3	26.4	31.5	34.9	38.9
d_{wmin}	A、B 级	5.9	6.9	8.9	11.6	14.6	16.6	22.5	27.7	33.2	42.7	51.1	60.6	69.4
	C 级	—	6.9	8.7	11.5	14.5	16.5	22						

注：1. P——螺距。

2. A 级用于 $D \leqslant 16$ 的螺母;B 级用于 $D > 16$ 的螺母;C 级用于 $D \geqslant 5$ 的螺母。

3. 螺纹公差：A、B 级为 6H,C 级为 7H;机械性能等级;A、B 级为 6、8、10 级,C 级为 4、5 级。

表 B-4　螺钉(一)　　(单位:mm)

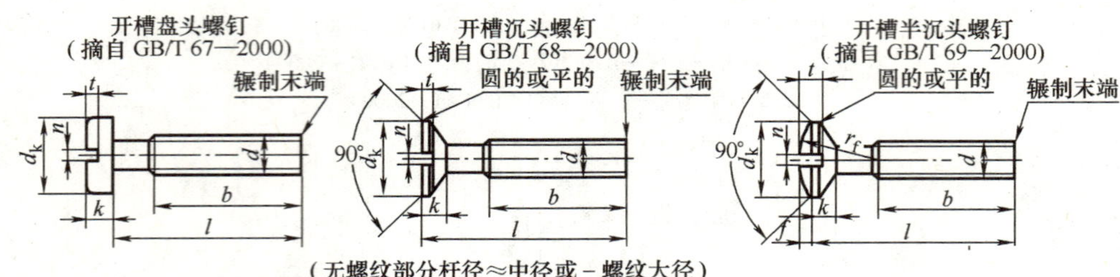

标记示例:

螺钉　GB/T 67　M5 × 60

(螺纹规格 d = M5、l = 60、性能等级为 4.8 级、不经表面处理的开槽盘头螺钉)

螺纹规格 d	P	b_{min}	n 公称	f	r_f	k_{max}		d_{kmax}		t_{min}			$l_{范围}$		全螺纹时最大长度	
				GB/T 69	GB/T 69	GB/T 67	GB/T 68 GB/T 69	GB/T 67	GB/T 68 GB/T 69	GB/T 67	GB/T 68	GB/T 69	GB/T 67	GB/T 68 GB/T 69	GB/T 67	GB/T 68 GB/T 69
M2	0.4	25	0.5	0.5	0.5	1.3	1.2	4	3.8	0.5	0.4	0.8	2.5 ~ 20	3 ~ 20	30	
M3	0.5		0.8	0.7	0.7	1.8	1.65	5.6	5.5	0.7	0.6	1.2	4 ~ 30	5 ~ 30		
M4	0.7	38	1.2	1	1	2.4	2.7	8	8.4	1	1	1.6	5 ~ 40	6 ~ 40	40	45
M5	0.8			1.2	1.2	3		9.5	9.3	1.2	1.1	2	6 ~ 50	8 ~ 50		
M6	1		1.6	1.4	1.4	3.6	3.3	12	12	1.4	1.2	2.4	8 ~ 60	8 ~ 60		
M8	1.25		2	2	2	4.8	4.65	16	16	1.9	1.8	3.2	10 ~ 80			
M10	1.5		2.5	2.3	2.3	6	5	20	20	2.4	2	3.8				
$l_{系列}$	2、2.5、3、4、5、6、8、10、12、(14)、16、20 ~ 50(5 进位)、(55)、60、(65)、70、(75)、80															

注:螺纹公差:6g;机械性能等级:4.8、5.8;产品等级:A。

螺钉(二)　　(单位:mm)

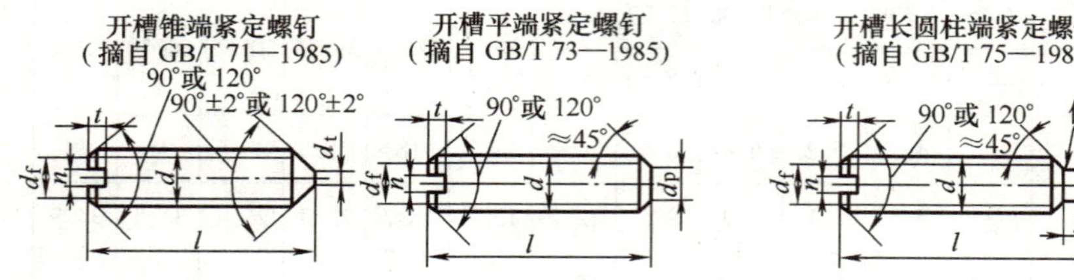

标记示例:

螺钉　GB/T 71　M5 × 20

(螺纹规格 d = M5、公称长度 l = 20、性能等级为 14H 级、表面氧化的开槽锥端紧定螺钉)

（续）

螺纹规格 d	P	d_f	d_{tmax}	d_{pmax}	$n_{公称}$	t_{max}	z_{max}	$l_{范围}$		
								GB 71	GB 73	GB 75
M2	0.4	螺纹小径	0.2	1	0.25	0.84	1.25	3～10	2～10	3～10
M3	0.5		0.3	2	0.4	1.05	1.75	4～16	3～16	5～16
M4	0.7		0.4	2.5	0.6	1.42	2.25	6～20	4～20	6～20
M5	0.8		0.5	3.5	0.8	1.63	2.75	8～25	5～25	8～25
M6	1		1.5	4	1	2	3.25	8～30	6～30	8～30
M8	1.25		2	5.5	1.2	2.5	4.3	10～40	8～40	10～40
M10	1.5		2.5	7	1.6	3	5.3	12～50	10～50	12～50
M12	1.75		3	8.5	2	3.6	6.3	14～60	12～60	14～60
$l_{系列}$	2、2.5、3、4、5、6、8、10、12、(14)、16、20、25、30、35、40、45、50、(55)、60									

注：螺纹公差：6g；机械性能等级：14H、22H；产品等级：A。

表 B-5　垫圈（摘自 GB/T 848—2002、GB/T 97.1—2002、GB/T 97.2—2002、GB/T 95—2002）

小垫圈—A 级 GB/T 848—2002　　平垫圈—A 级 GB/T 97.1—2002　　平垫圈倒角型—A 级 GB/T 97.2—2002　　平垫圈—C 级 GB/T 95—2002

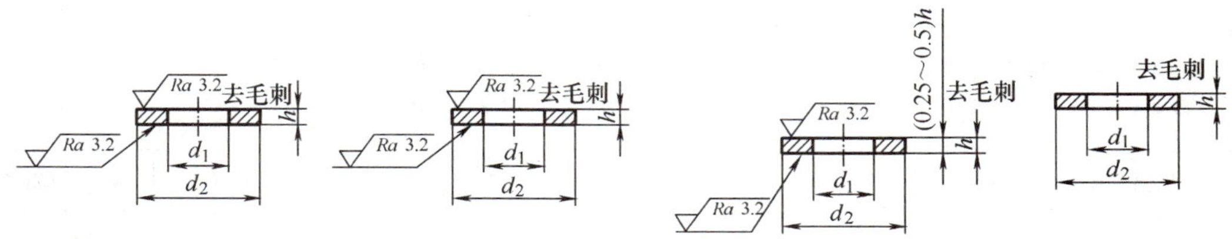

标记示例：公称规格 8mm，硬度等级为 200HV 级，倒角型，不经表面处理的平垫圈。

垫圈　GB/T 97.2　8

其余标记相仿。

（单位：mm）

公称尺寸（螺纹规格 d）			3	4	5	6	8	10	12	14	16	20	24	30	36
内径 d_1	产品等级	A	3.2	4.3	5.3	6.4	8.4	10.5	13	15	17	21	25	31	37
		C			5.5	6.6	9	11	13.5	15.5	17.5	22	26	33	39
GB/T 848—2002	外径 d_2		6	8	9	11	15	18	20	24	28	34	30	50	60
	厚度 h		0.5	0.5	1	1.6	1.6	1.6	2	2.5	2.5	3	4	4	5

（续）

公称尺寸（螺纹规格 d）		3	4	5	6	8	10	12	14	16	20	24	30	36
GB/T 97.1—2002 GB/T 97.2—2002 * GB/T 95—2002 *	外径 d_2	7	9	10	12	12	20	24	28	30	37	44	56	66
	厚度 h	0.5	0.8	1	1.6	1.6	2	2.5	2.5	3	3	4	4	5

注：1. * 主要用于规格为 M5 ~ M36 的标准六角螺栓、螺钉和螺母。

2. 性能等级 140HV 表示材料钢的硬度，HV 表示维氏硬度，140 为硬度值，有 140HV、200HV 和 300HV 等三种。

表 B-6　标准型弹簧垫圈（摘自 GB/T 93—1987、GB/T 859—1987）　（单位：mm）

标准型弹簧垫圈（GB/T 93—1987）　　轻型弹簧垫圈（GB/T 859—1987）

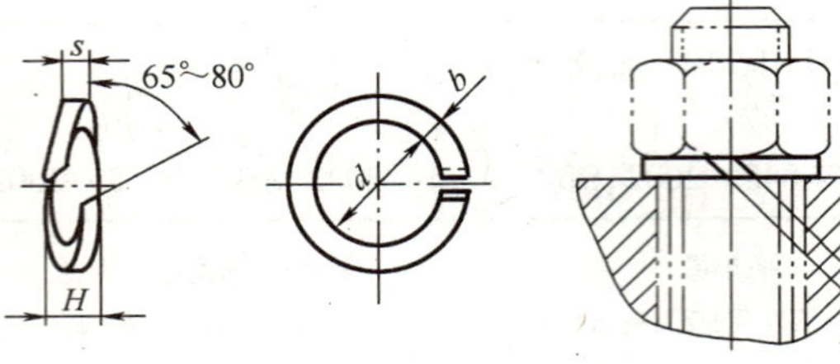

标记示例：
规格 16mm 标准型弹簧垫圈
垫圈 GB/T 93　16

标记示例
规格 16mm 轻型弹簧垫圈
垫圈 GB/T 859　16

规格（螺纹大径）		3	4	5	6	8	10	12	(14)	16	(18)	20	(22)	24	(27)	30
d		3.1	4.1	5.1	6.1	8.1	10.2	12.2	14.2	16.2	18.2	20.2	22.5	24.5	27.5	30.5
H	GB/T 93—1987	1.6	2.2	2.6	3.2	4.2	5.2	6.2	7.2	8.2	9	10	11	12	13.6	15
	GB/T 859—1987	1.2	1.6	2.2	2.6	3.2	4	5	6	6.4	7.2	8	9	10	11	12
$s(b)$	GB/T 93—1987	0.8	1.1	1.3	1.6	2.1	2.6	3.1	3.6	4.1	4.5	5	5.5	6	6.8	7.5
s	GB/T 859—1987	0.6	0.8	1.1	1.3	1.6	2	2.5	3	3.2	3.6	4	4.5	5	5.5	6
$m\leqslant$	GB/T 93—1987	0.4	0.55	0.65	0.8	1.05	1.3	1.55	1.8	2.05	2.25	2.5	2.75	3	3.4	3.75
	GB/T 859—1987	0.3	0.4	0.55	0.65	0.8	1	1.25	1.5	1.6	1.8	2	2.25	2.5	2.75	3
b	GB/T 859—1987	1	1.2	1.5	2	2.5	3	3.5	4	4.5	5	5.5	6	7	8	9

注：1. 括号内规格尽可能不采用。

2. m 应大于 0。

附录C　键　和　销

表 C-1　平键和键槽的剖面尺寸(摘自 GB/T 1095—2003、GB/T 1096—2003)

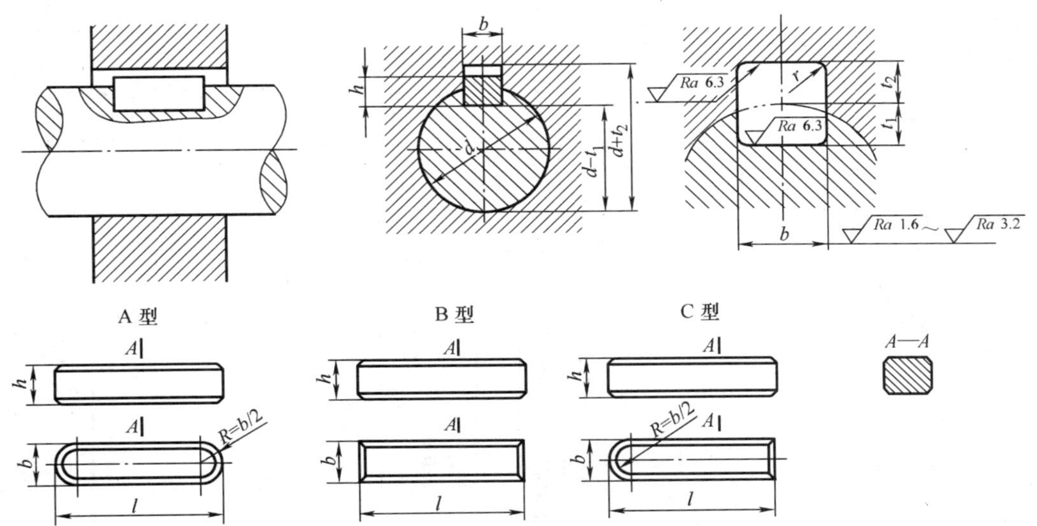

标记示例:GB/T 1096　键 16×10×100(宽度 $b=16$、高度 $h=10$、长度 $l=100$ 的普通 A 型平键)

GB/T 1096　键 B16×10×100(宽度 $b=16$、高度 $h=10$、长度 $l=100$ 的普通 B 型平键)

GB/T 1096　键 C16×10×100(宽度 $b=16$、高度 $h=10$、长度 $l=100$ 的普通 C 型平键)　　(单位: mm)

键	键槽												
键尺寸 $b \times h$	长度 l	宽度 b						深度				半径 r	
		公称尺寸	极限偏差					轴 t_1		毂 t_2			
			正常联接		紧密联接	松联接		公称尺寸	极限偏差	公称尺寸	极限偏差		
			轴 N9	毂 JS9	轴和毂 P9	轴 H9	毂 D10					min	max
4×4	8～45	4	0 −0.030	±0.015	−0.012 −0.042	+0.030 0	+0.078 +0.030	2.5	+0.1 0	1.8	+0.1 0	0.08	0.16
5×5	10～56	5						3.0		2.3		0.16	0.25
6×6	14～70	6						3.5		2.8			
8×7	18～90	8	0 −0.036	±0.018	−0.015 −0.051	+0.036 0	+0.098 +0.040	4.0	+0.2 0	3.3	+0.2 0		
10×8	22～110	10						5.0		3.3		0.25	0.40
12×8	28～140	12	0 −0.043	±0.0215	−0.018 −0.061	+0.043 0	+0.120 +0.050	5.0		3.3			
14×9	36～160	14						5.5		3.8			
16×10	45～180	16						6.0		4.3			
18×11	50～200	18						7.0		4.4			
20×12	56～220	20	0 −0.052	±0.026	−0.022 −0.074	+0.052 0	+0.149 +0.065	7.5		4.9		0.40	0.60
22×14	63～250	22						9.0		5.4			
25×14	70～280	25						9.0		5.4			
28×16	80～320	28						10.0		6.4			

注: 1. $(d-t_1)$ 和 $(d+t_2)$ 两组组合尺寸的偏差按相应的 t_1 和 t_2 的极限偏差选取, 但 $(d-t_1)$ 的下偏差值应取负号(−)。

2. L 系列: 6、8、10、12、14、16、18、20、22、25、28、32、36、40、45、50、56、63、70、80、90、100、110、125、140、160、180、200、220、250、280、320、360、400、450、500。

表 C-2　半圆键和键槽的剖面尺寸(摘自 GB/T 1098—2003、GB/T 1099.1—2003)

标记示例：GB/T 1099.1　键　6×10×25(宽度 $b=6$、高度 $h=10$、直径 $D=25$ 普通型半圆键)

(单位:mm)

$b\times h\times D$	键尺寸						键槽										
	宽度 b		高度 h (h12)		直径 D (h12)		槽宽 b 极限偏差					深度				半径 R	
							松联接		正常联接		紧密联接	轴 t_1		毂 t_1			
	基本尺寸	极限偏差	基本尺寸	极限偏差	基本尺寸	极限偏差	轴 H9	毂 D10	轴 N9	毂 JS9	轴和毂 P9	基本尺寸	极限偏差	基本尺寸	极限偏差	min	max
3×5×13	3	0 -0.025	5	0 -0.12	13	0 -0.18	+0.025 0	+0.060 +0.020	-0.004 -0.029	±0.0125	-0.006 -0.031	3.8	+0.2 0	1.4	+0.1 0	0.08	0.16
3×6.5×16	3		6.5	0 -0.15	16							5.3		1.4		0.16	0.25
4×6.5×16	4		6.5		16		+0.030 0	+0.078 +0.030	0 -0.030	±0.015	-0.012 -0.042	5.0		1.8			
4×7.5×19	4		7.5		19	0 -0.21						6.0		1.8			
5×6.5×16	4		6.5		16	0 -0.18						4.5		2.3			
5×7.5×19	5		7.5		19	0 -0.21						5.5		2.3			
5×9×22	5		9		22							7.0		2.3			
6×9×22	6		9		22							6.5	+0.3 0	2.8			
6×10×25	6		10		25							7.5		2.8	+0.2 0		
8×11×28	8		11	0 -0.18	28		+0.036 0	+0.098 +0.040	0 -0.036	±0.018	-0.015 -0.051	8.0		3.3		0.25	0.4
10×13×32	10		13		32	0 -0.25						10.0		3.3			

注：$(d-t_1)$和$(d+t_2)$两组组合尺寸的极限偏差按相应的 t_1 和 t_2 的极限偏差选取，但$(d-t_1)$的下极限偏差值应取负号（-）。

表 C-3　销（摘自 GB/T 119.1—2000、GB/T 117—2000）

圆柱销（GB/T 119.1—2000）

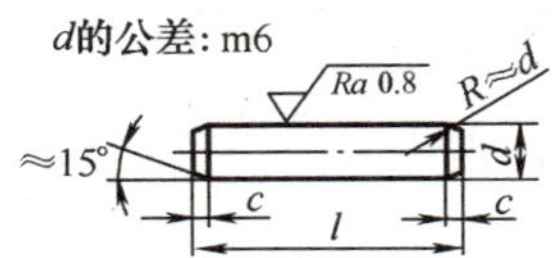

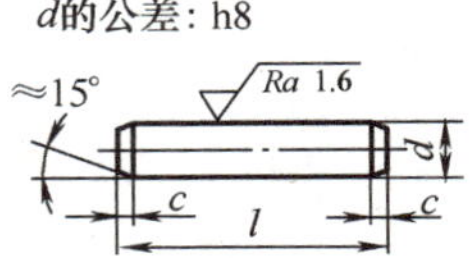

标记示例：
公称直径 10mm、公差为 m6、长 50mm 的圆柱销：
销　GB/T 119.1　10m6 ×50

（单位：mm）

d	4	5	6	8	10	12	16	20	25	30	40	50
c≈	0.63	0.80	1.2	1.6	2.0	2.5	3.0	3.5	4.0	5.0	6.3	8.0
长度范围 l	8 ~40	10 ~50	12 ~60	14 ~80	18 ~95	22 ~ 140	26 ~ 180	35 ~ 200	50 ~ 200	60 ~ 200	80 ~ 200	95 ~ 200
l（系列）	6、8、10、12、14、16、18、20、22、24、26、28、30、32、35、40、45、50、55、60、65、70、75、80、85、90、95、100、120、140、160、180、200											

圆锥销 GB/T 117—2000

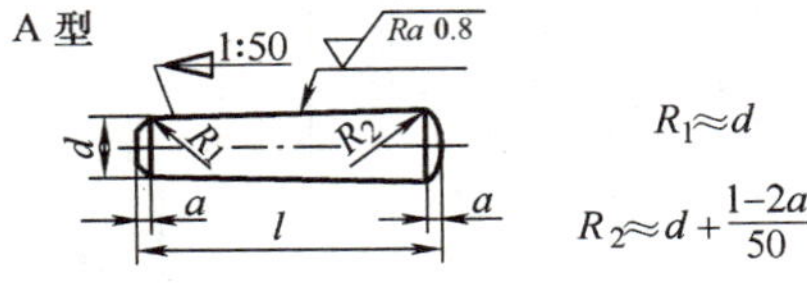

$R_1 \approx d$

$R_2 \approx d + \frac{1-2a}{50}$

标记示例：
公称直径 10mm、长 60mm 的 A 型
圆锥销：销　GB/T 117　10 ×60

（单位：mm）

d	4	5	6	8	10	12	16	20	25	30	40	50
a≈	0.5	0.63	0.8	1	1.2	1.6	2	2.5	3	4	5	6.3
长度范围 l	14 ~55	18 ~60	22 ~90	22 ~120	26 ~ 160	32 ~ 180	40 ~ 200	45 ~ 200	50 ~ 200	55 ~ 200	60 ~ 200	65 ~ 200
l（系列）	14、16、18、20、22、24、26、28、30、32、35、40、45、50、55、60、65、70、75、80、85、90、95、100、120、140、160、180、200											

附录 D　极限与配合

表 D-1　优先配合中轴的极限偏差（摘自 GB/T 1800. 2—2009）　　（单位：μm）

公称尺寸/mm		公差带												
		c	d	f	g	h				k	n	p	s	u
大于	至	11	9	7	6	6	7	9	11	6	6	6	6	6
—	3	-60 -120	-20 -45	-6 -16	-2 -8	0 -6	0 -20	0 -25	0 -60	+6 0	+10 +4	+12 +16	+20 +14	+24 +18
3	6	-70 -145	-30 -60	-10 -22	-4 -12	0 -8	0 -12	0 -30	0 -75	+9 +1	+16 +8	+20 +12	+27 +19	+31 +23
6	10	-80 -170	-40 -76	-13 -28	-5 -14	0 -9	0 -15	0 -36	0 -90	+10 +1	+19 +10	+24 +15	+32 +23	+37 +28
10	14	-95 -205	-50 -93	-16 -34	-6 -17	0 -11	0 -18	0 -43	0 -110	+12 +1	+23 +12	+29 +18	+39 +28	+44 +33
14	18													
18	24	-110 -240	-65 -117	-20 -41	-7 -20	0 -13	0 -21	0 -52	0 -130	+15 +2	+28 +15	+35 +22	+48 +35	+54 +41
24	30													+61 +48
30	40	-120 -280	-80 -142	-25 -50	-9 -25	0 -16	0 -25	0 -62	0 -160	+18 +2	+33 +17	+42 +26	+59 +43	+76 +60
40	50	-130 -290												+86 +70
50	65	-140 -330	-120 -174	-30 -60	-10 -29	0 -19	0 -30	0 -74	0 -190	+21 +2	+39 +20	+51 +32	+72 +53	+106 +87
65	80	-150 -340											+78 +59	+121 +102
80	100	-170 -139	-120 -207	-36 -71	-12 -34	0 -22	0 -35	0 -87	0 -220	+25 +3	+45 +23	+59 +37	+93 +71	+146 +124
100	120	-180 -400											+101 +79	+166 +144
120	140	-200 -450	-145 -245	-43 -83	-14 -39	0 -25	0 -40	0 -100	0 -250	+28 +3	+52 +27	+68 +43	+114 +92	+195 +170
140	160	-210 -460											+125 +100	+215 +190
160	180	-230 -480											+133 +108	+235 +210
180	200	-240 -530	-170 -285	-50 -96	-15 -44	0 -29	0 -46	0 -115	0 -290	+33 +4	+60 +31	+79 +50	+151 +122	+265 +236
200	225	-260 -550											+159 +130	+287 +258
225	250	-280 -570											+169 +140	+313 +284
250	280	-300 -620	-190 -320	-56 -108	-17 -49	0 -32	0 -52	0 -130	0 -320	+36 +4	+66 +34	+88 +56	+190 +158	+347 +345
280	315	-330 -650											+202 +170	+382 +350
315	355	-360 -720	-210 -350	-62 -119	-18 -54	0 -36	0 -57	0 -140	0 -360	+40 +4	+73 +37	+98 +62	+226 +190	+426 +390
355	400	-400 -760											+244 +208	+471 +435
400	450	-440 -840	-230 -385	-68 -131	-20 -60	0 -40	0 -63	0 -155	0 -400	+45 +5	+80 +40	+108 +68	+272 +232	+530 +490
450	500	-480 -880											+292 +252	+580 +540

表 D-2　优先配合中孔的极限偏差（摘自 GB/T 1800. 2—2009）　　（单位：μm）

公称尺寸/mm		公差带												
		C	D	F	G	H				K	N	P	S	U
大于	至	11	9	8	7	7	8	9	11	7	7	7	7	7
—	3	+120 +60	+45 +20	+20 +6	+12 +2	+10 0	+14 0	+25 0	+60 0	0 -10	-4 -14	-6 -16	-14 -24	-18 -28
3	6	+145 +70	+60 +30	+28 +10	+16 +4	+12 0	+18 0	+30 0	+75 0	+3 -9	-4 -16	-8 -20	-15 -27	-19 -31
6	10	+170 +80	+76 +40	+35 +13	+20 +5	+15 0	+22 0	+36 0	+90 0	+5 -10	-4 -19	-9 -24	-17 -32	-22 -37
10	14	+205 +95	+93 +50	+43 +16	+24 +6	+18 0	+27 0	+43 0	+110 0	+6 -12	-5 -23	-11 -29	-21 -39	-26 -44
14	18													
18	24	+240 +110	+117 +65	+53 +20	+28 +7	+21 0	+33 0	+52 0	+130 0	+6 -15	-7 -28	-14 -35	-27 -48	-33 -54
24	30													-40 -61
30	40	+280 +120	+142 +80	+64 +25	+34 +9	+25 0	+39 0	+62 0	+160 0	+7 -18	-8 -33	-17 -42	-34 -59	-51 -76
40	50	+290 +130												-61 -86
50	65	+330 +140	+174 +100	+76 +30	+40 +10	+30 0	+46 0	+74 0	+190 0	+9 -21	-9 -39	-21 -51	-42 -72	-76 -106
65	80	+340 +150											-48 -78	-91 -121
80	100	-170 -139	+207 +120	+90 +36	+47 +12	+35 0	+54 0	+87 0	+220 0	+10 +25	-10 -45	-24 -59	-58 -93	-111 -146
100	120	-180 -400											-66 -101	-131 -166
120	140	+450 +200	+245 +145	+106 +43	+54 +14	+40 0	+63 0	+100 0	+250 0	+12 -28	-12 -52	-28 -68	-77 -177	-155 -195
140	160	+460 +210											-85 -125	-175 -215
160	180	+480 +230											-93 -133	-195 -235
180	200	+53 +240	+285 +170	+122 +50	+61 +15	+46 0	+72 0	+115 0	+290 0	+13 -33	-14 -60	-33 -79	-105 -151	-219 -265
200	225	+550 +260											-113 -159	-241 -287
225	250	+570 +280											-123 -169	-267 -313
250	280	+620 +300	+320 +190	+137 +56	+69 +17	+52 0	+81 0	+130 0	+320 0	+16 -36	-14 -99	-36 -88	-138 -190	-295 -347
280	315	+650 +330											-150 -202	-330 -382
315	355	+720 +360	+350 +210	+350 +62	+75 +18	+57 0	+89 0	+140 0	+360 0	+17 -40	-16 -73	-41 -98	-169 -226	-369 -426
355	400	+760 +440											-187 -244	-414 -471
400	450	+840 +440	+385 +230	+165 +68	+83 +20	+63 0	+97 0	+155 0	+400 0	+18 -45	-17 -80	-45 -108	-209 -272	-467 -530
450	500	+880 +480											-229 -292	-517 -580

附录E　剖面符号

材料	符号	材料	符号
金属材料（已有规定符号者除外）	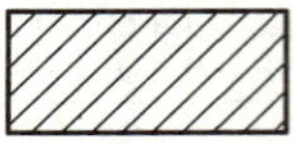	混凝土	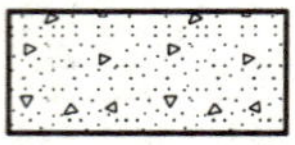
线圈绕组元件	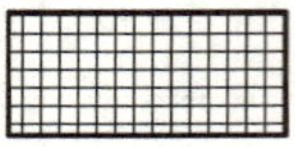	钢筋混凝土	
转子、电枢、变压器和电抗器等的叠钢片	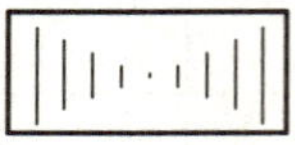	砖	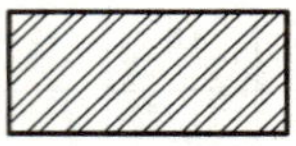
非金属材料（已有规定符号者除外）		基础周围的泥土	
型砂、填砂、粉末、冶金、砂轮、陶瓷、刀片、硬质合金等	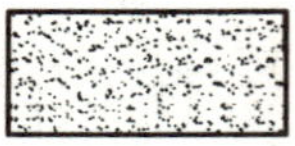	格网（筛网、过滤网等）	
玻璃及供观察用的其他透明材料		液体	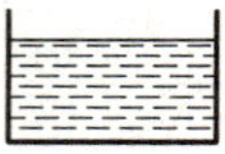

参 考 文 献

[1] 全国技术产品文件标准化委员会. 技术产品文件标准汇编：机械制图卷［M］. 北京：中国标准出版社，2006.

[2] 全国技术产品文件标准化委员会. 技术产品文件标准汇编：技术制图卷［M］. 北京：中国标准出版社，2006.

[3] 金大鹰. 机械制图［M］. 北京：机械工业出版社，2007.

[4] 刘力. 机械制图［M］. 2版. 北京：高等教育出版社，2007.

[5] 李澄，吴天生，闻百桥. 机械制图［M］. 2版. 北京：高等教育出版社，2007.

[6] 高玉芬，卜桂玲. 机械制图［M］. 大连：大连理工大学出版社出版，2005.

[7] 马慧，赵红，于冬梅. 机械制图［M］. 3版. 北京：机械工业出版社，2007.

[8] 郭克希，王建国. 机械制图［M］. 北京：机械工业出版社，2006.

[9] 赵大兴. 现代工程图学［M］. 武汉：湖北科学技术出版社，2007.

[10] 王成刚. 工程图学简明教程［M］. 武汉：武汉理工大学出版社，2007.

[11] 宋敏生. 机械图识图技巧［M］. 北京：机械工业出版社，2007.

[12] 杨老记. 机械制图［M］. 北京：机械工业出版社，2007.

[13] 王槐德. 机械制图新旧标准代换教程［M］. 北京：中国标准出版社，2005.

21 世纪高职高专规划教材书目（基础课及机械类）

（有 * 的为普通高等教育“十一五”国家级规划教材并配有电子课件）

*高等数学(理工科用)(第 2 版)
高等数学学习指导书(理工科用)(第 2 版)
计算机应用基础(第 2 版)
应用文写作
应用文写作教程
经济法概论
法律基础
法律基础概论
*C 语言程序设计

*工程制图(机械类用)(第 2 版)
工程制图习题集(机械类用)(第 2 版)
计算机辅助绘图—AutoCAD2005 中文版
几何量精度设计与检测
公差配合与测量技术
工程力学
金属工艺学
金工实习教程
金工实习
工程训练
机械零件课程设计
机械设计基础(第 2 版)
*机械设计基础
机械设计课程设计指导书
工业产品造型设计

*液压与气压传动
电工与电子基础
电工电子技术(非电类专业用)
机械制造技术
*机械制造基础
数控技术(第 2 版)
*数控加工技术

专业英语(机械类用)
汽车专业英语
*数控机床及其使用和维修
数控机床及其使用维修(第 2 版)
数控加工工艺及编程
机电控制技术
计算机辅助设计与制造
*计算机网络技术实训指导
微机原理与接口技术
机电一体化系统设计
控制工程基础
机械设备控制技术
金属切削机床
机械制造工艺与夹具
UG 设计与加工
冷冲压模设计及制造
冷冲压模设计与制造
*塑料模设计及制造(第 2 版)
模具 CAD/CAM
模具制造工艺学
模具 CAD/CAM 技术

模具制造工艺

汽车构造
汽车电器与电子设备
汽车电器设备构造与检修
汽车发动机电控技术
汽车传感器与总线技术
公路运输与安全
汽车检测与维修
汽车检测与维修技术
汽车空调
*汽车营销学(第 2 版)

工程制图与识图
工程制图与识图习题集
工程制图(非机械类用)
工程制图习题集(非机械类用)
离散数学
电工电子基础
电路基础
单片机原理与应用
电力拖动与控制
*可编程序控制器及其应用(欧姆龙型)
可编程序控制器及其应用(三菱型)
工厂供电
微机原理与应用(第 2 版)
电工与电子实验